用电管理（第三版）

王孔良　李珞新　祝晓红　吴新辉　合编

中国电力出版社
CHINA ELECTRIC POWER PRESS

内 容 提 要

为了加强工业企业的供用电管理工作，提高工业企业的供用电管理水平，使企业更加安全、经济、合理地供用电，更好地提高全社会和企业整体经济效益，并根据《电力法》、《电力供应与使用条例》及其《供电营业规则》、《用电检查管理办法》等配套法规和新颁电力行业标准规定等要求，组织编写并再次修订了《用电管理》一书。

本书为第三版，主要介绍企业供电专业和企业用电管理专业的必要知识和技能要求，在第一、二版的基础之上，新增了触电急救及安全用电管理、业务扩充受理等方面的内容。全书共四篇 25 章，主要内容有：企业电力负荷及其计算、电力平衡与调整、合理用电管理、负荷调整、企业电能平衡、企业无功补偿、企业供电损耗及其降损措施、电动机节约用电、电加热节约用电、电气照明节约用电、单位产品电耗定额管理、电能计量装置、特殊用途电能表、电能表正确接线、电能表误差及其校验、电能计量装置错误接线及其更正、电能计量监督管理、人身触电及防护、电气防火防爆、电气安全用具、安全用电管理、市场营销、电价、电费管理、业务扩充和日常营业等，每章后附有复习思考题。

本书注重理论联系实际，内容全面，可作为全国供电企业供用电和市场营销等的工人和技术人员、工业企业供电专业和企业用电管理专业技术人员等的培训教材，也可作为有关供用电管理干部参考书。

图书在版编目（CIP）数据

用电管理/王孔良等合编. —3 版. —北京：中国电力
出版社，2007.6（2020.9 重印）
ISBN 978-7-5083-5298-5

Ⅰ. 用… Ⅱ. 王… Ⅲ. 用电管理 Ⅳ. TM92

中国版本图书馆 CIP 数据核字（2007）第 040588 号

中国电力出版社出版、发行
（北京市东城区北京站西街 19 号 100005 http://www.cepp.sgcc.com.cn）
三河市航远印刷有限公司印刷
各地新华书店经售
*
1997 年 10 月第一版
2002 年 7 月第二版
2007 年 6 月第三版 2020 年 9 月北京第二十二次印刷
787 毫米×1092 毫米 16 开本 25.75 印张 632 千字
印数 80651—82150 册 定价 **66.00** 元

电力在现代社会中，已成为国民经济各行各业和人民生活必不可少的二次能源。而电力作为一种特殊的产品和商品，它的生产、输送和使用（产、供、销）是在同一时间内完成的，三个环节互相依存、互相制约。同时，我国又是一个能源人均占有量较少的国家，节约能源有着重要的意义。安全、经济、合理地用电，提高全社会的经济效益，促进国民经济的快速发展，搞好用电管理，这不仅取决于电力生产部门，同时也取决于广大的用电单位。

工业企业用电是全社会用电中的大户，它占有的比重很大，因此，工业企业的用电管理十分必要，也非常重要。为了加强工业企业的用电管理工作和全国供电企业的用电管理工作，提高工业企业的用电管理水平和全国供电企业的供用电水平，充分发挥每1kWh电能的效益，我们第三次组织修编了这本教材。

全书共分四篇，第一篇由王孔良同志编写；绪论、第二篇由祝小红同志编写；第三篇除第十六章由汪祥兵同志编写外，其余章节均由吴新辉同志编写；第四篇由李珞新同志编写，全书由李珞新负责统稿。

本书在编写过程中，收集和参阅了各方面的资料，得到了不少同志的大力支持和帮助，在此谨致衷心的感谢。

由于编写水平有限，时间仓促，书中缺点错误之处敬请广大读者批评指正。

编 者

2007 年 2 月

Contents   目　录

■ 第二篇 电 能 计 量 ■

■ 第三篇 安 全 用 电 管 理 ■

第四篇 电业营业管理

绪 论

众所周知，电能在现代社会里已成为国民经济和人民生活必不可少的二次能源，由于它的方便、清洁、容易控制和转换等优点，使其运用的范围和规模有了突飞猛进的发展。大到重工业、轻工业、交通运输、商业和服务行业，还有农业的排灌、农副产品加工、森林采伐和机械化饲养等等，小到人民日常生活中的照明和各种家用电器（如电视机、电冰箱、洗衣机、吸尘器、空调和计算机等），可以说处处离不开电，没有电的现代社会将不能正常运转，因此，电气化的水平标志着社会的现代化水平。

电力工业的主要产品是电能，电力生产与其他工业不一样，因为电能到目前为止还不能大量储存。发、供、用电是在同一时间完成的。在这一过程中，任何一个环节发生故障都将影响电能的生产和供应。因此，搞好用电管理工作，做到安全、经济、合理用电是保证电力安全生产和向用电单位正常供电的必要条件。

用电管理是电力工业部门经营管理工作的一个重要环节，涉及社会各个方面。它不仅是电力部门的责任，也与用户直接有关。因此，它具有社会性广、政策性强、技术业务性也很强的特点。学习研究用电管理的理论和方法，对改革和完善用电管理工作具有重要意义。

一、电力系统和电力用户系统

地球上以固有形态存在的能源叫一次能源，如原煤、原油、天然气、水能、风能、太阳能、核燃料等，发电厂利用发电设备将一次能源转化成为电能（二次能源），并通过传输、分配再由各种终端用电装置按生产、生活的多种需要转化为机械能、热能、光能、电磁能、化学能等实用形态的能量加以利用。发、供、用电的全过程就是电能生产和消费的全部过程。

电力工业的运行模式正由计划经济走向市场经济，随着各大发电公司和电网公司的相继成立，厂网分离、自主经营、自负盈亏的格局已定。但由于电网安全及供电可靠性的要求，电力系统的规模及范围却越来越大，众多发电设备、供电设备（输配电设备）和用电设备逐步连接和发展成统一的电力系统（见图0-1）。这种电力系统和发电过程的动力部分包括锅炉、汽轮机、水库、水轮机、风动机以及原子能发电厂的反应堆和蒸发器等等，又组成了更庞大的动力系统。在我国已发展形成六个跨省的大区联合电力系统（即东北、华东、华中、华北、西北和南方），在不久的将来，还将形成全国联网的电力系统。不仅如此，一个用户范围的配电、用电设备往往就构成一个庞大而复杂的电力用户系统（见图0-2）。

电能从生产到使用，要经过动力系统、电力系统和电力用户系统。不论这些系统有多复杂，其组成元件按功能都可分为变换元件和传输元件两大类。变换元件的任务是将一种形态的能量转换成另一种形态的能量，如锅炉、汽轮机、水轮机、风轮机。发电机将一次能源转化为二次能源，电动机、照明设备、电热设备、电化学设备等是将电能转化为机械能、光能、热能、化学能，它们都属变换元件；传输元件的任务是输送分配电能，属此类元件的有架空电力线路、电力电缆、发电厂和变电所的变配电装置以及发电厂的汽、水、煤、气管道

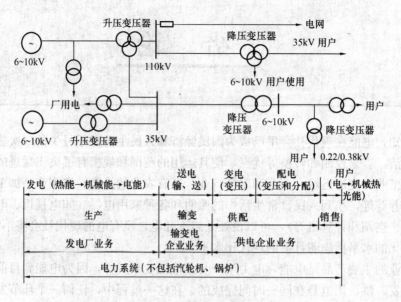

图 0-1　电力系统示意图

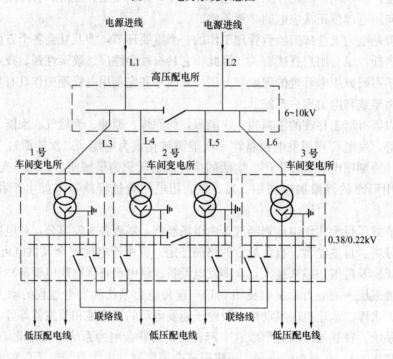

图 0-2　电力用户系统示意图

和设备等等。无论电力系统的规模如何，各种变换元件和传输元件在电力系统中都保持着复杂的有机联系。电力系统或电力用户系统的功能实现，要求其各个组成元件都能发挥正常的作用。

二、电能特点

(一)电能质量指标

在电力系统中，所有的电气设备都是在一定的电压和频率下工作的，电压、频率和谐波直接影响着电气设备的运行。例如，电动机的电磁转矩与工作电压的平方成正比，当工作电压降低 10％（对额定电压而言）时，电磁转矩只有额定转矩的 81％。为了维持一定的负荷转矩，电动机的转速要下降，电磁转矩增大，引起绕组电流增大，电动机产生过热现象，影响使用寿命。若系统频率低于电动机频率，则电动机转速也要下降。谐波成分的多少直接影响着电压的波形，所以衡量电力系统电能质量的指标有：①频率；②电压；③谐波；④供电可靠性。电能的特殊性在于其质量直接影响着电气设备正常运转和产品质量。

一般电力系统，其频率由中调直接控制，只有与电网解列时，中调才委托区调控制。由此可见，电力系统为保证电能的质量，所有的发电厂和供电企业都必须接受电网调度部门的统一调度和指挥，这就决定了电能生产消费的高度集中性和统一性。

（二）电能的发、供、用特点

电能生产与使用的主要特点之一，就是电力的生产与使用过程是同时进行的。电能不能储存，电能生产多少、什么时间生产，都决定于用户需要多少、什么时间需要。但是数以万计个用电户，像工厂、矿山、机关、学校、街道、商店、交通电信、农田灌溉等的用电时间和数量都不一样，各有不同的用电规律，所以电力负荷显得很不均衡。当许多用户在同一个时间用电时，形成高峰负荷，这时电力生产就比较紧张，甚至还不能满足需要；当许多用户集中在一个时间不用电时，形成低谷负荷，这时电力生产就该相应地减少，供电设备的能力就不能充分发挥作用。

当电力系统发电设备的装机容量不能满足系统的最大负荷要求时，将导致发电机的转速下降，即频率下降，发、供、用电设备不能正常运行，设备寿命缩短，甚至突然损坏，造成重大事故的发生，导致电源与电网解列中断。因此，在高峰负荷时常常对部分用户实行限制用电和停电，将高峰用电时间的部分负荷移到低谷用电时间上去，即所谓的"削峰填谷"调整负荷，以确保电能质量。现在推行的分时计量（也叫复费率）电能表就是利用峰、谷电价差来鼓励用户自觉地避开高峰用电时间，尽量在低谷时段用电，以达"削峰填谷"的目的。由以上分析得知，电能的产、供、销的连续性和瞬时性决定了其生产、传输和使用三大环节只能相互依存并在同一瞬间共同完成，任何一个环节都不能孤立地存在。也就是电能的使用者既依赖于电力系统，又对保证电力系统的安全生产和电能的合理使用有着不可推卸的责任和义务。

三、用电管理内容及任务

（一）用电管理内容

用电管理的工作内容可分为用电检查和营销管理两大部分。其具体包括：用电负荷管理（需求侧管理）、节约用电管理、安全用电管理、电能计量管理、业务扩充、日常营业管理以及电价、电费管理几部分。

用电管理工作具有系统性。例如，用户要申请用电，须经过的几个环节有：接受用电申请、现场勘测、内外线设计确定供电方案，选择保护方式，确定用电方式、计量方式和位置，进行内外线施工、中间检查和竣工验收、装表接电、建账立卡，直到抄表、核算和收费。整个营业工作就是一个紧密衔接的流水作业线工作系统。任何一个环节的失误，都会给整个工作带来不良后果。

用电管理工作具有很强的政策性。必须认真贯彻"统筹兼顾、适当安排"的方针和"保证重点，不违农时，兼顾一般"的原则，正确处理好全局与局部、工业用电与农业用电、生产用电和生活用电，以及发、供、用电之间的相互关系。用电管理要贯彻执行国家电力分配政策，要使用行政、技术、经济甚至法律手段来统一分配、调度电力。这些都要求用电管理人员有较高的政策水平和业务能力。

用电管理工作具有公益性。在市场经济条件下，用电管理的全新概念是通过采用行政的、技术的、经济的手段，鼓励用户改变用电方式，节约用电，从而达到减少或缓建发电厂、节约一次能源的经济效益和保护环境的目的。也就是说，把用户的节能也作为一种资源，与供电方资源同时参与规划，并进行优先竞争，使节能与电力开发规划融为一体，使全社会共同拥有的资源合理配置、有效利用。

（二）用电管理任务

为了最大限度地满足国民经济部门和人民生活日益增长的用电需要，向用户供应充足、可靠、合格的电能产品，必须搞好用电管理工作，其具体任务有以下几方面：

（1）贯彻实施《电力法》及其相配套的《电力供应与使用条例》、《供电营业规则》、《用电检查管理办法》以及相关政策、规定。

（2）指导、监督、检查用户最大限度地和安全、经济、合理地使用电能，充分发挥电力设备和国家能源潜力的积极作用。

（3）建立正常的供用电秩序，依法解决各种用电纠纷，保证国家财政积累和资源充分发挥。

（4）采用行政、技术、引导、经济等手段，宣传推广新技术，以达到削峰、填谷、控制到户、负荷转移和节能等目的，使电网运行安全、经济。

（5）电力工业是公用事业，与各行各业、千家万户通过电网紧紧联系在一起，因此必须树立行业新风，推进供电营业规范化服务和承诺制度，为用户提供一流的服务。

（6）为了电力市场的长远发展，必须积极开拓电力市场，加强电力市场的分析预测，及时调整营销策略，提高营销人员的素质，树立诚实、守信、公道的形象。

四、用户与用电管理的关系

1. 用户对电力系统具有依赖性

用户对电力系统的依赖性表现为：用户使用的电能产品质量主要取决于电力系统的发、供电设备和电网调度质量；用户使用的电能、电力大小及使用时间，不同程度地受电力系统的控制，如高峰负荷时段，由于电力紧缺，系统通过负荷控制手段中断一些供电可靠性要求不高的用户供电，以保证电网安全、经济运行；截止目前为止，电价主要由国家依照电力系统运行、管理成本和电价政策统一决定，对给定的几种电价，用户只有选择权，而无决定权。

2. 用电管理需要用户的参与

从电能的产、供、销特点可知，用户在使用电能的过程中必须绝对服从电力系统的调度，认真执行电力法规，积极配合供电企业搞好用电管理工作。例如，为达到改善电力负荷曲线形状的目的，在互利互助前提下，用户须改变原来的用电方式，如积极采用蓄冰空调、蓄热式电锅炉等技术。为实现节能目标，达到降低电力消耗、减少一次能源浪费、保护环境的目的，用户必须积极使用各种节能产品，如节能灯、隔热建筑等，以提高用电效率。

总之，用电管理工作单靠供电部门的努力是不够的，也是不行的，必须有用电单位的大力协助与支持，依法管电、合理用电既是为电力系统，也是为电力用户创造一个良好的供用电环境，使电能更好地为现代化服务。

复 习 思 考 题

1. 为什么说电能是重要的二次能源？
2. 如何认识电能的生产、消费全过程？
3. 电能的生产、消费特点有哪些，与用电管理有什么关系？
4. 用电管理的任务是什么？
5. 为什么要重视搞好用电管理？
6. 用电管理内容有哪些？
7. 用电管理工作特点有哪些？
8. 如何做好用电管理工作？

第一篇

用 电 负 荷 管 理

第一章 概 述

电力企业的负荷包括电力企业本身的用电及全社会广大用电户的用电，因此，负荷管理的对象包括发、供、用电三方面。其中，用电负荷的管理更重要，因为它占整个负荷的80%左右。在市场经济条件下，其管理更有着重要意义。

一、我国电力工业发展概况

能源是产生机械能、热能、光能、电磁能、化学能等各种形式能量的资源。能源分为一次能源和二次能源两大类。一次能源是在自然界中以其固有形态存在的能量资源，如原油、煤炭、天然气、核原料、植物燃料、水能、风能、太阳能、地热能、海洋热能、海流动能、潮汐能等等。而一次能源又可按照能否再生分为再生能源和非再生能源。再生能源是不会随着其本身的转化或人类的利用而日益减少的能源，如风能、水能、海洋热能、地热能、太阳能等，它们可以源源不断地从自然界中得到补充。而非再生能源是会随着人类的利用而逐渐减少的能源，如煤炭、石油、核燃料等。二次能源就是直接或间接地由一次能源转换为其他形式的能源，如电能、汽油、煤油、焦炭、蒸汽、热水、沼气、余热、氢能等。

能源是发展社会生产和提高人民生活水平的重要物质基础，在国民经济各行各业中是不可缺少的。电能是重要的二次能源，随着科学技术的不断发展和人民生活水平的不断提高，人类对电能的需求量也在逐年增加。所以，电力工业发展的快慢影响着国民经济其他部门的发展速度。一般说来，电力消费增长速度总要比国民经济的增长速度快，称之为电力先行。为了表明电力消耗与国民生产总值之间的变化关系，通常把电能消费年平均增长率与国民生产总值年平均增长率之比值，称为电能消费增长系数（或称电力弹性系数）。近30年来，世界上几个主要工业国家的电能消费增长系数都大于1，反映了各国国民经济发展的普遍规律，是要求电力建设先行一步。电力消费增长系数与国民经济增长率和经济发展所处的阶段有着密切的关系。电力消费增长系数是一个动态的指标。

1949年，我国发电装机容量和发电量仅为185万kW和43亿kWh，分别居世界第21位和第25位。新中国成立后，电力工业在党中央、国务院的高度重视下，得到快速发展。1978年发电装机容量达到5712万kW，发电量达到2566亿kWh，分别跃居世界第8位和第7位。发电装机、发电量持续增长。

"九五"以来，电力工业继续保持快速发展势头，发电装机容量年均增长8%，长期存在的严重缺电局面得到了基本缓解，消除了电力对国民经济和社会发展的"瓶颈"制约。到2000年底，全国发电装机容量达到31932万kW，其中水电7935万kW，占24.9%；火电23754万kW，占74.4%；核电210万kW，占0.7%；风力、太阳能等新能源发电约33万kW；全年发电量达到13685亿kWh；发电装机容量和发电量均居世界第二位。全国220kV

及以上输电线路达 16.4 万 km，其中 500kV 输电线路 2.7 万 km；220kV 及以上变电容量 41000 万 kVA，其中 500kV 变电容量 9400 万 kVA；500kV 直流线路 1045km，额定换流容量 120 万 kW。"九五"期间，全国发电量年均增长 6.3%，各年增长速度呈先降后升的趋势。1996 年发电量增长速度为 7.2%，1997 年为 5.1%，1998 年下降到 2.1%，1999 年回升到 6.5%，2000 年达到 11%。

进入 21 世纪，中国电力工业进入历史上的高速发展时期，创历史最好水平，年均开工超过 2500 万 kW；投产大中型机组逐年上升，到 2003 年底发电装机总量达到 3.91 亿 kW，其中：水、火、核电分别达 9490、29000、620 万 kW。2003 年发电量达到 19052 亿 kWh。"十五"前三年，发电装机和发电量年均增长率达到 7.0% 和 11.7%，居世界前列。

"十五"前三年，我国新增 330kV 及以上输电线路 1.83 万 km，变电容量 7282 万 kVA。2003 年底，220kV 及以上输电线路达到 20.7 万 km，变电容量达到 6.06 亿 kVA。

2005 年，国家发改委传出消息，我国电力需求持续高速增长，已经连续 40 多个月同比增幅达 30% 以上。人均用电量也从 1996 年的 687kWh，增长到 2004 年的 1680kWh，增幅达 2.4 倍。

到 2006 年底，全国发电装机容量突破 6.2 亿 kW，达到 62200 万 kW，其中水电 12857 万 kW，占 20.67%；火电 48405 万 kW，占 77.82%；全国发电量达到 28344 亿 kWh，全社会用电量达到 28248 亿 kWh。

二、发电厂及输、变、配电设备负荷管理

(一) 发电厂用电设备负荷管理

发电厂在发电过程中的用电设备需要用电，尤其是火电厂，主要是风机、给水泵等用电设备用电，它们约占全厂用电的 2/3，其次是其他辅助生产的中、小型用电设备、变配电设备以及生活福利设施用电。发电厂的用电通常用"厂用电率"来衡量（另一项重要考核指标是"煤耗率"）。发电厂的厂用电率约占全网发电量的 7%～9%（不含升压变压器损失），平均按 8% 计算。例如，1993 年全国火力发电量为 6854 亿 kWh，厂用电量是 548.32 亿 kWh，相当于一个 913.8 万 kW 发电厂的年发电量。而建这样一个规模的发电厂需投资 365.5 亿元。所以发电厂用电设备负荷的管理和节约用电是非常重要的。

(二) 输、变、配电设备负荷管理

输、变、配电设备是构成电网的主要设备，其涉及面广，技术较复杂，存在问题也较多。主要有主网网架结构薄弱，有些线路导线截面偏小，经常超经济电流运行，有时甚至还会短时超安全电流运行；全网无功补偿容量不足，布置不合理，运行不正常；调压手段落后，城网和农网的电压等级、供电距离、导线截面等与负荷水平极不适应；电网改造所需的资金不足，且不能落实；城网退役的高能耗设备流入农网再用；电费在用户产品成本中所占比重不大，使之对节电工作不重视等等。由于上述原因，造成电网运行方式不合理、不灵活，电能质量，特别是电压质量和用电可靠性得不到保证，不仅造成了电能的浪费，而且严重地威胁着电网的安全运行，隐藏着更多的不经济因素。

输、变、配电设备的损耗用电网损失率，即通常所称的线损来表示。若包括用户管辖的设备在内，线损约为发电量的 14%～16%（不含用户用电设备的损失），如平均按 15% 计算，仍以 1993 年全国发电量 8364 亿 kWh 为例，则电能损耗量是 1254.6 亿 kWh，相当于一个 2041 万 kW 电厂一年的发电量，其数量比厂用电更为可观，且纯粹是损失电量。因此，

输、变、配电设备负荷也必须重视负荷管理和节电工作。

三、用电负荷管理

除电力企业自身负荷之外的其他用电负荷构成用电负荷。由于这部分用电负荷是电力总负荷中的主要部分，所以对其管理更是重要。

用电负荷涉及国民经济和人民生活的各个行业及领域，所以面广、点多。由于思想观念的、历史的等多方面原因，造成用电负荷中的不少用电设备性能差、陈旧、生产工艺流程落后，电能利用率低。用电人员及用电管理人员素质不高，法制观念薄弱，管理水平低。同时，一些企业受眼前利益的驱动，节能和环保意识不强，造成电能严重浪费，存在的问题不少，急待解决。

用电负荷的管理不仅关系电网安全、稳定的运行，同时关系到电力企业与用户的眼前及长远利益，更关系到国家利益和全人类的生存环境，因此，加强用电负荷的管理意义重大。

用电负荷的管理首先应在国家健全的政策法规前提下，提高思想认识，完善监督机制。供、用双方应共同努力，尤其是电力企业要深入到每个用电户中，详细了解、掌握各类用户的用电方式、用电特点，找出症结所在，才能有的放矢地将用电负荷管理中的问题解决好。

复 习 思 考 题

1. 什么叫电能弹性系数，电能弹性系数的大小说明了什么问题？
2. 用电负荷管理的意义是什么？

第二章 电力负荷及其计算

第一节 用 电 负 荷 特 性

电力负荷是指发电厂或电力系统在某一时刻所承担的某一范围耗电设备所消耗电功率的总和，单位用 kW 表示。

一、电力负荷分类

1. 用电负荷

电能用户的用电设备在某一时刻向电力系统取用的电功率的总和，称为用电负荷，用电负荷是电力总负荷中的主要部分。

2. 线路损失负荷

电能在从发电厂到用户的输配电过程中，不可避免地发生一定量的损失，即线路损失，这种损失所对应的电功率，称为线路损失负荷。

3. 供电负荷

用电负荷加上同一时刻的线路损失负荷，是发电厂对电网供电时所承担的全部负荷，称为供电负荷。

4. 厂用电负荷

发电厂在发电过程中自身要有许多厂用电设备运行，对应于这些用电设备所消耗的电功率，称为厂用电负荷。

5. 发电负荷

发电厂对电网担负的供电负荷，加上同一时刻发电厂的厂用电负荷，是构成电力系统的全部电能生产负荷，称为发电负荷。

二、用电负荷分类

根据用电负荷的性质及对供电要求的不同，用电负荷分为如下几类。

1. 根据对供电可靠性的要求不同分类

（1）一类负荷。中断供电时将造成人身伤亡或政治、军事、经济上的重大损失的负荷，如发生重大设备损坏，产品出现大量废品，引起生产混乱，重要交通枢纽、干线受阻，广播通信中断或城市水源中断，环境严重污染等。

（2）二类负荷。中断供电时将造成严重减产、停工，局部地区交通阻塞，大部分城市居民的正常生活秩序被打乱等。

（3）三类负荷。除一、二类负荷之外的一般负荷，这类负荷短时停电造成的损失不大。

2. 根据国际上用电负荷的通用分类

（1）农、林、牧、渔、水利业。包括农村排灌、农副业、农业、林业、畜牧、渔业、水利业等各种用电，约占总用电负荷的 7%。

（2）工业。包括各种采掘业和制造业用电，约占总用电负荷的 80%。

（3）地质普查和勘探业。此类负荷用电较少，仅占总用电负荷的 0.07%。

（4）建筑业。此类负荷用电较少，约占总用电负荷的 0.76%。

（5）交通运输、邮电通信业。公路、铁路车站用电，码头、机场用电，管道运输、电气化铁路用电及邮电通信用电等，约占总用电负荷的 1.7%。

（6）商业、公共饮食业、物资供应和仓储业。各种商店、饮食业、物资供应单位及仓库用电等，约占总用电负荷的 1.2%。

（7）其他事业单位。包括市内公共交通用电，道路照明用电，文艺、体育单位、国家党政机关、各种社会团体、福利事业、科研等单位用电，约占总用电负荷的 3.1%。

（8）城乡居民生活用电。包括城市和乡村居民生活用电，约占总用电负荷的 6.2%。

3. 根据国民经济各个时期的政策和季节的要求分类

（1）优先保证供电的重点负荷。

（2）一般性供电的非重点负荷。

（3）可以暂时限电或停电的负荷。

三、用电负荷构成

用电负荷构成是对一定范围（如一个地区、一个部门、一个企业、一个车间等）用电负荷组成的种类、比重及其相互之间关系的总体表述，简称"用电构成"。

分析研究用电负荷的构成有利于及时掌握用电负荷的变化规律及发展趋势，有利于用电负荷的科学管理，有利于合理用电和计划用电工作的开展。同时，通过用电负荷的构成还可以看出国家或地区在各个时期的经济政策、国民经济状况和人民生活水平。表 2-1 列举了我国 1952～1983 年用电负荷构成状况。

表 2-1　　　　　　　　　我国 1952～1983 年用电负荷构成状况

年 份　　用电　比重　项 目	1952	1957	1960	1965	1966	1972	1978	1979	1980	1983
	用 电 比 重 （%）									
全部用电量	100	100	100	100	100	100	100	100	100	100
工业用电	79.99	82.92	90.57	84.02	84.20	82.35	79.47	78.55	77.43	75.72
农业用电	0.69	0.66	1.37	6.53	7.80	10.51	13.20	13.91	14.88	15.98
交通运输用电	0.95	0.43	0.32	0.58	0.58	0.57	1.08	1.06	1.00	0.74
市政生活用电	18.37	15.99	7.74	8.87	7.43	6.57	6.25	6.48	6.60	7.56

四、用电负荷特性

用电负荷随着时间经常在变化。掌握用电负荷的变化规律，对电力系统来讲可做到安全、稳定、经济地运行。对用户来讲可充分发挥每 1kWh 电能的效益。

（一）负荷曲线

负荷曲线是反映负荷随时间变化规律的曲线。它以横坐标表示时间，以纵坐标表示负荷的绝对值。电力负荷曲线表示出用电户在某一段时间内，电力、电量的使用情况。曲线所包含的面积代表一段时间内用户的用电量。常见的电力负荷曲线有以下几种：

1. 日负荷曲线

以全日小时数为横坐标，以负荷值为纵坐标绘制而成的曲线。

2. 日平均负荷曲线

以考核的天数为横坐标，以每天的平均负荷为纵坐标而绘制的负荷曲线。它可以分一星期的、一月的、一季的日平均负荷曲线，但常用的是电力系统的日平均负荷曲线和分类用户的日平均负荷曲线。

3. 负荷持续曲线

表示某一时间段内，负荷大小和持续时间的关系，按负荷的大小顺序排列而绘制的曲线。它分为日、月、年三类负荷持续曲线，主要作用是掌握某负荷值的持续小时数。

4. 年负荷曲线

以全年的时间（有的以日为单位，有的以月为单位）为横坐标，以考核时间段的负荷为纵坐标绘制的曲线。

图 2-1、图 2-2 分别表示日用电负荷曲线和年用电负荷曲线。

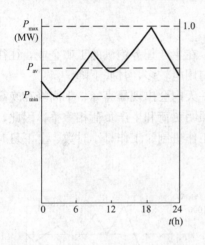
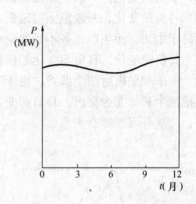

图 2-1　电力系统日用电负荷曲线　　　　　图 2-2　电力系统年用电负荷曲线

（二）负荷率

为了衡量在规定时间内负荷变动的情况，以及考核电气设备利用的程度，通常用负荷率表示。负荷率是指在规定时间（日、月、年）内的平均负荷与最大负荷之比的百分数。

对日负荷曲线来说，可通过下式计算日负荷率

$$K_{\mathrm{L}} = \frac{P_{\mathrm{av}}}{P_{\mathrm{max}}} \times 100\% \tag{2-1}$$

式中　K_{L}——日负荷率；

　　　P_{av}——日平均负荷，kW；

　　　P_{max}——日最大负荷，kW。

根据国家规定，企业日负荷率的最低指标值如表 2-2 所示。

表 2-2　　　　　　　　　　　　企业日负荷率最低指标值

企业类型	连续生产企业	三班制生产企业	二班制生产企业	一班制生产企业
日负荷率最低指标值	0.95	0.85	0.60	0.30

（三）用电负荷特性

1. 工业用电负荷特性

在我国国民经济结构中，除个别地区外，工业用电负荷在整个用电负荷中的比重居首位。工业用电负荷在不同行业之间，由于工作方式（包括工厂设备利用情况、每一设备负荷

情况、企业工作班制、工作日小时数、上下班时间、午休时间和交班间隔时间等）不同，其变化情况差别很大。因此，研究、分析和掌握工业用电负荷特性是很重要的，它主要有以下几个特征：

（1）年负荷变化。除部分建材、榨糖等季节性生产的工业用电负荷及节假日（如"五一"劳动节、"十一"国庆节、春节等）外，一般是比较稳定的。但不同地区、不同行业也有一些显著差别，如北方由于冬季采暖、照明负荷的影响使年负荷曲线略呈两头高中间低的马鞍形；而南方则由于通风降温负荷的影响使夏季负荷高于冬季负荷；连续生产的化工行业因夏季单位产品耗电较多、冶金行业因夏季劳动条件较差而都集中在夏季停产检修，这就使局部地区夏季工业用电负荷反而较低；另外，年末又往往为完成全年生产任务使工业用电负荷持续上升。

（2）季负荷变化。一般是季初较低，季末较高。

（3）月负荷变化。一般是上旬较低，中旬较高。在生产任务饱满的工矿企业，往往是下旬负荷高于中旬。而生产任务不足的企业，有时中旬用电较多，月底下降。

（4）日负荷变化。日负荷变化起伏最大。一般一天内会出现早高峰、午高峰和晚高峰三个高峰，中午和午夜后两个低谷。由于晚高峰期间照明负荷和生产负荷相重叠，因此，晚高峰比其他两个高峰尤为突出。日负荷变化与企业的工作班制、工作日小时数、上下班时间以及季节、气候等因素都有关系。

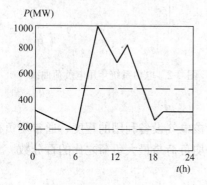

图 2-3　一班制企业日用电负荷曲线

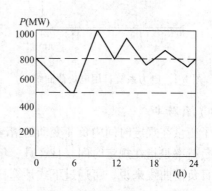

图 2-4　二班制企业日用电负荷曲线

一班制生产企业每天作业 8h，随着其上班、休息和下班的交替，用电负荷骤增骤降，其负荷曲线明显地显示出高峰与低谷。一般上班 0.5h 后出现早高峰，午休时为低谷，午休后又有一个高峰，其负荷曲线如图 2-3 所示。

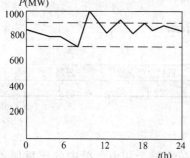

图 2-5　三班制企业日用电负荷曲线

二班制生产企业每天作业 16h，其高峰和低谷出现的时间随作业班安排时间的不同而不同，峰谷差较一班制生产企业小，其负荷曲线如图 2-4 所示。

三班制生产企业具有连续性生产特点，负荷曲线变化幅度较小，其负荷曲线如图 2-5 所示。

天气变化的影响作用也不容忽视，如阴天日照差，会引起工业照明用电的增加。雨天虽然会引起照明的增加，但也可能由于室外作业停止而使用电负荷下降。

2. 农、林、牧、渔、水利业用电负荷特性

在这类用电负荷中，农业排灌、农副业、水利业用电较多，因此这类用电负荷的特性由以下几方面决定：

（1）受季节影响较大。在春季和夏季，排灌用电和水利业用电较多。在秋季，以上两种用电会有所减少，但农业用电（主要是场上作业）和农副业用电剧增。在冬季，这些用电会相对减少。

（2）受气候影响较大。在风调雨顺的年份，排灌用电和水利业用电较少，而遇大旱或大涝这类用电负荷就会剧增。

（3）用电负荷不稳定。天气大旱，排灌用电负荷很大。一场大雨过后，旱情排除，排灌用电负荷就会迅速降下来。

（4）农副加工用电季节性影响同样明显。

3. 城乡居民生活用电负荷特性

随着人民生活水平的不断提高，人民生活用电的迅猛增长，特别是在晚高峰期间集中使用的特点，对日负荷曲线有着极大的影响，其主要特点如下：

（1）在一日内变化大。人民生活用电在一昼夜内极不均衡。在白天和深夜用电负荷很小，而在每天 18～23 时达到高峰。其用电量虽然比较小，但其负荷在系统晚高峰期间所占比重却比较大，因此，对日负荷曲线有很大影响。另外，家用电器的应用，尤其在城市居民中的广泛应用，也会造成居民生活用电负荷的大幅增长。

（2）季节变化对居民用电负荷的影响大。在南方夏季酷暑季节，通风降温用电，如电扇、空调大量使用，使生活用电负荷大幅度增加；在北方地区冬季及南方部分地区，采暖用电也使生活用电负荷增加。另外，居民生活照明用电负荷在冬夏两季的负荷曲线差别也很大，冬季照明负荷通常有早、晚两个高峰，而夏季只有一个晚高峰，且比冬季的晚高峰小得多，发生的时间也迟，其照明日用电负荷曲线如图 2-6 所示。市政生活日用电负荷曲线如图 2-7 所示。

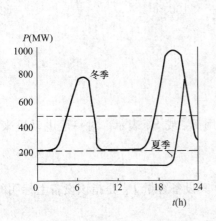

图 2-6　照明日用电负荷曲线

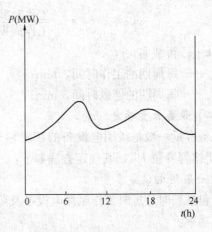

图 2-7　市政生活日用电负荷曲线

其他几种用电负荷，因其负荷较小，对负荷曲线影响不大，故此处不予以叙述。

第二节 用电负荷计算

为了计算一个工厂的总用电量，为了正确合理地选择工厂变、配电所的电气设备和导线、电缆，首先必须确定工厂总的计算负荷。

计算负荷确定得是否合理，直接关系到供电系统中各组成元件的选择是否合理。若计算负荷确定过大，将造成投资和有色金属的浪费；负荷确定过小，又将使供电设备和导线在运行中发生过热问题，引起绝缘过早老化，甚至发生烧毁事故，给国家造成更大损失。因此，计算负荷的确定是一项重要而又严谨的工作。

一、计算负荷概念

通常按发热条件选择供电系统元件时需要计算的负荷功率或负荷电流，称为计算负荷。其计算步骤应从计算用电设备开始，然后进行车间变电所（变压器）、高压供电线路及总降压变电所（或配电所）等的负荷计算。

（一）用电设备分类

为了计算方便，一般将用电设备按其工作性质分为以下三类：

第一类为长时工作制用电设备，是指使用时间较长或连续工作的用电设备，如多种泵类、通风机、压缩机、输送带、机床、电弧炉、电阻炉、电解设备和某些照明装置等等。

第二类为短时工作制用电设备，是指工作时间甚短而停歇时间相当长的用电设备，如金属切削机床辅助机械（如横梁升降、刀架快速移动装置等）的驱动电动机、启闭水闸的电动机等。

第三类为反复短时工作制用电设备，是指时而工作、时而停歇，如此反复运行的用电设备，如吊车用电动机、电焊用变压器等。

对于第三类反复短时工作制用电设备，为表征其反复短时的特点，通常用暂载率来描述，即

$$\varepsilon = \frac{\text{工作时间}}{\text{工作周期}} = \frac{t_{\mathrm{w}}}{t_{\mathrm{w}} + t_{\mathrm{s}}} \times 100\% \tag{2-2}$$

式中　ε——暂载率；

t_{w}——每周期的工作时间，min；

t_{s}——每周期的停歇时间，min。

（二）设备容量确定

设备容量一般是指用电设备的额定输出功率，用 P_{N} 或 S_{N} 表示。对一般电动机来说，P_{N} 是指铭牌容量 P'_{N}，其确定方法如下：

1. 一般用电设备容量

它包括长时、短时工作制用电设备及照明设备。其设备容量 P_{N} 是指该设备上标明的额定输出功率。

2. 反复短时工作制用电设备容量

它包括反复短时工作制电动机和电焊变压器两种。反复短时工作制用电设备的工作周期是以 10min 为计算依据。吊车电动机标准暂载率分为 15%、25%、40%、60% 四种；电焊设备标准暂载率分为 20%、40%、50%、100% 四种。这类设备在确定计算负荷时，首先要

进行换算。

（1）反复短时工作制电动机容量的确定。其设备容量 P_N 是指暂载率 $\varepsilon=25\%$ 时的额定容量。如 ε 值不为 25%，则可按下式进行换算，使其变为 25% 时的额定容量

$$P_N = \sqrt{\frac{\varepsilon_N}{\varepsilon_{25}}} \cdot P'_N = 2\sqrt{\varepsilon_N} \cdot P'_N \tag{2-3}$$

式中　ε_N——给定的设备暂载率（换算前的）；

ε_{25}——暂载率为 25%；

P'_N——暂载率 $\varepsilon=\varepsilon_N$ 时的额定设备容量，kW。

【例 2-1】　有一台 10t 桥式吊车，额定功率为 40kW（$\varepsilon_N=40\%$），试求该设备的设备容量 P_N。

解　$P_N = \sqrt{\dfrac{\varepsilon_N}{\varepsilon_{25}}} \cdot P'_N = 2\sqrt{\varepsilon_N} \cdot P'_N = 2\times\sqrt{0.4}\times40$

$= 50 \text{(kW)}$

（2）电焊变压器容量的确定。其设备容量 P_N 是指 $\varepsilon=100\%$ 时的额定容量。当 $\varepsilon\neq100\%$ 时应进行换算，换算公式为

$$S_N = \sqrt{\frac{\varepsilon_N}{\varepsilon_{100}}} \cdot S'_N = \sqrt{\varepsilon_N} \cdot S'_N \tag{2-4}$$

或

$$P_N = \sqrt{\frac{\varepsilon_N}{\varepsilon_{100}}} \cdot S'_N \cdot \cos\varphi = \sqrt{\varepsilon_N} \cdot S'_N \cdot \cos\varphi \tag{2-5}$$

式中　S'_N——换算前的铭牌额定容量；

$\cos\varphi$——与 S'_N 相对应时的功率因数。

【例 2-2】　有一台电焊变压器的 $S'_N=42\text{kVA}$，$\varepsilon_N=60\%$，$\cos\varphi=0.66$，求该设备容量 P_N。

解　$P_N = \sqrt{\varepsilon_N} \cdot S'_N \cdot \cos\varphi = \sqrt{0.6\times42\times0.66}$

$= 21.47 \text{(kW)}$

（三）几个概念说明

1. 班平均负荷

班平均负荷是指一个工作班内的平均负荷，即将一个工作班内 8h 分别测得的负荷值相加，再除以 8 所得的值，叫做班平均负荷。班平均负荷的四种物理量分别是 P_{av}、Q_{av}、S_{av} 及 I_{av}。工作班可能有两班或三班，其中最大负荷班内的平均负荷，则称为最大负荷班的平均负荷，用它来确定电能需要量。

2. 半小时最大负荷

半小时最大负荷是指在一个最大负荷班内以 0.5h 间隔来计算电气负荷平均值，找出其中某个最大的 0.5h 平均负荷值，此值称为半小时最大负荷。通常用此值作计算负荷，故又称计算负荷。它是供按温升来选择供电元件（即导线、变压器和开关）用的。为什么规定取"半小时的平均负荷"作为计算负荷呢？因为中、小截面导线，其发热时间常数 T 一般在 10min 以上，时间很短暂的尖峰负荷不能使导线达到最高温度，因为导线还来不及升高到其最高温度，这个尖峰负荷就已经消失了。根据实践表明，上述导线达到稳定温升的时间约为 $3T=3\times10=30$（min），故只有持续时间在 30min 以上的负荷值，才有可能构成导体的最高

温升。为使计算方法一致，按温升选择电气元件通常采用半小时最大负荷作为计算负荷。计算负荷的四个量分别为 P_c、Q_c、S_c、I_c。

3. 尖峰负荷

尖峰负荷是指用电设备（或用电设备组）可能通过的最大瞬时负荷，一般用 I_{max} 表示，它是计算线路电压损失和选择继电保护装置的依据。

二、确定计算负荷方法

在确定计算负荷时，可以不考虑短时间出现的尖峰负荷，如电动机的启动电流等。但是，对于持续时间超过 0.5h 的最大负荷必须考虑在内。

确定计算负荷的常用方法有需要系数法和二项式系数法两种。

（一）需要系数法确定计算负荷

按需要系数法确定计算负荷比较简单，是目前确定用户车间变电所和全厂变电所负荷的主要方法。

在需要确定的计算负荷中，四个物理量之间的关系为

$$Q_c = P_c \cdot \tan\varphi \tag{2-6}$$

$$S_c = \sqrt{P_c^2 + Q_c^2} \tag{2-7}$$

或

$$S_c = \frac{P_c}{\cos\varphi} \tag{2-8}$$

$$I_c = \frac{S_c}{\sqrt{3}U_N} \tag{2-9}$$

或

$$I_c = \frac{P_c}{\sqrt{3}U_N\cos\varphi} \tag{2-10}$$

上五式中　　$\cos\varphi$——功率因数；

$\tan\varphi$——功率因数角 φ 的正切值；

P_c——有功计算负荷，kW；

Q_c——无功计算负荷，kvar；

S_c——视在计算负荷，kVA；

I_c——计算电流，A；

U_N——三相用电设备的额定电压，kV。

1. 单个用电设备的计算负荷

对一般单台电动机来说，铭牌额定功率即为计算负荷。对单个白炽灯、电热器、电炉等，设备标称容量即为计算负荷。对单台反复短时工作制的用电设备，若吊车电动机的暂载率不是 25%，电焊变压器的暂载率不是 100%，则都应按式（2-4）和式（2-5）换算，换算后得到的设备容量（也称额定持续功率），即为计算负荷。

2. 成组用电设备的计算负荷

工作性质相同的一组用电设备有很多台，其中有的设备满载运行，有的设备轻载或空载运行，还有的设备处于备用或检修状态，该组用电设备的计算负荷 P_c 总是比其额定容量的总和 $P_{N\Sigma}$ 要小得多，因此在确定计算负荷时，需要将该组设备总容量（或称总功率）进行换算，即

$$P_c = \frac{K_{sim} \cdot K_L}{\eta_N \cdot \eta_x} \times P_{N\Sigma} \qquad (2\text{-}11)$$

式中 K_{sim}——同时系数，表示在最大负荷时某组工作着的用电设备容量与接于线路中该组
全部用电设备总容量的比值；

K_L——负荷系数，表示在最大负荷时某组工作着的用电设备实际所需的功率与其设
备总容量的比值；

η_N——用电设备效率；

η_x——线路效率；

$P_{N\Sigma}$——接于线路中一组用电设备的总容量（总功率），kW。

式（2-11）考虑了影响计算负荷的主要因素，但并不是全部因素。有些因素如工人操作
的熟练程度、材料的供应情况、工具质量等均未考虑在内，事实上也无法考虑。就是所谓的
主要因素事实上也是很难确定的。所以通常只是通过实测，将所有影响计算负荷的许多因素
归并成一个系数，称之为需要系数，所以前述的需要系数 K_r 实际上是综合了多种影响计算
负荷因素的系数。于是式（2-11）可简化为

$$P_c = K_r \cdot P_{N\Sigma} \qquad (2\text{-}12)$$

式中 P_c——该组用电设备的有功计算负荷，kW；

K_r——该组用电设备的需要系数；

$P_{N\Sigma}$——该组用电设备的总容量，kW。

一般由经验资料确定需要系数。在求得需要系数（见表 2-3～表 2-5）和所有装置的设
备容量后，即可按式（2-12）求得计算负荷。

表 2-3　　　　　　　　　　　　　一般工厂（全厂）需要系数及功率因数

工 厂 类 别	需 要 系 数 K_r		功 率 因 数 $\cos\varphi$	
	变动范围	建议采用	变动范围	建议采用
汽轮机制造厂	0.38～0.49	0.38	—	0.88
锅炉制造厂	0.26～0.33	0.27	0.73～0.75	0.75
柴油机制造厂	0.32～0.34	0.32	0.74～0.84	0.74
重型机械制造厂	0.25～0.47	0.35	—	0.79
机床制造厂	0.13～0.30	0.20	—	0.65
重型机床制造厂	0.32	0.32	—	0.71
工具制造厂	0.34～0.35	0.34	—	0.65
仪器仪表制造厂	0.31～0.42	0.37	0.80～0.82	0.81
滚珠轴承制造厂	0.24～0.34	0.28	—	0.70
量具刃具制造厂	0.26～0.35	0.26	—	0.60
石油机械制造厂	0.45～0.50	0.45	—	0.78
电器开关制造厂	0.30～0.60	0.35	—	0.75
阀门制造厂	0.38	0.38	—	—
铸管厂	—	0.50	—	0.78
通用机器厂	0.34～0.43	0.40	—	—
小型船厂	0.32～0.50	0.33	0.60～0.80	0.70
中型造船厂	0.35～0.45	有电炉时取高值	0.78～0.80	有电炉时取高值
大型造船厂	0.35～0.40	有电炉时取高值	0.70～0.80	有电炉时取高值
有色冶金企业	0.60～0.70	0.65	—	—

表 2-4 各种车间（全车间）需要系数及功率因数

车间名称	需要系数 K_r 变动范围	功率因数 $\cos\varphi$ 变动范围	车间名称	需要系数 K_r 变动范围	功率因数 $\cos\varphi$ 变动范围
铸钢车间（不包括电炉）	0.30～0.40	0.65	废钢铁处理车间	0.45	0.68
铸铁车间	0.35～0.40	0.70	电镀车间	0.40～0.62	0.85
锻压车间（不包括高压水泵）	0.20～0.30	0.55～0.65	中央实验室	0.40～0.60	0.60～0.80
热处理车间	0.40～0.60	0.65～0.70	充电站	0.60～0.70	0.80
焊接车间	0.25～0.30	0.45～0.50	煤气站	0.50～0.70	0.65
金工车间	0.20～0.30	0.55～0.65	氧气站	0.75～0.85	0.80
木工车间	0.28～0.35	0.60	冷冻站	0.70	0.75
工具车间	0.30	0.65	水泵站	0.50～0.65	0.80
修理车间	0.20～0.25	0.65	锅炉房	0.65～0.75	0.80
落锤车间	0.20	0.65	压缩空气站	0.70～0.85	0.75

表 2-5 用电设备组需要系数及功率因数

用电设备组名称		需要系数 K_r	功率因数 $\cos\varphi$	$\tan\varphi$
单独传动的 金属加工机床	(1) 冷加工车间	0.14～0.16	0.50	1.73
	(2) 热加工车间	0.20～0.25	0.55～0.60	1.52～1.23
压床、锻锤、剪床及其他锻工机械		0.25	0.60	1.33
连续运输机械	(1) 连锁的	0.65	0.75	0.88
	(2) 非连锁的	0.60	0.75	0.88
轧钢车间反复短时工作制的机械		0.30～0.40	0.50～0.60	1.73～1.33
通风机	(1) 生产用	0.75～0.85	0.80～0.85	0.75～0.62
	(2) 卫生用	0.65～0.70	0.80	0.75
泵、活塞式压缩机、鼓风机、电动发电机、排风机		0.75～0.85	0.80	0.75
透平压缩机和透平鼓风机		0.85	0.85	0.75
破碎机、筛选机、碾砂机		0.75～0.80	0.80	0.75
磨碎机		0.80～0.85	0.80～0.85	0.75～0.62
铸铁车间选型机		0.70	0.75	0.88

续表

用电设备组名称		需要系数 K_r	功率因数 $\cos\varphi$	$\tan\varphi$
凝结器、分级器、搅拌器		0.75	0.75	0.89
水银正流机组 (在变压器一次侧)	(1) 电解车间用	0.90~0.95	0.82~0.90	0.70~0.48
	(2) 起重机负荷	0.30~0.50	0.87~0.90	0.57~0.48
	(3) 电气牵引用	0.40~0.50	0.92~0.90	0.43~0.36
感应电炉 (不带功率因数补偿装置)	(1) 高频	0.80	0.10	10.05
	(2) 低频	0.80	0.35	2.67
电阻炉	(1) 自动装料	0.70~0.80	0.98	0.20
	(2) 非自动装料	0.60~0.70	0.98	0.20
小容量试验设备 和试验台	(1) 带电动发电机组	0.15~0.40	0.70	1.02
	(2) 带试验变压器	0.10~0.25	0.20	4.91
起重机	(1) 锅炉房、修理、金工装配	0.05~0.15	0.50	1.73
	(2) 铸铁车间、平炉车间	0.15~0.30	0.50	1.73
	(3) 轧钢车间脱锭工段	0.25~0.35	0.50	1.73
电焊机	(1) 点焊与缝焊用	0.35	0.60	1.33
	(2) 对焊用	0.35	0.70	1.02
电焊变压器	(1) 自动焊接用	0.50	0.40	2.29
	(2) 单头手动焊接用	0.35	0.35	2.68
	(3) 多头手动焊接用	0.40	0.35	2.68
焊接用 电动发电机组	(1) 单头焊接用	0.35	0.60	1.33
	(2) 多头焊接用	0.70	0.75	0.80
电弧炼钢炉变压器		0.90	0.87	0.57
煤气电气滤清机组		0.80	0.78	0.80
照明	(1) 生产厂房	0.80~1.0	1.0	
	(2) 办公室	0.70~0.80	1.0	
	(3) 生活区	0.60~0.80	1.0	
	(4) 仓库	0.50~0.70	1.0	
	(5) 户外照明	1.0	1.0	
	(6) 事故照明	1.0	1.0	
	(7) 照明分支线	1.0	1.0	

【例 2-3】 已知小批量生产的冷加工机床组,拥有电压为 380V 的三相交流电动机 7kW 的 3 台、4.5kW 的 8 台、2.8kW 的 17 台和 1.7kW 的 10 台。试求该机床组计算负荷。

解 由表 2-5 中查得 $K_r=0.14\sim0.16$,取 $K_r=0.15$,$\cos\varphi=0.5$,$\tan\varphi=1.73$,则

$$P_{N\Sigma} = 7\times3+4.5\times8+2.8\times17+1.7\times10 = 121.6(\text{kW})$$

由式 (2-12) 求得其有功计算负荷为

$$P_c = K_r \cdot P_{N\Sigma} = 0.15 \times 121.6 = 18.24 \,(\text{kW})$$

由式（2-6）求得其无功计算负荷为

$$Q_c = P_c \cdot \tan\varphi = 18.24 \times 1.73 = 31.56(\text{kvar})$$

由式（2-7）或式（2-8）求得其视在计算负荷为

$$S_c = \frac{P_c}{\cos\varphi} = \frac{18.24}{0.5} = 36.56(\text{kVA})$$

由式（2-9）或式（2-10）求得其计算电流为

$$I_c = \frac{P_c}{\sqrt{3}U_N \cdot \cos\varphi} = \frac{18.24}{\sqrt{3} \times 0.38 \times 0.5} = 55.48(\text{A})$$

上述用电设备组的 $\cos\varphi$、$\tan\varphi$ 均由表 2-5 查得，并非电动机的实际额定功率因数和 φ 的正切值。

需要注意事项如下：

（1）无论采用什么计算方法确定计算负荷，都必须根据本节中讲过的设备容量的确定方法，合理确定用电设备组的设备容量。

（2）需要系数法适用于确定设备台数多，而单台设备容量差别不大的用电设备组的计算负荷。如用电设备中设备台数不多，且单台设备容量差别又很大时，则应采用二项式系数法确定计算负荷。

（3）表 2-5 中所列的各用电设备组的需要系数都是根据设备台数较多时给定的，若设备台数较少，一般均取给定范围值的上限值。

3. 多组用电设备的计算负荷

对于多组用电设备（如 m 组），由于各组需要系数不尽相同，各组最大负荷出现的时间也不相同，因此在确定多组用电设备的计算负荷时，除了将各组计算负荷累加之外，还必须乘以一个需要系数的"同时使用系数" K_{sp}、K_{sq}，即

$$P_c = K_{sp}\sum_{i=1}^{m}(P_c)_i = K_{sp}\sum_{i=1}^{m}(K_x \cdot P_{N\Sigma})_i \tag{2-13}$$

$$Q_c = K_{sq}\sum_{i=1}^{m}(P_c\tan\varphi)_i = K_{sq}\sum_{i=1}^{m}(K_x P_{N\Sigma}\tan\varphi)_i \tag{2-14}$$

式中　K_{sp}——有功计算负荷的同时使用系数，见表 2-6；

　　　K_{sq}——无功计算负荷的同时使用系数，见表 2-6。

表 2-6　　　　　　需要系数的同时使用系数

应用范围		K_{sp}、K_{sq}	应用范围		K_{sp}、K_{sq}
确定车间变电所低压母线的最大负荷时，所采用的有功负荷同时使用系数（无功负荷与此同）	冷加工车间	0.7～0.8	确定配电所母线的最大负荷时，所采用的同时系数	计算负荷小于 5000kW	0.9～1.0
	热加工车间	0.7～0.9		计算负荷为 5000～10000kW	0.85
	动力站	0.8～1.0		计算负荷超过 10000kW	0.8

这里要注意的是，由于各组用电设备的功率因数不一定相同，所以要确定多组用电设备总的视在计算负荷时，不能套用式（2-8）而只能采用式（2-7）。同理，要确定计算电流也只能用式（2-9）而不能用式（2-10）。

【例 2-4】 某厂机修车间低压配电装置对机床、长时间工作制的水泵和通风机以及卷扬机等三组负荷供电，见图 2-8。已知机床组有 5kW 电动机 4 台，10kW 电动机 3 台；水泵和通风机组有 10kW 电动机 5 台；卷扬运输机组有 7kW 电动机 4 台。试确定机修车间的计算负荷。

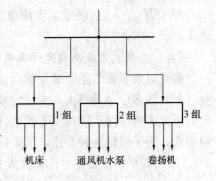

图 2-8　对用电设备组供电的低压配电装置

解　（1）先分别求各组计算负荷。

1）机床组。查表 2-5，取 $K_{r1}=0.2$，$\cos\varphi_1=0.6$，$\tan\varphi_1=1.33$，则

$$P_{N1} = 5 \times 4 + 10 \times 3 = 50(\text{kW})$$

$$P_{c1} = K_{r1} \cdot P_{N1} = 0.2 \times 50 = 10(\text{kW})$$

$$Q_{c1} = P_{c1} \cdot \tan\varphi_1 = 10 \times 1.33 = 13.3(\text{kvar})$$

2）水泵和通风机组。查表 2-5，取 $K_{r2}=0.75$，$\cos\varphi_2=0.8$，$\tan\varphi_2=0.75$，则

$$P_{N2} = 10 \times 5 = 50(\text{kW})$$

$$P_{c2} = K_{r2} \cdot P_{N2} = 0.75 \times 50 = 37.5(\text{kW})$$

$$Q_{c2} = P_{c2} \cdot \tan\varphi_2 = 37.5 \times 0.75 = 28.13(\text{kvar})$$

3）卷扬运输机组。查表 2-5，取 $K_{r3}=0.6$，$\cos\varphi_3=0.75$，$\tan\varphi_3=0.88$，则

$$P_{N3} = 7 \times 4 = 28(\text{kW})$$

$$P_{c3} = K_{r3} \cdot P_{N3} = 0.6 \times 28 = 16.8(\text{kW})$$

$$Q_{c3} = P_{c3} \cdot \tan\varphi_3 = 16.8 \times 0.88 = 14.8(\text{kvar})$$

（2）确定机修车间计算负荷。查表 2-6，取 $K_{sp}=K_{sq}=0.9$，由式（2-13）求得有功计算负荷为

$$P_c = K_{sp} \sum_{i=1}^{3} (P_c)_i = 0.9 \times (10 + 37.5 + 16.8) = 57.87(\text{kW})$$

由式（2-14）求得无功计算负荷为

$$Q_c = K_{sq} \sum_{i=1}^{3} (P_c \tan\varphi)_i = 0.9 \times (13.3 + 28.13 + 14.8) = 50.61(\text{kvar})$$

由式（2-7）求得视在计算负荷为

$$S_c = \sqrt{P_c^2 + Q_c^2} = \sqrt{57.87^2 + 50.61^2} = 76.88(\text{kVA})$$

由式（2-9）求得计算电流为

$$I_c = \frac{S_c}{\sqrt{3}U_N} = \frac{76.88}{1.73 \times 0.38} = 116.95\,(\text{A})$$

对于 K_{sp}、K_{sq} 的确定，当用电设备组数越多时，取值越小；当组数越少时，取值越接近 1。

（二）二项式系数法确定计算负荷

前述需要系数法把需要系数看作与用电设备台数及功率都无关的常数。这对确定整个企业（如台数多、总功率大）或一定规模车间变电所的计算负荷是可以的，但在确定连接设备台数不太多的车间干线或支干线的计算负荷时，由于其中 n 台大功率设备对电力负荷变化影响很大，为了反映这种变化，可采用二项式系数法。用两个系数表征负荷变化的规律，见表 2-7。二项式系数法的基本计算公式为

$$P_c = bP_N + cP'_N \tag{2-15}$$

式中 c、b——二项式系数，其值见表 2-7；

P_N——该组所有用电设备的总额定功率，kW；

bP_N——表示用电设备组的平均负荷；

P'_N——该组中 n 台功率最大的用电设备的总额定功率，kW；

cP'_N——表示用电设备组中 n 台容量最大的设备运行时的附加负荷。

不同工业制的不同类用电设备，取用大功率设备的数量 n 应有所不同。一般规定：金属切割机床采用 $n=5$；反复短时工作制采用 $n=3$；加垫炉采用 $n=2$；电焊设备采用 $n=1$。

由式（2-15）确定了三相用电设备的有功计算负荷 P_c 后，就可采用式（2-6）～式（2-10）分别确定其无功计算负荷 Q_c、视在计算负荷 S_c 和计算电流 I_c。

必须指出，当用电设备组只有一两台设备时，可认为 $P_c = P_N$（即取 $b=1$，$c=0$），相应地 $\cos\varphi$ 也应适当取大一些。

二项式系数法适用于确定设备台数较少而各台之间容量大小相差悬殊的低压分支线和干线的计算负荷。

表 2-7   二项式法计算系数

用 电 设 备 类 别	n	二项式系数		$\cos\varphi$	$\tan\varphi$
		c	b		
大批生产和流水作业的热加工车间的机床电动机	5	0.5	0.26	0.65	1.17
大批生产的金属冷加工车间机床电动机	5	0.5	0.14	0.50	1.73
大批生产的金属冷加工车间机床电动机但为小批和单件生产	5	0.4	0.14	0.50	1.73
通风机、水泵、空压机及电动发电机组	5	0.25	0.65	0.80	0.75
连续运输和翻砂车间内造砂用机械非联动的	5	0.4	0.4	0.75	0.88
锅炉房、修理车间、装配车间和机房内的吊车（ε=25%）	3	0.2	0.06	0.5	1.73
翻砂铸造车间的吊车（ε=25%）	3	0.3	0.09	0.5	1.73
自动连续装料的电阻炉设备	2	0.3	0.7	0.95	0.33
非自动连续装料的电阻炉设备	1	0.5	0.5	0.95	0.33

1. 用电设备组的计算负荷

【例 2-5】 已知某矿井有电压为 380V 的通风机：20kW 的 3 台，15kW 的 4 台，7kW 的 8 台。试用二项式法求该通风机组的计算负荷。

解　查表 2-7，取 $b = 0.65$，$c = 0.25$，$n = 5$，$\cos\varphi = 0.80$，$\tan\varphi = 0.75$，则

$$P'_N = 20 \times 3 + 15 \times 2 = 90(\text{kW})$$

$$P_N = 20 \times 3 + 15 \times 4 + 7 \times 8 = 176(\text{kW})$$

因此由式（2-15）求得有功计算负荷

$$P_c = bP_N + cP'_N = 0.65 \times 176 + 0.25 \times 90 = 136.9(\text{kW})$$

由式（2-10）可求得其计算电流为

$$I_c = \frac{P_c}{\sqrt{3}U_N\cos\varphi} = \frac{136.9}{\sqrt{3} \times 0.38 \times 0.8} = 260(\text{A})$$

2. 多组用电设备的计算负荷

对于干线或低压母线上拥有不同类的多组用电设备（如 m 组）的计算负荷的确定，同样应考虑各组用电设备最大负荷不同时出现的因素。因此在确定干线上总计算负荷时，只能在各组用电设备中取其中一组最大的附加负荷 cP'_N，再加上所有设备的平均负荷 bP_N，得出总的有功和无功计算负荷。其计算式为

$$P_c = \sum_{i=1}^{m}(bP_N)_i + (cP'_N)_{\max} \tag{2-16}$$

$$Q_c = \sum_{i=1}^{m}(bP_N\tan\varphi)_i + (cP'_N\tan\varphi)_{\max} \tag{2-17}$$

式中　$\sum(bP_N)_i$ 和 $\sum(bP_N\tan\varphi)_i$——分别表示所有各组的有功和无功平均负荷的总和；

$(cP'_N)_{\max}$ 和 $(cP'_N\tan\varphi)_{\max}$——分别表示各组有功和无功附加负荷中的最大值。

为了简化和统一，每一组的设备台数不论多少，二项式系数 b 和 c 都取表 2-7 所列数据。

从式（2-16）、式（2-17）确定了多组用电设备的有功和无功计算负荷后，仍可按式（2-7）、式（2-9）计算总的视在计算负荷和计算电流。

【例 2-6】　某机修车间 380V 线路中，接有冷加工机床电动机 20 台，共 50kW（其中较大功率电动机 7kW 的 1 台，4.5kW 的 2 台，2.8kW 的 7 台）；通风机 2 台，共 5.6kW；电阻炉 1 台，为 2kW。试用二项式系数法确定线路上的计算负荷。

解　（1）先求各组的 cP'_N 和 bP_N。

1）冷加工机床组。查表 2-7，取 $c_1 = 0.4$，$b_1 = 0.14$，$n = 5$，$\cos\varphi_1 = 0.5$，$\tan\varphi_1 = 1.73$，则

$$c_1P'_{N1} = 0.4 \times (7 \times 1 + 4.5 \times 2 + 2.8 \times 2) = 8.64(\text{kW})$$

$$b_1P_{N1} = 0.14 \times 50 = 7(\text{kW})$$

2）通风机组。查表 2-7，取 $c_2 = 0.25$，$b_2 = 0.65$，$n_2 = 5$，$\cos\varphi_2 = 0.8$，$\tan\varphi_2 = 0.75$，则

$$c_2P'_{N2} = 0.25 \times 5.6 = 1.4(\text{kW})$$

$$b_2P_{N2} = 0.65 \times 5.6 = 3.64(\text{kW})$$

3）电阻炉。查表 2-7，取 $c_3 = 0$，$b_3 = 0.7$，$\cos\varphi_3 = 1$，$\tan\varphi_3 = 0$，则

$$c_3P'_{N3} = 0$$

$$b_3P_{N3} = 0.7 \times 2 = 1.4(\text{kW})$$

（2）再确定线路上的计算负荷。由式（2-16）求得有功计算负荷

$$P_c = \sum_{i=1}^{3}(bP_N)_i + (cP'_N)_{max}$$

$$= 7 + 3.64 + 1.4 + 8.64 = 20.68(\text{kW})$$

由式（2-17）求得无功计算负荷

$$Q_c = \sum_{i=1}^{3}(bP_N\tan\varphi)_i + (cP'_N\tan\varphi)_{max}$$

$$= 7 \times 1.73 + 3.64 \times 0.75 + 1.4 \times 0 + 8.64 \times 1.73$$

$$= 29.79(\text{kvar})$$

由式（2-7）和式（2-9）分别求得视在计算负荷和计算电流

$$S_c = \sqrt{P_c^2 + Q_c^2} = \sqrt{20.68^2 + 29.79^2} = 36.26(\text{kVA})$$

$$I_c = \frac{S_c}{\sqrt{3}U_N} = \frac{36.26}{1.73 \times 0.38} = 56.16(\text{A})$$

（三）工厂企业总计算负荷确定

为了确定全厂的需用电力和电量，或者合理选择工厂变、配电所的变压器容量和电气设备，以及导线、电缆的规格型号，都必须先确定工厂总计算负荷。

确定工厂计算负荷的方法很多，这里介绍常用的需要系数法、逐级相加计算法和单耗估算法三种计算方法。

1. 需要系数法计算

将全厂用电设备的总设备容量 ΣP_N（不计备用设备容量）乘以一个全厂需要系数 K_r，就得出全厂的计算负荷，即

$$P_c = K_r \cdot \Sigma P_N$$

各类工厂的需要系数可由有关设计单位根据调查统计的资料，或参考有关设计手册来确定。工厂需要系数的高低，不仅与用电设备的工作性质、设备台数、设备效率和线路损耗等因素有关，而且与工厂的生产性质、工艺特点、生产班制等因素有关，所以此法计算比较粗略。

各类工厂的需要系数值，参见表 2-3。

2. 逐级相加计算法计算

如图 2-9 所示，采用从用电端开始，逐级向电源推移计算方法。

（1）计算步骤。

1）先确定各用电设备的计算负荷，然后计算车间干线和车间变电所低压母线 1 处的计算负荷，包括电力照明（注意从表 2-6 选择 K_{sp}、K_{sq}）；

2）车间变电所低压侧总计算负荷，加上车间变电所变压器 2 处的损耗功率，得到车间变电所高压侧 3 处的计算负荷；

3）所有车间变电所高压侧的计算负荷，加上厂区高压配电线 4 的损耗功率，就得到工厂总降压变电所低压侧 5 处的计算负荷（注意从表 2-6 选择 K_{sp}、

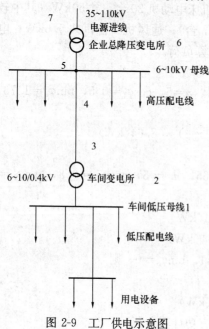

图 2-9　工厂供电示意图

K_{sq}）；

4）工厂总降压变电所低压侧的计算负荷，加上主变压器 6 的损耗功率，便得到总降压变电所高压侧 7 处的计算负荷，即为全厂进线处的总计算负荷。

还应当注意，当供电系统中某个环节装设有无功功率补偿设备（如移相电容器）时，应在确定此装设地点前的计算负荷时，将无功补偿考虑在内。

（2）变压器功率损耗计算。电力变压器的功率损耗包括有功损耗和无功损耗两部分。

1）变压器的有功损耗

$$\Delta P_T = \Delta P_0 + \Delta P_k \left(\frac{S_c}{S_N}\right)^2 \tag{2-18}$$

式中　ΔP_T——变压器有功损耗，kW；

　　　ΔP_0——变压器空载损耗，kW；

　　　ΔP_k——变压器短路损耗，kW；

　　　S_c——变压器计算负荷，kVA；

　　　S_N——变压器额定容量，kVA。

2）变压器的无功损耗

$$\Delta Q_T = \Delta Q_0 + \Delta Q_N \left(\frac{S_c}{S_N}\right)^2 \tag{2-19}$$

其中　　　　　　　　　　$$\Delta Q_0 = \frac{I_0\%}{100} S_N$$

$$\Delta Q_N = \frac{U_k\%}{100} S_N$$

式中　ΔQ_T——变压器无功损耗，kvar；

　　　ΔQ_0——产生主磁通所需的无功功率，kvar；

　　　$I_0\%$——变压器空载电流占额定电流的百分比；

　　　$U_k\%$——变压器短路电压占额定电压的百分比；

　　　ΔQ_N——额定负荷下消耗在一、二次绕组漏电抗上的无功功率，kvar。

上述 ΔP_0、ΔP_k、$I_0\%$ 和 $U_k\%$ 都可以由变压器产品样本上查得。

3）变压器功率损耗的近似计算变压器的有功、无功损耗，也可用下面经验公式作近似计算

$$\Delta P_T \approx 0.015 S_c \tag{2-20}$$

$$\Delta Q_T \approx 0.06 S_c \tag{2-21}$$

（3）电力线路功率损耗计算。电力线路功率损耗包括有功损耗和无功损耗两部分。

1）电力线路的有功损耗。它是电流通过线路电阻时产生的，按下式计算

$$\Delta P_L = 3 I_c^2 R \times 10^{-3} \tag{2-22}$$

式中　ΔP_L——电力线路有功损耗，kW；

　　　I_c——线路负荷计算电流，A；

　　　R——线路每相电阻，Ω。

2）电力线路无功损耗。它是电流通过线路电抗时产生的，按下式计算

$$\Delta Q_L = 3 I_c^2 X \times 10^{-3} \tag{2-23}$$

式中　ΔQ_L——电力线路无功损耗，kvar；

X——线路每相电抗，Ω。

在有关设计手册中，一般列表给出各种型号规格的导线或电缆每千米的电阻值 R_0（Ω/km）和每千米的电抗值 X_0（Ω/km），线路的电抗值与线间几何均距有关。因此，线路的每相电阻 $R = R_0 L$，每相电抗 $X = X_0 L$，其中 L 为线路长度，单位为 km。

【**例 2-7**】 试计算图 2-10 所示的某钢铁厂的全厂总负荷，各车间的计算负荷见表 2-8。

表 2-8　　　　　　　　　　　**全厂各车间计算负荷表**

序　号	车　间　名　称	计　算　负　荷			注
		P_c (kW)	Q_c (kvar)	S_c (kVA)	
1	采矿车间 10kV 母线	834	793	1150	
2	选矿车间 10kV 母线	851	784	1157	
3	炼铁车间 10kV 母线	1284	1154	1725	
4	动力车间 10kV 母线	927	606	1107	
5	其他	650	736	1000	
小　计		4546	4073	6139	
取同时使用系数后 $K_{sp}=0.95$ $K_{sq}=0.97$		4318.7	3950.8	5853.2	$\cos\varphi=0.735$
总降压变压器损耗		87.8	351.2		
电容器的补偿容量			−2400		
全厂 35kV 侧总负荷		4406.5	1902	4799.46	$\cos\varphi=0.92$

解 从表 2-8 可知，全厂有功计算负荷小于 5000kW，按表 2-6 选取 $K_{sp}=0.95$，$K_{sq}=0.97$，故全厂总降压变电所 10kV 母线上的计算负荷为

$$P_{\Sigma5} = 0.95 \times (834 + 851 + 1284 + 927 + 650)$$
$$= 0.95 \times 4546 = 4318.7(\mathrm{kW})$$
$$Q_{\Sigma5} = 0.97 \times (793 + 784 + 1154 + 606 + 736)$$
$$= 0.97 \times 4073 = 3950.8(\mathrm{kvar})$$
$$S_{\Sigma5} = \sqrt{P_\Sigma^2 + Q_\Sigma^2} = \sqrt{4318.7^2 + 3950.8^2}$$
$$= 5853.2(\mathrm{kVA})$$

按公式（2-20）和式（2-21）计算总变压器的有功和无功损耗为

$$\Delta P_T \approx 0.015 S_{\Sigma2} = 0.015 \times 5853.2 = 87.8(\mathrm{kW})$$
$$\Delta Q_T \approx 0.06 S_{\Sigma2} = 0.06 \times 5853.2 = 351.2(\mathrm{kvar})$$

于是全厂 35kV 侧总高压负荷为

$$P_{\Sigma7} = P_{\Sigma5} + \Delta P_T = 4318.7 + 87.8$$
$$= 4406.5(\mathrm{kW})$$
$$Q_{\Sigma7} = Q_{\Sigma5} + \Delta Q_T = 3950.8 + 351.2 - 2400$$
$$= 1902(\mathrm{kvar})$$
$$S_{\Sigma7} = \sqrt{P_{\Sigma7}^2 + Q_{\Sigma7}^2} = \sqrt{4406.5^2 + 1902^2}$$
$$= 4799.46(\mathrm{kVA})$$

采取补偿措施后的功率因数从 0.735 提高为

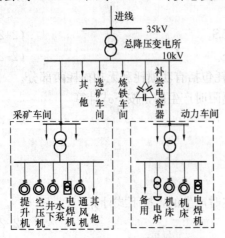

图 2-10　某钢铁厂 35kV 供电系统图

$$\cos\varphi = \frac{P_{\Sigma 7}}{S_{\Sigma 7}} = \frac{4406.5}{4799.46} = 0.92$$

3. 单耗估算法计算

用单耗计算工厂的计算负荷有两种方法，一种是用单位产品耗电量来确定计算负荷；另一种是用单位产值耗电量来确定计算负荷。对于有固定产品的工厂可采用第一种方法，对于无固定产品的工厂（如修理厂等）可采用第二种方法。

（1）单位产品电耗法确定工厂计算负荷。将工厂全年的生产产量 m，以产品单位计，乘以单位产品耗电量 q（kWh），就得到工厂的全年耗电量 A（kWh），即

$$A = qm \tag{2-24}$$

各类工厂的单位产品耗电量，可根据实测统计资料确定，也可查有关单耗手册来确定。

求出工厂全年耗电量后，除以工厂的年最大负荷利用小时数 T_{max}（见表 2-9），就可求得工厂的计算负荷为

$$P_c = \frac{A}{T_{max}} \tag{2-25}$$

式中　P_c——工厂计算负荷，kW；

　　　A——工厂全年耗电量，kWh；

　　　T_{max}——工厂年最大负荷利用小时数，h。

其他各项计算负荷 Q_c、S_c、I_c 的计算与需要系数法相同。

（2）单位产值电耗法确定工厂计算负荷。与上述单位产品电耗法相似，如年产值为 M（万元），单位产值耗电量为 b（kWh/万元），则工厂全年耗电量为

$$A = Mb \tag{2-26}$$

工厂的计算负荷为

$$P_c = \frac{A}{T_{max}}$$

其他各项计算负荷 Q_c、S_c、I_c 的计算与需要系数法相同。

表 2-9　　　　　　　　　　　　工厂年最大负荷利用小时数

工厂类别	年最大负荷利用小时数 T_{max}（h）		工厂类别	年最大负荷利用小时数 T_{max}（h）	
	有功负荷年利用小时数	无功负荷年利用小时数		有功负荷年利用小时数	无功负荷年利用小时数
化工厂	6200	7000	起重运输设备厂	3300	3880
石油提炼工厂	7100	—	汽车拖拉机厂	4960	5240
苯胺颜料工厂	7100	—	农业机械制造厂	5330	4220
氮肥厂	7000~8000	—	仪器制造厂	3080	3180
重型机械制造厂	3770	4840	电器工厂	4280	6420
机床厂	4345	4750	汽车修理厂	4370	3200
工具厂	4140	4960	车轮修理厂	3560	3660
滚珠轴承厂	5300	6130	金属加工厂	4355	5880

第三节　用电负荷预测

工厂用电负荷预测对工厂的生产调度及发展都有着至关重要的意义,它包括需用电量和用电负荷功率两方面的预测。

一、需用电量计算

工矿企业需用电量取决于生产规模、用电负荷特性和生产增长情况等因素,同时还受国家不同时期的经济政策、资源、市场需要等因素的影响。因此,在进行需用电量测算时需收集和研究有关资料。

(一) 收集研究资料

(1) 各种产品产量及相应的单位产品耗电量。

(2) 各种产品的工艺特点及生产方式。

(3) 新建工业企业的设计生产能力、产品种类及生产计划。

(4) 工厂企业扩建计划及主要产品产量自然增长趋势。

(二) 计算需用电量

主要根据各种产品的单位产品耗电定额和产品产量进行计算,计算公式为

$$A = \sum_{i=1}^{n}(q \cdot m)_i \tag{2-27}$$

式中　A——工厂需用电量,kWh;

　　q——某种工业产品单位产品耗电量,kWh;

　　m——某种工业产品产量。

从式 (2-27) 可看出,工厂企业需用电量的大小和产品的单耗定额 q 有很大关系,因此 q 值的合理确定是正确计算工矿企业需用电量的关键。确定 q 值的方法一般有两种,一是利用历年各类产品的生产耗电实际资料;另一是根据各种生产工艺过程的能量平衡计算资料。在实际工作中,常将这两种方法结合使用,还可参考同行业其他工厂的单耗定额来确定。

二、需用电量预测

工厂需用电量的预测按预测的期限不同而方法不同,其常用的方法有以下几类。

(一) 用电单耗法

用电单耗法一般用于年度计划或近期需用电量预测,其预测公式为

$$A_t = \sum_{i=1}^{n}(q \cdot m)_i + A_t' \tag{2-28}$$

式中　A_t——工厂 t 年需用电量,kWh;

　　q——t 年度 i 产品的用电单耗,kWh;

　　A_t'——t 年度不包括在 i 主要产品中的其他用电量,kWh;

　　m——i 产品的产量。

(二) 经验统计法

1. 简单平均数法

这种方法是根据过去实际用电量统计资料予以平均化,排除某些偶然性、波动性因素,

预测其发展趋势，适用于短期预测，其预测公式为

$$A_{n+1} = \frac{1}{n}\sum_{i=1}^{n}A_i \tag{2-29}$$

式中　A_{n+1}——预测期需用电量，kWh；

　　　　n——所取实际需用电量期数；

　　　　A_i——第 i 期实际需用电量，kWh。

【例 2-8】　某工厂 1991～1995 年逐年实际用电量为 83800、87600、92410、97270、102720kWh，试预测 1996 年度需用电量。

解　$A_{1996} = \frac{1}{5}\sum_{i=1}^{5}A_i = \frac{A_{1991}+A_{1992}+A_{1993}+A_{1994}+A_{1995}}{5}$

$$= \frac{83800+87600+92410+97270+102720}{5}$$

$$= 92760(\text{kWh})$$

2. 加权平均数法

简单平均数法以各期数据参与平均的权数相等进行平均。实际上，后期数据更能反映变化趋势。加权平均数法就是对各期数据以不同的权数（后期权数大，前期权数小）参与平均，可使预测结果更为准确。这种预测法一般适用于近期预测，其预测计算公式为

$$A_{n+1} = \frac{\sum_{i=1}^{n}(K_i \cdot A_i)}{\sum_{i=1}^{n}K_i} \tag{2-30}$$

式中　K_i——第 i 期的权数，一般取 $K_i = i$。

【例 2-9】　对［例 2-8］用加权平均法预测 1996 年度需用电量。

解　$A_{1996} = \dfrac{\sum_{i=1}^{n}(K_i \cdot A_i)}{\sum_{i=1}^{n}K_i}$

$$= \frac{1\times A_{1991}+2\times A_{1992}\times 3\times A_{1993}+4\times A_{1994}+5\times A_{1995}}{1+2+3+4+5}$$

$$= \frac{1\times 83800+2\times 87600\times 3\times 92410+4\times 97270+5\times 102720}{1+2+3+4+5}$$

$$= 95927(\text{kWh})$$

3. 平均增长率法

这种方法用历史数据先计算出一段时间（n 年）内总的发展进度，再求出这 n 期的平均发展速度，以此作为预测的依据，这种方法对稳定发展时期的预测有参考价值，但预测期不宜过长，其预测计算式为

$$A_{n+i} = A_0(1+C)^{n+i} \tag{2-31}$$

或　　　　　　　　　　　　$A_{n+i} = A_n(1+C)^i$ $\tag{2-32}$

式中　A_{n+i}——基年（初期第一年）后第 $n+i$ 年的预测需用电量，kWh；

　　　　A_0——基年实际用电量，kWh；

A_n——基年后第 n 年实际用电量，kWh；

C——从基年到 n 年期间的平均增长速度（平均增长率）。

【例 2-10】 已知某工厂 1991 年和 1995 年的实际用电量分别为 83800kWh 和 102720kWh，该厂经济发展稳步增长，试预测 1996、1997、1998 年的需用电量。

解 （1）1991～1995 年期间的平均增长率

由式（2-31）取 $i=0$，得 $A_n=A_0(1+C)^n$，则

$$C = \left(\frac{A_n}{A_0}\right)^{\frac{1}{n}} - 1$$

将 $A_0=A_{1991}=83800$，$A_n=A_{1995}=102720$ 代入上式，得

$$C = \left(\frac{102720}{83800}\right)^{\frac{1}{1995-1991}} - 1 \approx 0.05$$

（2）预测 1996、1997、1998 年需用电量

$$A_{1996} = A_{1995+1} = A_{1991}(1+C)^{(1995-1991+1)}$$
$$= 83800 \times (1+0.05)^5 = 106952(\text{kWh})$$
$$A_{1997} = A_{1995+2} = A_{1991}(1+C)^{(1995-1991+2)}$$
$$= 83800 \times (1+0.05)^6 = 112300(\text{kWh})$$
$$A_{1998} = A_{1995+3} = A_{1991}(1+C)^{(1995-1991+3)}$$
$$= 83800 \times (1+0.05)^7 = 117915(\text{kWh})$$

（三）电力弹性系数法（电能消费增长系数）

我们在第一篇第一章概述中曾提到电力弹性系数（电能消费增长系数）的概念，它反映了用电量和国民经济总产值之间的发展规律。在用电量的预测中，利用电力弹性系数法进行预测也是常用的方法之一。其预测公式为

$$A_n = A_0(1+K_t\gamma_y)^t \tag{2-33}$$

其中

$$K_t = \frac{C}{\gamma} \tag{2-34}$$

式中 A_n——预测需用电量，kWh；

A_0——基期实际用电量，kWh；

K_t——计划期电力弹性系数，一般 $K_t>1$；

γ_y——预测期国民经济总产值年平均增长率；

C——计划期用电量年平均增长率；

γ——计划期国民经济总产值年平均增长率；

t——预测期数。

（四）回归分析法

这种方法是应用数理统计学中的回归原理，在需用电量和工厂生产总产值之间建立回归模型，然后根据此回归模型对工厂需用电量进行预测。其中，线性回归法是常用的一种预测法。

1. 一元线性回归模型

将两组随机变量 x 和 y（x——生产总产值，y——需用电量）在直角坐标中表示出来就得到散点图，如图 2-11 所示。当这些散点在坐标中的分布近似直线时，就可以用一个线性

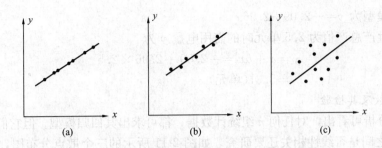

图 2-11　散点分布图

（a）接近直线；（b）大体上是直线；（c）不规则

方程来描述这条近似直线，又因只有一个自变量，所以是一元线性回归方程，即

$$y = a + bx \qquad (2\text{-}35)$$

当求得上述方程的两个乘数 a 和 b，就得到可预测需用电量的一元线性回归模型，系数 a 和 b 的计算式（数学推导略）为

$$
\begin{cases}
a = \dfrac{\Sigma x^2 \Sigma y - \Sigma x \Sigma x \cdot y}{n\Sigma x^2 - (\Sigma x)^2} \\[3mm]
b = \dfrac{n\Sigma x \cdot y - \Sigma x \Sigma y}{n\Sigma x^2 - (\Sigma x)^2}
\end{cases}
\qquad (2\text{-}36)
$$

式中　y——需用电量，单元；

$\quad\quad x$——工厂生产总产值，单元；

a、b——回归系数；

$\quad\quad n$——相关数据对数。

【例 2-11】　某工厂生产总产值与用电量之间存有以下 7 对相关数据，见表 2-10。试求工厂生产总产值为 2.5 单元时的需用电量。

表 2-10　　　　　　工厂生产总产值与用电量发展间的关系（单元）

x_i	1.00	1.14	1.21	1.28	1.46	1.53	1.87
y_i	1.00	1.22	1.48	1.66	2.12	2.48	3.52

解　（1）将 x、y 值画在直角坐标中得到散点图，如图 2-11 所示。由图 2-11 可看出，散点分布趋势呈近似直线，故用一元线性回归方程 $y = a + bx$ 求解。

（2）由式（2-36）求回归系数

$$a = \frac{\displaystyle\sum_{i=1}^{7} x_i^2 \sum_{i=1}^{7} y_i - \sum_{i=1}^{7} x_i \sum_{i=1}^{7} (x \cdot y)_i}{7\displaystyle\sum_{i=1}^{7} x_i^2 - \left(\sum_{i=1}^{7} x_i\right)^2} = -2.09$$

$$b = \frac{7\displaystyle\sum_{i=1}^{7} (x \cdot y)_i - \sum_{i=1}^{7} x_i \cdot \sum_{i=1}^{7} y_i}{7\displaystyle\sum_{i=1}^{7} x_i^2 - \left(\sum_{i=1}^{7} x_i\right)^2} = 2.96$$

所以回归模型为 $y=-2.09+2.96x$

（3）工厂生产总产值为 2.5 单元时的需用电量 y 为

$$y=a+bx=-2.09+2.96\times2.5$$
$$=5.31（单元）$$

2. 相关系数及其检验

从上面的分析可看出，对任何 n 组统计数据，都可求出其回归模型。但它们有无实用价值，即 x 和 y 之间是否线性相关还要研究。如图 2-11 所示的三个散点分布图，图 2-11（a）的散点分布最接近直线；图 2-11（b）大体是直线；图 2-11（c）散点最不规则。这三种散点分布情况求出的回归模型，其实际应用价值相差甚远。为此，可用一个数量指标 r 来描述 x 和 y 之间线性关系的密切程度，此 r 称为相关系数。其计算式为

$$r=\frac{n\Sigma xy-\Sigma x\Sigma y}{\sqrt{\left[n\Sigma x^2-(\Sigma x)^2\right]\left[n\Sigma y^2-(\Sigma y)^2\right]}} \tag{2-37}$$

相关系数的取值范围为 $-1\leqslant r\leqslant1$

（1）当 $r=1$ 时，变量 x 和 y 完成线性相关，这时散点分布都严格分布在一条直线上，且当变量 x 的值增大时，变量 y 也随之相应增大，这称完全正相关，如图 2-12（a）所示。

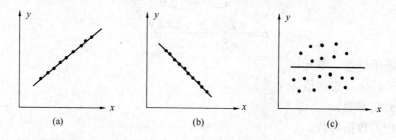

图 2-12　不同 r 值的回归直线
(a) 完全正相关；(b) 完全负相关；(c) 不相关

（2）当 $r=-1$ 时，变量 x 和 y 完全线性关系，散点严格分布在一条直线上，只是 x 和 y 呈相反趋势变化，称为完全负相关，如图 2-12（b）所示。

（3）当 $r=0$ 时，变量 x 和 y 完全没有线性相关，称完全线性不相关，如图 2-12（c）所示。

（4）大部分情况为 $0<|r|<1$，这时通过查相关系数检验表（见表 2-11），判断 x 和 y 是否线性相关。

表 2-11 中 α 称信度，取 0.05 或 0.01，一般取 0.05。f 称自由度，查表 2-11 可知，$f=n-2$，n 为统计数据个数（散点数）。

当计算得出的 $|r|\geqslant r_a$ 时，表示 x 和 y 之间是线性相关关系，说明直线方程有实用价值，即可用新的 x 值来进行新的预测值 y 的求取。

依照例 2-11 的数据，求相关系数 $r=0.791$。取信度 $\alpha=0.05$，$f=n-2=7-2=5$，查相关系数检验表得相应的 $r_a=0.754$，显然 $r>r_a$，表明工厂生产总产值和需用电量存在线性相关关系，所求取的一元线性预测回归模型 $y=-2.09+2.97x$ 有实用价值。

值得注意的是，两个随机变量之间没有线性相关关系，并不等于没有非线性相关关系。

表 2-11　　　　　　　　　　　相 关 系 数 检 验 表

f ＼ α	0.05	0.01	f ＼ α	0.05	0.01	f ＼ α	0.05	0.01
1	0.997	1.000	15	0.482	0.606	29	0.355	0.456
2	0.95	0.99	16	0.468	0.59	30	0.349	0.449
3	0.878	0.959	17	0.456	0.575	35	0.325	0.418
4	0.811	0.917	18	0.444	0.561	40	0.304	0.393
5	0.754	0.874	19	0.433	0.549	45	0.288	0.372
6	0.707	0.834	20	0.423	0.537	50	0.273	0.354
7	0.666	0.798	21	0.413	0.526	60	0.25	0.325
8	0.632	0.765	22	0.404	0.515	70	0.232	0.302
9	0.602	0.735	23	0.396	0.505	80	0.217	0.283
10	0.576	0.708	24	0.388	0.496	90	0.205	0.267
11	0.553	0.684	25	0.381	0.487	100	0.195	0.254
12	0.532	0.661	26	0.374	0.478	200	0.133	0.181
13	0.514	0.641	27	0.367	0.467	300	0.113	0.148
14	0.497	0.623	28	0.361	0.463	1000	0.062	0.081

3. 置信区间的确定

利用数学模型预测时，可估算出一个值，但对实际工作中有意义的不一定是一个值，而往往是一个范围或区间，这个区间称置信区间。置信区间是由回归标准偏差 σ 来确定的，其标准偏差计算公式为

$$\sigma = \sqrt{\frac{\Sigma(y_i - \overline{y})^2}{n-k}} \tag{2-38}$$

式中　$\overline{y}$——对应自变量为 x_i 时的预测值；

　　　y_i——对应自变量为 x_i 时的统计（实测）值；

　　　k——为回归模型系数的个数，一元回归 $k=2$，二元回归 $k=3$ 等。

$\Sigma(y_i - \overline{y})^2$ 为预测值和实际值之间的偏差总和，［例 2-11］的偏差总和的计算结果为 0.045（$n=7$，$k=2$），则标准偏差 σ 为

$$\sigma = \sqrt{0.045/5} = 0.095$$

根据数理统计学的正态分布规律可知，实测点落在以均值为中心的 $\pm 2\sigma$ 范围内的概率为 95.4%。也就是实测点落在 $y \pm 2\sigma$ 范围内的可能性为 95.4%，因此以置信区间 $y+2\sigma$ 和 $y-2\sigma$ 作为预测值的控制范围。［例 2-11］国民收入指数为 2.5 单元时，需用电量的置信区间为 5.52～5.14 单元。

以上需用电量预测方法在实际使用时，往往同时使用几种方法作比较核对。

三、用电负荷功率预测

用电负荷预测和需用电量预测有密切联系。需用电量预测的许多方法包括单耗法、经验统计法、回归分析法对用电负荷预测在相应的条件下都可使用。

工厂用电负荷功率的预测按下式计算

$$P = \frac{A}{T_{max}} \tag{2-39}$$

式中　P——工厂的最高负荷，kW；

　　　A——用户的需用电量，kWh；

　　　T_{max}——最大负荷利用小时数（见表 2-9），h。

这种预测方法的基础是需用电量的精确预测。

必须指出，需用电量和用电负荷的预测牵涉到许多资料数据的收集、积累、分析和计算。因此，计算机在这方面的使用已得到较广泛的应用。另一方面，用电负荷预测的实践经验也是不可忽视的。

复 习 思 考 题

1. 什么叫电力负荷？用电负荷可分为哪几类？各有什么主要特点？

2. 什么叫负荷曲线，如何计算负荷率？

3. 何为计算负荷，何为暂载率？

4. 确定计算负荷的意义、内容和方法有哪些？

5. 某机修车间 380V 线路上，接有冷加工机床电动机 18 台，共 50kW（其中 7kW 的有 2 台，4.5kW 的有 2 台，2.8kW 的有 4 台），吊车用电动机 2 台，共 80kW（$\varepsilon_n = 40\%$），电焊用变压器 1 台为 42kVA（$\varepsilon_n = 60\%$，$\cos\varphi = 0.62$）。试分别用需要系数法和二项式系数法确定车间干线上的计算负荷。

6. 为什么要进行负荷预测？

7. 常用的用电负荷预测方法有哪些？说明其特点或适用性。

8. 已知某电网 1994～1996 年的实际用电量分别为 10200 万 kWh 和 11200 万 kWh，该地区经济发展稳步增长，试预测 1997、1998、2000、2005 年的需用电量。

9. 某地区电网 1997 和 1999 年的实际用电量分别为 10200 万 kWh 和 11200 万 kWh，该期间国民经济总产值年平均增长率为 7.5%，若 2000～2005 年间平均增长率为 8.5%，试按电力弹性系数法预测 2005 年的需用电量。

第三章 电力平衡

电力平衡是实现电网发电、供电、用电三个方面的电力平衡，它关系到电网的电能质量，关系到电力系统的安全、稳定、可靠、经济地运行，也关系到诸多工矿企业的供电和利益，关系到工农业生产和人民生活用电，所以搞好电力平衡是电力系统和广大用电户共同的任务。

第一节 电力平衡概念

一、电力平衡

所谓电力平衡是指电力系统所有的有功电源发出的有功功率总和与电网所有用电设备（包括输电线路）所取用的有功功率总和相等；电力系统所有的无功电源发出的无功功率总和与所有用电设备（包括输电线路）所取用的无功功率总和相等。所以，电力平衡的内容就是电网的有功功率的平衡和无功功率的平衡。

但是，电力系统的有功负荷及无功负荷是经常发生变化的，因此平衡经常被打破，再努力使之达到平衡，所以说电力平衡是动态的，是在不平衡中求得暂时的平衡，也是在一定程度上缓和电力供需矛盾的重要措施。

二、电力平衡与电能质量的关系

电网的频率和电压是电能质量的重要指标，国家对电网的频率和电压有规定的数值和允许偏差。当电网的频率和电压数值偏移出这个规定允许偏差，则电能质量不能保证，这无论是对发电设备和用电设备的安全和运行，还是对工农业生产的产品质量和产量、人民的生活都有很大的影响。因此，保证电网频率和电压的质量有着非常重要的意义。而保证电网频率和电压质量的重要前提就是实现电力系统的电力平衡。这一点不仅电力企业的广大员工要明确，而且千千万万的用电户，尤其是工业用户也要明确。只有供、用电双方共同努力，实现电力平衡，才能保证电网运行的安全可靠，广大用户也才能使用到合格的电能。

三、电能主要质量指标

电能质量表征了电能品质的优劣程度。通常以供用电双方供电设备产权分界点的电能质量作为评价的依据。世界各国对于电能质量都有一定的标准。

1. 频率质量

世界多数国家电力系统的额定频率是 $50Hz$，频率的允许偏差很多国家规定为 $\pm0.1\sim\pm0.3Hz$。我国规定电力系统额定频率为 $50Hz$，对装机容量在 $3GW$ 及以上的电力系统，其允许偏差为 $\pm0.2Hz$；在 $3GW$ 以下的电力系统，规定允许偏差为 $\pm0.5Hz$。

2. 电压质量

世界各国对电网的电压质量均有标准。我国对电网的不同电压等级质量标准不一，规定如下：

$35kV$ 及以上供电和对电压质量有特殊要求的用电户，其电压允许偏差为额定电压的 $\pm5\%$；

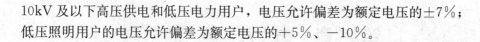

10kV 及以下高压供电和低压电力用户，电压允许偏差为额定电压的±7％；

低压照明用户的电压允许偏差为额定电压的＋5％、－10％。

第二节　电力平衡重要性

一、有功负荷的频率静态特性

当电力系统的电源与负荷失去平衡时，频率和电压便会发生变化。由于频率的变化，整个系统和各个发电机组功率又会发生相应的变化；用电设备取用的功率也会随之而变化。其变化特性表现在发电机发出或用电设备取用的有功功率对频率的关系上。在系统电压保持恒定的情况下，这种关系就称为有功负荷的功率与频率静态特性，一般用 $P=\psi(f)$ 函数表示，并分为以下几类。

1. 零次方类　$P_0=\psi(f^0)$

此类用电设备的有功负荷与频率的变化无关，如照明、电阻电炉、电弧电炉、整流器和由整流器供电的负荷等。

2. 一次方类　$P_1=\psi(f^1)$

此类用电设备的有功负荷与频率的一次方成正比变化，如金属切削机床、球磨机、螺旋输送机、磨煤机、空气压缩机、卷扬机、往复式水泵、纺织机、回转窑等。它们都是用交流电动机拖动的。同步电动机的转速与频率成正比，感应电动机取用的功率与阻力矩和转速的乘积成正比，如果轴上所带机械的转矩恒定，其转速也可看作近似地与频率成正比。因此，当电网频率降低时，交流电动机的转速成正比下降，用电负荷和生产效率也将成比例地下降。

3. 二次分类　$P_2=\psi(f^2)$

此类用电设备的有功负荷与频率的二次方成正比变化，电网的有功损耗属于这类负荷，当电力系统总负荷的功率因数等于 $0.8\sim0.85$ 时，电力系统的有功功率损耗近似地与频率的平方成正比，即

$$\Delta P_2 = \Delta P_{N2}\ \frac{f^2}{f_N^2} \tag{3-1}$$

式中　ΔP_2——频率为 f 时电力系统的有功损耗；

　　　ΔP_{N2}——额定频率为 f_N 时电力系统的有功损耗。

电力系统的有功损耗由下列三部分组成：

（1）与电流的平方成比例的铜损，约占总损耗的 85％。

（2）与频率的 $1.2\sim1.3$ 次方成正比，并与电压有关的铁损，如变压器中的涡流损耗和磁滞损耗，约占变压器损耗的 15％。

（3）输电线路的电晕损耗等。

4. 三次方类　$P_3=\psi(f^3)$

此类用电设备的有功负荷与频率的三次方成正比，如煤矿、自来水厂、发电厂采用的鼓风机、二次通风机、引风机及循环水泵等。当电网频率降低时，发电厂的鼓风机、二次风机、引风机等的出力也同时降低，破坏了锅炉的正常运行，使发电设备出力下降。

5. 高次方类　$P_N = \psi(f^n)$

此类用电设备的有功负荷与频率的高次方成正比变化。静阻力压头很大的水泵，如发电厂的给水泵，就属于此类设备。当其静阻力压头为 90% 时，给水泵取用的有功功率与频率的 6～7 次方成正比。由此可见，电动给水泵在频率降低时，给水量急剧减少，当频率低至临界频率时则完全停止给水，使锅炉及整个系统的安全运行受到严重威胁。

综上所述，诸多用电设备取用的有功功率受频率的影响，所以保证电网频率质量有着重要意义。

当电网电源与负荷的有功功率失去平衡时，会引起电网频率的大幅度变化。

二、电网频率大幅度变化的危害

电网频率大幅度变化，是指频率变化幅度超出了国家对频率规定的允许偏差。当电力系统的有功电源小于有功负荷，即供小于求时，则电网频率下降；反之，当电力系统的有功电源大于有功负荷，即供大于求时，则电网频率上升。频率下降称低频运行，也称低周运行，频率上升称高频运行，也称高周运行。不论是低频运行，还是高频运行，都有很大的危害。

1. 电网低频运行的危害

(1) 损坏设备。电网在正常频率运行时，火力发电厂汽轮机叶片的振动应力小于 $1.96 \times 10^7 Pa$（$2kgf/mm^2$），叶片不会发生共振。当电网低频运行时，汽轮机叶片振动加大，叶片应力也逐渐加大，当电网频率低至 45～46.5Hz 时，汽轮机的低压叶片可能发生共振，这时叶片的振动应力就会达到 $1.96 \times 10^8 Pa$（$20kgf/mm^2$）左右，致使叶片很快产生裂纹，甚至发生叶片断落事故。此外，还会导致用户大量电动机的烧毁和其他设备的损坏。

(2) 影响产量。电网频率超过允许偏差值时，对动力设备产生影响。一般情况下，每降低 1Hz，产量将下降 2%～6%。

(3) 降低产品质量。当频率下降到 48Hz 时，电动机转速下降 4%，废品率上升，如纸张厚薄不匀、棉纱粗细不匀、平板玻璃厚薄不匀等等。

(4) 原材料、能源消耗增加。低频率运行时，各行各业产量下降，废品率上升，必然造成原材料、一次能源和电力的消耗增加。火力发电厂耗汽量增加，煤耗和厂用电量也随之上升。

(5) 自动化设备误动作。对频率要求严格的自动化设备，在电网频率降低时往往会出现误动作。当频率下降 0.3Hz 时，会使纸币印刷和其他精美印刷品的颜色深浅不均；当频率下降 0.5Hz 时，计算机将出现误计算和误打印现象。在国外，曾因频率低使铁路信号发出"危险"的误指示，影响铁路交通的正常运行。

(6) 影响通信、广播、电视的准确性。在低频率运行时，电唱机、录音机转速变慢，声调失真；当频率降到 49Hz 时，电钟一昼夜将慢 29min。

(7) 发电厂出力下降。电网低频率运行，使火力发电厂的风机、水泵等出力下降，供应的风量、水量减少，影响锅炉的产汽量。发电机的冷却风量减少，为了维持正常电压，就必须增加励磁电流，因而使发电机定子和转子的温升增加。为了不超越温升限额，就不得不降低发电机的功率。变压器也因频率低而使励磁电流和铁芯损耗增加，为了不超越温升限额，不得不降低负荷，或者被迫拉闸限电。一般情况下，每降低 1Hz，发电厂的有功功率将降低 3% 左右，当频率降至 48Hz 以下时，电动给水泵将有可能停止运行。

(8) 容易造成电网瓦解事故。低频率运行的电网很不稳定，当频率以很快速度下降时，发电机励磁机转速也以同样速度下降，因而励磁机不能保证有足够的端电压，发电机自动调节励磁装置的调节能力有限，出现失调，系统电压降低至无可挽回的地步，系统稳定受到破坏，最后有可能造成电网瓦解崩溃的重大事故，这是最严重的后果。

2. 电网高频运行的危害

当电力系统的发电出力大于用电负荷（包括厂用电负荷及线路损失负荷）时，电网就会发生高频率运行。高频运行对电力系统及用户同样会产生重大危害，特别在安全方面更为严重。当电网高频运行时，发电机、电动机和所有旋转设备转速均增加，功率增加，设备往往会因超过原设计的机械应力而遭到损坏。高频运行也会使自动化设备误动作，影响通信、电视、广播的工作质量。当频率超过额定值很大时，汽轮机可能会由于危及保安器动作而使机组突然甩负荷运行。

三、无功不平衡的危害

电力系统无功功率不平衡，即电力系统的无功电源总和与系统的无功负荷总和不相等，会引起系统电压的变化。

1. 系统无功功率不足的危害

系统的无功功率不足会引起系统或地区电压的下降。其可能的后果是系统有功功率不能充分利用，影响用户的用电，损坏用户设备，使用户产品质量下降，严重时甚至会导致电网电压崩溃和大面积停电事故。

2. 系统无功功率过剩的危害

系统无功功率过剩会引起电压的过分升高，影响系统和广大用户用电设备的运行安全，同时还增加了电能的损耗。

综上所述，为了保证电能质量，进而保证电网安全、稳定、可靠、经济地运行，供电企业和用户应当遵守国家有关规定，采取有效措施，做好供用电工作。各用户单位一定要树立全局观点，合理安排负荷，以保证系统的电力平衡。

第三节　调　整　负　荷

由于用户的用电性质不同，因此各类用户最大负荷出现的时间也不同。当用电负荷增加时，电力系统的发电机出力也应随之增加；当用电负荷减少时，电力系统的发电机出力也须相应减少。如果各种用户最大负荷出现的时间过分集中，电力系统就得有足够的发电机出力来满足用户需要，否则电力系统的电源和负荷不能平衡，出现供小于求的状况，造成低频率运行。当用电负荷高峰时间一过，系统电源出力多于用电负荷，造成高频率运行。这些情况的出现都会带来很大危害，同时增加了系统的大量投资。要想保证电网安全、经济地运行，就要进行负荷调整。

一、调整负荷的意义

1. 对电力系统有利

（1）节约国家对电力工业的基建投资。

（2）提高发电设备的热效率，降低燃料消耗，降低发电成本。

（3）充分利用水力资源，使之不发生弃水状况。

（4）增加电力系统运行的安全稳定性和提高供电质量。

（5）有利于电力设备的检修工作。

2. 对广大用户有利

（1）可节省国家对用户设备的投资。

（2）由于削峰填谷，将高峰时段用电改在低谷时段用电，减少了电费支出，从而也降低了生产成本。

3. 对市政生活有利

由于采取调整负荷措施，各工厂企业职工轮休，并错开上下班负荷峰谷时间，从而使地方交通运输、供水供煤气等服务性行业、文化娱乐场所等等的负荷都能实现均匀化。

二、调整负荷内容

调整负荷包括调峰和调荷两方面的内容。

（1）调峰是调整电力系统各发电厂在不同时间的发电功率，以适应用户在不同时间的用电需要。

（2）调荷是调整用户的用电功率和用电时间，使电力系统在不同时间的用电需要能和发电功率相适应。

对发电厂的调峰和对用电单位的调荷是一个问题的两个方面。其中调荷的重点是工矿企业，在保证企业生产的前提下，实行地区和工矿企业内部的负荷调整，提高地区及工矿企业的用电负荷率。各行业负荷率如表 3-1 所示。

表 3-1　　　　　　　　　　　　各 行 业 负 荷 率

行 业 名 称	日负荷率 K_L		行 业 名 称	日负荷率 K_L	
	冬	夏		冬	夏
煤炭工业	0.84	0.80	纺织工业	0.81	0.83
石油工业	0.95	0.94	食品工业	0.63	0.65
黑色金属工业	0.86	0.86	其他工业	0.61	0.60
铁合金工业	0.95	0.97	交通运输	0.39	0.36
有色金属采选	0.78	0.80	电气化铁道	0.70	0.70
有色金属冶炼	0.95	0.94	城市生活用电	0.38	0.32
电解铝工业	0.99	0.99	上下水道	0.77	0.80
机械制造工业	0.66	0.68	农业排灌	0.11	0.93
化学工业	0.94	0.96	农村照明	0.25	0.23
建材工业	0.86	0.85	原子能工业	0.97	0.98
造纸工业	0.88	0.90			

三、调整负荷原则

调整负荷是一项细致而复杂的工作，政策性强，涉及面广，不仅关系到电网的运行，工矿企业的生产，而且也关系到人民群众的生活和习惯。调整负荷主要应掌握以下原则。

1. 统筹兼顾

统筹兼顾就是在调整负荷时，要考虑到各种因素，照顾到各方面的利益。既要服从电网的需要，又要考虑用户的可能条件，不能一刀切搞平均主义。要根据电力供应的实际能力，结合各个用户的用电特点，合理调度，统筹安排。

2. 保证重点

在调整负荷时，要以国家利益为重，优先保证各级重点企业和一级负荷的企业用电。

3. 视具体情况采用不同方法

根据不同的电力系统、不同的电源结构，拟订不同的调整负荷方案，采用不同的调整负荷方法。

4. 适当照顾职工生活习惯

在日负荷中的晚高峰时段，要尽力照顾居民的生活照明；而设在居民区的、用电量较少、人均配备动力少且有噪声的工矿企业，应尽量安排此类企业上正常班。总之，应尽量减少对居民生活的影响。

5. 明确调整负荷与限电的关系

调整负荷是用电时间的改变（调整），而不是限制用电量，两者不能混淆。

四、调整负荷方法

调整负荷的方法很多，对工矿企业来讲，主要是根据用电特性和负荷大小，做到削峰填谷，均衡负荷，提高负荷率。一般方法有日负荷调整、周负荷调整、年负荷调整。

1. 日负荷调整

常见的日负荷调整方法有以下 4 类：

（1）调整生产班次。三班制生产企业将用电负荷最大或较大的班或工序安排到深夜工作；二班制企业可巧妙安排轮流倒班，将 1/3 的负荷移到深夜去用；一班制企业可实行上午九点半上班。

（2）错开上下班时间。可以缓和同时上下班造成的用电负荷骤增骤减的状况，使高峰负荷达到削减的目的。

（3）增加深夜生产班次。

（4）错开中午休息和就餐时间。

2. 周负荷调整

周负荷调整就是把一个供电区域或一个城市的工业用电负荷分成基本相等的七份，让工厂轮流休息，使一星期内每天的用电负荷基本均衡。

3. 年负荷调整

根据年负荷曲线特征，在用电缓和季节多开放一些用电；在每年的高峰负荷期间组织已完成国家计划的工厂进行设备大修；对一部分原材料比较充足、设备能力多余的工业用户，可按年度生产任务及地区负荷峰谷特点适当组织季节性生产。

4. 发电厂厂用电负荷调整

发电厂厂用电是指发电厂辅助机械的用电。火力发电厂厂用电的消耗量是很大的，约占发电量的 6%～8%，今后随着发电厂自动化水平的不断提高，还将有所增加。因此，厂用电量是电力系统，特别是火电比重大的系统中的用电大户，在高峰时间调整火力发电厂厂用电负荷，对电力系统的安全经济运行以及缓和缺电矛盾都起着一定的作用。所以，调荷对象也包括发电厂本身。调整的方法就是使非连续性生产设备尽量避峰用电。

此外，定点负荷率考核法和峰谷电价、丰枯电价等都是调整负荷的措施。

第四节 供用电技术管理

随着科学技术的发展，供用电技术管理在用电管理中发挥出越来越重要的作用。特别是在电力电量控制、自动化抄表、维护供用电秩序、防窃电等方面，实现了自动化控制用电终端。实践证明，供用电技术管理的加强大大提高了电网的负荷率，保证了电网的供电质量，提高了工作效率。

目前，无线电电力负荷控制装置应用比较普遍，它可以做到"控制到户"。

一、无线电电力负荷控制装置特点

无线电电力负荷控制技术具有投资少、方便、灵活、见效快等优点。尽管它在信息传输中衰落多变、易受干扰，但通过降低传输速率、缩窄带宽、自动请求重发等措施后，系统误码率可以小于 10^{-5}，完全可以满足负荷控制的需要。

二、无线电电力负荷控制装置构成

无线电电力负荷控制装置是由控制中心设备和各种终端构成。在某些情况下，控制中心的无线电台不能覆盖整个地区时，则需要中继转发，对于某些特大用户，也需要类似中继转发的结构。以地区（市）为中心组成的无线电电力负荷控制装置构成，如图 3-1 所示。

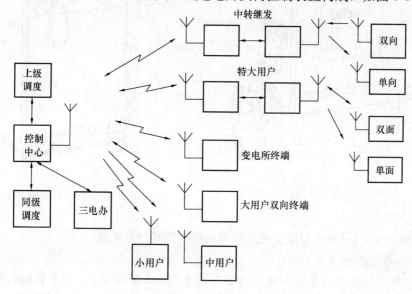

图 3-1 无线电电力负荷控制装置构成图

1. 控制中心

控制中心的主要设备有控制计算机及外围设备、无线电台、双机切换控制器、天线、电源等。计算机及外围设备的主要功能是进行信息处理，无线电台和天线是用来发射控制编码信号以及接收由终端发来的信息。

2. 终端

无线电电力负荷控制装置的终端，是用来接收并执行负荷控制命令的，它可以分为三大类，即双向终端、遥控定量器、遥控开关。其中，双向终端又可分为变电所型三遥终端和大工业用户双向终端。双向终端不仅可以执行由控制中心发来的负荷控制命令，而且还可以将采集到的数据传送给控制中心,实现遥控、遥信和遥测。遥控定量器只接受远方定值设置和是否需要控制负荷的指令,而不需要将采集到的数据向控制中心发送。遥控开关比遥控定量器更简单,不需要采集用户用电量数据,只根据控制中心的指令执行控制,一般用于较小电力用户控制或用于躲峰用电设备的控制及分时计费表计的控制。

　3. 中继转发站

中继转发是将接收到的信号经放大后再转发出去。

三、无线电电力负荷控制装置使用

目前生产的无线电电力负荷控制装置分壁挂式和柜式两种,分别如图 3-2 和图 3-3 所示。这里仅介绍壁挂式的使用。

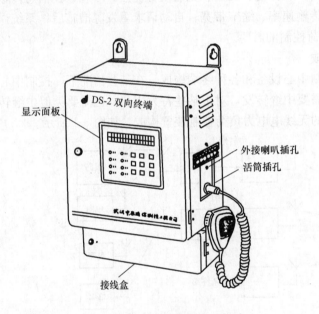

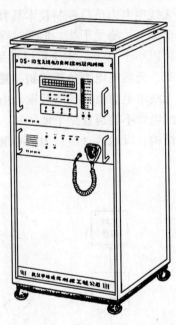

图 3-2　DS-2 型壁挂式双向终端

图 3-3　DS-1D 型柜式双向终端

图 3-4 和图 3-5 为 DS-2 型壁挂式的终端内部框图和显示面板。

　1. 显示面板按键和显示功能

在 DS-2 型双向终端的显示面板上有 8 个指示灯、8 个数码管、9 个轻触按键,这就是 DS-2 型双向终端与人对话的窗口,它最多可显示多达 178 种用电以及其他数据。

(1) 指示灯为红、绿、橙三色的含义。

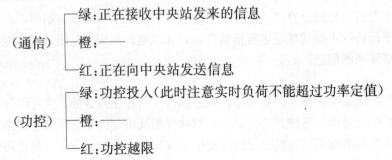

42

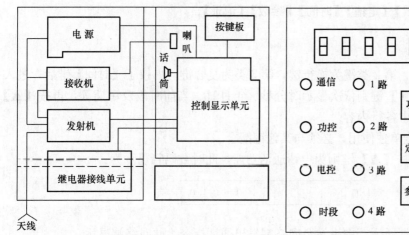

图 3-4 DS-2 型壁挂式的终端内部框图　　　　图 3-5 DS-2 型壁挂式的显示面板图

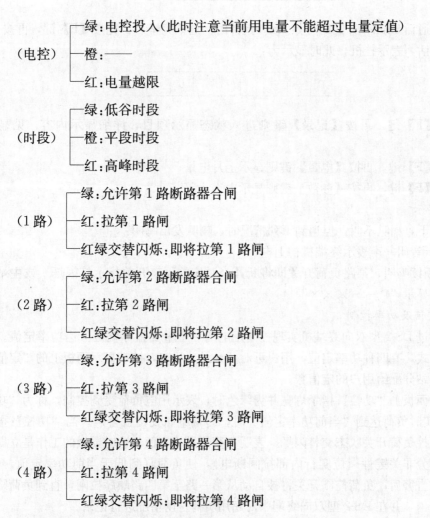

（2）薄膜按键共 9 个，分为以下三类：

1类：【功率】【电量】【定值】【时间】【参数】【记录】。

2类：【▲】【▼】。

3类：【F】。

第1类键为项目键，第2类键为换行键，第3类为复合键。如按了【时间】键后，进入时间项目显示，再按【▼】键则依次显示时分秒、年月日、当前时段及星期等，再按【▲】键又可逆向显示本项目中各行内容。

第3类【F】键不能单独使用，必须与其他键配合。

1）先按【F】键再按【▲】键则为申请通话功能，此时数码管显示为：

Г	—	—			0	0	0

如中央站同意与终端通话，中央站会向终端发出通话指令，此时终端显示：

Г	—	—			3	0	0

表示允许通话3min，并同时开始3min倒计时。通话完毕后，先按【F】键，再按【▼】键则为取消通话，表示挂机，此时显示为：

Г	—	—			0	0	0

2）先按【F】键，再按【记录】键则进入状态显示项目，详细显示内容，见显示内容表；

3）先按【F】键，再按【电量】键则显示上月电量；

4）先按【F】键，再按【参数】键则显示电表止码。

2. 告警显示

通常情况下，喇叭不叫，但遇到下列情况时，喇叭发出鸣叫：

1）喇叭低音叫一声表示终端机初上电；

2）喇叭断续鸣叫，某路负荷开关即将断开（对应的隔离开关指示灯闪烁）或主站要求通话（数码管显示"Г— —×××"）。

3. 功率定值及功率控制

中央站通过 DS-2 型双向终端机实现控制用电的一个重要指标就是下达功率定值。根据不同的控制方式，有四种功率定值，用户可对照显示项目表，按动显示面板上的"定值"功能键查看中央站分配给用户的定值数。

如果显示面板上"功控"指示灯亮并为绿色时，表示用电负荷受到控制，称为"功控投入"。当用电实时负荷达到"当前功率定值"时，终端喇叭发出告警声。当"功控"指示灯变为红色，被控负荷开关状态交替闪烁，表明负荷超过规定值，这时要做的工作是立即减少负荷（可对部分非关键性岗位实行内部拉闸断电），使负荷降到低于当前功率定值，否则，经过一段时间告警后，负荷控制开关将被自动从第一路至第四路顺序拉闸，直到负荷降到当前功率定值以内，并在 DS-2 型双向终端中对超用负荷拉闸情况进行记录。

如果显示面板"功控"指示灯熄灭，表示功率不受控制，即负荷放开。

中央站通过 DS-2 型双向终端实现控制用电的另一个重要指标是下达电量定值。根据不同的控制方式，分日控、月控两种，用户可对照显示项目表，按动显示面板上的"定值"功能键查看。

如果显示面板上"电控"指示灯亮，并为绿色时，表示用电量受到控制，称为"电控投入"。当日（月）用电量达到本日（月）用电量定值的 80%，终端机喇叭发出告警声，"电控"指示灯变为红色，被控负荷开关状态灯红绿交替闪烁，提醒用户本日（月）电量已快用到定值，这时按显示面板上任意键，告警停止。当用电量达到定值时，负荷开关自动断开。如果显示面板上"电控"指示灯熄灭，表示电量不受控制，即电量放开。

用户在使用 DS-2 型双向终端时，特别要注意的就是"功控"和"电控"状态及其定值指标，在"功控"或"电控"指示灯亮的情况下，应注意比较当前的实时负荷与当前功率定值的大小，比较当前的实时电量与当前电量定值的大小。

四、装设无线电电力负荷控制装置范围

工矿企业用户的变压器装接容量在 500kVA 及以上的；非工业生产变压器装接容量在 315kVA 及以上的所有企业、事业、机关、团体、部队、宾馆、饭店、商店等用电户，均要安装无线电电力负荷控制装置。

第五节　供用电经济管理和法规管理

供用电经济管理和法规管理是用电负荷管理的重要内容，因为我国已从计划经济转为市场经济，并且我国又是一个法制社会，所以更要依法行事。

一、供用电经济管理

供用电中的经济管理是运用经济杠杆作用与经济价值规律进行的管理，是供用电管理的重要手段之一。

1. 丰枯电价

丰枯电价是利用河流的水量在一年中不同的季节水量不同的特点制定的电价。一年中水量大的季节称丰水期，水量小的季节称枯水期。

由于丰水期水量大，为了充分利用水力资源，使之不发生弃水现象，鼓励丰水期多用电，制定的丰水期电价，它比枯水期电价便宜。枯水期水少，所以此时期的电价相对高。丰水期和枯水期电价均以基础电价为基准，在基础电价的基础上丰水期电价下调，枯水期电价上调。而基础电价是以所在电网当年报请国家批准的电能电价为基准。

2. 峰谷电价

将一日 24h 中分为峰、谷、平三个时段，其电价不同，称为峰谷电价。

在峰谷电价中，峰段电价高于谷段电价，其目的是鼓励用户，尤其是各工业用户多在低谷期用电，避开高峰段用电，达到削峰填谷的目的。这样不仅缓解了高峰段负荷重的状况，而且提高了系统的负荷率，也为工矿企业节约了电费开支，降低了产品成本，更重要的是缓解了供电紧张状态，有利于电力系统安全、经济运行（分时电价的具体内容将在本书第二十二章电价中详述）。

二、供用电法规管理

供用电双方目前应执行和遵守的法规主要有《中华人民共和国电力法》、《电力供应与使用条例》、《供电营业规则》等。

其中供用电双方签订的供用电合同具有法律效力，受到法律的保护，它促使供电（电业部门）、用电（用电单位）双方互相配合，互相保证，互相制约，互相监督。在合同中明确规定供用电双方的权益、责任和义务。

供用电合同是由供电部门和用电单位共同签订的，所以签订双方都必须具有法人资格，即应是政府批准成立，有营业执照，具有一定的组织和独立的资产，能以自己的名义享受权利和承担义务的单位。各供电企业具有上述法人条件。国务院颁布的 1996 年 9 月 1 日起实施的《电力供应与使用条例》规定：供电企业和用户应当根据平等自愿、协商一致的原则签订供用电合同。

《电力供应与使用条例》规定供用电合同应当具备以下条款：

（1）供电方式、供电质量和供电时间。

（2）用电容量和用电地址、用电性质。

（3）计量方式和电价的制定及电费的结算方式。

（4）供用电设施维护责任的划分。

（5）合同的有效期限。

（6）违约责任。

（7）双方共同认为应当约定的其他条款。

供用电合同的具体内容在本书第二十四章中详细介绍。

复 习 思 考 题

1. 什么是电力平衡？电力平衡的意义有哪些？电力平衡的内容是什么？

2. 电力不平衡的后果和危害有哪些？

3. 什么叫调整负荷，为什么要调整负荷？

4. 如何进行调整负荷？

5. 衡量电能质量的主要指标有哪些，规定值各是多少？

6. 供用电技术管理、经济管理、法规管理的内容是什么？

第四章 电力需求侧管理

需求侧管理（DSM）和综合资源规划（IRP）是当前国际上推行的一种先进的管理和资源规划方法。它可应用在电力、煤气、热力、供水等公用事业部门，目前世界上已广泛应用到电力部门中，故称之为电力需求侧管理，以下简称需求侧管理。它于 1992 年初被引用到中国，并得到普遍的重视和推广。

综合资源规划是将资源供应侧和需求侧各种形式的资源作为一个整体进行的资源规划，它改变了资源的传统概念。在电力规划中，把节电也视为一种资源，即把电力需求侧管理减少的电量消耗和降低的电力需求，视为与电力供应侧资源同等重要的电力资源，更新了单纯注重以增加电力、电量供应来满足需求增长的传统思维模式。综合资源规划标志着人类在提高能源使用价值的思维方式上步入了一个崭新的阶段，预示着人类更高效、更经济地利用能源，以满足人们日益增长的物质文明需要。

需求侧管理是综合资源规划的重要内容，搞好需求侧管理对于电力综合资源规划意义重大。

第一节 需求侧管理概述

一、需求侧管理

需求侧管理是电力企业采用行政、技术、经济等手段，与用户共同协力提高终端用电效率，改变用电方式，为减少电量消耗和电力需求，节约一次能源，提高经济效益和环境效益所进行的管理活动。

需求侧管理是一项涉及面广而且复杂的系统工程。它同电力部门传统的用电管理相比，有着观念上和理论上的创新，它更强调电力企业的主体作用、电力企业与用电户间的协作以及电力企业为用户的服务。

二、需求侧管理产生的历史背景

需求侧管理首先于 1978 年由美国全国节能法案中正式提出。

随着人类科学技术的进步及生活水平的提高，对能源的需求日益增长，对能源的开发利用日益加剧。尤其是 1973 年 10 月 6 日爆发的第四次中东战争，1978 年 10 月 28 日伊朗的"伊斯兰革命"，1980 年 9 月 22 日爆发并持续 8 年之久的两伊战争，1991 年 1 月 27 日爆发的海湾战争等。这一次次的战争都发生在世界石油产地，由于战争，打乱了石油的正常生产，造成石油的大幅减产和短缺，使油价猛涨，使不少依靠石油进口支撑经济发展的西方国家的经济受到重创，引发了一次次的世界能源危机，世界经济的发展受到严重打击。

这一次次的世界能源危机，促使西方国家在不断调整能源战略的同时，把合理有效地利用能源资源放在首要地位，制定一系列相应的法规、标准和政策，在开发各种能源资源的同时，大力推动节约能源的环境保护，鼓励节能研究和开发高效节能产品，强化民众的节能意识，积极研究更适应当今社会发展要求的资源配置方法和管理模式，以减少经济发展对能源需求的依赖程度，深入挖掘能源资源的潜力，需求侧管理就是在这种背景下产生的。

需求侧管理产生的短短历史，显示了它强大的生命力，因此，目前风靡世界各个国家，得到越来越广泛的应用。

三、实施需求侧管理的意义

由于电力事业是社会公用事业之一，所以实施需求侧管理具有广泛的意义。

（一）对社会和全人类有利

1. 节约了一次能源

我国能源资源丰富，但人口众多，人均占有量并不富足，居世界数十位之后，同时我国能源利用率低，浪费严重。目前我国能源利用率约 32%，比先进国家低 10 个百分点还多，我国是世界上单位 GDP 能耗较高的国家之一，以 1995 年世界平均每百万美元消耗的吨标准油衡量，我国的能耗是很高的，如表 4-1 所示。能源短缺和利用率低、浪费严重等，都非常需要在开发能源的同时，节约能源，即开发与节约并重，并将节能放在首位，因此节约一次能源有着重要的战略意义。

表 4-1　　　　　　　　　　　1995 年世界主要国家及组织能耗比较

国家或组织	世界平均数	日 本	美 国	OECD	中 国
能耗（吨标准油/百万美元）	270.0	96.2	272.0	198.0	908.0

注　OECD 为位于欧洲的经济合作与发展组织。

目前，在工业用能总量中，电力约占 30%，主要是火力发电厂用煤。我国火力发电量约占总发电量的 80%。实施电力需求侧管理后，提高了电能利用率，节约了电量，更加合理有效地利用了能源资源，相当于增加了发电量，从而节约了一次能源。

2. 控制并改善了环境质量

由于我国火电比重大，火电厂的排放物严重污染环境。其主要排放物及污染是烟尘及烟气（含二氧化硫、氮氧化合物）。我国目前每年 SO_2 和烟尘等排放总量均超过 1500 万 t，CO_2 排放量是世界第二排放国。因所用煤低发热值、含灰高而引起的煤灰污染，电厂化学处理设备还原树脂后的废酸碱排放污染，采用一次循环的江边电厂，排放出因温度超过规定值而减少水中溶解氧的循环水，破坏水域原有的生态；锅炉排污、机炉检修时清洗用废水及工业过滤设备排出的污水，发电设备在生产运行中产生的噪声污染等。

实施需求侧管理可节约电量，相应的可少建燃煤（或燃油）火电厂，使火电厂的排放物大大减少，从而达到控制、改善环境质量的目的。

（二）对电力企业有利

实施需求侧管理可少建火电厂，减少了电力建设投资，降低了电网运营支出。因为需求侧管理使用户节约的电量、降低电力需求所需的投资远低于电力企业建新电厂的投资，使电力企业不断实现最小成本规划和在电力需求侧管理效益中电力企业（公司）分摊的收入。

（三）对用电户有利

实施需求侧管理，使得用户用电方式更合理。电能利用率提高节约的电量，使用户的电费支出减少，降低了产品成本，提高了效益。

另外，由于需求侧管理是供电侧与需求侧共同协力完成的，也融洽了供、用双方的关系，提高了为用电户服务的质量。

四、需求侧管理的参与者

需求侧管理的参与者包括政府部门、电力企业、电能消费者以及协助政府和配合电力企业实施需求侧管理计划的中介机构（或称能源服务公司），其中主要是前三者，特别是政府部门起主导作用，电力企业是主体。

第二节　需求侧管理技术

需求侧管理技术主要包括引导手段、行政手段、技术手段和经济手段。

一、引导手段

在市场经济中，推行任何新产品、新技术等都离不开引导手段，因为决策者是人，需求侧管理技术也不例外。众多用电户在接受新型节电产品或节电技术时，往往存在着认识、技术、经济等方面的心理障碍，电力企业及有关行政机构必须通过诸多引导手段，使用户正确认识、消除顾虑、产生购买欲望。

主要的引导措施有：普及节能知识、信息传播、研讨交流、审计咨询、技术推广、宣传鼓动、政策交待、新旧对比等等。

主要的引导方式有两种：一种是利用各种媒介把信息传递给用户，如电视、广播、报刊、展览、广告、画册、读物、信箱等；另一种是与用户直接接触，提供各种能源服务，如讲座、座谈、研讨、培训、询访、诊断、咨询、审计等。

实践证明，引导手段是决不可少的。

二、行政手段

需求侧管理的行政手段是指政府和有关职能部门通过法规、条例、标准等来规范电力消费和市场的行为，以政府持有的行政力量和权威性来推动节能节电、约束浪费、保护环境的管理活动。例如，减免税收、低息贷款、财政资助、利润提成、多种环保法等。

三、技术手段

需求侧管理的技术手段是通过采用当前成熟的负荷管理技术和先进节能设备，达到改变用户用电方式和提高用电效率，从而实现降低电力需求和电量消耗的管理手段。其主要措施如下。

（一）改变用户用电方式

改变用户用电方式有改善负荷曲线形态，降低对峰荷的要求，提高负荷率。

1. 削峰

在电网高峰负荷期减少用户的电力需求的方法，称削峰。

削峰可减少在高峰负荷期调用昂贵发电机组的次数，减少备用容量，特别是旋转备用，可降低运行费用，同时提高电网运行的安全性和经济性。

削峰分为直接负荷控制和用户减负荷两种。

（1）直接负荷控制。在电网高峰时段，系统调度人员通过远动或负荷自动控制装置对用户用电进行控制。由于此手段不事先通知，往往打乱了用户的生产秩序或生活节奏，是不受用户欢迎的。所以，此手段多用于城乡居民的用电控制。

（2）用户减负荷或可中断负荷。供用电双方在预先达成协议的基础上，在供应方通知后用户切去规定的负荷。此手段多适用于对供电可靠性要求不高的负荷。

2. 填谷

填谷是指提高电网低谷负荷。一般采用日峰谷价和季节性峰谷价，刺激低谷时的用电需求，充分利用空闲机组，降低峰谷差，增加电力销售收入，同时也降低了用户的电费支出。此手段多被工业、服务业和农业用户采用。

3. 移峰填谷

移峰填谷指将电网高峰负荷移到低谷负荷时段运行，同时起到削峰和填谷的双重作用。其主要措施有分时电价、蓄冷技术、蓄热技术、电器设备交替运行和能源替代运行等。它多用于商业、服务业和工业部门。

（二）提高用户用电效率

通过改变用户的消费行为，采用先进的节能技术和高效节电设备来实现。其作用是节约了电量消耗，在一定状况下减少了电力的需求。

主要措施是：选用高效用电设备，实行节电运行，采用能源替代，实现余能、余热回收，以及应用高效节电材料，作业合理调度，改变消费行为等。这些措施可用于国民经济的各个行业和居民生活中。

四、经济手段

经济手段是指利用经济杠杆原理刺激和鼓励用户主动改变消费行为和用电方式，减少电量消耗和电力需求的手段。

主要经济手段是：电价鼓励、折让鼓励、免费安装鼓励、借贷鼓励、节电设备租赁鼓励、节电特别奖励、节电招标鼓励等。

（1）电价鼓励主要是向用户提供多种可供选择的鼓励性电价，如容量（或需量）电价、峰谷电价、分时电价、季节性电价、可中断负荷电价等。例如，有的西方国家峰谷电价差达10倍，具有很大的鼓励作用。

（2）折让鼓励是给于购置特定高效节电产品的用户或推销商以适当比例的折让。它是市场经济中的一种促销手段。

（3）借贷鼓励是向购置高效节电设备的用户，尤其是初始投资较高的那些用户提供低息或无息贷款，以减轻它们因参与 DSM 计划所造成的资金短缺的状况。

（4）节电设备租赁鼓励是把高效节电设备租借给用户，以节电效益逐步偿还租金的办法来鼓励用户节电和参与需求侧管理活动。

（5）节电特别奖励是给采用有效节电方案的用户以"用户节电特别奖励"，树立节电榜样，从而激励更多用户提高用电效率和参与需求侧管理的热情与积极性。

（6）节电招标鼓励是电力企业通过招标、拍卖、期货等市场交易手段，向独立的发电企业、独立经营的节电企业（或能源服务公司）和广大用户征集各种切实可行的供电方案和节电方案，激励它们在供电和节电技术、方法、成本等方面开展竞争，实现节电和提高管理水平的目的。

上述这些需求侧管理的技术手段会随着时间的推移和需求侧管理的发展更丰富起来。不论采用哪些手段，都要因时、因地、因不同国情而决定，切不可生搬硬套，以防出现事倍功半的后果。

第三节 需求侧管理实施与效果

一、我国实施需求侧管理的可能性

需求侧管理的实质是改变利用能源资源的观念，以达到节电、节能和改善环境的目的。因此，我国实施需求侧管理的可能性大致可归纳为以下三点：

一是国内外能源形势发展的需要，尤其是我国人口众多，而国民经济要快速发展的需要，必须改变能源资源概念，学习先进管理方法，以适应国民经济的发展需要，节约有限的一次能源。

二是我国电力能源现状说明实施需求侧管理的潜力非常大。我国国民经济自改革开放以来，在较快速的发展之中，一方面不断地消耗着宝贵的一次能源；另一方面电力资源利用率很低，单位国民生产总值的电力消耗很高，电力资源浪费极其严重，高能耗，低效率地用电设备在工矿企业及乡镇企业比重较大，生产工艺落后，管理水平不高等，都急待解决，它们都是实施需求侧管理的巨大潜力。

三是我国节电工作起步并不比国外晚，并已积累了某些节电成功的经验，开发并应用了不少节电新产品，有的已达到了国际先进水平，这些都为实施需求侧管理奠定了一定的基础。

上述说明我国完全有条件实施需求侧管理。

二、需求侧管理实施步骤

实施需求侧管理大致可分为以下三个阶段：

第一阶段为宣传、鼓动及需求侧管理主计划的制定阶段。同时，确定需求侧管理的目标。在国外这个阶段一般需要 12～18 个月时间。

第二阶段为实施示范工程阶段。示范工程进行的同时要进行需求侧管理主计划的具体设计。示范工程往往是边示范边摸索、边总结，为需求侧管理的全面实施积累经验。这个阶段在国外一般需要一年时间。

第三阶段是需求侧管理的全面实施阶段。对需求侧管理的全面实施和评价，受主计划的指导，并在示范工程所取得的经验基础上开展。国外的经验在这一阶段一般持续 3～5 年时间。

三、影响需求侧管理实施主要因素

（1）主观因素是需求侧管理的各方参与者观念的确立和认识程度，需要能深刻认识其长远的战略意义。

（2）客观因素主要是用户的用电特征、电力公司的特征、市场状况、政府政策法规出台的速度和支持力度。

当然，实施需求侧管理，风险也是存在的。

四、实施需求侧管理的效益

需求侧管理的效益，在降低峰荷、节电方面体现最明显。表 4-2 数据为美国能源部《能源月评》1992 年 9 月发表的有关需求侧管理经济效益的数据。下面以此表为例，对实施需求侧管理的效益进行评估。

表 4-2　　　　　　　　　　　　　　　需求侧管理的经济效益数据

年份 项目	1990（实际）	1991（预测）	1995（预测）	2000（预测）
峰荷减少（MW）	16700	26889	40708	55636
其中：直接负荷控制	4583	6128	9745	12523
可停电负荷	5848	11710	13261	14779
节能和其他手段	6269	9051	17702	28334
节能（GWh）	17029	22644	48002	78444
需求侧管理投资（亿美元）	12.06	16.42	26.00	33.99

1. 峰荷减少

1990 年峰荷减少 16700MW，相当于当年夏季峰荷的 3.1%。其中，直接负荷管理是由电力公司直接中断供电，不通知用户（如空调停电），削峰为 4583MW，占 27%；可停电负荷一般通过可停电电价合同约定，共削峰 5848MW，占 35%；节能及其他手段共削峰 6269MW，占 38%。节能采取的主要措施有改变建筑物的结构，采用高效家用电器以及采用分时电价等。

2. 节电

1990 年共节电 17029GWh，占总发电量的 1%。

3. 成本

1990 年共投资 12.06 亿美元，占电力企业年收入的 0.7%。

需求侧管理除了在经济方面的效益外，由于削峰和节电、节能，减少新电厂，环境保护方面的效益也是很大的。这一点受到全世界各国的高度重视。

复 习 思 考 题

1. 何谓需求侧管理，实施需求侧管理有哪些意义？

2. 需求侧管理技术有哪些？并分别叙述。

3. 需求侧管理技术的参与者有哪些？谁起主体作用？

4. 我国实施需求侧管理有哪些潜力？

第五章　企业电能平衡管理

chapter 5

电能在被输送到用电设备处后，将根据用电企业的意图转换成机械能、化学能、热能或光能等加以有效利用。在转换和输送过程中还有部分电能损失掉了。根据能量守恒定律，电能的输入和输出之间平衡，对一个企业而言，电能输入和输出间也应平衡。

第一节　企业电能利用率

在电能做功的过程中，并不是全部的电能都去做有用功，而是有一部分电能由于多种原因被无谓的损耗掉了。因此，电能的有效利用不是百分之百，而存在利用的效率问题，这就是电能利用率。

一、电能利用率概念

企业电能利用率 η_L 是指企业用电体系的有效利用电能与企业总输入电能（总耗电能）之比的百分数，其公式为

$$\eta_L = \frac{\Sigma W_{ef}}{W_{ti}} \times 100\% \qquad (5-1)$$

式中　η_L——电能利用率，%；

　　　ΣW_{ef}——全部有效电能量，kWh；

　　　W_{ti}——电能总输入量，kWh。

企业生产中全部利用的有效电能（或有功功率）是指用电过程中，为达到特定的生产工艺要求在理论上必须消耗的电能（相当于产品的理论电耗）。对单一产品的企业来说，电能利用率就是产品理论电耗与实际电耗之比。

【例 5-1】　电解烧碱的理论电耗为 1542kWh/t，设一个月生产烧碱 400t，电能总耗为 1542000kWh，试计算其电能利用率。

解　　　$\eta_L = \frac{\Sigma W_{ef}}{W_{ti}} \times 100\% = \frac{1542 \times 400}{1542000} \times 100\% = 40\%$

答：电能利用率为 40%。

二、电能利用率构成

电能利用率由设备电能利用率 η_{Ld} 和管理电能利用率 η_{Lm} 构成。

有效电能与供给电能（总耗电能）的差值，即是损耗电能。损耗电能包括设备损耗和管理损耗。

（1）设备损耗是电能在输送、转换、传递和做功的过程中，为了克服电的、磁的、机械的、化学的和其他原因造成的阻碍作用，在电气设备和生产机械中损耗的能量。设备性能越差，能源转换传递次数越多，造成的设备损耗就越大，这是挖掘节约用电潜力的一个重要方面。

（2）管理损耗是因管理不当而造成的电能损耗，包括操作水平低、工艺参数不合理、工

序间不协调以及其他管理不善等原因造成的产量下降、产品报废以及生产事故和生产各环节中的跑、冒、滴、漏等引起的电能损耗，这是挖掘节约用电潜力的另一个重要方面。

因此，企业的电能利用率是个综合值，即不是由一个因素决定的，其表示式为

$$\eta_L = \eta_{Ld}\eta_{Lm} = \left(\frac{W_{ti} - W_d}{W_d} \times 100\%\right)\left(\frac{W_{ti} - W_d - W_m}{W_{ti} - W_d} \times 100\%\right)$$

$$= \frac{W_{ti} - W_d - W_m}{W_{ti}} \times 100\% = \frac{\Sigma W_{ef}}{W_{ti}} \times 100\% \tag{5-2}$$

式中　W_d——设备电能损耗量，kWh；

　　　W_m——管理电能损耗量，kWh；

　　　W_{ti}——电能总耗量（电能总输入量），kWh。

通常将 η_L 称为企业的综合电能利用率，它是衡量企业用电合理程度的主要标志。如果只计算设备电能利用率，那么一个拥有先进设备，但管理混乱，生产效率低劣的企业却算出较高的电能利用率，这显然是不合理的。

在不同行业之间，产品的电耗是无法比较的，但根据各自的电能利用率（计算范围及深度基本一致的话），可判别其合理程度，判断节约用电工作的深度、广度和成绩。企业综合电能利用率的高低是由企业的设备及管理水平决定的。电能利用率高，意味着该企业设备性能好、损耗小、效率高、生产工艺先进，说明技术参数合理；产量高、质量好、事故少，说明生产管理水平高。

因此，重视和提高企业综合电能利用率，不仅能有效地节约用电，而且能促使企业改善技术工艺水平和生产管理水平。

三、企业电能利用率的测定方法

（一）能流图

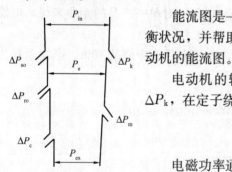

图 5-1　电动机的能流图

能流图是一种分析研究能量转换和传递系统能量分布及其平衡状况，并帮助计算能量（电能）利用率的有效工具。图 5-1 是电动机的能流图。

电动机的输入功率为 P_{in}，在定子铁芯中产生的铁损耗为 ΔP_k，在定子绕组中产生的铜损耗为 ΔP_{so}，因此，电磁功率 P_e 为

$$P_e = P_{in} - \Delta P_k - \Delta P_{so}$$

电磁功率通过旋转磁场传递到转子，在转子绕组中产生的铜损耗为 ΔP_{ro}。电磁功率除去转子铜损耗以后，转变为机械功率，机械功率驱动转子转动，并要克服机械损耗 ΔP_m 和杂散损耗 ΔP_c，所以最后电动机轴端的输出功率 P_{ex} 为

$$P_{ex} = P_e - \Delta P_{ro} - \Delta P_m - \Delta P_c$$

输出功率 P_{ex} 肯定小于输入功率 P_{in}，这样电动机的电能利用率可用下式表示

$$\eta_M = \frac{P_{ex}}{P_{in}} \times 100\% \tag{5-3}$$

上三式中　η_M——电动机的电能利用率，%；

　　　　　P_{in}——电动机的输入功率，kW；

　　　　　P_{ex}——电动机的输出功率，kW。

表 5-1 列出了异步电动机的各种损耗分布情况。

表 5-1　　　　　　　　　　　　**异步电动机损耗分布情况**

损耗分类	占总损耗的比例（%）	损耗分布与电动机型式的关系
定子铜损耗	25～40	高速电机比低速电机大，绝缘耐热等级越高，电流密度越大铜损越大
定子铁损耗	20～35	高速电机比低速电机小
转子铜损耗	15～20	小型电机较大
机械损耗	5～20	小型电机、高速电机较大，防护式电机小，封闭式电机大
杂散损耗	5～20	高速电机比低速电机大，铸铝转子电机较大，小型电机较大

（二）企业电能利用率测定方法

1. 企业综合电能利用率的测定

企业综合电能利用率被定义为理论电耗与实际电耗之比，如式（5-1）所示。其中理论电耗相当于全部有效电能量 ΣW_{ef}，而

$$\Sigma W_{ef} = W_{ti} \cdot \eta_1 \cdot \eta_2 \cdots \eta_n \tag{5-4}$$

式中　η_1、…、η_n——分别代表变电设备、电气设备、机械设备、传动设备的效率，水、风、汽等的有效利用率以及生产效率和成品合格率等。

对上述各种比率可结合企业特点，有重点地进行测定计算。

2. 企业设备电能利用率

企业设备电能利用率对电气设备和水泵、风机等通风设备来说，相当于它们的效率；对电加热、电解槽等直接参与产品生产，其工况与生产及操作有紧密联系的设备来说，在一定程度上相当于它们的综合电能利用率。

测定设备电能利用率，常用以下两种方法：

（1）直接法（也称正平衡法），即直接测定电源供给用电设备的电能和产品生产的有效消耗电能，然后计算设备的电能利用率，即

$$\eta_d = \frac{W_{ex}}{W_{ti}} \times 100\% \tag{5-5}$$

式中　W_{ex}——输出有效电能，kWh；

　　　W_{ti}——输入电能，kWh。

电源供给的电能，也称输入电能，可以用电能表或功率表测定并记录其实际数值。有效消耗的电能可通过测定产品的一些工艺参数和生产数据，如温度、压力、速度、力矩、产量、生产率等数据，经过计算并换成有效电能消耗量。

（2）间接法（也称反平衡法、损耗分析法），先逐项测定用电设备的各项电能损耗，求出总的损耗电能，再根据电源供给电能算出有效电能，最后确定企业用电设备的电能利用率

$$\eta_d = \frac{W_{ti} - \Sigma\Delta W_i}{W_{ti}} \times 100\%$$

(5-6)

式中 ΔW_i——各项损耗电能，kWh。

由于用电设备的各项损耗电能，要通过各种测定和计算，并逐项进行分析确定，因而有利于了解用电设备各项损耗电能的大小及分布情况，为改进工艺、改造设备、降低能量损耗提供了科学的依据。

3. 企业管理电能利用率

根据企业综合电能利用率和企业设备电能利用率，可算出企业管理电能利用率，即

$$\eta_m = \frac{\eta_L}{\eta_d}$$

(5-7)

式中 η_L——企业综合电能利用率；

η_d——企业设备电能利用率。

第二节 企业电能平衡

一、企业电能平衡概念

企业电能平衡就是以企业、车间、用电设备所组成的用电体系为单位，在用电体系平衡边界内通过普查、测试、计算和分析研究各种电能的收入与支出、有效利用及损耗之间的数量平衡关系，也就是企业电能的收入与支出之间的平衡。

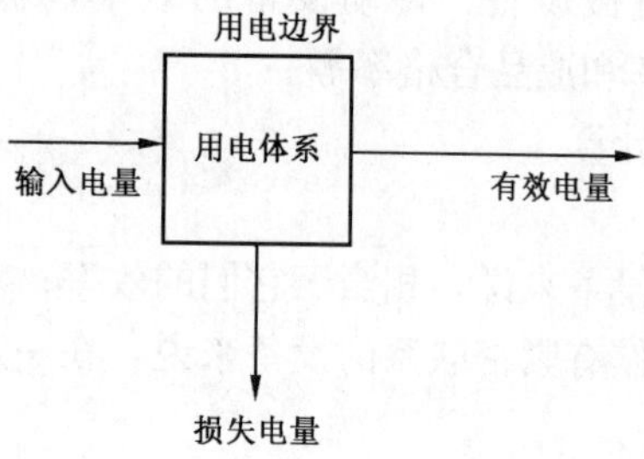

用电体系是指电能平衡研究的对象，如一个企业、一个车间、一台用电设备等，所以用电体系是用电设备、工艺、用电车间、用电企业的统称。用电体系有明确的边界，以确定电能平衡范围。

企业电能平衡是在已确定的用电体系的平衡边界内，对由外界输入电量在用电体系内的输送、转换、分布和流向，进行考察、测定、计算和分析研究，并建立输入电能、有效输出电能和损耗电能之间的平衡关系的全过程。企业用电体系电能平衡图，如图5-2所示。根据能量守恒定律，用电体系内电能平衡关系为

图 5-2 用电体系电能平衡图

$$\Sigma W_{ti} = \Sigma W_{ef} + \Sigma\Delta W$$

(5-8)

式中 ΣW_{ti}——界处总输入电能，kWh；

ΣW_{ef}——用电体系的总有效电能，kWh；

$\Sigma\Delta W$——用电体系的总损失电能，kWh。

由上式可知，企业电能平衡包括总输入电能和总支出的各项电能（做功的）。总输入电能包括自企业外输入的电能和企业自备发电厂生产的电能；总输出电能包括供给生产产品的有效消耗电能、间接生产用的电能和线路、变压器的损耗电能。

二、企业电能平衡目的

通过电能平衡，可以考察企业和用电设备的电能利用情况，包括电能的构成、分布、流向、各项直接生产和间接生产的电能损耗比重等。分析企业用电消耗高低的原因，找出企业内部耗电多、损耗大的环节，进而挖掘节电潜力，明确企业的节电途径，制订相应的节电措施，为进一步提高企业的用电管理水平、合理使用电能、提高电能利用率提供科学的依据。

电能平衡包括有功电能平衡和无功电能平衡，本书只介绍有功电能平衡问题。

三、企业电能平衡内容

（1）在用电体系确定的范围内，电能消耗的分布状况，即在哪些车间、产品、工艺和设备上用电。

（2）电能在用电体系内输送、转换和传递的流向和产品的生成过程。

（3）对用电体系的供给电能和损失电能进行测定。

（4）计算分析以及研究提高电能利用率的改进措施。

四、电能平衡原则

为保证电能平衡的严密性和分析计算结果的正确性和可比性，在进行电能平衡时应遵守以下原则：

（1）应符合国家有关的标准和规定，如国家关于节约用电、合理用电的指令和文件、《评价企业合理用电技术导则》等。

（2）对同类的用电企业应有统一的平衡边界线。人们将从用电体系外通过边界线向用电体系输入的电能，称为用电体系的收入量；从用电体系内通过边界线向外输出的电能或能量称为用电体系的支出量。根据收入量和支出量可以分析用电体系的电能平衡。

在边界线内的电能从一台设备传至另一台设备，并不增减用电体系的电能，而只改变内部电能的分布和流向。在确定用电体系的边界线时，应考虑平衡的结果具有可比性，边界线内应包括所有的用电项目和完全预定目的全过程。

（3）在用电体系的电能平衡时，如产品生成过程中有物理化学反应，所引起的用电体系内部能量的变化，将影响计算结果的正确性，可在电能平衡时加以考虑，通过测定计算，分别归算到收入、支出和损失的电能中。

（4）电能平衡的基准计算量以电能量为基准，各种能源量应统一折算到以电能为基准的计算量。

五、电能平衡计算步骤

电能平衡是一项测定、计算量较大且繁杂的系统工程，电能平衡计算的步骤如下：

（1）确定用电体系电能平衡的边界线。

（2）查清边界线内的用电设备。

（3）查清电能的流向和产品生成的过程。

（4）检验设备电能平衡。

（5）绘制能流图。

（6）电能利用率的测定与计算。

（7）制订提高电能利用率的改进措施、规划。

六、电能平衡表

电能平衡的内容和结果可按项目列入电能平衡表中。表5-2为一种电能平衡表的参考格式。

表 5-2

电 能 平 衡 表

电能收支概况

收入：供电系统供给____ kWh，本企业自发自供____ kWh，外单位转供____ kWh，合计____ kWh

支出：生产用电____ kWh，非生产用电____ kWh，向外转供____ kWh，（以上均包括应分摊的变压器及线路损失）合计____ kWh

生 产 用 电 各 种 电 能 平 衡

支出项目，用电（按车间、工艺、用电装置、用电设备分）	供给电量（kWh）	损失原因及计算依据	电能损失分类					损失电量小计		电能有效利用量（kWh）	电能利用率（%）
			电气设备	生产设备	工艺参数	生产效率	小计	小计	占总损失（%）		
1											
2											
3											
生产用电合计											
说明											

【例 5-2】 假定某电解烧碱厂一个季度的总用电量，即收入电量为 1169.6×10^4 kWh，具体分配如图 5-3 所示，试计算电能利用率（为便于介绍，在用电体系上已作了简化）。

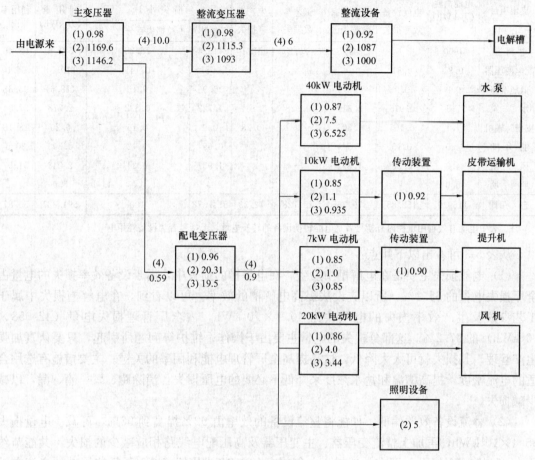

图 5-3 电量分配图

(1) 转换效率；(2) 输入电量（$\times 10^4$kWh）；

(3) 输出电量（$\times 10^4$kWh）；(4) 线路损失电量（$\times 10^4$kWh）

解 经过分析计算出电气设备效率损失、生产设备效率损失、工艺参数损失和生产效率损失后，归纳列表，如表 5-3 所示。

表 5-3 某烧碱厂电量平衡表

支出项目	电能消耗（万 kWh）	损失电量分类（万 kWh）						电能有效利用量（万 kWh）	电能利用率（%）
		电气设备效率损失	生产设备效率损失	工艺参数损失	生产效率损失	损失小计			
						电量	占总损失百分比（%）		
主变压器	23.4	23.4				23.4	4.07	(1146.2)	98
高压配电线路	10.59	10.59				10.59	1.843	(1135.61)	99.08
整流变压器及线路	28.3	28.3				28.3	4.924	(1087)	97.46
整流设备	87	87				87	15.14	(1000)	92

续表

支出项目	电能消耗（万 kWh）	损失电量分类（万 kWh）						电能有效利用量（万 kWh）	电能利用率（%）
		电气设备效率损失	生产设备效率损失	工艺参数损失	生产效率损失	损失小计			
						电量	占总损失百分比（%）		
电解槽	1000		347.5	28.8	12.1	415.4	75.28	584.6	58.46
配电变压器	0.81	0.81				0.81	0.141	(19.5)	96.0
低压线路	0.9	0.9				0.9	0.16	(18.6)	95.38
水　泵	7.5	0.975	2.819	0.928		4.722	0.822	2.778	37.04
皮带运输机	1.1	0.165	0.505		0.23	0.9	0.16	0.20	18.18
提　升　机	1.0	0.15	0.544			0.694	0.12	0.306	30.6
风　机	4.0	0.56	1.397			1.957	0.34	2.043	51.07
照　明	5.0							5.0	
合　　计	1169.6	152.85	379.765	29.728	12.33	574.673	100	594.927	50.87

注　表中电能有效利用量栏内有括号者是电能转换设备的转换电量，无括号者为设备耗用电量。

从表 5-3 可看出以下几点：

（1）电能损失主要是在电解槽中发生，在电解槽的损失中，属于设备效率损失的电量占全厂损失电量的 65.1%，所以应设法提高电解槽的效率。可以看到，在电解槽损失中属于工艺参数及生产效率损失的电量共为 $40.9 \times 10^4 kWh$，占全厂管理损失电量（$42.058 \times 10^4 kWh$）的 97.2%。这部分损失的电量主要由于操作、维护等问题所引起，只要认真加强生产管理，其损失就可大大降低，这是提高全厂管理电能利用率的关键。主要措施有选用合适的电流密度、提高槽温和盐水浓度来降低不必要的电压损失，消除跑、冒、滴、漏，以减少碱损失。

（2）整流设备效益偏低。如能将整流设备的效率由 92% 提高到 96%，可减少电量损失 $35.4 \times 10^4 kWh$，再加上整流变压器、主变压器及高压配电线路相应减少的损失，共能节约用电 $37.41 \times 10^4 kWh$，可有效地提高电气设备的电能利用率，使全厂每吨烧碱的交流电综合单耗降低 98.7kWh（合 4.2%），生产成本降低 1.6%。

（3）水泵效率低，且有大马拉小车的情况，应设法更换。

（4）皮带运输机经常轻载运行，利用率太低，应更换设备或制定必要的运行操作规程，减少生产效率损失。

（5）提升机的设备效率较低，要设法加以改进。

从上例不难看出，根据电能的平衡情况，可以正确地考核分析单位产品耗电量高低和增减原因，然后从设备和管理上找出有效措施，加以改进，使电能利用率得到提高，实现节约用电。

复 习 思 考 题

1. 什么叫电能利用率，为什么将企业电能利用率称为企业综合电能利用率？
2. 如何进行企业综合电能利用率的测定？
3. 什么是电能平衡？电能平衡的目的和内容是什么？

第六章 企业用电功率因数管理

企业中的许多用电设备，如配电变压器、异步电动机、交流电焊机和交流接触器等，都是根据电磁感应原理工作的，都是依靠磁场来转换和传递能量的。在交流电路中，这些用电设备作为负荷，由电源供给负荷的总功率称为视在功率。视在功率分为两部分：一部分是保证用电设备正常运行所需的电功率，也就是将电能转换为机械能、化学能、光能、热能等其他形式能量的电功率，称为有功功率；另一部分为电能在电源和电感性用电负荷之间交替往返的电功率，也即为建立交变磁场和感应装置的磁通，只实现能量交换而并不做功的电功率，称为无功功率。

第一节 功 率 因 数 概 述

一、功率因数

有功功率是视在功率的一部分，有功功率在视在功率中所占的比重，称为功率因数。

有功功率、无功功率、视在功率和功率因数之间的关系可用功率三角形来表示，如图6-1所示。从功率三角形可知

$$S = \sqrt{P^2 + Q^2} \tag{6-1}$$

$$\cos\varphi = \frac{P}{S} = \frac{1}{\sqrt{1 + \left(\frac{Q}{P}\right)^2}} \tag{6-2}$$

式中　　S——视在功率，kVA；

　　　　P——有功功率，kW；

　　　　Q——无功功率，kvar；

　　$\cos\varphi$——功率因数；

　　　　φ——功率因数角。

由功率三角形可以看出，在一定的有功功率下，功率因数的

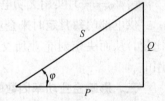

图 6-1　功率三角形

高低与无功功率的大小有关，当用电企业需要的无功功率越大，其视在功率也越大，功率因数降低，所以企业功率因数的高低，反映了用电设备的合理使用状况、电能的利用程度和用电的管理水平。企业开展节约用电，必须改善企业的功率因数和加强功率因数的管理。

二、功率因数测量和计算

工业企业的功率因数随着用电负荷的变化和电压波动而经常变化，对功率因素的测量和计算是十分重要的。功率因数分为自然功率因数、瞬时功率因数和平均功率因数。

（一）自然功率因数

自然功率因数是指用电设备没有安装无功补偿设备时的功率因数，或者说用电设备本身所具有的功率因数。

自然功率因数的高低主要取决于用电设备负荷的性质，如电阻性负荷用电设备（如白炽灯、电阻炉等）的功率因数就比较高，而电感性负荷用电设备（如荧光灯、异步电动机等）的功率因数就比较低。部分用电设备的自然功率因数范围，如表 6-1 所示。

表 6-1　　部分用电设备自然功率因数范围

用电设备名称	功率因数
异步电动机	0.7～0.8
电弧炉炼钢、熔解期间	0.8～0.85
冶炼有色金属、电弧炉	0.9
电解槽用整流设备	0.8～0.9
水泵、通风机、空压机等	0.8
中频或高频感应炉	0.7～0.8
铸造车间用电设备、球磨机	0.75
间歇式机械吊车	0.5
机床	0.4～0.7
荧光灯	0.5～0.6
电焊机	0.1～0.3

（二）瞬时功率因数

瞬时功率因数是指在某一瞬间由功率因数表读出的功率因数值，也可根据电压表、电流表和有功功率表在同一瞬间的读数经计算而确定。

瞬时功率因数是随着企业用电设备的类型、负荷的大小和电压的高低而时刻变化的。瞬时功率因数可以用来判断工矿企业所需要的无功功率数量是否稳定，以便在运行中采取相应的措施。

（三）平均功率因数

平均功率因数是指企业在一定时间段（一个工作班、一星期或一个月等）内功率因数的平均值。对企业功率因数的考核通常是以一个月的平均功率因数进行的，是通过企业一个月内消耗的实际有功电量和无功电量计算而得的，其计算公式为

$$\cos\varphi = \frac{W_P}{\sqrt{W_P^2 + W_Q^2}} = \frac{1}{\sqrt{1 + \left(\dfrac{W_Q}{W_P}\right)^2}} \tag{6-3}$$

式中　W_P——月实用有功电量，kWh；

　　　W_Q——月实用无功电量，kvarh。

供电部门每月定时来企业考核月平均功率因数的大小，再与国家规定的平均功率因数值比较，从而决定对企业所交纳电费是奖励还是惩罚，并决定应采取的措施，以利于节约用电。

三、影响企业功率因数的因素

由式（6-2）可看出，无功功率越大，功率因数就越低；反之，就越高。因此，功率因数的高低与无功功率的大小有关。影响企业功率因数的主要原因有以下几点：

（1）电感性用电设备配套不合适和使用不合理，造成用电设备长期轻载或空载运行，致使无功功率的消耗量增大。异步电动机空载时消耗的无功功率约占电动机总无功消耗的 60%～70%。当电动机长期处于轻载或空载时，其消耗的无功功率占电动机总无功消耗的比重更大。

（2）大量采用电感性用电设备（如异步电动机、交流电焊机、感应电炉等）。在工矿企业消耗的全部无功功率中，异步电动机的无功消耗占 60%～70%。

（3）变压器的负荷率和年利用小时数过低，造成过多消耗无功功率。在一般情况下，变压器的无功消耗为其额定容量的 11%～14%；空载时的无功消耗约是满载时的 1/3。所以，负荷率和利用小时数低，就会无谓地消耗无功功率。

（4）线路中的无功功率损耗。高压输电线路的感抗值比电阻值大好几倍，如 110kV 线路的感抗值是电阻值的 2～2.5 倍，220kV 线路的感抗值是电阻值的 4.5～6 倍，因此线路中的无功功率损耗是有功功率损耗的数倍。

（5）无功补偿设备装置的容量不足。企业用电设备所消耗的无功功率主要靠发电机供给，致使输变电设备的无功功率消耗很大，因此建议企业采用在用电设备装设无功补偿设备，以提高其功率因数。

四、提高功率因数的效益

（一）降低线路损耗

当电流通过输电线路时，在线路电阻上产生功率损耗的大小与流经线路的电流的平方成正比，即

$$\Delta P_L = I^2 R$$

又

$$P = S\cos\varphi = IU\cos\varphi$$

即用户所需之负荷功率决定于负荷电流、电网电压及功率因数间的乘积，则在相同的负荷功率和电压下，若用电功率因数提高，可使负荷电流减小，于是线路电能损耗相应减少，达到节约用电的目的。

（二）改善电压质量

线路的电压损失由两部分构成：一部分是输送有功功率产生的；另一部分是输送无功功率产生的。由于输配电线路的电抗分量约是电阻分量的 2～4 倍，变压器的电抗分量是电阻分量的 5～10 倍。因此，远距离输送无功功率会在线路和变压器中造成很大的电压损失，使输配电线路末端电压严重降低。若提高功率因数，就可减少线路和变压器中输送的无功功率，从而减少线路的电压损失，有效地改善用户端电压质量，从而达到节电目的。

（三）减小设备容量，提高设备供电能力

从公式 $S = P/\cos\varphi$ 可以看出，当输送的有功功率一定时，提高功率因数可以减小视在功率，也就是可以减少发电、变电和用电设备的安装容量。从此公式还可看出，当输送的视在功率一定时，提高功率因数可以多输送有功功率，也即提高了设备的供电能力，增加了发电机的有功出力，增加线路和变压器的供电能力。

（四）节省用电企业的电费开支

在国家电价制度中，从合理利用电能出发，对不同企业用户的功率因数规定了不同的标准值。低于规定数值时，企业要多交一定的电费；高于规定数值时，企业可少交一定的电费。因此，提高功率因数会给企业直接带来经济效益。

总之，提高功率因数，能够使发电、供电和用电等部门均得到明显的效益。

第二节　企业提高功率因数方法

电感性负荷是消耗无功功率的主要用电设备，据统计，工矿企业用电设备中 60％以上的是异步电动机，其次是配电变压器，再次是各种控制设备、整流设备和配电线路等。前两类用电设备消耗的无功功率占总无功功率的 60％和 20％。因此，当企业需要的有功功率一定时，若功率因数偏低，则将导致无功功率需要量增大，其后果是造成线损增大，电压质量降低，发供电和用电设备的有效利用率低，企业的电费支出增大和生产成本提高等许多问

题，所以必须改善和提高企业的功率因数。

提高企业功率因数的主要方法是在提高自然功率因数的基础上，进行无功功率补偿，以减少各类用电设备所需要的无功功率。

一、提高自然功率因数

合理选择电气设备的容量并减少所采用的无功功率，是改善功率因数的基本措施。这种措施不需要增加任何投资，是一种最经济有效的方法。其具体方法如下。

（1）合理选配用电设备的容量，做好配套工作。

（2）减少或限制轻载或空载运行的用电设备。

（3）合理调整各工艺流程，改善用电设备的运行状况。

（4）对经常性变动和周期性变动负荷的电动机，要采用调速装置，尤其是采用变频调速，使电动机运行在最经济状态。

（5）对于低速、恒速长期连续运行的大型机械设备，如轧钢机的电动发电机组、球磨机、空气压缩机、水泵、鼓风机等，可采用同步电动机作为动力。调节同步电动机的励磁电流，使其在超前功率因数下运行，加发无功功率，以提高自然功率因数。

二、提高功率因数人工补偿法

当采用提高自然功率因数的方法还达不到所要求的功率因数时，则可以通过采用功率因数的人工补偿法来解决这个问题。这个方法需要一定的投资，增置产生无功功率的补偿设备，如同期调相机、并联电容器、静止补偿装置等。

并联电容器又称移相电容器，是一种专门用来改善功率因数的电力电容器。和其他无功功率补偿装置相比，并联电容器无旋转部分，具有安装、运行、维护简单方便，有功损耗小（约为 0.3%～0.5%），以及组装增容灵活，扩建方便、安全，投资少等优点，所以并联电容器在一般工矿企业中应用最为普遍。

并联电容器有损坏后不便修复，从电网切除后存在危险的残余电压等缺点。不过电容器损坏后更换方便，从电网切除后的残余电压可通过放电消除，因此并联电容器的这些缺点不是主要的，不会影响并联电容器的广泛应用。

第三节 无功功率人工补偿

一、电容器补偿无功功率原理

工矿企业的用电设备大部分是电感性的，这使得线路电流滞后于线路电压一个角度 φ，如图 6-2 所示。

以电压相量 $\dot{U}$ 为基准，建立直角坐标系。线路总电流 $\dot{I}$ 可以分解为有功电流 $\dot{I}_P$ 和无功电流 $\dot{I}_Q$ 两个分量，分别平行和垂直于电压相量，其中 $\dot{I}_Q$ 是滞后于电压 $\dot{U}$ 为 90° 的感性电流。若将一电容器连接进电网，则在电压 $\dot{U}$ 的作用下，产生超前电压 $\dot{U}$ 为 90° 的容性电流 $\dot{I}_C$。容性电流 $\dot{I}_C$ 与感性电流 $\dot{I}_Q$ 的相位

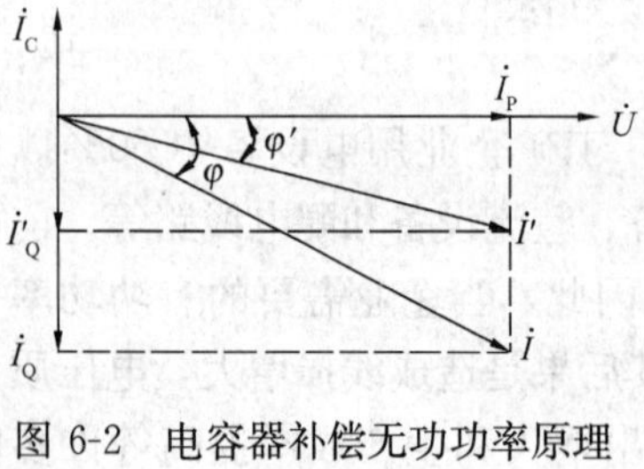

图 6-2 电容器补偿无功功率原理

差刚好是 $180°$，于是容性电流 $\dot{I}_C$ 抵消了一部分感性电流 $\dot{I}_Q$，或者说一部分感性无功电流（无功功率）得到了补偿。由图 6-2 可以看到，接入电容器后，新的线路电流 $\dot{I}'$ 和电压 $\dot{U}$ 的相位角 φ' 较补偿前小，从而功率因数得到提高（$\cos\varphi' > \cos\varphi$）。如果补偿的容性电流 $\dot{I}_C$ 等于感性电流 $\dot{I}_Q$，功率因数将等于 1，这时无功功率全部由并联电容器供给，而电网只传输有功功率，效率最高。

二、电容器补偿容量确定

用电容器改善功率因数可获得显著的经济效益。但是，电容性负荷过大，会引起电压的升高，并带来不良影响。所以，应适当选择电容器的安装容量，通常电容器的补偿容量可按下式确定

$$Q_C = P_{av}(\tan\varphi_1 - \tan\varphi_2) \tag{6-4}$$
$$q_0 = \tan\varphi_1 - \tan\varphi_2$$

式中　　Q_C——所需的补偿容量，kvar；

P_{av}——一年中最大负荷月份的平均有功负荷，kW；

$\tan\varphi_1$、$\tan\varphi_2$——补偿前、后平均功率因数的正切值；

q_0——补偿率，kvar/kW，可从表 6-2 直接查得。

表 6-2				补　偿　率　（q_0）						单位：kvar/kW	
$\cos\varphi_1$ ＼ $\cos\varphi_2$	0.8	0.82	0.84	0.86	0.88	0.90	0.92	0.94	0.96	0.98	1.00
0.40	1.54	1.60	1.65	1.70	1.75	1.87	1.87	1.93	2.00	2.09	2.09
0.42	1.41	1.47	1.52	1.57	1.62	1.68	1.74	1.80	1.87	1.96	2.16
0.44	1.29	1.34	1.39	1.44	1.50	1.55	1.61	1.68	1.75	1.84	2.04
0.46	1.18	1.23	1.28	1.34	1.39	1.44	1.50	1.57	1.64	1.73	1.93
0.48	1.08	1.12	1.18	1.23	1.29	1.34	1.40	1.46	1.54	1.62	1.83
0.50	0.98	1.04	1.09	1.14	1.19	1.25	1.31	1.37	1.44	1.52	1.73
0.52	0.89	0.94	1.00	1.05	1.10	1.16	1.21	1.28	1.35	1.44	1.64
0.54	0.81	0.86	0.91	0.97	1.02	1.07	1.13	1.20	1.27	1.36	1.56
0.56	0.73	0.78	0.83	0.89	0.94	0.99	1.05	1.12	1.19	1.28	1.48
0.58	0.66	0.71	0.76	0.81	0.87	0.92	0.98	1.04	1.12	1.20	1.41
0.60	0.58	0.64	0.69	0.74	0.79	0.85	0.91	0.97	1.04	1.13	1.33
0.62	0.52	0.57	0.62	0.67	0.73	0.78	0.84	0.90	0.98	1.06	1.27
0.64	0.45	0.50	0.56	0.61	0.66	0.72	0.77	0.84	0.91	1.00	1.20
0.66	0.39	0.44	0.49	0.55	0.60	0.65	0.71	0.78	0.85	0.94	1.14
0.68	0.33	0.38	0.43	0.48	0.54	0.59	0.65	0.71	0.79	0.88	1.08
0.70	0.27	0.32	0.38	0.43	0.48	0.54	0.59	0.66	0.73	0.82	1.02
0.72	0.21	0.27	0.32	0.37	0.42	0.48	0.54	0.60	0.67	0.76	0.96
0.74	0.16	0.21	0.26	0.31	0.37	0.42	0.48	0.54	0.62	0.71	0.91
0.76	0.10	0.16	0.21	0.26	0.31	0.37	0.43	0.49	0.56	0.65	0.85
0.78	0.05	0.11	0.16	0.21	0.26	0.32	0.38	0.44	0.51	0.60	0.80
0.80	—	0.05	0.10	0.16	0.21	0.27	0.32	0.39	0.46	0.55	0.73
0.82	—	—	0.05	0.10	0.16	0.21	0.27	0.34	0.41	0.49	0.70
0.84	—	—	—	0.05	0.11	0.16	0.22	0.28	0.35	0.44	0.65
0.86	—	—	—	—	0.05	0.11	0.17	0.23	0.30	0.39	0.59
0.88	—	—	—	—	—	0.06	0.11	0.18	0.25	0.34	0.54
0.90	—	—	—	—	—	—	0.06	0.12	0.19	0.28	0.49

在电容器技术数据中，额定容量是指额定电压下的无功容量，当计算补偿电容器容量时，应考虑实际运行电压可能与电容器的额定电压不同，这时电容器能补偿的实际容量不同于计算的补偿容量。此时，电容器容量应按下式进行换算

$$Q'_N = Q_N \left(\frac{U}{U_N}\right)^2 \tag{6-5}$$

式中　Q'_N——电容器在实际运行电压时的容量，kvar；

Q_N——电容器的额定容量，kvar；

U_N——电容器的额定容量，kV；

U——电容器的实际运行电压，kV。

对于电动机等用电设备进行个别补偿时，应以空载时（补偿后）功率因数接近于 1 为宜，以免因过补偿引起过电压而损坏电气绝缘。对于个别补偿的电动机，其补偿容量可用下式确定

$$Q_C = \sqrt{3}UI_0$$

式中　Q_C——电动机所需补偿容量，kvar；

U——电动机的电压，kV；

I_0——电动机的空载电流，A。

三、无功功率补偿原则与电容器补偿方式

为了提高企业无功功率补偿装置的经济效益，减少无功功率的流动，应尽量采用就地补偿、就地平衡，以满足需要。

并联电容器的补偿方式一般分为个别补偿、分组补偿和集中补偿三种。

（一）个别补偿法

个别补偿法广泛用于低压网络，将电容器直接接在用电设备附近，一般和用电设备合用一套开关，如图 6-3（a）所示。个别补偿的优点是补偿效果好，缺点是电容器利用率低。对连续运行的用电设备所需补偿的无功功率容量较大时，采用个别补偿最为合适。

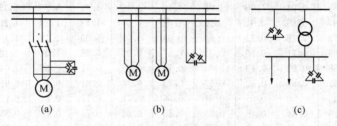

图 6-3　电容器补偿方式

（a）个别补偿法；（b）分组补偿法；（c）集中补偿法

（二）分组补偿法

分组补偿法是将电容器组分别安装在各车间配电盘的母线上，如图 6-3（b）所示。这样配电变压器和变电所至车间的线路都可以收到补偿效果。分组补偿的电容器组利用率比个别补偿时高，所需容量也比个别补偿少。

（三）集中补偿法

集中补偿法是将电容器组接在变电所（或配电所）的高压或低压母线上，如图 6-3（c）

所示。这种补偿方式的电容器组，利用率较高，但不能减少用户内部配电网络的无功负荷所引起的损耗。

四、并联电容器的接线方式

并联电容器组的接线方式通常分为三角形接线和星形接线两种（还有双三角形和双星形接线方式）。采用何种接线方式，一般应根据并联电容器组的电压等级、容量大小和保护方式等的不同来决定。根据国家标准 GB 50053《10kV 及以下变电所设计规范》规定：高压电容器宜接成中性点不接地星形；当容量较小时（指 400kvar 及以下）宜接成三角形；低压电容器组应接成三角形。

（一）三角形接线

在 10kV 的配电网中，当并联电容器的额定电压为 10.5kV 或 11kV 时，应采用三角形接线和并联在配电网上，使并联电容器得到充分利用。并联电容器的三角形接线方式如图 6-4 所示。

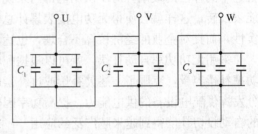

图 6-4　并联电容器的三角形接线方式

在这种接线方式中，并联电容器的容量 $Q_{C\triangle}$ 为星形接线中容量 Q_{CY} 的三倍，这是由于 $Q_C = \omega C U^2$，即 $Q_C \alpha U^2$，而三角形接线时加在电容器 C 上的电压为星形接线时的 $\sqrt{3}$ 倍，即 $U_\triangle = \sqrt{3} U_Y$，因此 $Q_{C\triangle} = 3Q_{CY}$。这就是说，相同的三个并联电容器，采用三角形接线的补偿容量为采用星形接线的补偿容量的 3 倍，充分发挥了它的补偿效果，是最为经济合理的（此时并联电容器的额定电压与配电网的额定电压相同）。所以，额定电压在 10kV 及以下的电网，应采用三角形接线；另外当三角形接线中的任一相并联电容器断线时，三相配电线路仍能得到无功补偿。

但三角形接线方式也存在不足，即并联电容器直接承受配电网的线电压，当任何一台并联电容器因故障被击穿发生短路故障时，就形成两相短路，通过故障点的电流为相间短路电流，短路电流非常大，可能会导致并联电容器油箱爆炸，威胁配电网的安全运行。所以，三角形接线多用于短路容量较小的工矿企业用户的变电所和配电线路中。

（二）星形接线

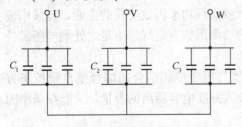

图 6-5　星形接线方式

在 10kV 配电网中，如并联电容器的额定电压为 6.3kV 时，宜采用星形接线，其星形接线方式如图 6-5 所示。

由于星形接线的并联电容器承受的是相电压，当一台电容器被击穿而短路时，通过故障点的电流是额定相电流的 3 倍；如果采用每相两段串联的星形接线时，一台被击穿，则通过故障点的短路电流仅为 1.5 倍，因此运行就安全多了，所以星形接线能较好地防止并联电容器爆炸。另外，当星形接线的一相被击穿时，又有单台保护熔丝致使故障电容器断开，因此不易造成相间短路，便使其余并联电容器继续运行，进行无功补偿。

星形接线方式的不足是，当一相并联电容器断线时，会造成该相失去补偿，引起三相不平衡。

五、电容器组投切控制

（一）电容器补偿的固定投切与自动投切比较

不能根据功率因数变化而自动控制并联电容器投切容量的固定式补偿装置，在企业无功功率补偿中存在不少弊病，这种补偿装置不可避免地造成欠补偿或过补偿现象。往往为了克服高峰负荷时的欠补偿，就必须多装设补偿容量，这不仅投资增加，而且由于增大了补偿容量，在低谷负荷时必将产生过补偿，结果造成企业用电户向配电系统倒送无功功率，使系统电压升高，产生过电压，破坏供电质量，也威胁并联电容器和用电设备的安全。若将补偿容量装设得在低谷负荷时合适，则到高峰负荷时就会出现补偿的无功功率不足，即欠补偿，又会达不到补偿的效果。对于供用电部门来说，由于在欠补偿时无功电能表正转，过补偿时电能表反转，这样就会使得无功电能表累计总数值很小，它不仅掩盖了企业用户功率因数的真实性，而且对企业的经济核算不合理，也达不到国家对功率因数调整电费奖罚效果。

采用无功功率自动补偿，就可以根据配电系统中无功负荷的大小，自动及时地投切无功功率补偿容量，克服了上述欠补偿或过补偿所引起的不良后果，可使无功功率分布合理，充分发挥供配电设备的供电能力，提高功率因数，降低线损，保障电能质量。因此，无功功率的自动投切补偿得到越来越广泛的应用。

（二）并联电容器投切的自动控制方式

1. 高压并联电容器的自动控制方式

（1）电压型自动控制方式。根据配电系统电压的变化规律，确定适当的电压整定值，自动投切并联电容器组的容量，以改善配电系统的电压质量。

（2）电流型自动控制方式。根据配电系统负荷电流的大小，自动投切一定数量的并联电容器组的容量。

（3）程序控制方式。根据一定的生产规律编制出并联电容器的投切程序，用时间切换器按固定程序进行投切并联电容器组的容量。这主要是由于企业变电所或企业负荷的变化有一定的规律性的原因。

（4）无功功率自动控制方式。根据配电系统无功功率或无功电流的大小，投切并联电容器组的容量。

（5）功率因数自动控制方式。根据功率因数的高低，利用功率因数继电器控制投切的并联电容器组的容量。对于与配电系统相连接的变电所或实行功率因数奖罚的企业，宜采用按功率因数控制并联电容器组的投切，以保证在最佳的功率因数下运行。不足之处是当所需补偿容量小于一组电容器容量时，可能会出现反复投切。

（6）综合型自动控制方式。这是采用功率因数型与电压型相结合的综合型自动控制方式。它既能满足在功率因数或电压低于下限时自动投入并联电容器组的容量，又能在功率因数或电压超过上限时自动切除并联电容器组。

前三种自动控制方式的特点是结构简单，控制方便，但补偿的效果较差；后三种方式的结构虽然复杂，但补偿准确、经济、效果好，因而在企业中较广泛应用。

2. 低压并联电容器的自动控制方式

（1）时间型自动控制方式。对于一班制或两班制生产的企业，宜采用时间型的自动控制方式，按时间投入并联电容器组的容量，在非生产时间全部切除并联电容器组。

（2）功率因数型自动控制方式。一般企业均以提高功率因数、降损节电、减少电费开支和提高经济效益为目标，宜采用此种自动控制方式。

六、并联电容器的型号表示及含义

并联电容器的型号含义如下：

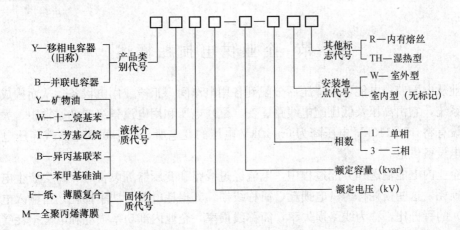

复 习 思 考 题

1. 试述功率因数的含义及分类。

2. 影响企业功率因数的因素有哪些?

3. 提高功率因数有什么效益? 其方法有哪些?

4. 并联电容器的补偿方式有哪几种? 各有什么优缺点?

5. 某企业三班制生产，全年消耗有功电量 600×10^4 kWh，无功电量 480×10^4 kvarh，年最大负荷利用小时数为 3400h，若将功率因数提高到 0.9，试计算在 10kV 的母线上应装设 BW10.5-30-1 型号的并联电容器多少只。

第七章　企业供电损耗及降损措施

第一节　企业供电损耗概述

企业从电网获得电能，经降压后分配到各用电车间、工段或用电设备，从而构成企业内部供电系统，它由高压及低压配电线路、变（配）电所和用电设备组成。通常中、大型工矿企业均设有将 35～110kV 电压降为 6～10kV 电压的变电所，向车间变电所或高压电动机和其他用电设备供电。

在企业内电能输送和分配过程中，电流经过线路和变压器等设备时，将会产生电能损耗和功率损耗，这些损耗称为供电损耗，简称线损。其损耗电能（功率损耗）占输入电能（输入功率）的百分比，称为线路损失率，简称线损率。企业内部功率损耗和电能损耗受线路长短、导线规格型号、变压器容量以及负荷变化等因素影响。

线损可分为固定损耗和可变损耗两部分。固定损耗包括降压变压器和配电变压器的铁损、电能表电压线圈的损耗、电力电容器的介质损耗等，固定损耗与电流大小无关，只要设备接通电源，就有损耗。可变损耗是指当电流通过导体时所产生的损耗，导体截面、长度和材料确定后，其损耗随电流的大小而变化。企业的各种供电损耗很难精确掌握。但是，可以进行供电损耗的计算，为掌握分析供电设备经济运行的状况，为加强用电管理、节约电能工作提供重要的数据。

线损率的高低直接反映了企业电力网络输送分配电能的效率。因此，线损率是一项重要的技术经济指标，降低线路损耗，是企业节约电能、提高经济效率的重要途径之一。

第二节　企 业 供 电 损 耗 计 算

一、企业供电系统供电损耗计算范围

对于任何一个企业的供电系统，其供电损耗的计算范围如下：

（1）代表日的供电量计算。

（2）下列各元件中损耗电能量的计算：①变电所的主变压器；②车间配电所的配电变压器；③整流变压器；④电抗器；⑤电炉变压器；⑥各电压等级的供电线路；⑦低压配电线路；⑧电缆线路；⑨电力电容器；⑩各种专用供电设备。

二、线路损耗电量计算

1. 供电线路损耗

当电流通过三相供电线路时，在线路导线电阻上的功率损耗为

$$\Delta P = 3I^2 R \times 10^{-3} \tag{7-1}$$

式中　ΔP——线路电阻功率损耗，kW；

　　　I——线路的相电流，A；

　　　R——线路每相导线的电阻，Ω。

若通过线路的电流是恒定不变的，则式（7-1）的功率损耗乘上通过电流的时间就是电能损耗（损耗电量）。由于通过线路的电流是变化的，要计算某一时间段（一个代表日）内线路电阻的损耗电量，必须掌握电流随时间变化的规律。通常近似认为每小时内电流不变，则一个代表日内 24h 代表电流为 I_1、I_2、$\cdots$、I_{24}，全日线路损耗电量为

$$\Delta W = 3(I_1{}^2 + I_2{}^2 + \cdots + I_{24}{}^2)R \times 10^{-3}$$
$$= 3I_{\text{eff}}{}^2 R \times 24 \times 10^{-3} \qquad (7\text{-}2)$$

其中
$$I_{\text{eff}} = \sqrt{\dfrac{I_1{}^2 + I_2{}^2 + \cdots + I_{24}{}^2}{24}} \qquad (7\text{-}3)$$

上两式中　ΔW——全天线路损耗电量，kWh；

I_{eff}——线路代表日均方根电流，A。

如果测定的负荷数据是有功功率和无功功率，则因

$$3I^2 = \frac{P^2 + Q^2}{U^2}$$

所以
$$3I_{\text{eff}}{}^2 = \frac{1}{24} \sum_{i=1}^{24} \frac{P_i{}^2 + Q_i{}^2}{U_i{}^2} \qquad (7\text{-}4)$$

式中　P_i——第 i 小时的有功功率，kW；

Q_i——第 i 小时的无功功率，kvar；

U_i——第 i 小时的电压值，kV。

2. 电力电缆线路损耗

电缆线路的电能损耗主要包括导体电阻损耗、介质损耗、铅包损耗和钢铠损耗四部分。

电缆的钢带、铅包及钢丝铠装中的涡流损耗，敷设方法、土壤或水底温度以及集肤效应和邻近效应等对电缆的可变电能损耗都有影响，故计算电缆线路的电能损耗是很复杂的。一般情况下，介质损耗约为导体电阻损耗的 1‰～3‰，铅包损耗约为 1.5‰，钢铠损耗在三芯电缆中，如导线截面不大于 185mm²，可忽略不计。电力电缆的电阻损耗一般可根据产品目录提供的交流电阻数据进行电能损耗的计算，即

$$\Delta W = 3I_{\text{eff}}{}^2 r_0 l \times 24 \times 10^{-3} \qquad (7\text{-}5)$$

式中　r_0——电力电缆线路每相导体单位长度的电阻值，Ω/km；

l——电力电缆线路长度，km。

3. 电力电容器损耗

电力电容器的损耗主要是介质损耗，可根据制造厂提供的绝缘介质损失角 δ 的正切值来计算电能损耗，即

$$\Delta W = Q_C \tan\delta \times 24 \qquad (7\text{-}6)$$

式中　Q_C——电力电容器的容量，kvar；

δ——绝缘介质损失角，国产电力电容器 $\tan\delta$ 可取 0.004。

三、配电线路损耗电量计算

各车间配电所的 6～10kV 配电线路均由企业总降压变电所或厂自备电厂的母线引出。计算配电线路的损耗受到线路的长短、导线截面大小、沿线配电变压器的容量和各线路电流强弱及变压器负荷功率因数的影响，通常采用如下方法和步骤进行计算：

（1）收集准备有关资料，如各段配电路线导线的长度、规格、截面尺寸，各配电变电

所、变压器容量及负荷功率因数等。

（2）确定线路分段并计算各分段线路电阻值 R_n。

（3）绘制配电线路接线图（见图 7-1）和配电线路损耗电量计算单线图（见图 7-2）。

凡是配电变压器的接点都作为负荷点，两个相邻的负荷点之间均为一个线段，要求对各负荷点进行编号。在接线图中，应标明各配电变电所、变压器符号和变压器额定容量；在单线图中，应标明各台配电变压器与车间配电所分配到的计算最大电流（A）、各分段的电阻

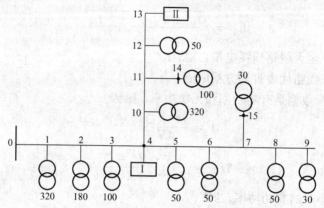

图 7-1　配电线路接线图

注：Ⅰ、Ⅱ为配电变电所，变压器符号旁
的数字为变压器额定容量，单位 kVA。

值（Ω）和各分段的计算最大电流（A）。

在图 7-2 中，箭头表示配电变压器和配电变电所负荷，箭头下面或右侧的数字表示各台配电变压器和车间配电所分配到的计算最大电流（A），各分段上方或左侧（对垂直线段）的数字表示各分段的电阻值（Ω），下方或右侧的数字是各分段的计算用最大电流（A）。

（4）实测代表日负荷电流 I_i。

（5）确定网络线路出口的有关电流参数。根据实测代表日负荷电流 I_i，确定线路出口的最大电流 I_{max}、平均电流 I_{av}，均方根电流 I_{eff}，负荷率 K_L 和损失因数 α，即

$$I_{av} = \frac{I_1 + I_2 + \cdots + I_{24}}{24} \tag{7-7}$$

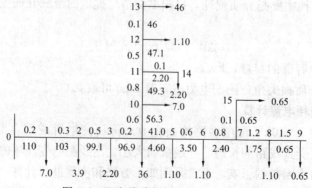

图 7-2　配电线路损耗电量计算单线图

$$I_{eff} = \sqrt{\frac{\sum\limits_{i=1}^{24} I_i^2}{24}} \qquad (7-8)$$

$$K_L = \frac{I_{av}}{I_{max}} \qquad (7-9)$$

$$\alpha = \frac{I_{eff}^2}{I_{max}^2} \qquad (7-10)$$

上四式中　I_i——配电线路始端代表日每小时的电流值，A。

（6）确定线路上各负荷点的计算用最大电流 $I_{max \cdot k}$。当测得各负荷点的负荷电流实测记录时，它们各自的最大电流则可以确定；但线路始端的最大电流不是它们最大电流的代数和，而各负荷点的计算用最大电流与线路始端的实测最大电流 I_{max}、第 k 个负荷点的实测最大电流 $I_{max \cdot k}$ 有关。各负荷点的计算用最大电流计算公式为

$$I'_{max \cdot k} = \frac{I_{max}}{\sum\limits_{k=1}^{24} I_{max \cdot k}} \times I_{max \cdot k} \qquad (7-11)$$

$$I'_{max \cdot k} = K_{sim} I_{max \cdot k} \qquad (7-12)$$

上两式中　$I'_{max \cdot k}$——负荷点的计算用最大电流，A；

$\qquad K_{sim}$——同时率，一般 $K_{sim} \leqslant 1$；

$\qquad k$——线路上的负荷点数。

如果没有各专用或共用配电变压器实测的电流记录，可按如下方法推算各负荷点的计算用最大电流。

1）对专用变压器，可参阅历史用电记录再按下式计算平均负荷电流

$$I_{av \cdot k} = \frac{W}{\sqrt{3} t U \cos\varphi} \qquad (7-13)$$

式中　$I_{av \cdot k}$——负荷点平均负荷电流，A；

$\qquad W$——全月用电量，kWh；

$\qquad U$——变压器高压侧平均电压，V；

$\qquad t$——全月实用小时数，h；

$\qquad \cos\varphi$——平均功率因数。

2）假设各专用变压器和全线路的负荷率相同，各专用变压器的计算用最大电流应按下式计算

$$I_{max \cdot k'} = I_{av \cdot k} \left(\frac{I_{max}}{I_{av}} \right) \qquad (7-14)$$

3）将线路始端的最大电流与各专用变压器计算用最大电流之差，按各共用配电变压器的容量比例分配，即可确定各共用配电变压器的计算用最大电流。

4）在计算线损单线图上标明计算结果。

（7）确定各线路分段的计算用最大电流。利用计算配电线路损耗电量单线图和各负荷点的计算用最大电流，从线路各分段的末端（或始端）开始，用加法（或减法）依次标出各分段中的计算用最大电流即为所求。

（8）确定各线路的等值电阻和代表日的损耗能量。线路的等值电阻值为

$$R_e = \frac{\sum_{n=1}^{m} I'^2_{max \cdot n} R_n}{I^2_{max}} \qquad (7-15)$$

式中 $I'_{max \cdot n}$——线路第 n 分段中的计算用最大电流，A；

$\quad R_n$——线路第 n 分段的电阻，Ω；

$\quad m$——线路的总分段数。

线路的等值电阻求得后，即可按下式计算线路在代表日的损耗电量 ΔW 为

$$\Delta W = 3 I_{eff}^2 R_e \times 10^{-3} \times 24 \qquad (7-16)$$

或

$$\Delta W = 3 I_{max}^2 R_e \alpha \times 10^{-3} \times 24 \qquad (7-17)$$

【例 7-1】 某企业有一条 10kV 的配电线路，其接线图如图 7-2 所示，试计算该配电线路线损。已知线路各分段的导线型号和长度，线路上各配电变压器的容量，代表日线路始端电流实测记录，代表日线路的供电量 28600kWh 和全月供电量 946000kWh。试求该条配电线路代表日的线损电量和全月的线损电量。

解 (1) 确定线路分段并编号，计算各分段的电阻值。即全线路可分为 15 分段，根据各分段导线长度和型号计算确定各分段电阻值（见图 7-2 和表 7-1），将分段编号和分段电阻值分别标在图 7-2 上。

表 7-1　　　　　　　　　线路分段电阻、最大电流及线损功率

线路分段编号	分段电阻 (Ω)	分段计算用最大电流 (A)	线损功率 $I'^2_{max \cdot n} R_n$ (W)	线路分段编号	分段电阻 (Ω)	分段计算用最大电流 (A)	线损功率 $I'^2_{max \cdot n} R_n$ (W)
0—1	0.2	110	2420	8—9	1.5	0.65	0.63
1—2	0.3	103	3180	7—15	0.1	0.65	0.42
2—3	0.5	99.1	4910	4—10	0.6	56.3	1900
3—4	0.2	96.9	1878	10—11	0.8	49.3	1945
4—5	1.0	4.6	22.2	11—12	0.5	47.1	1112
5—6	0.6	3.5	7.35	12—13	0.1	46	212
6—7	0.8	2.4	4.61	11—14	0.1	2.2	0.48
7—8	1.2	1.75	3.67				
						总计	17596.36

(2) 确定线路始端的最大电流 I_{max}、平均电流 I_{av}、均方根电流 I_{eff}、负荷率 K_L 和损失因数 α。

始端代表日每小时电流 I_i 实测记录为 40、40、45、40、50、55、70、80、105、100、90、95、100、100、90、90、90、80、100、110、100、80、60、40A，则有：

线路始端的最大电流为

$$I_{max} = 110A$$

线路始端的平均电流为

$$I_{av} = \frac{\sum_{i=1}^{24} I_i}{24} = 77(A)$$

线路始端均方根电流为

$$I_{eff} = \sqrt{\frac{\sum\limits_{i=1}^{24} I_i^2}{24}} = 81(A)$$

负荷率为

$$K_L = \frac{I_{av}}{I_{max}} = \frac{77}{110} = 0.7$$

损失因数为

$$\alpha = \frac{I_{eff}^2}{I_{max}^2} = \frac{81^2}{110^2} = 0.542$$

（3）确定专用变压器的计算最大电流。根据代表日用电资料，Ⅰ号配电变电所全月（30天）用电量为 285400kWh，功率因数 0.92；Ⅱ号配电变电所全月用电量为 345200kWh，功率因数 0.86。

两个配电变电所的平均负荷电流分别为

$$I_{av \cdot I} = \frac{W}{\sqrt{3}U\cos\varphi \cdot t} = \frac{285400}{\sqrt{3} \times 10 \times 0.92 \times 720} = 25(A)$$

$$I_{av \cdot II} = \frac{W}{\sqrt{3}U\cos\varphi \cdot t} = \frac{345200}{\sqrt{3} \times 10 \times 0.86 \times 720} = 32(A)$$

推算两个配电变电所的计算用最大电流分别为

$$I'_{max \cdot I} = I_{av \cdot I} \times \frac{I_{max}}{I_{av}} = 25 \times \frac{110}{77} = 36(A)$$

$$I'_{max \cdot II} = I_{av \cdot II} \times \frac{I_{max}}{I_{av}} = 32 \times \frac{110}{77} = 46(A)$$

（4）确定各配电变压器计算用最大电流。因为线路始端最大电流 $I_{max} = 110A$，所以共用配电变压器每千伏安平均计算用最大电流 $I_{av \cdot max}$ 为

$$I_{av \cdot max} = \frac{I_{max} - (I'_{max \cdot I} + I'_{max \cdot II})}{\sum P_m} = \frac{110 - (36 + 46)}{1280}$$
$$= 2.19 \times 10^{-3}(A/kVA)$$

式中　$\sum P_m$——全线共用配电变压器总容量。

（5）计算线路的等值电阻、代表日及全月的损耗电量。根据表 7-1 中 $I'^2_{max \cdot n}$ 和 R_n 求损耗电量为

$$\sum I'^2_{max \cdot n} R_n = 110^2 \times 0.2 + 103^2 \times 0.3 + 99.1^2 \times 0.5 + 96.9^2 \times 0.2 + 4.6^2 \times 1.0 + 3.5^2 \times 0.6$$
$$+ 2.4^2 \times 0.8 + 1.75^2 \times 1.2 + 0.65^2 \times 1.5 + 56.3^2 \times 0.6 + 49.3^2 \times 0.8 + 47.1^2$$
$$\times 0.5 + 46^2 \times 0.1 + 0.65^2 \times 0.1 + 2.2^2 \times 0.1 = 17595.99(W)$$

等值电阻为

$$R_e = \frac{\sum I'^2_{max \cdot n} R_n}{I'^2_{max}} = \frac{17595.99}{110^2} = 1.45(\Omega)$$

线路代表日损耗电量为

$$\Delta W_日 = 3I_{eff}^2 R_e \times 10^{-3} \times 24 = 3 \times 81^2 \times 1.45 \times 10^{-3} \times 24$$
$$= 684(kWh)$$

线路全月损耗电量为

$$\Delta W_{月} = \Delta W_{日}\left(\frac{W_{月}/30}{W_{日}}\right)^2 \times 30 = 684 \times \left(\frac{946000/30}{28600}\right)^2 \times 30$$

$$= 24945.088(\text{kWh})$$

答：线路代表日损耗电量为 684kWh，线路全月损耗电量为 24945.088kWh。

四、低压线路损耗电量计算

在企业供电系统中，低压线路较多，负荷电流较大，线路损耗不能忽视，通常低压线路损耗电量约占总损耗的 5％左右。但是低压线路分布面复杂，往往缺乏完整、准确的线路参数和负荷资料，一般仅采用近似的计算方法来计算低压线路的总损耗电量。

首先，按每台配电变压器的低压线路逐台进行计算，求得各台配电变压器所属低压线路的日损耗电量，然后进行全部低压线路的日损耗电量的计算。

五、变压器损耗电量计算

变压器的有功功率损耗可分为铁芯损耗和绕组损耗两部分。通常变压器的空载损耗是指铁芯损耗；短路损耗是指绕组损耗，或称铜损。

变压器损耗电量的计算可按下式进行

$$\Delta W = \Delta W_0 + \Delta W_k = \left[\Delta P_0 + \Delta P_k\left(\frac{I_{\text{eff}}}{I_N}\right)^2\right] \times 24 \tag{7-18}$$

式中　ΔW_0——变压器铁芯的日损耗电量，kWh；

　　　ΔW_k——变压器绕组的日损耗电量，kWh；

　　　ΔP_0——变压器空载损耗功率，kW；

　　　ΔP_k——变压器短路损耗功率，kW；

　　　I_N——变压器额定电流，A；

　　　I_{eff}——变压器日均方根电流，A。

其中 ΔP_0、ΔP_k 可根据变压器制造厂提供的资料查得。

【例 7-2】　某企业降压变电所内装设一台 SFL1-20000/110 型变压器，电压为 110/11kV，高压侧额定电流为 105A，已知 $\Delta P_0 = 22$kW，$\Delta P_k = 135$kW，代表日实测负荷电流（按实测时间顺序）为 40、40、40、40、40、50、50、60、60、60、60、55、55、60、65、65、70、70、70、70、70、60、50、40A，试计算变压器全月的损耗电量。

解　（1）计算变压器高压侧的日均方根电流

$$I_{\text{eff}} = \sqrt{\frac{\sum_{i=1}^{24} I_i^2}{24}} = \sqrt{\frac{40^2 \times 6 + 50^2 \times 3 + 55^2 \times 2 + 60^2 \times 6 + 65^2 \times 2 + 70^2 \times 5}{24}}$$

$$= 56.9(\text{A})$$

（2）计算变压器全月的线损

$$\Delta W_{月} = \Delta W_{日} \times 30 = \left[\Delta P_0 + \Delta P_k\left(\frac{I_{\text{eff}}}{I_n}\right)^2\right] \times 24 \times 30$$

$$= \left[22 + 135 \times \left(\frac{56.9}{105}\right)^2\right] \times 24 \times 30$$

$$= 44383.8(\text{kWh})$$

答：变压器全月的损耗电量为 44383.8kWh。

第三节　降低线路损耗技术措施

企业为了更好地使用电能，应采取各种行之有效的降低线损措施，积极地开展降损节电工作。一般配电系统的线损分为管理线损和技术线损。

（1）管理线损是通过加强管理来降低线损。其管理措施主要包括：①拟订线损管理制度，定期开展线损分析工作；②拟订配电系统电量管理制度，加强电耗定额管理和负荷测录制度；③安装必要的计量仪表，加强计量管理工作等。

（2）技术线损是主要通过各种技术措施来降低线损。目前，企业采取的降损技术措施主要包括配电网升压改造、提高运行电压、提高功率因数、合理调整负荷、提高负荷率和确定电网经济合理的运行方式等。

一、企业配电网技术改造

1. 配电网升压改造

电力线路和变压器都是电网的主要元件，当电流通过时，都将损耗一定的电能。显然，当电压不变时，通过的电流越大则损耗也愈大，反之损耗愈小。此外，随着企业的不断发展，配电线路的输送能力不断增加，往往处于超负荷运行状况，损耗也大幅度增加。因此，在线路条件不变的情况下，采取提高电压等级是降低线损的有效措施，一方面改变了电流大小，另一方面也提高了线路的输送容量，达到降低线损的目的。配电网升压后的降损效果，见表 7-2。

其损耗功率为

$$\Delta P = 3I^2R \times 10^{-3} = \frac{S^2}{U^2}R \times 10^{-3}$$

$$= \frac{P^2 + Q^2}{U^2}R \times 10^{-3} \tag{7-19}$$

表 7-2　　　　　　　　　　配电网升压后的降损效果

升压前电网原额定电压（kV）	升压后电网额定电压（kV）	升压后线损降低百分数（%）	升压前电网原额定电压（kV）	升压后电网额定电压（kV）	升压后线损降低百分数（%）
110	220	75	6	10	64
35	110	90	0.22	0.38	66.4
10	35	91.8			

2. 增大导线截面积

从线损表达式 $\Delta W = \frac{S^2}{U^2}Rt$ 不难看出，在相同的条件下，导线的电阻愈大，则线损 ΔW 也愈大；适当增大配电线路导线截面，也是降低线损的有效措施。

二、合理确定电网经济运行方式

环形电网有两种运行方式，一种是合环运行，一种是开环运行，具体采用哪种运行方式经济合理，还取决于电网是否均一。当电网的导线截面相等，材料相同，线间几何均距相等，即各线段的 X/R 为常数的配电网，称为均一电网，反之为非均一电网。在一般情况下，

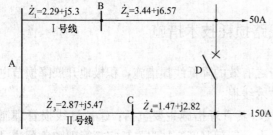

图 7-3 环形网络电流分布图

从降低线损和增强供电可靠性角度考虑，对均一配电网以采用合环运行比较经济；对非均一配电网以采用开环运行比较经济，因为合环运行时将出现循环电流，而使线损增加。

【例 7-3】 如图 7-3 所示的环式配电网，Ⅰ号线和Ⅱ号线的阻抗值，两负荷点的电流值均标示图中，试计算合环运行和开环运行的线损，并分析采用哪种运行方式线损最低？

解 （1）合环运行时，Ⅰ、Ⅱ号线的电流及线路功率损耗为

$$\dot{I}_{\mathrm{I}} = (150+50)\frac{\dot{Z}_3 + \dot{Z}_4}{\dot{Z}_1 + \dot{Z}_2 + \dot{Z}_3 + \dot{Z}_4}$$

$$= 200 \times \frac{4.38+\mathrm{j}8.29}{10.07+\mathrm{j}20.16} = 83\angle -11°(\mathrm{A})$$

$$\dot{I}_{\mathrm{II}} = (150+50)\frac{\dot{Z}_1 + \dot{Z}_2}{\dot{Z}_1 + \dot{Z}_2 + \dot{Z}_3 + \dot{Z}_4}$$

$$= 200 \times \frac{5.73+\mathrm{j}11.87}{10.07+\mathrm{j}20.16} = 117\angle -0.75°(\mathrm{A})$$

$$\Delta P_{\mathrm{I}} = 3 \times 83^2 \times (2.29+3.44) \times 10^{-3} = 118(\mathrm{kW})$$

$$\Delta P_{\mathrm{II}} = 3 \times 117^2 \times (2.87+1.47) \times 10^{-3} = 178(\mathrm{kW})$$

$$\Delta P = \Delta P_{\mathrm{I}} + \Delta P_{\mathrm{II}} = 118+178 = 296(\mathrm{kW})$$

（2）开环运行时，Ⅰ、Ⅱ号线的电流及线路功率损耗为

$$I_{\mathrm{I}} = 50\mathrm{A} \qquad I_{\mathrm{II}} = 150\mathrm{A}$$

$$\Delta P'_{\mathrm{I}} = 3 \times 50^2 \times (2.29+3.44) \times 10^{-3} = 42.98(\mathrm{kW})$$

$$\Delta P'_{\mathrm{II}} = 3 \times 150^2 \times (2.87+1.47) \times 10^{-3} = 292.85(\mathrm{kW})$$

$$\Delta P' = \Delta P'_{\mathrm{I}} + \Delta P'_{\mathrm{II}} = 42.98+292.85 = 385.83(\mathrm{kW})$$

（3）已知损失因数 $\alpha = 0.7$，一年中合环运行比开环运行节约线损电量为

$$\Delta P_{\text{年}} = (\Delta P' - \Delta P)t \cdot \alpha$$

$$= (385.83-296) \times 8760 \times 0.7$$

$$= 244238(\mathrm{kWh})$$

答：通过以上计算分析可知，合环运行的线损为 296kW，开环运行的线损为 385.83kW，可见，均一电网采取合环运行有利线损的减少，同时还可提高供电可靠性。

三、合理调整运行电压

电网的功率损耗与运行的电压平方成反比，通常在允许范围内，适当提高运行电压，既可提高电能质量，又可降低线路中电流，降低线损。

电网元件中功率损耗 δ_P 可按下式降低

$$\delta_P = \Delta P_1 - \Delta P_2 = \frac{S^2}{U^2}R - \frac{S^2}{U^2\left(1+\frac{\gamma}{100}\right)^2}R$$

$$= \frac{S^2}{U^2}R\left[1 - \frac{1}{\left(1+\frac{\gamma}{100}\right)^2}\right] \tag{7-20}$$

式中　ΔP_1——提高电压前电网中元件的有功功率损耗，kW；

　　　ΔP_2——提高电压后电网中元件的有功功率损耗，kW；

　　　γ——电网运行电压提高百分数。

降低的功率损耗用百分数表示为

$$\delta_P\% = \frac{\delta_P}{\Delta P_1} \times 100\% = \left[1 - \frac{1}{\left(1+\frac{\gamma}{100}\right)^2}\right] \times 100\% \tag{7-21}$$

提高运行电压与降低线路损耗的百分数，如表 7-3 所示。

表 7-3　　　　　　　　　　提高运行电压与降低线损的关系

电压提高（%）	1	3	5	10	15	20
线损降低（%）	1.93	5.74	9.09	17.35	24.39	30.5

四、提高功率因数，减少输送无功功率

供电线路中的电流 I 中包括有功电流分量 I_P 和无功电流分量 I_Q，$I = \sqrt{I_P^2 + I_Q^2}$。线路功率损耗为

$$\Delta P = 3I^2R = 3(I_P^2 + I_Q^2)R = 3I_P^2R + 3I_Q^2R \tag{7-22}$$

式中　$3I_Q^2R$——线路中由于流经无功电流分量引起的线损。

当实际功率因数为 $\cos\varphi$ 时，可以证明提高功率因数与降低功率损耗的关系可按下式计算

$$\delta_P\% = \left[1 - \left(\frac{\cos\varphi_1}{\cos\varphi_2}\right)^2\right] \times 100\% \tag{7-23}$$

式中　$\delta_P\%$——降低功率损耗百分数；

　　　$\cos\varphi_1$——原功率因数；

　　　$\cos\varphi_2$——提高后的功率因数。

表 7-4 表明了功率因数提高对降低功率损耗的效果。

表 7-4　　　　　　　　　　功率因数与功率损耗的关系

功率因数 $\cos\varphi$	0.6	0.65	0.7	0.75	0.8	0.85	0.95
功率损耗（%）	60	53	46	38	29	20	10

五、合理调整负荷，提高负荷率

用电负荷波动幅度与线路损耗功率有密切关系，如在相同的用电条件下，用电负荷平稳，损耗电量就小；用电负荷波动幅度大，线路损耗电量就大。

图 7-4 为两条不同的日负荷曲线图。图 7-4（a）曲线反映 24h 内负荷平稳，负荷电流为 I，若每相导线电阻为 R，则线路日损耗电量 ΔW_1 为

$$\Delta W_1 = 3I^2R \times 24 \times 10^{-3} \tag{7-24}$$

图 7-4（b）曲线反映 24h 内负荷不平稳，前 12h 负荷电流为 $I+\Delta I$，后 12h 负荷电流 $I-\Delta I$，则线路日损耗电量 ΔW_2 为

$$\Delta W_2 = 3\left[\frac{(I+\Delta I)^2 + (I-\Delta I^2)}{2}\right]R \times 24 \times 10^{-3}$$
$$= 3(I^2 + \Delta I^2)R \times 24 \times 10^{-3} \tag{7-25}$$

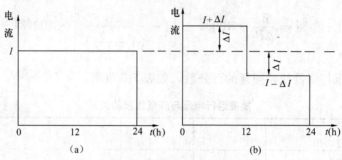

图 7-4　日负荷电流曲线

（a）24h 内负荷平稳；（b）24h 内负荷不平稳

根据上式计算表明，当负荷曲线不平稳时日损耗电量增大的百分比为

$$\frac{\Delta W_2 - \Delta W_1}{\Delta W_1} \times 100\% = \frac{\Delta I^2}{I^2} \times 100\%$$

设 $I=100\text{A}$，$\Delta I=50\text{A}$，则电流不平稳时的损耗电量比电流平稳时的线损增大

$$\frac{\Delta I^2}{I^2} \times 100\% = \frac{50^2}{100^2} \times 100\% = 25\%$$

六、合理安排设备检修

具有技术上可行、经济上合理的接线方式，是保证配电网正常运行的重要条件。如遇设备检修，将改变配电网的接线方式，造成线损电量大大增加，同时还会降低运行的供电可靠性。图 7-5 为某配电网的运行接线图及有关参数。在正常运行时，断路器 6 断开，此时的功率损耗为

$$\Sigma\Delta P = 3 \times (100^2 \times 6.8 + 30^2 \times 6.6 + 120^2 \times 6.3) \times 10^{-3} = 493.98(\text{kW})$$

当配电线路 AD 段检修时，断开断路器 7 和 8，合上断路器 6，此时的功率损耗为

$$\Sigma\Delta P' = 3 \times (220^2 \times 6.8 + 150^2 \times 6.6 + 120^2 \times 11.3) \times 10^{-3} = 1921.02(\text{kW})$$

假定检修时间为 12h，损失因数为 0.6，则多损耗的线损电量为

$$\Delta W = (1921.02 - 493.98) \times 0.6 \times 12$$
$$= 10274.7(\text{kWh})$$

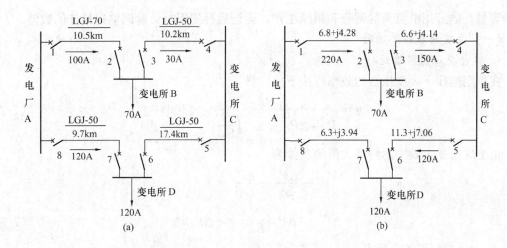

图 7-5　配电网的运行接线图及有关参数

（a）正常时运行接线图；（b）检修时运行接线图

因此，加强设备检修的计划性，合理安排设备检修，尽量缩短检修时间和尽量带电检修是一条重要的降损措施。

第四节　降低变压器损耗技术措施

变压器是广泛使用的电气设备，由于使用量大，运行时间长，所以在变压器的选择和使用中存在着巨大的节电潜力，特别是对 10～35kV 级中小型变压器。并且对电网安全运行至关重要。在配电系统中变压器的损耗通常大于配电系统总损耗的 30％，最大可占总损耗的 70％。目前就我国配电变压器而言，每年的损耗高达 400 亿 kWh，采用高效节能变压器后，节电潜力高达 90～300 亿 kWh。因此，降低变压器损耗是一项重要的节电措施。

一、合理选择变压器

1. 合理选择变压器类型

一般情况下变电所可优先选择 S9 系列低损耗油浸式节能变压器。对防火要求较高或环境潮湿、多尘的场所，应选择 SCL 等系列环氧树脂浇注的干式变压器。对具有化学腐蚀性气体、蒸汽或具有导电、可燃粉尘、纤维的场所，应选择 SL14 等系列密闭式变压器。对多雷区及土壤电阻率高的山区，应选择 SZ 等防雷变压器。对电压要求偏差小、稳定性高的场所，应选择 SZL7、SZ9 等系列有载调压变压器。总之，所选类型均应为低损耗变压器。

2. 合理选择变压器台数

选择变压器的台数要视负荷性质及特点决定。若所供负荷为一、二类，应采用两台变压器。若是季节性负荷或昼夜负荷变动较大的情况，可选用两台变压器，负荷高时用两台，负荷低时用一台。其他一般情况均选用一台变压器。

3. 合理选择变压器容量

变压器容量的选择一般根据计算负荷的大小来决定，同时要兼顾变压器的负荷率。

二、变压器经济运行

使变压器的损耗最小、效率最高的运行状态，称变压器的经济运行。为此，应掌握变压器的容量，做好用电负荷的调查和组织工作，运行后再把用电负荷调整到最佳的数值。

（一）主变压器经济运行

1. 单台变压器经济运行

在额定电压下，变压器的效率可按下式计算

$$\eta = \frac{P}{P + \Delta P_0 + \Delta P_k \left(\frac{S}{S_N}\right)^2} \times 100\% \tag{7-26}$$

由上式可知，效率达到最大值的条件为

$$-\frac{\Delta P_0}{S^2} + \frac{\Delta P_k}{S_N{}^2} = 0$$

即

$$\Delta P_0 = \Delta P_k \left(\frac{S}{S_N}\right)^2 = \Delta P_k \beta^2 \tag{7-27}$$

式中 β——变压器的负荷率。

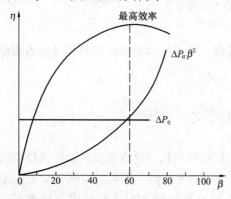

图 7-6 变压器的效率曲线

式（7-26）表明，变压器的负荷损耗等于空载损耗时，变压器效率最高，损耗最小。图7-6为变压器的效率曲线图，反映了变压器所带负荷为最佳负荷。说明变压器经济运行的条件是变压器的负荷损耗与空载损耗相等。由单台变压器的经济运行条件，可以得出变压器的经济负荷率 β_e，计算公式如下

$$\beta_e = \sqrt{\frac{\Delta P_0}{\Delta P_k}} \tag{7-28}$$

由上式可以看出，变压器相对于经济负荷率下效率为最高时的负荷，称为变压器的经济负荷 S_e，按下式计算

$$S_e = S_N \beta_e \tag{7-29}$$

综上所述，变压器在运行时，存在一个经济运行区，当负荷运行在 S_e 时的负荷点，称为经济运行点，即 $S_e = S_N \beta_e$ 时变压器运行最经济。当要考虑变压器的无功损耗所引起的有功损耗时，可按下式计算变压器经济负荷

$$S_e = S_N \sqrt{\frac{\Delta P_0 + K \Delta Q_0}{\Delta P_k + K \Delta Q_k}} \tag{7-30}$$

式中 S_e——变压器经济负荷，kVA；

K——变压器的无功经济当量，kW/kvar；

ΔQ_0——变压器的励磁损耗，kvar；

ΔQ_k——变压器的漏抗损耗，kvar。

一般情况下，变压器的经济负荷 S_e 在变压器额定容量的 50%～70% 之间。

【例 7-4】 某企业变电所装设一台 SL7-3150/35 型连接组别为 Yd11 的低损耗变压器，$\Delta P_0 = 4.75$kW，$\Delta P_k = 27$kW。试计算：（1）当该变压器供给额定负荷且其功率因数为 0.8 时的效率；（2）该变压器在达到最高效率时的负荷及其最高效率。

解 （1）已知 $S_N = 3150$kVA，$\Delta P_0 = 4.75$kW，$\Delta P_k = 27$kW，$\cos\varphi = 0.8$，$\beta = 1$，则

$$\eta = \frac{P}{P + \Delta P_0 + \Delta P_k \beta^2} \times 100\% = \frac{3150 \times 0.8}{3150 \times 0.8 + 4.75 + 27 \times 1^2} \times 100\%$$
$$= 98.76\%$$

（2）最高效率时的负荷率为

$$\beta = \sqrt{\frac{\Delta P_0}{\Delta P_k}} = \sqrt{\frac{4.75}{27}}$$
$$= 0.42$$

即实际负荷为额定负荷的 42% 时，变压器可获最高效率值

$$\eta = \frac{S_N \beta}{2\beta + 2\Delta P_0} \times 100\% = \frac{3150 \times 0.42}{3150 \times 0.42 + 2 \times 4.75} \times 100\%$$
$$= 99.29\%$$

答：当该变压器供给额定负荷且其功率因数为 0.8 时的效率为 98.76%；该变压器在达到最高效率时的负荷为额定负荷的 42%，最高效率为 99.29%。

2. 多台同容量变压器经济运行

在企业变电所中，常常装设有多台同型号、同容量的变压器并列运行，那么运行多少台变压器最经济呢？图 7-7 反映了变压器中的功率损耗与负荷的关系曲线，P 表示变电所的负荷，ΔP 表示变压器的功率损耗。从图 7-7 可以看出，当变电所负荷等于 P_A 时（曲线 1 与曲线 2 的交点 A），不论一台还是两台变压器运行，变压器中产生的功率损耗是相同的。当负荷小于 P_A 时，运行一台变压器较为经济；当负荷大于 P_B 时，则运行三台变压器较为经济；当负荷大于 P_A 而小于 P_B 时，运行两台最经济。曲线 1、曲线 2 及曲

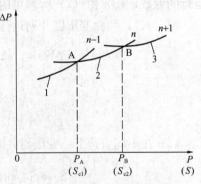

图 7-7　变压器中功率损耗
与负荷关系曲线

线 3 每两条曲线的交点 A、B 所对应的负荷均称为临界负荷 S_{c1} 和 S_{c2}，设有 n、$(n+1)$ 或 $(n-1)$ 台变压器运行，则有

$$\Delta P_n = n\Delta P_0 + \frac{1}{n} \times \Delta P_k \left(\frac{S}{S_N}\right)^2 \tag{7-31}$$

$$\Delta P_{n+1} = (n+1)\Delta P_0 + \frac{1}{n+1} \times \Delta P_k \left(\frac{S}{S_N}\right)^2 \tag{7-32}$$

$$\Delta P_{n-1} = (n-1)\Delta P_0 - \frac{1}{n-1} \times \Delta P_k \left(\frac{S}{S_N}\right)^2 \tag{7-33}$$

当 $\Delta P_n = \Delta P_{n+1}$、$S = S_e$ 时，可按下式计算临界负荷 S_c 为

$$S_{c2} = S_N \sqrt{n(n+1)\frac{\Delta P_0}{\Delta P_k}} \tag{7-34}$$

当 $\Delta P_n = \Delta P_{n-1}$ 时，则

$$S_{c1} = S_N \sqrt{n(n-1)\frac{\Delta P_0}{\Delta P_k}} \tag{7-35}$$

求得临界负荷 S_c 后，便可根据实际负荷 S 的大小确定变压器并列运行的台数。

（1）当负荷满足 $S_N \sqrt{n(n+1) \times \frac{\Delta P_0}{\Delta P_k}} > S > S_N \times \sqrt{n(n-1) \times \frac{\Delta P_0}{\Delta P_k}}$ 时，用 n 台变压器

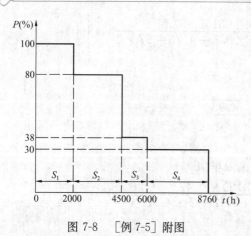

图 7-8 [例 7-5] 附图

运行最经济。

(2) 当负荷满足 $S > S_N\sqrt{n(n+1)\dfrac{\Delta P_0}{\Delta P_k}}$ 时，用 $n+1$ 台变压器运行最经济。

(3) 当负荷满足 $S < S_N\sqrt{n(n-1)\dfrac{\Delta P_0}{\Delta P_k}}$ 时，用 $n-1$ 台变压器运行最经济。

【例 7-5】 某企业变电所装设两台 SFL-20000/110 型电力变压器，$\Delta P_0 = 22\text{kW}$，$\Delta P_k = 135\text{kW}$；最大负荷 $S_{max} = 30\text{MVA}$，$\cos\varphi = 0.8$；全年有功负荷曲线如图 7-8 所示，该图的基数是 30MVA。试计算：(1) 两台变压器并列运行时全年的线损；(2) 在不同负荷下变压器并列运行的台数；(3) 由 (2) 所确定的运行方式下变压器全年的线损。

解 (1) 两台变压器并列运行时，全年线损

$$\Delta W = \left[n\Delta P_0 + \frac{1}{n}\Delta P_k \left(\frac{S}{S_N}\right)^2 \right] t$$

$$= \left[2 \times 22 + \frac{1}{2} \times 135 \times \left(\frac{30}{20}\right)^2 \right] \times 8760$$

$$= 1715865(\text{kWh})$$

(2) 在不同负荷下，变压器并列运行台数

$$S_c = S_N\sqrt{n(n-1)\frac{\Delta P_0}{\Delta P_d}} = 20\sqrt{2(2-1)\frac{22}{135}}$$

$$= 11.4(\text{MVA})$$

当 $S > 11.4\text{MVA}$ 时，投运两台变压器并列运行较经济。

当 $S = 11.4\text{MVA}$ 时，投运两台变压器并列运行与投运一台变压器运行时损耗相同。

当 $S < 11.4\text{MVA}$ 时，投运一台变压器运行最经济。

(3) 变压器经济运行时，全年的线损及所节约的线损率

$$\Delta W = (2 \times 22 \times 6000 + 22 \times 2760) + \left[\frac{1}{2} \times 135 \right.$$

$$\times \left(\frac{30}{20}\right)^2 \times 2000 + \frac{1}{2} \times 135 \times \left(\frac{24}{20}\right)^2 \times 2500 + \frac{1}{2}$$

$$\left. \times 135 \times \left(\frac{11.4}{20}\right)^2 \times 1500 + 135 \times \left(\frac{9}{20}\right)^2 \times 2760 \right]$$

$$= 979817.62(\text{kWh})$$

$$\Delta W = \frac{1715865 - 979817.62}{1715865} \times 100\% = 42.9\%$$

答：两台变压器并列运行时全年的线损为 1715865kWh，由 (2) 运行方式下其全年线损为 42.9%。

3. **多台不同容量变压器经济运行**

当不同容量的双绕组变压器，只要能满足变压器接线组别相同、变比相等、短路电压相

等的并列运行条件时，也可以用损耗最小的原则确定其并列运行的变压器台数，此时的负荷需按变压器容量成正比例的分配。假设 i 为 $n-1$ 台并列运行方式，j 为 n 台并列运行方式，则

$$\Sigma\Delta P_{0i} + \Sigma\Delta P_{ki}\left(\frac{S_c}{\Sigma S_{Ni}}\right)^2 = \Sigma\Delta P_{Nj} + \Sigma\Delta P_{kj}\left(\frac{S_c}{\Sigma S_{Ni}}\right)^2 \tag{7-36}$$

上式经过整理得

$$S_c = \Sigma S_{Ni}\Sigma S_{Nj}\sqrt{\frac{\Sigma\Delta P_{0j} - \Sigma\Delta P_{0i}}{(\Sigma S_{Nj})^2\Sigma\Delta P_{ki} - (\Sigma S_{Ni})^2\Sigma\Delta P_{kj}}} \tag{7-37}$$

对于同容量变压器的并列运行，只需要计算出相邻台数的临界负荷值，就可以决定不同负荷时应当投入的台数。但对于不同容量变压器的并列运行，则必须把各种运行方式下的空载损耗由小到大排列计算出运行方式 i 过渡到其他运行方式 j 的临界负荷值，再选择出当负荷变化时最经济的运行方式。

【例 7-6】　某企业变电所装设两台不同型号的变压器，一台为 SL7-20000/35 型，$\Delta P_{01} = 18.7\text{kW}$，$\Delta P_{k1} = 103\text{kW}$；另一台为 SL7-31500/35 型，$\Delta P_{02} = 25.5\text{kW}$，$\Delta P_{k2} = 147\text{kW}$，两台变压器符合并列运行条件，试计算各种运行方式下的临界负荷值。

解　$S_{c1} = S_{N1}S_{N2}\sqrt{\dfrac{\Delta P_{02} - \Delta P_{01}}{S_{N2}{}^2\Delta P_{k1} - S_{N1}{}^2\Delta P_{k2}}} = 20 \times 31.5\sqrt{\dfrac{25.5 - 18.7}{31.5^2 \times 103 - 20^2 \times 147}}$

$\quad = 7.886(\text{MVA})$

$S_{c2} = S_{N2}(S_{N1} + S_{N2})\sqrt{\dfrac{(\Delta P_{01} + \Delta P_{02}) - \Delta P_{02}}{(S_{N1} + S_{N2})^2\Delta P_{k2} - S_{N2}{}^2(\Delta P_{k1} + \Delta P_{k2})}}$

$\quad = 31.5 \times (20 + 31.5) \times \sqrt{\dfrac{(18.7 + 25.5) - 25.5}{(20 + 31.5)^2 \times 147 - 31.5^2 \times (103 + 147)}}$

$\quad = 18.628(\text{MVA})$

答：从以上结果知，当负荷 $S < 7.886\text{MVA}$ 时，投运 20MVA 变压器单台运行经济；当 $7.886\text{MVA} < S < 18.628\text{MVA}$ 时，投运 31.5MVA 变压器单台运行经济；当 $S > 18.628\text{MVA}$ 时，投运两台变压器并列运行经济。

由此可得出结论，临界负荷是判断变压器并列运行台数的重要依据，根据临界负荷值 S_c 的大小，做好变压器的经济运行工作，可达到降损节电的目的。

（二）配电变压器经济运行

1. 合理选择变压器类型

一般变电所，应优先选择 SL7、S7、S9 等系列低损耗油浸式变压器。对防火要求较高或环境潮湿、多尘的场所，应选择 SCL 等系列环氧树脂浇注的干式变压器。对有化学腐蚀性气体、蒸汽或具有导电、可燃粉尘、纤维的场所，应选择 SL14 等系列密闭式变压器。对多雷区或土壤电阻率高的山区，应选择 SZ 等防雷变压器。对电压要求偏差少、稳定性高的场所，应选择 SZL7、SZ9 等系列有载调压变压器。上述各型号均应是低损耗的变压器。

2. 合理选择变压器容量

变压器的容量是根据计算最大负荷来选择的，但实际工作中，多数配电变压器常常处于轻负荷运行状态，造成配电变压器的损耗在配电系统的总损耗中占的比量加大，计算结果表明配电变压器一般在 40%～70% 额定容量下运行时的损耗最小，功率因数和效

率最高。因此，合理选择配电变压器的容量，使其处于经济负荷的运行状态，可减少电能损耗。

3. 及时停用轻载或空载配电变压器

工厂的电力负荷是经常变化的，如部分设备计划停机，检修设备停机，夜班、厂休及节假日设备停机等，都将造成配电变压器轻负荷或空负荷运行状态，引起变压器功率因数降低，线损增大。所以，合理地调整变压器投入运行台数，并及时地停用轻负荷或空载变压器是有利于提高功率因数和节约电能的。但要注意进行节电效果的经济比较。

【例 7-7】 某小型企业变电所装设两台 560kVA 变压器并列运行，每台变压器的负荷率 $\beta=40\%$，空载损耗 2.5kW，短路损耗 9.4kW，试确定投运变压器的台数及全年节电效果。

解 （1）单台变压器运行损耗

$$\Delta P_1 = \Delta P_0 + \Delta P_k \beta^2$$

$$= 2.5 + 9.4 \times \left(\frac{80}{100}\right)^2 = 8.5(\text{kW})$$

（2）两台变压器运行损耗

$$\Delta P_2 = (\Delta P_0 + \Delta P_k \beta^2) \times 2$$

$$= \left[2.5 + 9.4 \times \left(\frac{40}{100}\right)^2\right] \times 2 = 8(\text{kW})$$

（3）投运两台变压器全年节电效果为

$$\Delta W = (\Delta P_1 - \Delta P_2) t$$

$$= (8.5 - 8) \times 8760 = 4380(\text{kWh})$$

一台变压器运行损耗较大，应投运两台变压器并列运行，全年可节省 4380kWh 电能。

三、变压器更换和技术改造

（一）更换过负荷变压器

如果变压器常处于过负荷的运行状态，将会使其效率降低，增大损耗，根据国家规定，企业应及时更换变压器，以降低线损节电。

（二）采用高效率低损耗节能型变压器

很多企业由于过去的条件和规模设置了符合过去生产的各种类型的变压器，随着企业的发展，时代的前进，过去长期使用的老型号变压器，已显得陈旧或产品质量差。如果现在仍然使用，将造成电能的大量浪费和产生较高的线损，企业应根据国家规定，加速改造和更换这些高耗能变压器、使用符合国家技术标准的低损耗高效率的节能型变压器。

目前，我国变压器效率标准型号分类为：

（1）"64"标准（1964 年发布）。包括：SJ、SJ1、SJ2、SJ3、SJ4、SJL、SJL1。

（2）"73"标准（1973 年发布）。包括：S、S1、S2、S5、SL、SL1、SL。

（3）"85"标准（1985 年发布）。包括：SL7、S7、S8。

（4）S9、S10、S11 标准（1996 年发布）。节能变压器目前有"9"、"10"、"11"型等系列油浸变压器和"9"、"10"型等系列干式变压器，其中有叠铁芯、卷铁芯和非晶合金铁芯等。

卷铁芯配电变压器（S11）早在 20 世纪 60 年代已被一些发达国家所采用，近年来在我国逐渐推广，在国家电网第二期农网改造中尤为突出。卷铁芯变压器的优点为降低变压器空载损耗约 10％～25％，依变压器容量而变；降低空载电流，一般为叠片铁芯的 50％；变压器噪声水平显著降低，小型变压器可做到 37～42dB，减少对城镇噪声污染，可称为绿色环保节能变压器，是配电网更新换代的产品。

干式配电变压器由于结构简单、维护方便、防火阻燃、防尘等特点，被广泛应用在对安全运行有较高要求的场合，其主要有环氧树脂干式变压器和浸渍式干式变压器两类产品。

D10 型单相配电变压器多为柱上式，便于安装并靠近负荷中心，通常为少维护的密封式。与同容量三相变压器相比，空载损耗和负荷损耗都小，有效材料用量也少，价格低 20％～30％。

在节能变压器中，非晶合金配电变压器和箱式变压器的特点将在本书后面的章节中予以介绍。

另外，从图 7-9～图 7-13 可以清楚地看出，高耗能变压器的损耗是很高的，尤其是"64"型和"73"型变压器。而目前从几个主要行业（如冶金等）调研结果来看，"64"、"73"型配电变压器仍占在用配电变压器的 17％左右，因此更换这些高耗能变压器是今后节电节能的重要工作之一。

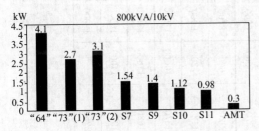

图 7-9　空载损耗比较

注："64" 和 "73" 比 S9 高 93％～193％，
　　AMT 为非晶合金铁芯变压器。

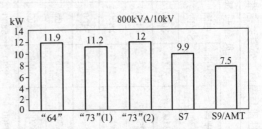

图 7-10　负荷损耗比较

注："64" 和 "73" 比 S9 高 49％～60％。

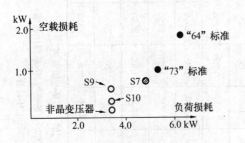

图 7-11　负荷损耗水平

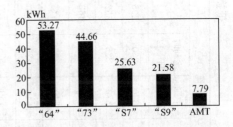

图 7-12　变压器每千伏安的损耗

注：平均而言，用 S9 替换 "64" 和 "73" 变压器每千伏安可节能 20～30kWh；在重度使用下（如最大负荷 5500h，负荷率 75％），可节能 70kWh。

低损耗系列变压器性能与国内、外有关标准性能比较，如表 7-5 所示。

注：图 7-9～图 7-13 来源于 2001 年 11 月 8～9 日国家经贸委和国际铜业协会组织的"高效节能变压器、电机国际研讨会"资料。

表7-5　　低损耗系列变压器性能与国内、外有关标准性能比较表

额定容量 (kVA)	空载损耗 (W)						负荷损耗 (W)						空载损耗电费年节约 (元)	负荷损耗费年节约 (元)	材料成本增加费用 (元)	回收期 (年)
	中国 JB1300-73	中国 S9	中国 S7(EN)	比利时 HR-12	意大利	德国 42508	中国 JB1300-73	中国 S9	中国 S7(EN)	比利时 HR-12	意大利	德国 42508				
100	540	290	320	230	296	320	2100	1500	2000	1490	1450	2150	246	32.5	266	0.96
125	650	350	370	275	352	375	2500	1750	2450	1730	1720	2500	313	16.25	327	0.99
160	770	420	460	325	462	455	3000	2100	2850	2070	2080	3100	347	48.8	440	1.11
200	900	500	540	390	525	545	3600	2500	3400	2500	2470	3600	403	65.0	363	0.77
250	1060	590	640	475	600	670	4300	2950	4000	2820	2920	4100	469	97.7	520	0.91
315	1260	700	760	575	720	800	5200	3500	4800	3310	3470	4900	559	130.5	456	0.66
400	1500	840	920	725	865	960	6300	4200	5800	4030	4160	6000	648	162.5	655	0.8
500	1780	1000	1080	950	1030	1150	7700	5000	6900	4700	4920	7150	785	261	554	0.52
630	2160	1230	1300	1200	1250	1350	9200	6000	8100	5520	5820	8400	960	358	1656	1.25
800	2700	1450	1540	1360	1500	1450	11200	7200	9900	6860	7200	11000	1295	428	1639	0.95
1000	3250	1720	1800	1520	1750	1750	13700	10000	11600	8260	10000	13500	1620	684	3216	1.39
1250	3800	2000	2200	1800	2050	2100	16200	11800	13800		11500	16400	1790	780	3398	1.3
1600	4600	2450	2650	2200	2500	2550	19000	14000	16500		14000	19800	2180	814	4439	1.4
2000	5300		3100		2950	3200	22500		19800		17000	21000	2460	880	1206	0.36

注　1. 德国的参数为标准系列值，不是低损系列。
　　2. 经济效益比较为JB1300-73系列与S7系列比较值。
　　3. 计算负荷利用小时按2500h/年计算。

（三）采用变容量变压器

对于有明显季节性的用电负荷，如农业用电负荷，变压器是按全年高峰季节负荷选择容量的，高峰季节过后，变压器经常处于轻负荷状态下运行，使线损增大。若采用变容量变压器，通过改变接线方式以达到变换电容，从而适应负荷的变化，这是减少电能损耗的有效措施。目前，有串—并联型变容量变压器和星—三角形变容量变压器两种。

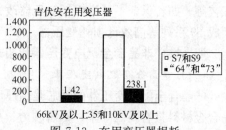

图 7-13　在用变压器损耗

注：17％的配电变压器是高能耗的"64"和"73"型。2.381亿 kVA。

选用变容量变压器时，以最大负荷不超过其额定容量，经常负荷不超过 1/4 额定容量为宜。

1. 串—并联型变容量变压器

即将变压器的高、低压绕组各分成两段，每段都保持原来的匝数、导线截面减少一半，当两段绕组并联时，其有效匝数，导线截面积，允许通过的电流，均等于原额定的匝数，截面积和电流，原额定容量不变。而当两段绕组串联时，有效匝数等于原匝数的 2 倍，导线截面积为原截面积的一半，允许通过的电流也为原电流的一半，容量为原额定容量的一半。串—并联型变容量变压器绕组接线方式为 Yyn0。变压器内装有变容量三相联动开关，可根据负荷情况，旋转箱盖外的操作柄，即可改变变压器的接线，达到调整变压器容量降损节电的目的。

2. 星—三角形变容量变压器

当负荷未超过变压器额定容量范围运行时，变压器高压绕组按三角形法接线，低压绕组按星形法接线，绕组接线方式为 Dyn11，当负荷低于最佳负荷系数且不大于额定容量的一半时，通过变容量开关的切换，将高压绕组变成星形接线，同时将低压绕组匝数增加 73％，绕组接线方式变为 Yy0。选用此类变容量变压器时，应按最大负荷不超过其额定容量，而经常负荷不超过 1/4 额定容量为宜。

如一台三相、油浸、自冷、户外式、110kVA、10±5％/0.4kV、Dyn11 和 Yyn0 互变的变容量变压器，改变容量前后的技术参数对比和节能效果如表 7-6 所示。

表 7-6　　　　　　　　　　　　变容量变压器技术参数对比

实 测 技 术 参 数	100kVA 10±5％/0.4kV Dyn11 （改变容量前）	25kVA 10±5％/0.4kV Yyn0 （改变容量后）	实 测 技 术 参 数	100kVA 10±5％/0.4kV Dyn11 （改变容量前）	25kVA 10±5％/0.4kV Yyn0 （改变容量后）
空载损耗（W）	316	116	空载电流（％）	0.77	0.44
短路损耗（W）	1977	384	短路电压（％）	4	3.07
总损耗（W）	2293	500			

（四）改造高能耗变压器

对于 SL7、S7 或 "64""73" 系列老式变压器也可以进行改造，但改造必须注意质量、

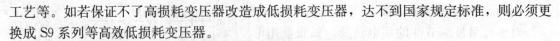

工艺等。如若保证不了高损耗变压器改造成低损耗变压器，达不到国家规定标准，则必须更换成 S9 系列等高效低损耗变压器。

四、推广非晶合金配电变压器和箱式变电所

(一) 非晶合金配电变压器

非晶合金配电变压器的铁芯是由厚度为普通硅钢片 1/10 的非晶合金材料制成，这种非晶合金材料具有高磁导率、低矫顽力、高电阻率、低铁损的特点。因此，非晶合金配电变压器比硅钢配电变压器空载损耗将降低 1/2～1/3。所以，开发和推广非晶合金配电变压器对我国的节电节能和缓解国内硅钢供应不足等矛盾有着重要意义。我国从 1994 年开始生产非晶合金铁芯配电变压器。

非晶合金配电变压器分单相 DH 系列和三相 SGH 系列，又分油浸式和干式两种。

单相非晶合金配电变压器与硅钢变压器用电比较如表 7-7 所示，它们是 DH 型 50kVA 单相油浸非晶合金变压器与 D12 单相硅钢变压器和 S7 型三相油浸式硅钢变压器的年用电量比较。

三相干式非晶合金配电变压器与硅钢配电变压器用电比较，如表 7-8 所示。

表 7-7　　　　　　　单相非晶合金配电变压器与硅钢变压器用电比较

型　号	空载损耗 P_0 (W)	负荷损耗 P_k (W)	年运行小时 t (h)	负荷率 β (%)	年用电量 W (kWh)	非晶合金配电变压器节电 (kWh)	年节电费用 (元)
DH-50/11/2×0.24	60	600	8760	20	735.8		
S7-50/10/0.4	180	1150	8760	20	1979.8	1244	622
D12-50/10/0.23	108	840	8760	20	1240.4	504.60	252.3
DH-50/11/2×0.24	60	600	8760	50	1839.6		
S7-50/10/0.4	180	1150	8760	50	4095.3	2255.7	1127.85
D12-50/10/0.23	108	840	8760	50	2785.7	946.1	473.5

注　1. $W = t(P_0 + P_k\beta^2)$。

2. 年节电费用按 0.5 元/kWh 计算。

表 7-8　　　　　　三相干式非晶合金配电变压器与硅钢配电变压器用电比较

型　号	空载损耗 P_0 (W)	负荷损耗 P_k (W)	年运行小时 t (h)	负荷率 β (%)	年用电量 W (kWh)	非晶合金配电变压器节电 (kWh)	年节电费用 (元)
SGH-250/10/0.4	250	3400	8760	20	3381.36		
SC3-250/10/0.4	1000	2640	8760	20	9685.05	6303.69	3151.84
SC-250/10/0.4	910	2400	8760	20	8812.56	5431.20	2715.80
SGH-250/10/0.4	250	3400	8760	50	9636.00		
SC3-250/10/0.4	1000	2640	8760	50	14541.60	4905.60	2452.80
SC-250/10/0.4	910	2400	8760	50	13277.60	3591.60	1795.80

注　1. $W = t(P_0 + P_k\beta^2)$。

2. 年节电费用按 0.5 元/(kWh) 计算。

国内各时期生产的配电变压器损耗对比，如表 7-9 所示。

表 7-9　　　　　　　　　　　10kV 配电变压器历年损耗对比表

年　份	铁芯材质	100kVA		1000kVA	
		空载损耗（W）	负荷损耗（W）	空载损耗（W）	负荷损耗（W）
1964	硅钢片	730	2400	4900	15000
1973	硅钢片	540	2100	3250	13700
1986	硅钢片	320	2000	1800	11600
1995	硅钢片	290	2000	1650	11600
1995	非晶合金	85	1500	450	10300

为了推广发展低损耗配电变压器，国家规定从 1998 年下半年起淘汰损耗较高的 S7 系列配电变压器，推广发展 S9 等低损耗配电变压器及后来的"10"、"11"型等系列节能型变压器。从表 7-9 可知，非晶铁芯配电变压器具有目前最低的损耗。采用双同心绕组结构的非晶铁芯配电变压器，不但损耗低，成本也低，而且短路承受能力还高。所以，采用非晶合金铁芯的配电变压器是理想的发展方向。

（二）箱式变电所

箱式变电所自 20 世纪 70 年代后期引进我国，我国目前也有多家厂家在生产。从目前生产的多品种中，较先进的是既要克服在低纬度地区变压器室温过高，又要克服箱壳内易凝露，维修不便，箱壳体积太大等问题。较好的是美国通用电气公司生产的箱式变电所，它将负荷开关、环网开关结构简化并放入变压器油箱浸在油中。在环网结构中，将变压器回路中的负荷开关和熔断器合二为一，采用的熔断器负荷开关，可以是干式的，也可以是油浸式的。避雷器也采用油浸式。低压开关采用塑料壳开关。变压器铁芯用非晶合金铁芯，使其空载损耗降低 80%，从而可以取消散热器（变压油允许温升为 60℃）。铁芯采用卷铁芯，三相三柱式结构，铁芯高度大为降低。铁芯和绕组为矩形。无载分接开关为 ±2×2.5%。取消油枕，采用油加气隙体积恒定原则设计密封式油箱。箱式变电所绝缘水平为工频耐压 34kV、冲击耐压 95kV。由于结构简化，这种箱式变电所的体积大幅度减小，仅为我国同类产品体积的 1/3～1/5。一座容量为 500kVA、电压为 10/0.4kV 的箱式变电所，大体尺寸为 1.7m×1.6m×1.4m。运行操作步骤是：停电时先打开低压开关，这样高压负荷开关仅断开变压器的空载电流，而非晶合金变压器的空载电流是很小的，一台 10/0.4kV、500kVA 箱式变电所的空载电流仅 0.04A，故较安全。

上述箱式变电所（三相）的容量等级为：75、112.5、150、225、300、500、750、1000、1500、2000、2500kVA。油浸式负荷开关技术参数及三相非晶合金铁芯变压器（AMT）与我国 S7 变压器损耗比较，分别见表 7-10 和表 7-11。

表 7-10　　　　　　　　　　　油浸式负荷开关技术参数

额定电压（kV）	额定电流（A）	关合电流（kA）	热稳定电流（kA/2s）	额定电压（kV）	额定电流（A）	关合电流（kA）	热稳定电流（kA/2s）
10	200	26	12	10	400/600	32	12

注　关合电流最大可供 42kA。

表 7-11 三相非晶合金铁芯变压器（AMT）与我国 S7 变压器损耗比较表

AMT				S7			
额定容量 （kVA）	空载电流 （%）	空载损耗 （W）	负荷损耗 （W）	额定容量 （kVA）	空载电流 （%）	空载损耗 （W）	负荷损耗 （W）
75	0.34	51	920	80	2.4	270	1650
150	0.14	82	1510	160	2.1	460	2850
300	0.14	142	2400	315	2.0	760	4800
500	0.14	200	3950	500	1.9	1080	6900
750	0.11	310	4468	800	1.5	1540	9900
1000	0.11	420	5626	1000	1.2	1800	11600

　　这种箱式变电所不仅体积小，而且高效节能。一个 300kVA 的箱式变电所，如负荷率以 50% 计，一年节电 10000 多 kWh 时，而价格比国产的还便宜。

　　美国通用电气公司还生产环氧树脂浇注式干式变压器（三相三柱式），允许运行温度为 −40～+155℃。工频耐压和冲击耐压分别为 34kV 和 95kV。另外，还生产聚脂浸渍式干式变压器，采用 H 级和 C 级绝缘，线圈允许温升为 150℃，最高热点允许达 220℃。

复 习 思 考 题

　　1. 什么是线损率，影响线损率的主要因素有哪些？

　　2. 某 10kV 配电线路的各段长度（km）、导线型号（Aa 段为 LJ-95，ad 段为 LJ-70，ab 段为 LJ-50，bc 段为 LJ-35，be 段为 LJ-35）、配电变压器台数、容量（kVA）以及分布均标在图 7-14 上。已知配电线路始端代表日的负荷电流为：40、45、45、65、50、60、70、75、80、100、95、90、100、105、100、90、45、95、85、95、115、105、85、70A，代表日供电量为 27000kWh，当月供电量为 10000kWh。试计算该配电线路代表日及全月的线损电量。

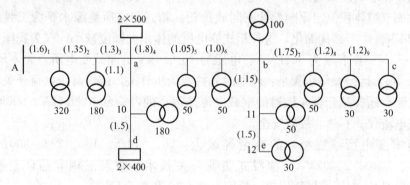

图 7-14 习题 2 附图

　　3. 降低线路损耗和变压器损耗的技术措施有哪些？

　　4. 如何计算变压器的线损？

　　5. 非晶合金配电变压器和箱式变电所有何特点，推广的意义是什么？

第八章 用电设备节约用电

chapter 8

第一节 电动机节约用电

电动机广泛应用于工业、国防、商业、公用设施和家用电器等各个领域，它将电能转换为机械能，作为风机、水泵、压缩机、机床等各种设备的动力做功。电动机的用电量在世界各国的总用电量中都占有相当大的比重。在中国电动机的用电量已经占到社会总用电量的60%以上。电动机一般可分为直流电动机和交流电动机两大类。据资料统计，截止到2001年，中国大、中、小型交流电动机市场总容量为4.41亿kW，其中大型电动机（H＞710mm）约为0.32亿kW，占7.3%；中小型电动机（H＝80～630mm）为4.092亿kW，占92.7%；其中小型电动机（H＝80～315mm）为3.15亿kW，占总量的71.5%，中型电动机（H＝315～630mm）为0.94亿kW，占总量的21.2%。在这些电动机中绝大多数是异步电动机，节能潜力非常大。

为了更好地开展电动机的节电工作，我国于2002年1月1日发布了《中小型三相异步电动机能效限定值及节能评价值》国家标准，并于2002年8月1日实施（有关内容在本节内叙述），它的制定和实施，将有助于规范中国电动机市场，促进高效节能电动机的应用。

在3.5亿kW容量的电动机中，普遍在轻载状态下运行，除个别运行效率达到0.92以上，多数运行效率在0.7以下，一台75W连续运行的风扇电动机，4个月所消耗的电费相当于电动机本身的造价。可见，我国企业所用电动机效率低，电能浪费严重。鉴于此种状况，狠抓电动机的节电对国家、企业都是一件重要且迫切的任务。

电动机的节电就目前情况看，要通过设计使电动机运行效率提高百分之几已相当困难。则只有保证在电动机输出一定机械功率的前提下，尽量减少电动机在功率传递和转换过程中的有功损耗，提高电动机的功率因数和效率，加强管理，达到节电的目的。

一、电动机功率损耗

电动机在将电能转换为机械能做功的过程中，产生的功率损耗包括有功功率损耗和无功功率损耗两部分，这种损耗将导致电动机功率因数和效率的降低，功率消耗增加。

（一）电动机有功功率损耗

各种不同类型电动机的有功功率损耗包括定子绕组和转子绕组的铜损耗、铁芯损耗、杂散损耗和机械损耗。各种损耗所占的比例，视电动机容量和结构的不同而有所差异。

1. 定子绕组的铜损耗 ΔP_{o1}

当电流通过电动机定子绕组时，在定子绕组的电阻 r_1 上产生铜损耗，其大小与定子电流 I_1 的平方成正比，计算公式为

$$\Delta P_{o1} = m_1 I_1{}^2 r_1 \times 10^{-3} \tag{8-1}$$

式中 ΔP_{o1}——定子绕组的铜损功率，kW；

I_1——定子相电流，A；

r_1——定子每相绕组的电阻（换算到基准温度时定子绕组的相电阻），Ω；

m_1——定子绕组的相数。

2. 转子绕组铜损耗 ΔP_{o2}

当电流通过电动机转子绕组时，在转子绕组的电阻 r_2 上产生铜损耗，其大小与转子电流 I_2 的平方成正比，计算公式为

$$\Delta P_{o2} = m_2 I_2{}^2 r_2 \times 10^{-3} \tag{8-2}$$

式中　ΔP_{o2}——转子绕组的铜损功率，kW；

I_2——转子相电流，A；

r_2——转子每相绕组的电阻，Ω；

m_2——转子绕组的相数。

上述定子绕组和转子绕组的铜损耗和绕组中流过的电流大小有关，所以也称可变损耗。

3. 电动机的铁芯损耗 ΔP_{o3}

电动机为建立交变磁场而在定子、转子铁芯中产生的铁芯损耗包括涡流损耗和磁滞损耗。当电动机电压恒定和频率一定时，电动机的磁通和磁通密度保持不变，即电动机的铁芯损耗与磁通密度成正比变化。

因电动机的铁芯损耗不随负荷电流的变化而变化，所以也称不变损耗或固定损耗。

电动机铁损与电源电压的平方成正比，当电源电压一定时，铁损与负荷变化无关，其计算公式为

$$\Delta P_{o3} = \Delta P_z + \Delta P_w = \left(K_1 \frac{U^2}{f} + K_2 U^2 \right) m \tag{8-3}$$

式中　ΔP_{o3}——电动机的铁芯损耗（ΔP_{o3}也可通过空载试验求得），kW；

ΔP_z——电动机的磁滞损耗，kW；

ΔP_w——电动机的涡流损耗功率，kW；

K_1、K_2——比例常数；

U——电源电压，kV；

m——电动机定子和转子的铁芯质量，kg。

4. 杂散损耗 ΔP_{o4}

电动机的杂散损耗主要由绕组的杂散损耗和铁芯的杂散损耗所组成。在一般额定功率时，负荷杂散损耗值取其输入功率的 0.5%。

5. 机械损耗 ΔP_{o5}

电动机的机械损耗（又称风摩耗）包括轴承传动产生的摩擦损耗和风扇转动产生的风阻损耗等。这些机械损耗虽然不随电动机负荷变化的直接影响而变化，但随电动机转速的变化而变化，转速越大，机械损耗越大。机械损耗 ΔP_{o5} 的数值可由空载试验求得。

电动机的总功率损耗计算公式为

$$\Delta P = \Delta P_{o1} + \Delta P_{o2} + \Delta P_{o3} + \Delta P_{o4} + \Delta P_{o5} \tag{8-4}$$

中、小型电动机的各种损耗在总损耗中所占的比例不同，其损耗比如表 8-1 所示。

表 8-1 中小型电动机损耗比

类 型	定子铜损耗	转子铜损耗	铁芯损耗	杂散损耗	机械损耗	类 型	定子铜损耗	转子铜损耗	铁芯损耗	杂散损耗	机械损耗
小型容量电动机	40%	16%	30%	12%	2%	中型容量电动机	33%	25%	17%	25%	25%

此外,对于直流电动机,还存在各种激磁绕组的激磁损耗和晶闸管整流装置的能量损耗。

(二) 电动机无功功率损耗

在电动机的铁芯中,为建立旋转磁场所需要的无功功率 Q,与其励磁电流 I_Q 成正比,其计算公式为

$$Q = 3UI_Q \tag{8-5}$$

在电源电压保持不变,电动机的负载发生变化时,若不计磁路饱和,电动机的励磁电流 I_Q 保持不变,则无功功率 Q 为恒定值;当电压变化时,励磁电流将随着成正比变化,所需要的无功功率也按正比例变化。所以在满足电动机负载变化要求的条件下,适当降低运行电压,有利于电动机的节电。

二、电动机节电措施

提高电动机的功率因数和效率,使电动机能真正达到经济运行和节约用电的目的,可适当采取以下各项措施来实现。

(一) 正确选择电动机

电动机选择的正确与否,直接关系到初次投资和运行的安全可靠性、经济性以及操作维护的方便性等。若选择的不当,轻者造成电能浪费,重者可能烧坏电动机。因此,正确选择电动机是十分重要的,它也是电动机节约用电的首要条件。在选择电动机时,应考虑以下几方面:

(1)电动机的机械特性和调速性能应适合生产机械的要求。

(2)电动机的容量应足于拖动最大出力工作的生产机械而不致发热。

(3)电动机应有足够的过负载能力和启动转矩。

(4)电动机的冷却方式和外形应能适合工作环境的要求。

(5)电动机的运行经济性是节电的。

根据上述选择电动机的要求,企业应采取以下措施选择电动机进行节电。

1. 合理选择电动机的类型（机型）

根据机械负载对电动机启动、制动、调速等方面的不同要求并着重节电的原则,可选用鼠笼式、绕组式或直流电动机。

当机械负载对启动、调速和制动无特殊要求时,一般应尽量选用鼠笼式电动机,因为其功率因数和效率都比较高,当功率较大而且连续工作的机械,且在技术经济上较合理时,宜选用同步电动机;当要求大的启动转矩时,选用鼠笼式电动机满足不了启动要求或加大容量不合理,或调速范围不大的机械且低速运行时间较短时,宜选用绕线式电动机,也可选用启动转矩 200%、最大转矩 250% 的标准鼠笼式电动机;当交流电动机不能满足机械要求的启动、调速、制动等特性时,可选用直流电动机;为了防止启动时的电压降低,应选用绕线式电动机;对重复短时负载时,应选用鼠笼式电动机。

总之，绕线式或直流式电动机需要附属设备，造价较高，而且功率因数和效率比鼠笼式电动机要低，但在启动、制动和调速等性能方面均比鼠笼式电动机好。另外，根据电动机安装方式不同又有卧式和立式两种，能用卧式就不用立式，因立式电动机价格较昂贵。所以在选择时，应进行认真的技术、经济对比。

2. 合理选择电动机额定容量

电动机额定容量的选择以及它的启动和制动等性能，应与其负载相适应。如果电动机的容量选得过大，不但设备不能被充分利用，而且使电动机的功率因数和效率降低，这对用户企业和供电企业都不利；如果额定容量选得过小，电动机将长期过负载运行，因而缩短电动机的使用寿命或造成电动机的烧毁。在电动机的力能指标中，电动机的效率在负载率为75％～100％之间时最高。在选择电动机的容量时，只要比机械负载的功率稍大一些即可。

(1) 长时间连续负载时，电动机容量的选择。当电动机运行方式是长期连续的，且负载随时间的变化较小时，可据计算的最大负载功率 P_{max} 来选择电动机的额定容量 P_N，即

$$P_N \geqslant P_{max} \tag{8-6}$$

(2) 长时间变动负载时，电动机容量的选择。当电动机的运行方式为连续的，且负载随时间的变化较大时，电动机的额定容量决定于其本身占损耗中大部分的铜损引起的温升发热，此温升发热与负荷电流的平方成正比，当功率因数为一定时，则损耗与输出功率的平方成正比。所以，计算出负荷的均方根值，就可以决定包括铜损及负载需要的电动机输出功率，也即电动机的容量，此时指负载是变化频繁，电动机输出功率是周期变化的，其均方根负荷功率 P_{eff} 为

$$P_{eff} = \sqrt{\frac{P_1^2 t_1 + P_2^2 t_2 + \cdots + P_n^2 t_n}{t_1 + t_2 + \cdots + t_n}} \tag{8-7}$$

式中 P_1、P_2、$\cdots$、P_n——某一工作时间的负荷功率，kW；

P_{eff}——负荷功率的均方根值，kW；

t_1、t_2、$\cdots$、t_n——某一工作时间，min。

【例 8-1】 设某台电动机各工作时段的负荷功率为 $P_1 = 100kW$，$P_2 = 50kW$，$P_3 = 80kW$，$P_4 = 50kW$；各工作时段为 $t_1 = 10min$，$t_2 = 15min$，$t_3 = 10min$，$t_4 = 20min$。试确定选用电动机的功率。

解 $P_{eff} = \sqrt{\dfrac{P_1^2 t_1 + P_2^2 t_2 + P_3^2 t_3 + P_4^2 t_4}{t_1 + t_2 + t_3 + t_4}}$

$= \sqrt{\dfrac{100^2 \times 10 + 50^2 \times 15 + 80^2 \times 10 + 50^2 \times 20}{10 + 15 + 10 + 20}} = 70 (kW)$

答：根据计算结果，选用 75kW 容量的电动机为宜。

(3) 短时负载时，电动机容量的选择。短时负载是指负载的工作时间很短，负载停歇的时间比较长。

目前，电动机制造厂已有专门供短时工作的电动机，并规定工作持续时间为15、30、60、90min 四种类型专用电动机容量以供企业选择。

(4) 重复短时负载时，电动机容量的选择。对于重复短时负载，由于启动频繁，必须考

虑在启动、停止的过程中发热的影响，因此应计算其等效负载值。如将长期工作制电动机用于重复短时负载时，其均方根负载的计算公式为

$$P_{\text{eff}} = \sqrt{\frac{P_1{}^2 t_1 + P_2{}^2 t_2 + P_3{}^2 t_3}{t_1 \alpha_1 + t_2 \alpha_2 + t_3 \alpha_3 + t_4 \alpha_4}} \qquad (8\text{-}8)$$

式中　α——冷却系数，如表 8-2 所示。

表 8-2   **冷 却 系 数 α**

电 动 机 型 式	加速时	运行时	减速时	停止时	电 动 机 型 式	加速时	运行时	减速时	停止时
敞开式交流电动机	6.5	1	0.5	0.2	密封外扇式交流电动机	0.75	1	0.75	0.5
封闭式交流电动机	0.6	1	0.6	0.3	外通风式交流电动机	1	1	1	1

3. 电动机电压等级选择

三相异步电动机常用的电压等级有 220、380、3000、6000V 等，1000V 以下称为低压，1000V 以上称为高压。

凡是供电线路短，电网容量允许，且启动转矩和过负载能力要求不高的场合，以选用低压异步电动机为宜。因为这种电动机力能指标高，有利于节电，而且价格便宜，维护方便。

对于供电线路长，电网容量有限，启动转矩较高或要求过负载能力较大的场合，以选用高压电动机为宜。

（二）电动机调速运行

对异步电动机采用调速运行，可以使电动机的运行效率大大提高。企业可以根据被拖动机械负载的具体情况采用不同的调速方式来提高电动机的效率，以达到节电目的。例如，风机和泵输出的风量和流量与电动机的转速 n 成正比，而其消耗的功率则与 n^3 成正比。因此，在满足需要的输出量时，通过调速适当降低电动机的转速可以显著地节约电能。

对于不同用途、不同工作要求的电动机，应根据实际工作情况，从负载特性、调速范围、速度变化率、反应快速性、运转效率、设备费用、安装面积、维护检修等方面进行研究、分析和选定调速方式。首先要重视运转效率。

异步电动机的转速表达式为

$$n = n_0(1-s) = \frac{60f}{p}(1-s) \qquad (8\text{-}9)$$

式中　n——异步电动机转速，r/min；

    n_0——异步电动机的同步转速，r/min；

    s——电动机的转差率；

    f——电源的频率，Hz；

    p——定子绕组的极对数。

从式（8-9）可分析出，异步电动机的调速方法，可归纳为改变定子极对数、改变电源频率和改变转差率三种。

1. 变极调速节电

改变电动机定子极对数的作用是改变异步电动机的同步转速，而改变定子极对数的方法又是通过改变定子绕组的接线方式或安装不同极对数的多套定子绕组等方法来制成变极电动

机，从而达到调速目的，变极调速电动机也称多速异步电动机。通常采用鼠笼式电动机转子，其转子的极对数能自动地与定子极对数相对应。图8-1说明了改变定子极对数时定子绕组的改接方法。

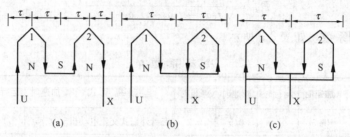

图 8-1　改接定子绕组以改变定子极对数

(a) $2p=4$；(b) $2p=2$；(c) $2p=2$

图8-1中，每相绕组由串绕组1和2组成，用图8-1（a）中的顺接串联的方法可得到四极的磁场分布。如将串绕组2的始、末端改接，使其中每一瞬间电流的方向与顺接串联时相反，用图8-1（b）的反接串联，或图8-1（c）中的并联接法即可得到两极磁场分布。由此可见，通过改变接法，可使极对数成倍变化，也可使同步转速成倍的变化。所以这种调速属于有极调速。

改变定子极对数，除上述方法外，还可在定子槽内安装有不同极对数的两套或多套独立绕组，每个绕组又可有不同的连接法，得到不同的极对数，从而达到变极调速节电目的。它主要适用于泵与风机等以平方递减转矩的设备。

2. 变频调速

改变电源频率也可以调节电动机同步转速。从式（8-9）可知，当转差率 s 变化不大时，转速 n 基本上与频率 f 成正比。显然，如有可平滑调节频率的供电设备，即可平滑调节异步电动机的转速。变频调速对鼠笼式和绕线式异步电动机均可适用。它具有调速范围较大，平滑性较高，适用于负载变化大的特点。

变频调速技术目前被国内外公认为是最理想和最有发展前途的电动机调速方式。采用变频调速技术，一般可以节约电能 20%～50%，按提高能效 25% 测算，若我国目前运行中的电动机一半采用变频调速技术，则每年可节约电能 640 亿 kWh，具有显著的经济效益和社会效益。

3. 改变转差率调速

改变转差率的调速方法，有转子电路串接电阻调速、改变定子电压调速、串级调速、脉冲调速以及在次级电路中引入附加电动热进行调速等多种。它们的共同缺点是在调速过程中均产生大量的转差功率，并消耗在转子回路中，使转子发热，因此调速经济性较差（串级调速除外）。

（三）改善电动机功率因数

三相异步电动机的功率因数 $\cos\varphi$ 的计算可间接求取或直接求取。

间接求取按式（8-10）计算

$$\cos\varphi = \frac{P}{\sqrt{3}U_1 I_1} \tag{8-10}$$

式中　P——输入功率，W；

　　　U_1——线电压，V；

I_1——线电流，A。

直接求取：对于三相电动机，采用两互计法测功率，并用式（8-11）计算$\cos\varphi$

$$\cos\varphi = \frac{1}{\sqrt{1 + 3\left(\dfrac{W_1 - W_2}{W_1 + W_2}\right)}} \qquad (8\text{-}11)$$

式中 W_1——高读数；

W_2——低读数，如W_2的数值为负，则应以负值代入。

如按式（8-10）和式（8-11）计算的功率因数相差不大于1%，则表明测量是正确的。

异步电动机是感性负载，功率因数低。异步电动机满载时的功率因数约为$0.7\sim0.9$，无功电流约占额定电流的$40\%\sim70\%$。这不仅影响了电源容量的利用率，还因为无功电流在电动机与电源间交换的过程中，在电源与输电线上造成了电能的损耗。所以，改善异步电动机的功率因数是企业节电的一个重要方面。其改善的方法，一种是利用并联电容器对异步电动机的功率因数进行补偿；另一种是提高异步电动机本身的自然功率因数，如在轻载时采用降低定子端电压，即利用三角形—星形转换的方法。

对于绕线式异步电动机，在轻载运行时可采用同步化运行的办法，即让轻载运行的绕线式异步电动机在同步电动机的状态下工作。具体的做法是在绕线式异步电动机的转子绕组中通以直流励磁电流，使转子产生与同步电动机转子相同的恒定直流磁场。

转子绕组通过直流励磁电流时，有三种连接方式，如图8-2（a）、（b）、（c）所示。直流电源可以由三相桥式整流电路提供。

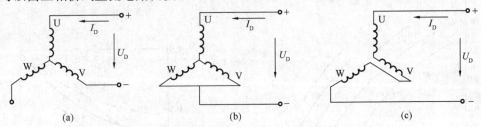

图 8-2 绕线式异步电动机转子绕组通直流励磁时的三种连接方式

（a）两串；（b）一串两并；（c）三串

绕线式异步电动机采用同步化运行，必须具备下列条件：

（1）负载率在75%左右，且负载稳定。

（2）不需要调速。

异步电动机同步化运行以后，过负载能力有较大降低，为了运行可靠，负载不能超过额定输入功率的0.75左右。

同步化运行以后，不仅可以做到不需向电网吸取无功功率，甚至可以向电网提供一部分感性无功功率，从而使电网的功率因数得以提高。

（四）电动机调压节电，改善轻载运行

在企业中广泛使用的异步电动机，容量普遍偏大，经常处于轻载运行状态，或电动机所带负载经常发生变化，对于此类负载可通过降低电动机电源电压或改变电动机内部接线方式（如三角形—星形转换），以达到节电目的。

1. 降低电动机电源电压

对于负载变化不大、轻载情况、由专用变压器供电的多台异步电动机（如纺织厂的多台织布机等），往往采用同一规格的电动机，且负载也相似，此时可采用调节变压器分接头，并加装降压自耦变压器、电压自动调节装置等方式来调节电源电压，以提高异步电动机的功率因数和效率。

2. 利用三角形—星形转换降压节电

电动机的负载率低于40%时称轻载运行，此时损耗大、效率低、功率因数更低。为了改善轻载时的运行性能，可采用降低定子电压的方法达到节电目的，它适用于电动机为三角形接法的三相异步电动机。通过手动或自动变换器将绕组进行三角形—星形接法转换。

电动机由三角形接法改换为星形接法时，运行电压降低，其电气性能参数也相应发生变化，对于轻载时的异步电动机，由三角形接法改为星形接法后，电动机定子绕组的电压降低为额定电压的 $1/\sqrt{3}$；因为电动机的功率与电压的平方成正比，所以功率也将下降为额定功率的 $1/3$；又因为电动机的转矩与功率成正比，所以转矩也只有原来的 $1/3$；电动机的启动电流与电压成正比，而三角形接法的相电流是线电流的 $1/\sqrt{3}$，所以改换星形接法后，启动电流下降为三角形接法的 $1/3$。电动机经过三角形—星形转换后，励磁电流减小，铁芯损耗相应降低，温升降低，功率因数提高，而转速基本上不变，相当于将大容量的电动机当成小容量电动机使用，从而达到节电目的。

对于不同的负载率时，改变电动机电压对功率因数的影响如图 8-3 所示。从图 8-3 可以看出，降低电压运行对功率因数的改善具有显著作用。

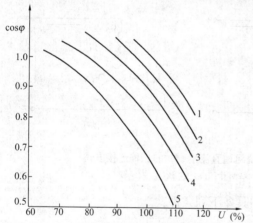
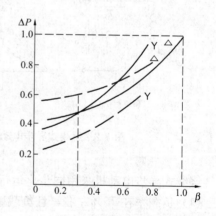

图 8-3　电动机电压变化与功率因数的关系曲线　　图 8-4　电动机损耗与负载率的关系曲线

电动机经过三角形—星形转换后，随着定子电流的下降，转子电流却相应地增加，所以应考虑由此而引起的定、转子铜损耗的变化，电动机损耗与负载率的关系曲线如图 8-4 所示，实线表示有功功率损耗，虚线表示无功功率损耗。从图 8-4 可知，电动机由三角形变化成星形接法后，当负载率 $\beta > 0.3$ 时，虽然无功损耗有所减小，但有功损耗却增加了；当 $\beta < 0.3$ 时，总的损耗有所减少，节约了电能。所以在轻载时将异步电动机的三角形接法改换为星形接法后，功率因数和效率均有显著提高。

电动机三角形—星形转换接线方式，如图 8-5 所示。

电动机三角形—星形转换的接线方式，适用于重载时采用三角形接法运行、轻载时转换为星形接法运行的电动机；也适用于在启动时负载很重，工作时多为轻载的机床、磨床、刨床、冲床、钻床等机械设备。

（五）推广应用节能型电动机

企业大量使用着电动机，但原来老型号的电动机存在耗能高、效率低、温升高、过载能力小等缺陷，浪费电能严重。为了节约用电，提高电动机的运行效率，应尽可能地使机械负载在各种运行状态下所需要的电能与电动机所输入的电能相平衡，为此我国于 2002 年 1 月 1 日发布，于 2002 年 8 月 1 日实施的

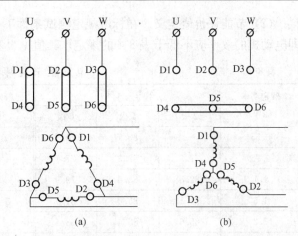

图 8-5　电动机三角形—星形转换的接线方法
（a）电动机三角形接法；（b）电动机星形接法

《中小型三相异步电动机能效限定值及节能评价值》国家标准，其中主要规定了电动机能效限定值和节能电动机的评价。

1. 电动机能效限定值定义

在标准规定测试条件下，所允许电动机效率最低的保证值，即电动机的效率（％）应不低于表8-3的规定。此值是强制性执行的，满足不了这个规定值是不可生产和使用的，如表8-3所示。

表 8-3　　　　　　　　　　　　　　　**电动机能效限定值**

额定功率（kW）	效率[①]（％）			额定功率（kW）	效率（％）		
	2 极	4 极	6 极		2 极	4 极	6 极
0.55	—	71.0	65.0	30	91.4	91.4	91.5
0.75	75.0	73.0	69.0	37	92.0	92.0	92.0
1.1	76.2	76.2	72.0	45	92.5	92.5	92.5
1.5	78.5	78.5	76.0	55	93.0	93.0	92.8
2.2	81.0	81.0	79.0	75	93.6	93.6	93.5
3	82.6	82.6	81.0	90	93.9	93.9	93.8
4	84.2	84.2	82.0	110	94.0	94.5	94.0
5.5	85.7	85.7	84.0	132	94.5	94.8	94.2
7.5	87.0	87.0	86.0	160	94.6	94.9	94.5
11	88.4	88.4	87.5	200	94.9	94.9	94.5
15	89.4	89.4	89.0	250	95.2	95.2	94.5
18.5	90.0	90.0	90.0	315	95.4	95.2	—
22	90.5	90.5	90.0				

① 容差应符合 GB 755—2000 第 11 章的规定。

2. 节能电动机评价

（1）基本要求。电动机的一般性能、安全性能、防爆性能以及噪声和振动要求应分别符合相关标准。

（2）节能评价值定义。在标准规定测试条件下，节能电动机效率应达到的最低保证值。即电动机的效率应不低于表8-4的规定，其值见表8-4。

表8-4 　　　　　　　　　　　　　**电 动 机 节 能 评 价 值**

额定功率 （kW）	效率①（%）			额定功率 （kW）	效率①（%）		
	2极	4极	6极		2极	4极	6极
0.55	—	80.7	75.4	30	92.9	93.2	92.5
0.75	77.5	82.3	77.7	37	93.3	93.6	93.0
1.1	82.8	83.8	79.9	45	93.7	93.9	93.5
1.5	84.1	85.0	81.5	55	94.0	94.2	93.8
2.2	85.6	86.4	83.4	75	94.6	94.7	94.2
3	86.7	87.4	84.9	90	95.0	95.0	94.5
4	87.6	88.3	86.1	110	95.0	95.4	95.0
5.5	88.6	89.2	87.4	132	95.4	95.4	95.0
7.5	89.5	90.1	89.0	160	95.4	95.4	95.0
11	90.5	91.0	90.0	200	95.4	95.4	95.0
15	91.3	91.8	91.0	250	95.8	95.8	95.0
18.5	91.8	92.2	91.5	315	95.8	95.8	—
22	92.2	92.6	92.0				

① 容差应符合 GB 755—2000 第11章的规定。

（3）杂散损耗。电动机杂散损耗应不大于表8-5中所规定的要求，其值见表8-5。

表8-5 　　　　　　　　　　　　　**杂 散 损 耗 限 值**

电动机额定功率 （kW）	负荷杂散损耗占输入功率的比值 （%）	电动机额定功率 （kW）	负荷杂散损耗占输入功率的比值 （%）
0.55	2.5	30	1.8
0.75	2.5	37	1.7
1.1	2.5	45	1.7
1.5	2.4	55	1.6
2.2	2.3	75	1.6
3	2.3	90	1.5
4	2.2	110	1.5
5.5	2.1	132	1.4
7.5	2.1	160	1.4
11	2.0	200	1.3
15	1.9	250	1.3
18.5	1.9	315	1.3
22	1.8		

（4）功率因数。电动机的功率因数应符合相关产品标准规定的数值。

目前达到上述（1）～（4）条款规定的电动机基本上可视为节能电动机。

3. 世界主要国家电动机效率平均值比较

由于所用效率试验方法不一，国内外电动机系列产品以及有关的能效标准数据难以比较。现在为了对不同系列和能效标准的数据进行比较，对采用 IEC34—2 方法的产品和效率标准，原假定负载杂散损耗为 $0.5\%P$（输入功率）的数值改用 IEC61972 方法 2 所推荐的数据进行效率的折算，从而使其便于相互比较，见表 8-6。

表 8-6　　　　　　　　　　　世界主要国家电动机效率平均值比较

系列	中国 Y	中国 Y2	中国 Y2-E	德国 Siemens	德国 ABB	欧盟 eff2	欧盟 eff1	美国 EPACT	美国 NEMA-E	美国 NEMA Premium	美国 IEEE841-2000
η（%）	87.3	86.3	87.9	86.5	87.3	86.4	89.1	90.3	92.2	91.7	91.1

从表 8-6 可看出，我国电动机效率平均值接近欧盟产品，和先进国家仍有不小的差距。

4. 我国高效节能电动机

国内目前广泛使用的主要有 Y 和 Y2 两个低压异步电动机系列。Y 系列是 20 世纪 80 年代初全国统一设计的产品，功率范围从 $0.55\sim250kW$，机座中心高为 $80\sim315mm$，共 12 个机座。Y2 系列是 20 世纪 90 年代中期统一设计的新一代产品，功率从 $0.12\sim315kW$，机座号从 $63\sim355mm$，共 15 个机座。Y 系列和 Y2 系列电动机比老型号的 J02 系列从设计、选材及制造工艺等方面均应用了许多节电措施，电动机效率得到很大的提高，也有效地节约了电能。

5. Y 系列高效节能电动机的特点

（1）Y 系列电动机的性能较 JO2 系列电动机优良，功率因数和效率较高。Y 系列电动机的加权平均效率已达到 88.263%，比 JO2 系列效率提高 0.415%。

Y 系列电动机启动性能好，启动转矩约为额定转矩的两倍，比 JO2 系列提高 30%，相当于高启动转矩的电动机。

Y 系列电动机比 JO2 系列适当增大了定子和转子绕组的导线截面积，减少了铜损耗；适当增大了铁芯量，减少了铁芯损耗；适当调整了气隙，缩小了风扇尺寸，减少了轴承摩擦，降低了机械损耗；采用了热冲击及高级铁芯材料，减少了杂散损耗。

（2）Y 系列电动机比 JO2 系列电动机体积减小约 15%，质量减轻 12%，结构坚固，外形美观。

（3）Y 系列电动机采用 B 级绝缘材料（JO2 系列为 E 级绝缘材料），使电动机允许温升高，所以电动机运行较可靠，且噪声小，寿命长，经久耐用。

（4）符合国家标准，便于配套使用。Y 系列电动机为一般用途的高效节能电动机，可以用来拖动没有特殊要求的各种机械负载设备，但不能用作长期满载运行的电动机。

6. 高效电动机

现在我国研制生产的高效节能电动机主要是 YX、YX2、Y2E 系列，由于国内市场不太成熟，其产品 70% 以上为出口，国内使用较多的行业主要是石化工业、纺织工业、化工工业。

在 Y 系列基础上，我国又研制出 YX 系列高效节能异步电动机，其效率比 Y 系列平均提高 3％，且铜量平均增加 24％，硅钢片量增加 13.4％。YX 系列适用于负载率高，且使用时间长的场所。应用 YX 系列电动机虽对制造厂来说增加了原材料消耗，对企业来讲增加了投资费用，但从整体来说还是提高了社会经济效益。

目前，Y 系列和 YX 系列电动机的标称容量规格有 0.55、0.75、1.1、1.5、2.2、3、4、5.5、7.5、11、15、18.5、22、30、37、45、55、75、90kW。这些数据既是电动机的标称容量值，又是作为典型负载值。

我国推广应用的部分高效节能电动机的主要性能参数，如表 8-7 所示。

表 8-7　　　　　　　　　　　　部分高效节能电动机的主要性能参数

产品名称	主要技术参数	技术经济效益	可代替的老产品型号
Y 系列三相异步电动机	全系列共 65 个规格，11 个机座号，19 个功率等级，0.55～90kW，与老产品 JO2 比较：效率提高 0.413％，启动转矩提高 30％，体积缩小 15％，质量减轻 12％	以年产 1600 万 kW 计，全部代替 JO2 系列，每年可以节电 1.4 亿 kWh	JO2，JO3
YX 系列三相高效异步电动机	已试制出 4 个规格，2 个机座号；与 JO2 比较：效率提高 3.2％～3.5％，达到国际标准，启动转矩提高 20％	每台 75kW 计，每年可以节电 1.27 万 kWh	JO2，JO3，JY
YB 系列防爆型三相异步电动机	全系列共 65 个规格，11 个机座号，全系列效率为 88.265％，较 JO2 提高 0.413％；启动转矩平均值为 1.96 倍，较 BJO2 提高 33％		JB，BJO2
冶金起重电机 LZRYZ 系列	共 43 个规格，11 个机座号，与 JZR2、JZ2 比较：效率提高 1.87％，功率因数提高 9.35％	以年产 43 万 kW 计，全部代替老产品，每年可以节电 150 万 kWh	JZR2，JZ，JZ2，JZB，JZRGB

三、电动机检修、技术改造及运行管理节电

在电动机的检修、技术改造过程中，重视检修质量或将老式电动机进行技术改造，均可以达到不增加损耗或减少能量损耗，从而节约用电的目的。另外，企业在大量电动机的日常使用过程中，加强对电动机运行的管理，也是一项不可忽视的节电措施。

（一）电动机的检修和技术改造节电

1. 降低铜损耗

在电动机的各种损耗中，铜损耗所占比例最大。所以，降低电动机的铜损耗是很主要的节电措施，主要途径是降低绕组的电阻。

当电动机绕组重新绕制时，保证绕组匝数不变；重新绕制绕组时，保证绕组截面积应不小于原绕组截面，以保证绕组电阻不会比原来增大；选用合理的绕组型式，降低绕组电阻；合理缩短绕组长度或绕组端部长度，减少绕组电阻；适当增大绕组导线截面积，降低绕组电阻。

2. 降低铁芯损耗

铁芯因长期处于高温和振动状态，使导磁性能下降，铁芯绝缘老化，从而导致铁芯饱和程度增加，势必造成电动机空载电流增加，铁芯损耗增大，功率因数降低。

在电动机检修时，可增加绕组匝数，增加铁芯长度，采用磁性槽楔或磁性槽泥，铁芯重新涂漆等，这些措施均可达到降低铁芯损耗而达到节电的目的。

3. 降低杂散损耗和机械损耗

改进电动机风扇形式，减小风扇直径，变更风扇角度，采用摩擦系数小、性能好的轴承和润滑剂，提高检修后的装配质量，都可降低电动机的机械损耗。

在转子槽内涂绝缘涂料，采用磁性槽楔或磁性槽泥，适当增大气隙，减少气隙磁阻等均可降低杂散损耗，达到节电目的。

4. 采用先进检修工艺

(1) 对电动机绝缘进行清洗时，采用洗涤剂溶液进行清洗；对不需要烘干或局部清洗的电动机可选用混合液剂进行清洗。

(2) 电动机绝缘浸漆及烘干，采用无溶剂滴浸工艺和远红外线加热烘干方式。

(3) 低压电动机的绝缘材料，采用 B 级及以上的绝缘材料代替以前使用的 E 级或 E 级以下绝缘材料，如表 8-8 所示。

5. 电动机高科技节电技术

据国外信息，在电动机上装设一个微型电子开关，译称"易乐节"，当电动机工作在轻载或空载状态时，可自动控制此电子开关，在短时间内断电，每秒钟

表 8-8　各种绝缘材料的允许温度

级　　别	A	E	B	F	H
允许温度（℃）	105	120	130	155	180

可完成 100 次的监控作用，达到电动机在轻载、空载运行时的节电目的。此技术在功率为 5~100kW 的电动机上应用的测试结果表明，在有效满足电动机的同时，电动机的电力消耗可减少 15％~30％，节电效果十分显著。

（二）加强电动机运行管理节电

加强管理是实现电动机经济运行和节约用电的另一个重要措施。

(1) 电压管理，保证电动机的供电电压不要偏高。

(2) 防止电动机空载运行，及时将其停止运行。

(3) 定期维护电动机。若不经常进行检查和检修，将会造成损耗的增加和发生故障。所以，必须经常进行日常检查、定期加油和定期检修保养。

(4) 提高检修质量，检修后要做性能试验，防止由于检修质量不良造成电动机损耗的增加。

(5) 提高运行人员的使用、操作和管理水平，加强节约用电教育。

第二节　泵与风机节约用电

泵与风机在国民经济各部门的用电设备中占有重要的地位，它们被广泛地应用于冶金、化工、纺织、石油、煤炭、电力、国防、轻工和农业等生产部门，并越来越多地进入到人们的家庭中去。泵是抽吸液体、输送液体和使液体增加压力的机械设备，是一种转换能量的机械，泵把原动机提供的机械能转换成液体的压力能、位能，使液体的压力、流速增加。风机是输送气体的设备，是一种把原动机的机械能转换为气体的动能与压力能的机械。

泵与风机的耗电量是非常大的，年耗电量约占全国总用电量的 1/3，占工业用电量的 45％左右。

目前，在泵与风机的使用中，存在着浪费电能的现象，主要表现为设备陈旧，本身的效率比较低；设备选型不当，实际工作负载偏离额定值，运行效率低；调节流量的方法方式不

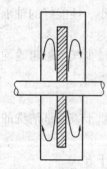

图 8-6 液体在叶轮前后盖板外侧的回流运动

当，功率损耗很大；变速调节流量的新技术推广不力；输送管道装配不合理，致使管道阻力大及管理不善，造成运行时的能量损耗大等。据此，泵与风机的节电潜力很大。

一、泵与风机能量损耗

泵与风机的能量损耗主要包括机械损耗、容积损耗、流动损耗和管路阻力损耗等。

（一）机械损耗

机械损耗是指泵与风机在运行中，轴与轴封、轴与轴承及叶轮圆盘与流体的摩擦等两部分损耗的功率或电能。在机械损耗中，主要是圆盘摩擦损耗。

圆盘摩擦损耗是叶轮在泵壳中旋转时，由于离心力的作用，使叶轮前后盖板两侧的液体形成回流运动，并与旋转的叶轮发生摩擦而引起的能量损耗，如图 8-6 所示。这种能量损耗直接消耗了原动机输入的功率。

（二）容积损耗

在泵与风机转动的叶轮与入口处的密封环之间有一定的间隙。当叶轮转动时，由于叶轮出口处是高压，入口处是低压，在间隙两侧产生了压力差，使部分已在叶轮中获得能量的液体从高压侧（出口处）通过间隙向低压侧泄漏。虽然这部分泄漏的液体只在泵或风机内部循环而未输出，但却要消耗能量，使泵与风机的压力和流量下降，效率降低。这种由于压力差引起液体泄漏而造成的能量损耗称泄漏损耗或容积损耗。图 8-7 为叶轮机入口处与外壳之间的泄漏状况。

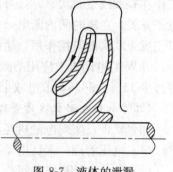

图 8-7 液体的泄漏

（三）流动损耗

流经泵与风机的流体具有一定的黏性，其产生的能量损耗，称流动损耗。它包括摩擦损耗和撞击损耗。

摩擦损耗是流体与流道壁面摩擦及流体内部摩擦产生的损耗，它与流量的平方成正比变化。

撞击损耗是当流体进入叶轮工作时，相对速度的大小和方向都要变化，并且与叶片进口切线方向不一致，产生撞击损耗。发生撞击的强度越大，其撞击损耗也越大。

（四）管路阻力损耗

具有固有黏滞性的流体在泵与风机管路内的流动过程中，受到一种阻力，因此而产生的损耗称管路阻力损耗。管路阻力损耗分为沿程阻力损耗和局部阻力损耗。

当流体流动时，由于流体的黏滞性使各流层之间产生一定的阻力，流体为克服沿整个管路流程的阻力而损耗的能量，称沿程阻力损耗。

由于流体边界的突然变化，对局部范围内流动产生阻力，流体为克服局部阻力而损耗的能量，称局部阻力损耗。

二、泵与风机节电措施

企业目前使用的泵与风机效率都不很高，如泵的效率仅为 60% 左右，因此节电潜力很大，其主要有如下措施。

（一）合理选型

企业正确、合理地选用泵与风机，是保证安全、经济运行的先决条件。选择的内容主要有确定泵与风机的型号、台数、规格、转速及与之配套的电动机的容量。

1. 选型的原则

（1）所选的泵与风机的最大流量和最大扬程应符合工作的需要，以保证泵与风机在高效率区内运行。

（2）应选用结构合理、体积小、质量轻、效率高的泵与风机，在条件许可下，尽量选用高转速的泵与风机。

（3）运行操作应安全可靠。

（4）有较高效率的管网与其相配合。

2. 选型时的参数根据

（1）不同条件下需要的流量和扬程（全风压）。在一定条件下，可只掌握最大流量及最大扬程。

（2）被输送流体的温度。

（3）被输送流体的密度。

（4）工作环境和大气压力。

3. 泵的选择方法

（1）收集实测数据及以往的原始资料，计算出泵的最大流量 Q_{max} 和最高扬程 H_{max}，并考虑测量误差和运行后设备性能变化等因素，选择泵的参数要比计算的最大值留有一些余地，所以泵的流量 Q 和扬程 H 应为

$$Q = (1.05 \sim 1.10)Q_{max} \tag{8-12}$$

$$H = (1.10 \sim 1.15)H_{max} \tag{8-13}$$

（2）选定设备的转速 n，算出比转数 n_s。

（3）根据 n_s 的大小，决定所选水泵的类型（包括水泵的台数及级数）。

（4）根据所选的类型，在该型的水泵综合性能图上选取最合适的型号，确定转速、功率、效率和工作范围。

（5）从泵的样本中，查出该泵的性能曲线，根据泵在系统中的运行方式（单台运行、并联或串联运行），绘出所在运行方式下的性能曲线。

（6）根据管路性能曲线和运行方式，决定泵在系统中的工况点，如所选的泵不在高效率区运行，则重复上述过程，直到所选型号合适为止。

（二）泵与风机改造

当泵与风机工作在其设计工况附近时，效率较高。但是，由于额定负荷或管道阻力等因素的变化，常会使泵与风机的容量过大或过小。当容量过大时，会引起调节时的节流损失；当容量过小时，又不能满足负载的需要。为此，需对已有的泵与风机进行改造，以利于节能。

泵与风机的改造主要是改变叶片的长度、宽度及所用的材料，切割叶轮的外径，改变转速，改变泵与风机的级数，改进和加装防尘装置等。使泵与风机的各项损耗降低，使它们的容量与所需容量相匹配，从而达到提高效率和节能的目的。

（三）减少管路阻力

对结构不合理的管道进行改造，如对弯头、扩散管等不合理结构进行适当改进，就可降

低管路阻力，达到节电目的。

（四）将低效率的泵与风机更换成高效率的泵与风机

对一些性能落后、使用时间长的泵与风机，可考虑更换成新型高效的泵与风机，以达到节电目的。

（五）离心式水泵取消底阀

离心式水泵取消安装在进水管底端的单向阀门，采用射流器抽真空自吸上水，可以增加抽水量，减少水力损失，提高效率，一般可节电 3％～6％左右。

（六）可变流量（风量）控制

在企业生产过程中，有些泵与风机的流量（风量）随时都在变化着，如果能够掌握其变化的规律，合理控制流量（风量），采取调速控制的方法［主要通过改变电动机的转速达到调节泵与风机的流量（风量）的目的］，即可达到节电的效果。

（七）降低或减少泵与风机运转时间

根据实际情况适当控制电动机的开停时间，以达到节电的目的。

（八）加强节电管理

在泵与风机的使用中，加强负载管理，避免管道的跑、冒、滴、漏，以达到节电的目的。

第三节 电加热节约用电

随着科学技术的进步和人民生活水平的不断提高，电加热由于其特点而在国民经济各部门和人民生活方面应用越来越广，但在能源转换过程中，损耗高达 60％～65％，而且电加热的电能总耗约占全社会总用电量的 16％左右。因此，电加热的节电也是非常重要的。

一、电加热概述

（一）电加热概念

电加热是把电能转换为热能，用来加热或熔炼金属、非金属材料及其制品，是众多加热手段之一。

（二）电加热应用

电加热广泛用于国民经济各行业及人民生活中。

（1）冶金工业。炼制优质合金钢、铁合金、难熔金属、有色金属以及半导体、石墨等非金属材料。

（2）机械工业。金属热处理和表面处理，铸钢、铸铁的生产，粉末冶金制品的烧结、磨料的炼制，材料或制品的加热、干燥和烘烤。

（3）化学工业。提炼黄磷，炼制电石，药物的生产，塑料及合成树脂的生产，橡胶的硫化，香料的生产等化工原料生产。

（4）食品工业。面包、饼干等糕点生产。

（5）科研、学校实验室用电加热。

（6）居民生活。随着人民生活水平的不断提高，家用电器中许多为电加热品，如微波炉、电取暖器、电热水器、电炒锅、电烤箱及消毒柜等。

（三）电加热特点

（1）加热温度较高，可达 2000℃以上，是普通燃料所不及的。

(2) 加热温度易控制。

(3) 加热部位易控制。

(4) 易实现机械化、自动化。

(5) 操作方便，劳动条件好。

(6) 电加热源对环境无污染。

由于电加热和普通燃料相比，具有上述优点，所以得到越来越广泛的应用。

（四）电加热类型

不论哪一种电加热方式，都是将电能先转换为热能，再通过直接或间接的途径加热被加热体。其主要加热类型如下：

(1) 电阻加热法。根据电流通过导体时，在导体电阻上产生热量来加热物体的方式。

(2) 感应加热法。利用电磁感应原理，使处于交变磁场中的导体内部产生感应电流，进而在导体电阻上产生热量使导体本身加热的方法。

(3) 电弧加热法。利用电弧放电产生的热量来加热物体的方法。

(4) 介质加热法。电介质在高频电场作用下，由电荷位移而产生热能的加热方法。

(5) 电子束加热法。由高功率密度电子束撞击炉料而产生热能的加热方法。

(6) 等离子加热法。电能通过等离子能而转变为热能的加热方法。

（五）电加热能量损耗

电加热是把电能通过电炉设备转换成热能，其能量损耗不仅有炉体的，而且其附属设施也有电和热的损耗。

(1) 电损耗。由配电网供给电炉电能，在电气设备的电阻上产生的电能损耗称为电损耗。电损耗的大小与电炉配套的合理性、电气设备的性能、使用时间、维护质量等因素有关。一般通过测定和计算，对于电弧炉，其电损耗可达其传输功率的 9％～13％。

(2) 热损耗。电炉的热损耗主要是炉体的散热损耗、炉门的辐射热损耗、炉气和炉渣的显热和炉体的蓄热损耗，还有加热用的炉筐、夹具等的热损耗。电阻炉的热损耗约占 46％～65％。炉体和夹具的热损耗占了绝大部分。

二、电加热节电措施

根据电加热的工作原理和设备结构，可采用如下节电措施。

（一）正确选择加热能源

在加热同一产品而工艺又允许使用煤、油、天然气、煤气和电能时，应首先进行加热能源的选择，经过技术经济比较后，选用其中能源利用率高、生产经济效益好的加热能源。

热处理采用电热源和煤气热源的效果，如表 8-9 所示。

表 8-9 电源与煤气能源利用率的比较

项目 能源转换方式	发电效率 （％）	电厂自用电率 （％）	供电线损 （％）	煤转煤气转换率 （％）	煤气损耗 （％）	炉效率 （％）	一次能源利用率 （％）
煤、原油发电	30	6.5	9.5	—	—	60	15.1
煤造煤气	—	—	—	80	5	60	45

由表 8-9 可知，煤气热源的一次能源利用率约是电加热的 3 倍，而煤气热源设备费用只是电加热的 70％～80％，单位热能价格为电能的 1/5～1/10，设备检修费用为电加热的1/2，

说明热处理工艺选煤气作加热能源是经济合理的。

（二）合理热工设计

目前，使用中的绝大多数电炉因炉壁结构不合理、散热量大、电热元件效率低，致使电炉热效率普遍较低。

从节能观点看，圆筒形炉因其表面积比箱式炉小而有利于节电。同样的炉衬散热量约少20％左右，炉衬的蓄热量也可减少2％。炉壁外表面温度降低10℃，单位电耗降低7％。对于连续式电炉，还要增强隔热性能，将电炉做成密闭型也是节电的途径。

（三）减少炉体热损耗

炉体的热损耗约为20％～35％，是电炉最大的一项热损耗，因此可以采用新型保温隔热性能好的材料做炉衬。近年来，采用硅酸铝纤维改造老式电炉，可节电30％～60％。

（四）改善电热元件发热材料

电热元件发热性能的好坏直接影响电炉加热速度和电阻值。近年来，普遍采用了远红外线加热器或远红外线涂料，使电阻发热元件的热辐射性能明显提高，用此技术的低温电阻炉可节电在30％以上。

（五）改造电加热操作工艺

连续作业比间歇作业消耗电能少，所以尽量连续作业，缩短加热时间，利用铸、锻的余热进行热处理，把整体加热淬火改为局部加热淬火，改革夹具、料筐等都可起到节电作用。

（六）改造电炉短网节电

电弧炉、矿热炉等从电炉变压器的低压端至电炉电极这一段导线，称电炉的短网。电炉的短网虽只有10m左右，但在冶炼时却流过上千安的大电流，致使短网损耗的电能也很大，约占传输总电量的9％～13％，所以降低短网的电能损耗也是电炉节电的一个方面。

降低短网电能损耗的措施主要有：缩短短网长度；减少短网中多个连接处的接触电阻；用水冷方式降低短网的工作温度，进而减少短网电阻达到节电；减少短网周围的铁磁物质，以减少铁磁物质中产生涡流、磁滞损耗而引起短网附加损耗；合理选择短网电流密度，使短网电能损耗降低；改变短网的走线方式，减少短网电抗，提高运行功率因数，降低短网上压降，提高电炉内电极电压，增加电炉的熔化功率，缩短熔化时间，达到节电目的。

第四节　电气照明节约用电

随着国民经济的发展和人民生活水平的提高，照明用电比重增长较快，尤其是经济发达地区和城乡居民用电的增长十分迅速。目前，我国照明用电量约占总用电量的8％，个别地区高达15％以上。

随着照明用电量的增加，照明节电的潜力也是很大的。据资料显示，在同样亮度下，节能灯耗电量是白炽灯的1/5，以我国3亿家庭每家改用一盏节能灯测算，仅此一项每年可节电220亿kWh，相当于减少高峰电力负荷1000多万kWh，可少投入电力建设资金500多亿元，可减少燃煤消耗900多万t，这充分说明照明领域的节电工作意义也非常大。

一、电照明及电光源

电照明是利用各种电光源装置，将电能转换为光能，达到照明的功能。

照明电光源按发光原理可分为两大类，一类为利用导体通电加热白炽发光原理制成的热辐射电光源，如钨丝白炽灯、卤钨循环白炽灯等；另一类为利用气体放电发光原理制成的气体放电光源，如金属汞灯（日光灯、荧光高压汞灯）、金属钠灯、惰性气体氙灯、汞氙灯、金属卤化物灯等。

二、常用照明电光源部分特性比较

不同发光原理的照明电光源，其发光效率有明显差距，且电压变化和环境温度对各种光源的光通量都有大大小小的影响。所以，照明电光源选择不当也会造成照明的电能损耗增加。表 8-10 列出了常用照明电光源的部分特性比较。

表 8 10　　　　　　　　　　　　常用照明电光源的部分特性比较

光源名称\特性	钨丝白炽灯	卤钨循环白炽灯	荧光灯（日光灯）	荧光高压汞灯	管形氙灯	高压钠灯	金属卤化物灯
额定功率范围（W）	10～1000	500～2000	6～125	50～1000	1500～100000	250～400	400～1000
发光效率（lm/W）	6.5～1.9	19.5～21	25～67	30～50	20～37	90～100	60～80
一般显色指数 Ra	95～99	95～99	70～80	30～40	90～94	20～25	65～85
功率因数 $\cos\varphi$	1	1	0.33～0.7	0.44～0.67	0.4～0.9	0.44	0.4～0.61
表面亮度	大	大	小	较大	大	较大	大
电压变化对光通的影响	大	大	较大	较大	较大	大	较大
环境温度对光通的影响	小	小	大	较小	小	较小	较小

从表 8-6 可知，高压钠灯是一种电能损耗相对较少的照明电光源。

三、电照明节电措施

1. 合理选定照度

被照物体单位面积上得到的光通量称为照度（单位为勒克司 lx）。选择适当的照度，使被观察物体达到合适的亮度，有利于保护工作人员的视力，提高产品质量和劳动效率。因此，进行厂房设计和电气照明设计时，应根据不同工种要求，严格按国家工业企业采光设计标准和工业企业照明设计标准进行，确定适当的照度值，选用合适的照明方式，在照度标准较高的场所可增设局部照明等。

2. 合理选用电源

随着电力工业的不断发展，我国照明状况有了明显的改善，经历耗电高的白炽灯之后，又经历了第二代及近期第三代节能光源的发展。因此，照明节能的关键是推广质量高、用户信赖的节能新光源以及各种照明控制设备。

目前，国内外主要节能电光源有三基色日光灯和节能荧光灯两大类。

（1）三基色日光灯是一种具有高显色性又具有高效率的新光源。其特点是：高效率、高显色性，亮度大、幅度高，清晰度好。

（2）节能荧光灯主要包括细径直管形、紧凑型荧光灯及电子高频无极荧光灯等。

细径（φ26mm）直管形荧光灯与同类光源相比特点是：节电 10％，光效高 10.3％，体积减少 40％，可与普通荧光灯互换使用，适用于室内及家庭照明。用 36W 细管径灯代替 40W 普通灯管每只灯可节约功率 4W。

紧凑型荧光灯是一种 20 世纪 80 年代初发展起来的节能光源。根据灯外形可分为 H 形、双 U 形、2D 形、π 形、双 H 形、双 π 形等。功率范围 4～55W，替代 150W 以下的白炽灯，可节电 70％以上。根据灯与镇流元件组装形式，一般分为整体式和分离式两大类。目前，我国已对 H、双 U、2D、3U 形进行生产，已达 2000 万只/年的生产能力。这类节能灯与白炽灯和传统的直管形荧光灯相比有光效高、光色多、显色性好、启动性能好、无闪烁、无燥声、亮度适中、使用方便、质量轻、适用温度范围宽（−15～50℃）的特点。

电子高频无极荧光灯用作照明，近几年才被发现。其特点是：该灯借助感应线圈在低压汞蒸汽中感应出高频光通，能量转换率高达 70％（普通灯为 5％以下），寿命长达 24000h，低压型高频灯不同镇流器，外壳与白炽灯相似，使用方便，适用室内照明及频繁换灯场所。

从节能的角度看，首先应尽量使用天然光源，然后根据各种照明需要尽量选用发光效率高的新型节能电光源（节能光源——三基色日光灯、节能荧光灯、金属卤化物灯、钠灯等）。

照明节能的基本原则应是保证不降低作业的视觉要求（工种不同要求也不同），最有效地利用照明用电。

高大厂房中宜采用高光效、长寿命的高强气体放电灯及其混光照明，如采用高压钠灯。除特殊情况外，不宜采用卤钨灯、白炽灯、自镇流式荧光高压汞灯。

灯具悬挂不高的场所，一般采用荧光灯或低功率高压钠灯照明，不宜采用白炽灯（展览馆、高级饭店等特殊场所可例外）。

3. 合理选择照明灯具

灯具与光源的组合物称照明器。一个好的灯具除能较好地起支撑、防护和装饰等作用外，更重要的是提高光源所提供的光能利用率，把光通量分配到需要的地方。所以，照明设计应选用效率高、利用系数高、配光合理，保持率高的灯具。在保证照明质量的前题下，应优先采用开户式灯具。

4. 合理配置和控制电光源

合理配置电光源也是照明节能的重要措施之一，即应做到一般照明和局部照明相结合，人工照明与天然照明相结合，又要做到照明装置与合理控制相结合。例如，户外照明和道路照明均宜采用高压钠灯，且采用自动控制以达节电目的。

5. 大力推广高效节能电子镇流器

随着节电工作的深入，电子技术的进一步发展，目前国内荧光灯广泛配用的铁芯式电感镇流器已有被电子镇流器取代的趋势。

电子镇流器是采用电子技术进行变频镇流或变压镇流，本质是一个高频逆变器件。它把频率为 50Hz 的电网电压逆变成 25～50kHz 的高频电压，使荧光灯在这个高频电压下工作，使镇流器本身功率相应降到 1.5W 以下，从而起到降低能耗，提高功率因素的目的。通常推广使用电子镇流器可节省照明用电 20％～25％左右。

虽然，电子镇流器目前还存在这样或那样的问题，但是相信，这些不足会逐个予以解决的。

第五节 蓄冷（蓄冰）和蓄热技术应用

蓄冷（蓄冰）、蓄热技术是移峰填谷措施之一，即可以降低峰荷，提高低谷负荷，平滑负荷曲线，提高负荷率，降低电力负荷需求，减少发电机组投资和稳定电网运行。蓄冷（蓄冰）、蓄热技术，也称储冷、储热技术。

一、蓄冷技术

蓄冷技术是一种正在使用的成熟技术。集中式空调采用蓄冷技术是移峰填谷的有效手段，它是在后夜负荷低谷时段制冷并把冰或水等蓄冷介质储存起来，在白天或前夜电网负荷高峰时段把冷量释放出来转换为空调冷气，达到移峰填谷的目的。

它特别适用于商业、服务业、工业以及居民楼区的集中空调。例如，大型商厦、贸易中心、酒楼宾馆、公寓、写字楼、娱乐中心、影剧院、体育馆、健身房、大型住宅区以及大面积使用空调的电子、医药、纺织、化工、精密仪器制造、食品加工、服装等生产企业。

二、蓄热技术

蓄热技术是在后夜负荷低谷时段，把锅炉或电加热器生产的热能储存在蒸汽或热水蓄热器中，在白天或前夜电网负荷高峰时段将其热能用于生产或生活等来实现移峰填谷，用户采用蓄热技术不但减少了高价峰电消耗，而且还可以调节用热尖峰、平稳锅炉负荷、减少锅炉新增容量，当然它和蓄冷技术一样要多消耗部分电量。但是，由于它们都是工作在日负荷曲线的低谷时段，电价便宜，所以一般蓄冷、蓄热多消耗的低谷段电费还是少于高峰负荷时段消耗的高峰段电费支出。

随着我国电价制度不断向更合理方向的改革，相信蓄冷（蓄冰）、蓄热技术会得到更普遍的应用。

复 习 思 考 题

1. 电动机的功率损耗有哪些？
2. 目前，节能型电动机的型号及特点是什么？
3. 电动机的节电有哪些措施？
4. 为什么电动机轻载时的 Y 接线可以节电？
5. 泵与风机的能量损耗主要有哪些方面？
6. 风机与泵可有哪些节电措施？
7. 何为电加热，它有什么特点？
8. 电加热的能量损耗有哪些方面？
9. 电加热的节电措施包含哪几方面？
10. 照明节电的主要途径是什么？
11. 为什么要推广电子镇流器？
12. 蓄冷（蓄冰）、蓄热技术的应用有何意义？

第九章 产品电耗定额管理

一、电耗定额意义

生产某一单位产品或产量所消耗的电能通常用单位产品电耗（简称电耗）和单位产品电耗定额（简称电耗定额）表示。单位产品电耗是实际发生的；单位产品电耗定额是在一定的生产技术工艺条件下，生产单位产品或产量所规定的合理消耗电量的标准量，它反映了工矿企业的生产技术水平和管理水平。

加强电耗定额管理，正确制定电耗定额和计划考核，对促进企业合理用电，降低产品成本，提高管理水平都将具有重要作用。

1. 有利于合理地使用电力能源

认真进行电耗定额的统计、考核和管理工作，真实地反映产品的电能消耗情况，有利于编制电力分配计划，促进合理用电。

2. 有利于降低生产成本、提高劳动生产效率

对用电企业，认真加强电耗定额管理，一方面可以促使企业在生产过程中为达到上级规定的电耗定额标准而提高经营管理水平，带动生产技术管理和设备、工艺、质量、原材料等管理，从而降低生产成本、降低电能消耗；另一方面可以经常分析产品电耗定额完成情况，对生产的各个环节存在的问题及时了解、及时解决，从而可以最大限度地提高生产效率，实现高产、优质、低消耗和安全生产。

3. 有利于提高企业经营管理水平

企业为了达到上级下达的电耗定额计划指标，必须采取相应的组织管理和技术管理，调动各部门积极性，增产节约，提高各部门的管理水平。

4. 有利于加强用电管理

我国是一个电力供应十分紧张的国家，合理地对企业下达电耗定额，进行择优供电，有利于企业合理地利用电能，有利于企业避开用电高峰，是加强用电管理的重要手段。

二、产品电耗的用电构成

1. 电耗的用电构成

电耗的用电构成是以产品的生产过程为依据的，它包括从生产准备、原材料进厂投入生产、加工处理、装配检验、包装入库直至出厂的全过程用电。

（1）直接生产用电量。企业在生产过程中，从原材料处理，到半成品、成品的生产，全部直接用于产品生产中消耗的各项电量（包括设备线路和变压器损耗电量）。

（2）间接生产用电量。指与生产过程有关的其他用电单位所消耗的电量，如机修车间、工具、材料库、运输、试验等用电，供水、供气、供热、环保等用电量，设备大修、小修、事故检修，为保证生产的安全用电，厂区内各种照明用电以及与以上有关的供电设备的损耗电量。

需要指出的是，在企业的总用电量中，除上述各项用电量应计入电耗用电构成范围之外，其他用电量，如新产品开发、研制、投产前的试生产、基建工程用电量，企业非生产性（住宅、学校、文化、生活福利设备等）用电量，自备电厂的厂用电量，外协工作用电量以及与上述有关的线路和变压器的损耗电量，均不列入电耗的用电构成范围之内。

2. 电耗定额的用电构成项目

为了有效地开展产品电耗定额管理，降低产品耗电量，节约电力能源，对构成电耗定额的生产用电应包括哪些具体用电项目，要有统一规定。各企业应根据生产条件编制本企业各项产品电耗定额的用电构成项目，报送企业主管部门批准，作为审批电耗定额的主要依据。表 9-1 介绍了一般企业电耗定额的用电构成项目。

表 9-1 企业电耗定额的用电构成项目

电 炉 钢	棉 纱	烧 碱
1. 基本生产用电（工序）定额 　（1）废料加工 　（2）装　料 　（3）冶　炼 　（4）铸钢锭 2. 辅助生产用电定额 　（1）冷 却 水 　（2）空　调 　（3）压　风 　（4）其他动力 3. 车间照明用电定额 4. 供上述用电的线路、变压器损耗定额 5. 车间定额＝1＋2＋3＋4 6. 厂部辅助生产用电定额 7. 厂部生产照明用电定额 8. 厂部的线路、变压器损耗定额 9. 全厂定额＝5＋6＋7＋8	1. 基本生产用电（工序）定额 　（1）清　花 　（2）梳　棉 　（3）并　条 　（4）粗　纱 　（5）细　纱 　（6）络　筒 　（7）并　纱 　（8）捻　线 　（9）摇　纱 　（10）成　包 2. 辅助生产用电定额 　（1）空调（包括通风、喷雾、深井、冷冻设备等） 　（2）其他辅助用电（包括保安、保养、修梭、筒管、木工、铁工、电气试验室、锅炉等） 3. 车间照明用电定额 4. 供上述用电的线路、变压器损耗定额 5. 车间定额＝1＋2＋3＋4 6. 厂部辅助生产用电定额 7. 厂部生产照明用电定额 8. 厂部的线路、变压器损耗定额 9. 全厂定额＝5＋6＋7＋8	1. 烧碱工段定额 　（1）电解食盐溶液用电 　　$=\dfrac{直流电量}{变电效率}$ 　（2）本工段动力用电 　（3）本工段供水用电 　（4）本工段照明用电 　（5）本工段线路、变压器损耗 2. 变电工段定额 　（1）本工段动力用电 　（2）本工段供水用电 　（3）本工段照明用电 　（4）本工段线路、变压器损耗 3. 锅炉工段定额 　（1）本工段供汽动力用电 　（2）本工段锅炉供水用电 　（3）本工段供汽照明用电 　（4）本工段线路、变压器损耗 4. 氯气工段定额 　（1）本工段分摊给烧碱所需动力用电 　（2）本工段分摊给烧碱所需供水用电 　（3）供本工段上述用电的线路、变压器损耗 5. 厂部定额 　（1）机修等辅助动力用电 　（2）厂部生产照明用电 　（3）厂部的线路、变压器损耗 6. 全厂定额＝1＋2＋3＋4＋5

三、电耗定额的类型

企业的电耗定额，按用电构成范围及所起的考核作用来分，可分为工序电耗定额、车间电耗定额和全厂综合电耗定额三种。

1. 工序电耗定额

工序电耗定额是指单位产品（或半成品）在该工序内生产的物理过程和化学过程中直接消耗的电能（即有效电能）及与生产设备性能和生产技术工艺过程有关的各种损耗电量（如传动损耗、摩擦损耗、热力损耗、用电设备的电能损耗及化学反应损耗等）。工序电耗定额是考核工序生产用电的指标，也是企业电耗定额的基础。对某些企业用电量所占比重大的工序，如电冶炼、热加工、电解、电镀、水泥球磨机、金属轧钢等生产过程，都应制定和考核工序电耗定额。

2. 车间电耗定额

车间电耗定额是指单位产品（或半成品）在该车间生产过程中所消耗的电量。它包括基本生产用电量（即本车间各工序用电量）、间接生产用电量（如由本车间管辖的起重、运输、通风照明、维修、空调、环保等用电）以及这些用电分摊的线路和变压器损耗的用电量。

3. 全厂电耗定额

全厂电耗定额是指生产该项产品的各车间电耗定额之和，并包括厂部间接生产用电量，如修理车间、运输车间、动力用电、环保处理、厂区、厂房、仓库、办公室等照明以及应分摊给该项产品的上述生产用电的线路、变压器损耗的用电量。企业对各种产品均应分别制定全厂电耗定额。

各种电耗定额是监督企业在各个范围内使用电能的情况，考核生产和电气人员工作情况以及确定各部分用电指标和用电量的依据。企业上报并经主管部门批准的和对外提供的均是全厂电耗定额，只有企业工序用电比重较大（如电炉钢冶炼电耗、电解铜、电解铝等）的直流电耗应制定和考核工序电耗定额。

四、电耗定额的制定

1. 制定原则

制定电耗定额的原则，应在生产正常、工作方式经济合理、电能损耗最低的条件下，参照先进定额和考虑综合能耗最佳的原则制定。

2. 制定方法

（1）技术计算法。根据产品生产实际工艺技术过程和各个技术环节、通过技术计算确定电耗定额的方法，叫做技术计算法。通常在条件具备的条件下，这种方法是较科学、准确的。

制定电耗定额应掌握的技术资料有生产工艺的技术参数、设备的技术性能参数、设备的工作方式、各种有关的技术经济指标以及计划期内规定的生产任务等。

（2）实测法。对实际生产过程中消耗的电量进行现场测定的方法，称为实测法。通常在无电耗技术资料或资料不齐的情况下采用此方法。当测定环境较好时，实测的电耗定额是较准确的。

（3）统计分析法。根据电耗历史资料进行统计分析、计算确定电耗定额的方法，称为统计分析法。这种方法适用于生产单一产品的企业。在进行统计分析计算时，应充分考虑生产技术的变化情况和生产操作水平及环境等因素的影响，力求制定出较切合实际的电耗定额，此外还需参照国家节能要求和同行业的水平。

除以上三种方法外，还有数理统计法、分摊系数法等，不管哪种方法都有优点和缺点，在实际工作中应采用各种方法相互验证确定。

五、电耗定额的应用

1. 电耗的计算

要制定科学的、先进的电耗定额和加强电耗定额管理，必须对各类产品电耗进行精确的计算。

单一产品的耗电量分两种情况，一种是无在制品的产品电耗计算；另一种是有在制品的电耗计算。

（1）无在制品（或单成品）的产品电耗

$$产品电耗 = \frac{产品生产的用电量}{合格产品产量}$$

（2）有在制品（或半成品）的产品电耗

$$产品电耗 = \frac{本期产品生产全部用电量 - 本期在制品用电量 + 上期在制品用电量}{本期合格产品产量}$$

在制品（或半成品）的电耗是指在制品生产在经过的各工序工艺流程中消耗的电量。

2. 计算节约用电量

（1）同期对比法

$$节电量 = （上期实际电耗 - 本期实际电耗）× 本期实际产品$$

（2）电耗定额对比法

$$节电量 = （本期计划电耗定额 - 本期实际电耗）× 本期实际产量$$

（3）按节电技术措施计算。节电措施实施取得的节电效果主要表现在缩短用电时间、提高劳动生产率、减少用电设备的使用功率、减少用电设备的电能损耗等方面，即

$$缩短用电时间的节电量 = 设备实际用电功率 × 实际减少的用电时间$$
$$提高生产效率的节电量 = 产品电耗定额 × 提高生产效率增加的产量$$
$$减少设备使用功率的节电量 = （改前使用的功率 - 改后使用的功率）× 实际使用时间$$
$$减少设备电能损耗的节电量 = 设备实际减少的损耗电量 × 使用台数$$

3. 影响电耗的因素

对于经过核算的计算期内的实际产品电耗，企业必须进行技术分析，研究电耗升降变化的情况，分析影响因素，制订改进措施，并根据实际情况，对电耗进行必要的调整和修改，以提高电能利用的经济效益。电业部门也应及时分析研究各类企业产品电耗变化的情况，及时核定电耗定额，做好预测用电发展，对调整工业布局和制订电网规划均有重要参数价值。影响产品电耗变化的因素主要有：工作条件的变化、原材料的变化、生产工艺变化、设备性能的变化、间接生产用电量的变化等。

4. 拟订节约用电技术组织措施

通过对电耗核算，各行业同类企业可以根据电耗的差异和变化情况，制订本企业的降耗目标，制订降低电耗的技术组织措施。例如，推广节电新技术，更新改造耗能高、效率低的用电设备，组织技术交流和技能比赛，开展电能平衡分析，建立健全节约用电管理制度，推行全面质量管理等，全面地节电。

5. 实行择优供电

考核产品电耗定额执行情况，要与国家的能源政策相结合，优先保证能耗低、质量好、适销对路产品的生产用电，对产品电耗超过限额的企业实行限电加价，并开展以节电为中心的技术改造。

复 习 思 考 题

1. 什么叫单位产品电耗定额，为什么要加强单位产品电耗定额的管理？
2. 简述产品电耗定额的用电构成及类型。
3. 制定单位产品电耗定额的原则和方法有哪些？
4. 影响产品电耗的因素有哪些，如何计算节电量？

第二篇

电 能 计 量

 ## 第十章 电能计量装置

一、电能计量装置在国民经济中地位

电能的生产和使用是通过发电、供电、用电等主要环节完成的。为了计量电能在生产、传输和使用各个环节中的数量，装设了大量的电能计量装置，用以计量发电量、厂用电量、供电量、损耗电量、销售电量等等。这些数量是计收电费、搞好经济校核算的依据；是进行生产调度的依据；是制订国民经济发展计划和安排人民生活的依据。有人把电能计量装置比作电力工业销售产品的一杆秤，这杆秤的准确度，不仅关系到电力部门的经济效益，同时也直接关系到每个电力用户的经济利益。因此，掌握电能计量技术具有十分重要的现实意义。本篇将主要论述电能计量装置的结构、原理、计量方式、计量质量及计量管理等有关内容。

二、电能表的分类

专门用来测量电能累积值的仪表，称作电能表。直接接入式电能表可直接接入电路计量电能，如居民用的单相电能表。但是，当电路中的电压或电流超过电能表规定量程时，电能表就不能直接接入电路，而必须与电压互感器、电流互感器配合使用，间接接入电路。通常，把电能表和与其配合使用的互感器以及电能表到互感器的二次回路接线统，称为电能计量装置。

我国目前电能表的分类体系，如表 10-1 所示。

三、电能表铭牌标志和型号的一般含义

每只电能表都有一系列的标志符号来说明其功能、用途、主要技术指标以及使用条件等。各国制造的电能表，其含义和表示方式可能会略有不同，但主要内容大体上是相同的。下面简单介绍国家标准 GB 3924—1983 中关于这方面的规定，电能表铭牌标志包括以下几部分：

（1）名称及型号由以下 4 部分组成，其含义如下：

第一部分，D——电能表。

第二部分，D——单相；S——三相三线；T——三相四线；X——无功；B——标准；Z——最大需量；J——直流。

第三部分，S——全电子式。

第四部分，阿拉伯数字——设计序号。

例如，DD862 型单相电能表，DS862 型三相有功电能表，DB2 型单相标准电能表。

（2）准确度等级。用置于圆圈内的数字表示，如 2 表示准确度等级为 2.0 级。

（3）电能表的标定电流 I_b，是指作为计算负荷基数的电流。

表 10-1   电 能 表 分 类 体 系

按接通电源性质分	按用途分	名　称	准确等级	负荷范围 I_b（%）	备　注
交流类	工业与民用电能表	单相电能表	1.0，2.0	5~200，5~600*	
		三相三线有功电能表	0.5，1.0，2.0	5~150，5~600*	
		三相四线有功电能表	1.0，2.0	5~150，5~600*	
		三相无功电能表	2.0，3.0	5~150，5~400*	
	标准电能表	单相标准电能表	0.2，0.5	10~120	
		三相三线有功标准电能表	0.2，0.5	10~120	
		三相四线有功标准电能表	0.2，0.5	10~120	
		三相无功标准电能表	0.2，1.0	10~120	
	特殊用途电能表	最大需量电能表	1.0，2.0	10~120	三　相
		记录式多路需量电能表	1.0	10~120	
		三相打字式记录电能表	1.0	20~120	
		总损耗电能表	2.0	5~120	
		三矢电能表	2.0	5~120	
		脉冲电能表	2.0		
		铜损电能表	4.0		
		铁损电能表	4.0		
		电力机车用电能表	1.0	5~120	单　相
		电子式三相电能表	0.1，0.2，0.5		电子式电能表
		单相电子式标准电能表	0.05		
		三相电子式标准电能表	0.05		
直流类		直流电能表	2.0	20~120	
		安培小时计	2.0	100，300，600 700A	
			4.0	100，150A	
		伏特小时表	2.5	0~500V	

　*　出口产品。

　　电能表的额定最大电流 I_{max}，是指电能表能长期工作，而且满足误差要求的最大电流。例如，电能表铭牌标注为 5（10）A，则该表 I_b=5A，I_{max}=10A。当 I_{max}≤1.5I_b 时，一般只标明 I_b 的值。

　　（4）电能表的额定电压，是指电能表能长期承受的电压额定值，例如：

　　单相电能表——220V。

　　三相三线电能表——3×380V 或 3×100V。

　　三相四线电能表——3×380V/220V。

　　（5）额定频率，其数值为 50Hz。

（6）额定温度，一般为 23℃。

（7）电能表常数，电能表常数标明为：

有功电能表，1kWh＝⋯⋯盘转数，例如 1800r/kWh。

无功电能表，1kvarh＝⋯⋯盘转数，例如 1500r/kvarh。

第一节　感应式单相电能表结构

感应式电能表的种类、型号尽管很多，但它们的基本结构都是相似的，即都是由测量机构（如驱动元件、转动元件、制动元件、轴承、计度器）、补偿调整装置和辅助部件（如外壳、基架、端钮盒、铭牌）所组成。

一、测量机构

测量机构是电能表实现电能测量的核心部分。图 10-1 是感应式单相电能表测量机构简图。

1. 驱动元件

驱动元件由电压元件和电流元件组成，其作用是将交变的电压和电流转变为穿过转盘的交变磁通，与其在圆盘内产生的感应电流相互作用，进而产生驱动力矩，使转盘转动。

（1）电压元件。电压元件由电压铁芯、电压线圈和回磁极组成。

（2）电流元件。电流元件由电流铁芯、电流线圈组成。

电压铁芯和电流铁芯都是由 0.35～0.5mm 厚的硅钢片叠成的，电流铁芯成"U"形。电压线圈导线较细（漆包线），匝数较多，与负荷并联；电流线圈导线较粗，匝数较少，与负荷串联，且分为匝数相等的两部分，分别绕在"U"形铁芯的两柱上，其绕向相反。

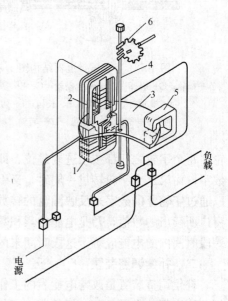

图 10-1　感应式单相电能表测量结构简图
1—电流元件；2—电压元件；3—铝制圆盘；4—转轴；5—永久磁铁；6—蜗轮蜗杆传动机构

驱动元件的布置形式可分为辐射式和切线式两种，目前多采用切线式，其结构简单、体积较小，便于安装和大批量制造，并且具有较好的技术性能。

2. 转动元件

转动元件由圆盘和转轴组成。圆盘用纯铝板制成，直径为 80～100mm，厚度约 0.8～1.2mm，导电率大，质量轻，有一定的机械强度。圆盘固定在转轴上，转轴上套有蜗杆以便和传动的齿轮啮合。

转动元件的作用是：在驱动元件建立的交变磁场的作用下，在圆盘上产生感应电流，进而产生驱动力矩使圆盘转动，并把转动的圈数传递给计度器。

3. 制动元件

制动元件由永久磁铁及其调整装置组成，永久磁铁是用具有较高矫顽力和剩磁感应强度的材料制成，如铝镍合金或铝镍钴合金等压铸而成。

制动元件的作用是产生与驱动力矩方向相反的制动力矩，以便使圆盘的转动速度与被测电路的功率成正比。

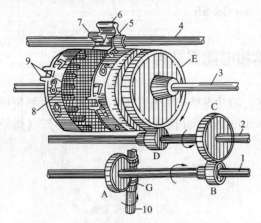

图 10-2　字轮式计度器结构图
A—蜗轮；G　蜗杆；B、D—主动轮；C、E—从动轮；
1~4—横轴；5—进位轮；6—长齿；7—短齿；8—稍齿；9—槽齿；10—转轴

4. 轴承

电能表轴承也是主要元件，下轴承位于转轴下端，支撑转轴转盘全部质量，减少转动时的摩擦；上轴承位于转轴上端，起导向作用。下轴承质量的好坏对电能表的准确度和使用寿命有很大影响。

5. 计度器

计度器是电能表的电量指示部分，也称积算机构，它通过轴上的蜗杆带动一系列变速齿轮传动进位累计转盘的转数，显示被测电能的量。

计度器的型式有字轮式、字盘式和指针式几种。图 10-2 为字轮式计度器的结构图，它从转轴上的蜗杆开始到蜗轮传动齿轮，再到滚轮，每个滚轮上面都刻有 0~9 十个数字，也叫字轮，每个字轮之间都按十进制进位，即第一个字轮每转过一周，就带动第二个字轮转过一个数字，而第二个字轮转过一周时，又引起第三个字轮转过一个数字，其余类推。这样，就可以通过字轮上的数字来反映圆盘的转数，也就是所测电能的大小。但应注意，从字轮前面的窗口所读出的数值，乃是电能的累积数值，即电能表开始使用以来总电能的记录。所以，某一段时间内的电能应等于这段时间末的读数和开始时的读数之差。

二、补偿调整装置

补偿调整装置是改善电能表的工作特性和满足准确度要求不可缺少的组成部分。每只单相电能表都装有满负荷、轻负荷、相位角误差调整装置和防潜动装置，某些电能表还装了过负荷和温度补偿装置，三相电能表还应装设平衡调整装置。其补偿调整装置的结构及原理将在后面第十三章中讲授。

三、辅助部件

1. 外壳

外壳由底座和表盖组合而成。外壳一般可用金属材料制作，也可用塑料绝缘材料制作，表盖用玻璃、胶木或塑料压制而成。底座用来组装测量机构，而表盖起封闭和保护作用。

2. 基架

基架用来支撑和固定测量机构，应有足够的机械强度，它对电能表的技术特性有一定的影响。

3. 端钮盒

端钮盒用来连接电能表的电流线圈、电压线圈和被测电路，其中的铜质端钮表面应有良好的镀层，整个端钮盒应有足够的机械强度和良好的电气绝缘。

4. 铭牌

铭牌上应标注电能表的型号、额定电压（U_N）、标定电流（I_N）、频率、相数、准确度等级、电能表常数等主要技术性能指标，还有厂家、编号、出厂年月等。

第二节　感应式单相电能表工作原理

一、圆盘转动定性分析

1. 电能表中磁通分布

根据右手螺旋定则，交变电流通过导线或线圈会产生磁场，如图 10-3 所示。负荷电流 $\dot{I}$ 通过电流线圈在电流铁芯中产生的总磁通有两部分。一部分为 $\dot{\Phi}_I$，它沿着电流铁芯的右边柱，经空气气隙穿过圆盘 5，又经电压铁芯 1 再次穿过圆盘 5，然后回到电流铁芯 3 左边柱闭合，这部分磁通对转盘转动有作用，因此把它称为电流工作磁通。另一部分是不穿过圆盘的，把它称为电流非工作磁通。非工作磁通又包括电流线圈的漏磁通 $\dot{\Phi}_{IL}$ 和沿着电流铁芯 3 右边柱经气隙及回磁极 6 到电流铁芯左边柱而闭合的磁通 $\dot{\Phi}_{IF}$，电流非工作磁通虽然对转盘转动没有作用，但对改善电能表的工作特性是必要的。

电压 $\dot{U}$ 加在电压线圈两端，使电压线圈中产生激磁电流 $\dot{I}_U$，根据右手螺旋定则 $\dot{I}_U$ 在电压铁芯中产生磁通也分为两部分。一部分为 $\dot{\Phi}_U$，它从电压铁芯 1 的中柱到上部磁轭再沿两边柱经回磁极 6 及回磁极与电压铁芯间的气隙，穿过圆盘又回到电压铁芯中柱。把这部分对转盘转动有贡献磁通，称为电压工作磁通。另一部分是不穿过圆盘的，把它称为电压非工作磁通。电压非工作磁

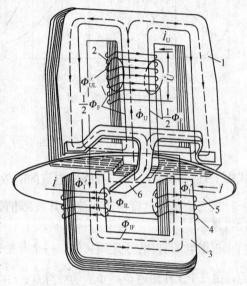

图 10-3　电能表内磁通分布情况
1—电压铁芯；2—电压线圈；3—电流铁芯；
4—电流线圈；5—圆盘；6—回磁极

通又包括电压线圈的漏磁通 $\dot{\Phi}_{UL}$ 和沿电压铁芯中柱磁轭及两个边柱构成回路的磁通 $\dot{\Phi}_F$，其中 $\dot{\Phi}_F$ 比 $\dot{\Phi}_U$ 约大 3～6 倍。

由此可见，对圆盘而言，电流工作磁通从不同位置两次穿过圆盘，分别是大小相等、方向相反的两束磁通 $\dot{\Phi}_I$ 和 $\dot{\Phi}'_I$，再加上电压工作磁通 $\dot{\Phi}_U$ 一次穿过圆盘，于是相当于有三束磁通作用在圆盘上，所以把感应式电能表又称为"三磁通"型电能表。

2. 工作磁通 $\dot{\Phi}_I$、$\dot{\Phi}'_I$、$\dot{\Phi}_U$ 随时间变化的波形图

因电压铁芯和电流铁芯都不闭合，有气隙，所以在磁路不饱和段可看成线性铁芯，当激磁电流 $\dot{I}$ 和 $\dot{I}_U$ 为正弦波时，其产生的响应磁通也为正弦波。其波形图如图 10-4 所示。

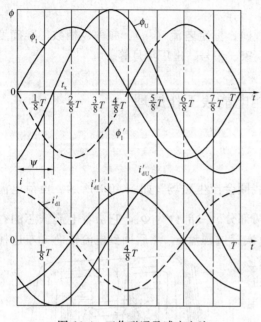

图 10-4 工作磁通及感应电流
随时间变化波形图

设 $\phi_{I(t)} = \sqrt{2}\Phi_I \sin\omega t$，则

$$\phi'_{I(t)} = \sqrt{2}\Phi'_I \sin（\omega t - 180°）$$

$$\phi_{U(t)} = \sqrt{2}\Phi_U \sin（\omega t - \psi）$$

式中 Φ_I、Φ'_I、Φ_U——电流和电压工作磁通
的有效值；

ψ——$\dot{\Phi}_U$ 滞后 $\dot{\Phi}_I$ 的相
位差。

人们知道，电和磁总是紧紧相随的，根据楞次定律和右手定则，圆盘上三个变化的工作磁通就会在圆盘内产生三个交变的感应电流，其瞬时值可分别表示为

$$i_{dI} = \sqrt{2}I_{dI}\sin(\omega t - 90°)$$

$$i'_{dI} = \sqrt{2}I'_{dI}\sin(\omega t + 90°)$$

$$i_{dU} = \sqrt{2}I_{dU}\sin(\omega t - 90° - \psi)$$

式中 I_{dI}、I'_{dI}、I_{dU}——各感应电流的有效值。

这三个感应电流也叫涡流，其波形仍是正弦波。它们的波形和相位关系如图 10-4 和图 10-5 所示。

根据电工学中左手定则可知，一个与磁场方向垂直的载流导体在磁场中必定受到一个电磁力，由三个工作磁通 $\dot{\Phi}_I$、$\dot{\Phi}_U$、$\dot{\Phi}'_I$ 与 i_{dI}、i_{dU}、i'_{dI} 在空间上的相对位置分析可知，三个工作磁通分别与穿过各自区域内的涡流相互作用产生了推动圆盘转动的电磁力，具体分析如下。

三个工作磁通 $\dot{\Phi}_I$、$\dot{\Phi}_U$、$\dot{\Phi}'_I$ 各自产生的涡流对应为 i_{dI}、i_{dU}、i'_{dI}。虽然它们的大小和方向都按正弦规律变化，但它们彼此间的相对空间位置是不变的。三个工作磁通与相应涡流的作用对应关系如图10-7所示。

首先，分析对应图 10-6（a）$0 \sim \dfrac{1}{8}T$ 时间内产生电磁力的情况。如图 10-6（a）所示，其中"×"表示磁通自上而下穿过圆盘，"·"表示磁通自下而上穿过圆盘。

由于在 $0 \sim \dfrac{1}{8}T$ 时间内任一时刻，$\dot{\Phi}_I$ 从上往下穿过圆盘，且磁通大小渐增，根据楞次定律，在 $\dot{\Phi}_I$ 区域产生的感应电流 i_{dI} 和阻碍外磁场 $\dot{\Phi}_I$ 增加的磁通方向满足右手螺

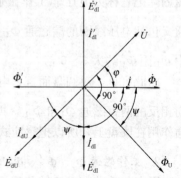

图 10-5 磁通、感应电势和
感应电流的相位关系

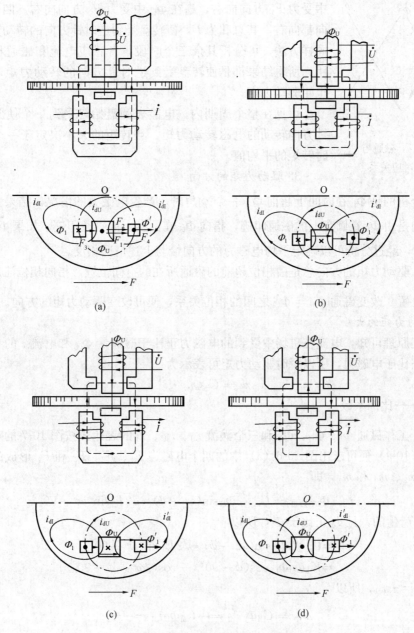

图 10-6 感应电流和电磁力图解

(a) $t = 0 \sim \frac{1}{8}T$ 时刻的电磁力；(b) $t = \frac{2}{8}T \sim \frac{3}{8}T$ 时刻的电磁力

(c) $t = \frac{4}{8}T \sim \frac{5}{8}T$ 时刻的电磁力；(d) $t = \frac{6}{8}T \sim \frac{7}{8}T$ 时刻的电磁力

旋定则，因此 i_{dI} 方向为逆时针。而 $\dot{\Phi}_U$ 从下向上穿过圆盘，且磁通大小渐减，则在 $\dot{\Phi}_U$ 区域将产生一个逆时针的涡流 i_{dU}，同理分析 $\dot{\Phi}_I'$ 从下向上穿过圆盘，且大小渐增，则在 $\dot{\Phi}_I'$ 区域产生的涡流为顺时针 i_{dI}'。

根据左手定则，i_{dU} 在 $\dot{\Phi}_I$ 中受力 F_3 方向向右，i_{dU} 在 $\dot{\Phi}_I'$ 中受力 F_4 方向向右，i_{dI} 在 $\dot{\Phi}_U$

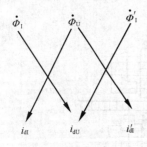

图 10-7 磁通与
涡流对应关系

中受力 F_1 方向向右，i'_{dI} 在 $\dot{\Phi}_U$ 中受力 F_2 方向向右。四个电磁力方向都向右，其总和为 F，使转盘受到逆时针方向的转动力矩。根据同样方法，可分析其余三个时段，各感应电流和磁通相互交链作用，所得结果都是使转盘受到逆时针方向的转动力矩，这一力矩也叫驱动力矩。

可见在整个周期内，电能表圆盘始终受到一个使圆盘朝逆时针方向转动的电磁转动力矩，且转矩的大小决定于一个周期内瞬时转矩的平均值。

3. 驱动力矩的方向

以上分析的是 $\dot{\Phi}_I$ 在时间上超前 $\dot{\Phi}_U$ 一个 ψ 角时，产生电磁力的情况，结果是：平均电磁力的方向是由 $\dot{\Phi}_I$ 在圆盘上的磁通印迹，指向 $\dot{\Phi}_U$ 在圆盘上的磁通印迹。如果 $\dot{\Phi}_U$ 的相位是超前 $\dot{\Phi}_I$ 的，经过分析可以确定平均电磁力的方向恰与上述情况相反。

总之，驱动力矩的方向总是由相位超前的磁通所在的空间位置，指向相位滞后的磁通所在的空间位置。改变磁通 $\dot{\Phi}_I$ 与 $\dot{\Phi}_U$ 之间的相位关系，便可改变驱动力矩的方向。

4. 驱动力矩的大小

由电工原理可知，电流在磁场中受到的电磁力正比于磁通量 $\Phi_{(t)}$ 和电流 i 的乘积，而驱动力矩又正比于电磁力，所以瞬时驱动力矩可表示为

$$m = C_m \Phi_{(t)} \cdot i \tag{10-1}$$

式中 C_m——比例系数。

把三个工作磁通 $\dot{\Phi}_I$、$\dot{\Phi}_U$、$\dot{\Phi}'_I$ 和三个涡流 i_{dI}、i_{dU}、i'_{dI} 的表达式按图 10-7 的对应关系分别代入式（10-1）便可求出图 10-6（a）中的四个电磁力 F_1、F_2、F_3 和 F_4 形成的瞬时驱动力矩 m_1、m_2、m_3 和 m_4，即

$$m_1 = C_m \Phi_{U(t)} i_{dI} = C_m \sqrt{2}\Phi_U \sin(\omega t - \psi) \cdot \sqrt{2} I_{dI} \sin(\omega t - 90°)$$

而 I_{dI} 是 $\dot{\Phi}_I$ 产生的，且 I_{dI} 正比于 Φ_I，所以

$$m_1 = C_m \sqrt{2}\Phi_U \sin(\omega t - \psi) \cdot \sqrt{2} I_{dI} \sin(\omega t - 90°)$$
$$= K_1 \Phi_U \Phi_I [\cos(\psi - 90°) - \cos(2\omega t - \psi - 90°)]$$

又因为 $i'_{dI} = -i_{dI}$，所以

$$m_2 = C_m \Phi_U i'_{dI} = -C_m \Phi_U i_{dI} = -m_1$$

同样

$$m_3 = C_m \Phi_I i_{dU} = C_m \sqrt{2}\Phi_I \sin\omega t \cdot \sqrt{2} I_{dU} \sin(\omega t - 90° - \psi)$$

而 I_{dU} 是 $\dot{\Phi}_U$ 产生的，且 I_{dU} 正比于 Φ_U，所以

$$m_3 = K_3 \sqrt{2}\Phi_I \sin\omega t \cdot \sqrt{2}\Phi_U \sin(\omega t - 90° - \psi)$$
$$= K_3 \Phi_U \Phi_I [\cos(90° + \psi) - \cos(2\omega t - 90° - \psi)]$$

又因为 $\Phi'_I = -\Phi_I$，所以

$$m_4 = C_m \Phi'_I \, i_{dU} = -C_m \Phi_I i_{dU} = -m_3$$

为了分析计算方便，规定磁通的正方向为自下而上穿过圆盘，涡流的正方向与磁通正方

向符合右手螺旋定则的关系，并规定逆时针方向的驱动力矩为正，顺时针方向为负。按照上述正方向的规定，则各正方向磁通和涡流所决定的瞬时力矩中，m_1 和 m_4 为正，m_2 和 m_3 为负。于是合成瞬时驱动力矩为

$$m = m_1 - m_2 - m_3 + m_4$$

而使圆盘转动的驱动力矩，决定于合成瞬时驱动力矩在一个周期内的平均值，可表示为

$$M_d = \frac{1}{T} \int_0^T (m_1 - m_2 - m_3 + m_4) \, dt$$
$$= M_1 - M_2 - M_3 + M_4$$

式中，M_1、M_2、M_3、M_4 分别为各个瞬时力矩（m_1、m_2、m_3、m_4）的平均值，而且有

$$M_1 = \frac{1}{T} \int_1^T m_1 \, dt = \frac{1}{T} \int_0^T K_1 \Phi_U \Phi_I [\cos(\psi - 90°) - \cos(2\omega t - \psi - 90°)] \, dt$$
$$= K_1 \Phi_U \Phi_I \sin\psi$$

$$M_3 = \frac{1}{T} \int_0^T m_3 \, dt = \frac{1}{T} \int_0^T K_3 \Phi_U \Phi_I [\cos(90° + \psi) - \cos(2\omega t - \psi - 90°)] \, dt$$
$$= -K_3 \Phi_U \Phi_I \sin\psi$$

由于 $m_2 = -m_1$，$m_4 = -m_3$，故其平均值也应差一个负号，即

$$M_2 = -K_2 \Phi_U \Phi_I \sin\psi$$

$$M_4 = -(-K_4 \Phi_U \Phi_I \sin\psi)$$
$$= K_4 \Phi_U \Phi_I \sin\psi$$

所以，使圆盘转动的驱动力矩为

$$M_P = K_1 \Phi_U \Phi_I \sin\psi - (-K_2 \Phi_U \Phi_I \sin\psi) - (-K_3 \Phi_U \Phi_I \sin\psi) + K_4 \Phi_U \Phi_I \sin\psi$$
$$= (K_1 + K_2 + K_3 + K_4) \Phi_U \Phi_I \sin\psi$$
$$= K \Phi_U \Phi_I \sin\psi \tag{10-2}$$

式中 K——驱动力矩常数，决定于电能表的结构。

从驱动力矩的产生过程、驱动力矩的大小及方向的分析中可以得出如下结论：

（1）有两个以上相位不同（$\psi \neq 0$）、空间位置又不重合的交变磁通，是产生驱动力矩的必要条件。

（2）驱动力矩的方向总是由相位超前的磁通所在的空间位置，指向相位滞后的磁通所在的空间位置。

（3）驱动力矩的大小正比于两个磁通与两个磁通相位差的正弦之积。

二、圆盘转动定量分析

1. 圆盘平均转动力矩

根据各感应电流、磁通的瞬时值与有效值的关系，并运用积分方法可证明电能表受到的平均转矩为

$$M_d = K \Phi_U \Phi_I \sin\psi$$

式中 M_d——电能表圆盘所受平均转动力矩；

K——比例系数；

Φ_U、Φ_I——电压磁通、电流磁通有效值；

ψ——电流磁通超前电压磁通的角度。

2. 单相负荷有功功率 P 与转矩 M_d 的关系

如图 10-8 所示，假设：①负荷为感性负荷，则阻抗角 $0° < \varphi < 90°$；②由于电压线圈匝数多且线径细，理想情况可视为纯电感，则 $\dot{U}$ 超前 $\dot{I}_U 90°$，$\varphi = 90° - \psi$；③电压铁芯和电流铁芯工作在不饱和线性段时，可视为线性铁芯，即线圈中通过的激磁电流和产生的工作磁通成正比，$\Phi_I = K_I I$，$\Phi_U = K'_U I_U$，由于 $I_U = \dfrac{U}{|Z_U|}$，则 $\Phi_U = K'_U \times \dfrac{U}{|Z_U|} = \dfrac{K'_U}{|Z_U|} \times U = K_U U$。

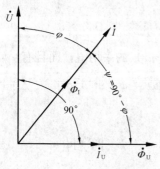

图 10-8 单相电能表
条件相量图

当以上条件满足时，代入 $M_d = K \Phi_I \Phi_U \sin\psi$ 中，得

$$M_d = K(K_I I)(K_U U)\sin(90° - \varphi)$$
$$= (K K_I K_U)UI\cos\varphi$$
$$= K_d UI\cos\varphi = K_d P \tag{10-3}$$

式中 K_d——驱动力矩常数，由电能表结构决定。

式（10-3）说明驱动力矩 M_d 与负荷功率 P 成正比，那么对时间的累积 $\int_0^T K_d P \, dt$ 即为有功电能 W_p。至此，单相有功电能表正确计量的条件有以下三个：

（1）磁通 Φ_U 正比于外加电压 U。

（2）磁通 Φ_I 正比于负荷电流 I。

（3）内相角 $\psi = 90° \pm \varphi$，这一条件又称为正交条件，它是靠合理的结构设计和安装相位调整装置来实现的。

3. 圆盘的转数与被测电能的关系

当负荷功率不变时，由 $M_P = K_P P$ 得知，圆盘的转矩是一定的。在这个转矩的作用下，圆盘将开始转动，但是，若只有这个转矩的作用，圆盘的转动必将不断加速，而不能有一个稳定的转速。要使圆盘有稳定的转速，就必须依靠制动力矩的平衡作用。

为了产生制动力矩，在电能表中装设了永久磁铁作为制动元件。产生制动力矩的原理，如图 10-9 所示。

当永久磁铁的磁通 $\dot{\Phi}_T$ 穿过圆盘时，由于圆盘在驱动力矩 M_P 的作用下，按逆时针方向转动，于是永久磁铁的磁通 $\dot{\Phi}_T$ 被圆盘切割，并在圆盘中产生感应电流 i_T，两个任意涡流途径 1 和 2。i_T 的方向可根据楞次定律决定。对于途径 1，当圆盘逆时针方向转动时，穿过此闭合回路径的永久磁铁磁通将减小，因此回路的感应电流应具有反对此磁通减小的方向，即顺时针方向。同理途径 2 因圆盘转动时磁通将增加，因此其涡流为逆时针方向。但两个涡流在永久磁铁磁极中心位置具有相同的方向，因此根据左手定则 $\dot{\Phi}_T$ 与两涡流作用产生的

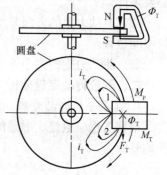

图 10-9 制动力矩的
产生原理

电磁力 F_T 正好和圆盘转动方向相反。由 F_T 产生的力矩 M_T 的方向也和转动力矩 M_d 的方向相反，具有制动作用，故称制动力矩。

显然铝盘转速愈快，通过上述涡流回路的磁通变化率就愈大，因此产生的涡流 i_T、电磁力 F_T 以及制动力矩 M_T 愈大。

由于制动力矩 M_T 是 i_T 与磁通 $\dot{\Phi}_T$ 相互作用产生的，所以 $M_T \propto \Phi_T i_T$。又因 i_T 是圆盘旋转切割 $\dot{\Phi}_T$ 而产生的，故有 $M_T \propto \Phi_T n$，n 为圆盘转速，于是可得

$$M_T = K_T \Phi_T^2 n \tag{10-4}$$

式中 K_T——制动力矩常数，由永久磁铁极面几何形状和磁极中心对圆盘中心的相对位置决定。

由于 Φ_T 的大小是不变的，故 $M_T = K_T' n$，可见制动力矩与圆盘转速成正比，所以可阻止圆盘作加速运动。这是保证电能表正确计量的第四个重要条件。

若不计摩擦，$M_d = M_T$，亦即 $K_d P = K_T' \times n$，则

$$n = \frac{K_d}{K_T'} \times P \tag{10-5}$$

电能表接入电路后，在转动力矩的作用下，圆盘开始转动。随着圆盘转速的不断增加，制动力矩也不断增加，直至制动力矩和转动力矩相平衡。这时，作用在铝盘上的合力矩为零，圆盘将在稳定的转速下转动，所以电能表在稳定状态下应满足条件。假定某一段时间内负荷功率保持不变，并设时间 T 内圆盘转过 N 转，则 $N = nT$，于是将式（10-5）等号两边同乘以 T，则有

$$N = \frac{K_d}{K_T'} \times PT = \frac{K_d}{K_T'} \times W = CW \tag{10-6}$$

式中 W——时间 T 内通过电能表的电量，kWh。

式（10-6）说明，电能表在一定功率下运行，经过时间 T，圆盘转过的转数是与这段时间内通过电能表的电量成正比的。所以，可以用圆盘转数代表电量的多少，应指出，它对变化的负荷也是适用的。

电能表常数 $C = \dfrac{N}{W}$（r/kWh）表示电能表对应于 1kWh 电量下，圆盘所转过的转数。在设计电能表积算机构的传动比中，已经考虑了这个常数，因此，在字轮式窗口上可以直接读电能的度数，即 kWh。电能表常数是电能表的一个重要参数，在铭牌上均有标明。

第三节   三相电能表结构特点

从电工学角度分析，三相电路中负荷消耗的总电能完全可以用三只（三相四线制）或两只（三相三线制）单相电能表测量电能，但因为使用起来很不方便，所以除了个别情况以外，一般均采用专门生产的三相电能表。

三相电能表可分为三相三线电能表和三相四线电能表两大类。三相电能表和单相电能表的区别在于：每个三相表均有两组或三组电磁驱动元件，电磁驱动元件个数=线数-1，相当于将两个或三个单相电能表装在同一个外壳内的组合电能表。它们的电磁驱动元件的电磁

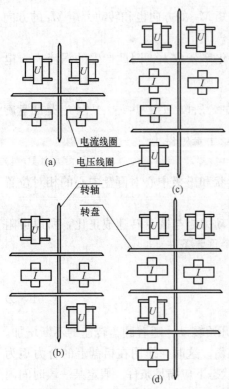

电流线圈

电压线圈

(a)

转轴

转盘

(b)

(c)

(d)

图 10-10 三相电能表结构图

(a) 二元件单转盘；(b) 二元件双转盘；
(c) 三元件双转盘；(d) 三元件三转盘

转动力矩共同作用于同一个转动元件上，转轴通过蜗轮传动机构和计度器相连，并由一个计度器显示三相负荷消耗的全部电能。

由此可见，三相电能表具有单相电能表的一切基本性能。但因为各组元件之间相互影响的关系，它又和单相电能表不完全相同。

1. 三相三线电能表

三相三线电能表有两组电磁驱动元件，它的转动元件可分为单转盘和双转盘两种。

单转盘三相电能表是双转盘三相电能表的发展，它的优点是转动元件的质量比双转盘轻，减小了摩擦力矩，同时也缩小了电能表的体积，所以对提高电能表的灵敏度和延长使用寿命都有好处。但由于两组电磁元件同时作用于一个转盘，磁通和涡流相互之间的干扰就不可避免地加大了。除了采用必要的补偿措施外，应尽可能地加大两组元件之间的距离，因此一般单转盘表的转盘直径要比双转盘表大一些。

2. 三相四线电能表

在三相四线电能表中，一般有三组电磁元件。这三组电磁元件可以分别作用于三个转盘上，也可以是其中两组作用于一个转盘上，而另外一组作用于另一个转盘上，因此三相四线表有双转盘和三转盘两种。双转盘表比三转盘表体积小，转动元件质量轻，但元件之间干扰大。

三相电能表结构图，见图 10-10。

第四节 测量用互感器

在高电压或大电流的电能计量中，要直接接入电能表或其他的测量表计，往往是很困难的，甚至是不可能的。这就需要按一定的比例将高电压或大电流转换为既安全又便于测量的低电压或小电流，然后再接入表计。在交流电路中，这种比例器就是利用变压器原理制成的测量用互感器，实际上也就是一种特殊用途的变压器，测量用互感器的主要作用有以下几点：

(1) 将高电压变为低电压，大电流变为小电流，再接入测量仪表，相当于扩大了电能表的量程范围。

(2) 将人员或仪表与高电压大电流相隔离，以保证安全。

(3) 统一测量仪表的规格，实现标准化，以利于仪表的批量生产并降低成本。

互感器作为电能计量装置的一部分，所以需要对它的特性和使用有比较全面的了解。

一、电压互感器原理和特性

1. 电压互感器原理

图 10-11 为电压互感器结构原理图，它是由两个相互绝缘的绕组绕在公共的闭合铁芯

上，当一次绕组加上电压 $\dot{U}_1$ 时，则二次绕组的电压为 $\dot{U}_2$，那么二次负荷为额定值时，一、二次绕组额定电压之比称为额定变压比

$$K_{1N} = \frac{U_{1N}}{U_{2N}}$$

式中，U_{1N} 和 U_{2N} 为一次和二次电压额定值。三相电压互感器的变压比即为一、二次线电压之比，一般以不约分的分数形式表示。例如，10kV/100V，220kV/100V，我国规定相与相间为 100V，相与地间为 $100/\sqrt{3}$V，即线电压 $U_{2N} = 100V$。

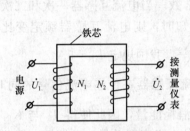

图 10-11 电压互感器结构原理图

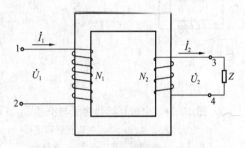

图 10-12 互感器两绕组
同名端判断

在理想的情况下，电压比等于绕组的匝数比，即

$$K_{UN} = \frac{U_{1N}}{U_{2N}} = \frac{N_1}{N_2}$$

式中 N_1 和 N_2——一次和二次绕组匝数。

但由于铁芯需要励磁而且绕组存在电阻和漏抗，实际上的电压比和匝数比不完全相等，且 $\dot{U}_1$ 和 $\dot{U}_2$ 之间也会出现相位差，这样出现的比值差叫做比差，出现的相角差叫做电压互感器的角差。人们把在电压转换过程中出现的比差和角差叫做电压互感器的误差，它主要受二次负荷的大小、功率因数的高低以及电压和频率的变化等多种因素的影响。

2. 电压互感器极性

在直流电路里，人们把电源的两个端子分为正和负两极，并且还规定了电流在外电路是经过负荷由正极流向负极。在交流电路里，由于交流电流的方向是随时间作周期变化的，自然凡是利用交流电工作的仪器，如电能表、互感器等是没有正负极性区别的。但当两绕组通过铁芯联系在一起时，在同一瞬间，两绕组中感应电流方向或两端正负极性仍有一定的约束关系，下面就讨论这一问题。

假设在互感器的一个绕组上加电压 $\dot{U}_1$，二次侧有一组独立缠绕的绕组 N_2，见图 10-12，根据楞次定律和绕组绕向判断，在同一瞬间，端钮 3 与 1 极性相同为正，大家把 1 和 3、2 和 4 互称同名端，1 和 4、2 和 3 互称异名端。如果二次绕组两端接有负荷，构成闭合

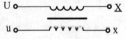

图 10-13 电压互感器
接线与符号

回路，则二次绕组内必定有感应电流 $\dot{I}_2$，且 $\dot{I}_2$ 的方向从同名端流出，因此从电流瞬间方向约束看，一次绕组和二次绕组中电流方向对同名端而言，方向刚好相反。制造好的互感器，一般从外部很难看出其绕向，因此外部端钮用一些标志符号加以标

注，一般电压互感器用图 10-13 表示，电流互感器用图 10-14（b）表示。

二、电流互感器的原理

电流互感器也是由两个相互绝缘的绕组与公共铁芯构成的。和电压互感器不同的是它的工作状态相当于一个二次侧短路的变压器。

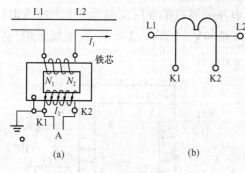

图 10-14　电流互感器接线与符号

（a）电流互感器接线；（b）电流互感器符号

L1、L2—一次绕组；K1、K2—二次绕组

假设一次绕组匝数为 N_1，二次绕组匝数 N_2，一次电流 $\dot{I}_1$，二次电流 $\dot{I}_2$ 从同名端流出，则电流互感器实际变流比为 $K_1 = \dfrac{I_1}{I_2}$，一般 K_1 不为常数。当电流互感器一次和二次电流额定值已知时，则电流互感器额定变比为 $K_{IN} = \dfrac{I_{1N}}{I_{2N}} = \dfrac{N_2}{N_1}$，我国规定 $I_{2N} = 5A$。

由于电流互感器在传递电流信号的同时，自身必然要消耗能量，因此使得 $\dot{I}_1$ 与 $K_{IN}\dot{I}_2$ 在大小和相位上必定有差异，人们把它们分别称为比差和角差。

电流互感器的符号一般如图 10-14（b）所示，由于 N_2 比 N_1 匝数较少，一次绕组用一根直线表示，N_1 两端为 L1、L2，N_2 两端为 K1、K2。

三、互感器的接线方式

电压互感器和电流互感器连接成三相时，根据测量的要求和制造的可能，可以有多种不同的连接方式。只有合理和正确地接线才能保证电能计量的正确，以下将介绍互感器常用的接线方式及适用范围。

（1）电压互感器 Vv0 接线。在三相三线电能计量装置中，经常采用两台相同规格的单相电压互感器组成如图 10-15 的 Vv 接线方式。这种方式大多用于 35kV 及以下电压等级电力用户的电能计量，其一次中性点不接地，二次只能测量线间电压，不能监视高压电网的绝缘情况，二次侧的 v 相接地。

（2）电压互感器 Yy 接线。在高压三相三线电路中也常采用三台单相电压互感器或一台三相电压互感器一次二次均按 Y 形连接，它适用于高压侧中性点直接接地的系统，也适用于高压侧中性点不接地或不直接接地的系统，但低压侧中性点必须接地。其接线如图 10-16 所示。

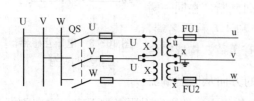

图 10-15　两台单相电压互感器的 Vv 接线

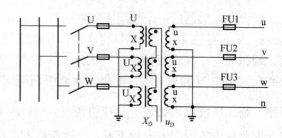

图 10-16　三相电压互感器的 Yy 接线

（3）电流互感器 V 形连接。在三相三线电路里一般除了发电机的测量外，基本上都采用两台单相电流互感器按 V 形连接方式，因在三相三线电路中三相电流相量之和恒等于零，因此公共线上电流为剩下的一相电流（$\dot{I}_{\text{v}}$）。其接线如图 10-17 所示。

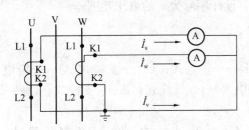
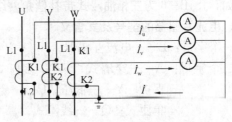

图 10-17　两台单相电流互感器的 V 形接线　　　图 10-18　三台单相电流互感器的 Y 形接线

（4）电流互感器的 Y 形连接。在三相四线电路里，因为三相电流相量之和不等于零，所以都采用将三台单相电流互感器接成 Y 形。其接线如图 10-18 所示。

四、互感器使用

1. 电流互感器使用

使用电流互感器时，除一次电流和额定电压需满足要求外，为了达到安全和准确测量的目标，必须注意以下事项。

（1）运行中的电流互感器，任何时候其二次侧都严禁开路。运行中二次绕组开路后造成的后果是：①二次侧出现高电压，危及人身和仪表安全，因为二次绕组开路时，一次电流 $\dot{I}_1$ 全部用于激磁，使铁芯中的磁感应强度急剧增加而达到饱和状态，感应电势则呈尖顶波，有时可高达 10kV 以上；②出现不应有的过热，可能烧坏绕组；③误差增大，因铁芯磁滞回线的特点使铁芯中的剩磁增加。

（2）为防止电流互感器一、二次绕组击穿时危及人身和设备安全，电流互感器二次侧应该有一个接地点。

（3）接线时要注意极性的正确性，即同名端的对应关系。接线时如果极性连接不正确，不仅会造成计量错误，而且当同一线路有多个电流互感器并联时，还可能造成短路事故。

（4）用于电能计量的电流互感器的二次回路，不应再接入继电保护装置和自动装置等，以防止互相影响。

2. 电压互感器使用注意事项

（1）电压互感器在使用时，二次绕组在任何情况下都严禁短路，否则会产生很大的短路电流，危及设备和使用者的安全。

（2）电压互感器的二次绕组也应设保护接地点，以保证工作人员的安全。

（3）接线时也要遵守同名端原则，否则极性接错，电能表会反转。

（4）电压互感器的额定电压、变比、容量、准确度都应按实际使用的要求选择。

五、国产电压互感器型号含义

第一个字母：J——电压互感器。

第二个字母：D——单相；S——三相；C——串级式

第三个字母：G——干式；J——油浸式；C——磁绝缘；Z——浇注绝缘；R——电

容式。

第四个字母：W——五铁芯柱；B——带补偿角差绕组；J——接地保护。

连字符号后的字母：GY——高海拔地区用；TH——湿热地区用。

例如，JSJB—6 为三相油浸式带补偿角差绕组，设计序号为 6 的电压互感器。

六、电流互感器的型号及其含义

第一个字母：L——电流互感器。

第二个字母：A——穿墙式；F——多匝式；R——装入式；B——支持式；J——接地保护；Y——低压；C——瓷箱式；M——母线式；Z——支柱式；D——单匝式；Q——线圈式。

第三个字母：C——瓷绝缘；S——速饱和；G——改进过的；K——塑料外壳式；W——户外式；L——电缆电容型；M——母线式；Z——浇注式；P ——中频。

第四个字母：B——保护级；D——差动保护。

连字符号后面的字母：GY——高海拔地区用；TH——湿热地区用。

复 习 思 考 题

1. 电能计量装置由哪几部分构成？它在电力部门中的地位如何？

2. 感应式单相电能表的基本结构如何？

3. 试述感应式电能表转盘的转动原理和电度计量原理。

4. 试写出感应式单相电能表转动力矩和制动力矩的表达式以及它们的关系。

5. 一个没有制动元件的电能表能否正确计量电能，为什么？

6. 电流互感器和电压互感器各有什么用途，其二次侧的额定参数一般为多少？

第十一章 特殊用途电能表

第一节 最大需量电能表

1. 两部制电价

对电力用户来讲，在一天不同时间内的负荷功率是不相等的。所以，电力系统的日负荷也就不均衡，经常在中午或后半夜处于低负荷，而在前半夜或白天的其他时间处于高峰负荷。这种负荷的不均匀性不但使发、供电设备不能得到充分的利用，也造成了电能的供需矛盾，增大了损耗，同时用户之间的负荷也不合理。因此，国家对大工业用户均实行两部制电价。所谓两部制电价，就是将电价分为两部分：

(1) 电度电价。即电力用户使用电量对应的每千瓦·时所需价格，单位为元/kWh。

(2) 基本电价。即以用户变压器容量（kVA）或用户最大负荷（kW）为单位计算电价。用户每月所支付的基本电费，仅与其容量或最大负荷有关，而与其实际使用的电能无关。按两种电价分别计算电费后相加，即为用户所付的全部电费，这就是两部制电价。

实行两部制电价，就需要知道用户每月的最大负荷。用以测量最大负荷的表就叫做最大需量表，因为它能同时测量有功电能和在指定时间间隔内的平均功率的最大值，所以也叫最大需量电能表，它有以下几类：

(1) 机械型。由一个有功电能表加一个机械传动和时钟机构的平均最大功率测量部分组成。

(2) 热线型。根据电流的热效应原理加热一个双金属的弹簧，这种金属是有记忆功能的，再加上时钟构成了需量指示器。这种结构在美国和日本应用较多。

(3) 电子型。它通常是一种多功能的电能表，利用感应型或电子型电能表发送的脉冲通过一个微型处理器（单片机）经转换处理得到需量指示。

下面介绍机械型的最大需量电能表的原理。

2. 基本原理和结构

当一个电力用户在15min内计度器计1kWh，则其15min的平均功率为4kW。

由此可见，最大需量的测定需要有一个功率测量机构和一个时限机构组成。通常我国规定的时限为15min。这种表能指示出两次抄表期中的最大需量，但不能反映最大需量出现的具体时间。它的需量指示器包括计度器、齿轮组、需量齿轮组、脱扣机构、返零装置、时间齿轮组和同步电动机等组成部分，见图11-1。

电能表转盘的转动经过蜗杆蜗轮，需量齿轮的传动，使固定

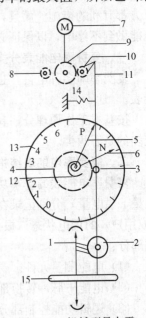

图 11-1 机械型最大需量电能表原理示意图

1—电能表上的蜗杆；2、3、4、8、9—传动齿轮；5—P推进指针；6—N需量指针；7—同步电动机；10—凸轮；11—传动杆；12、14—弹簧；13—刻度盘；15—圆盘

在最后齿轮轴上的推进指针 P 带动需量指示针 N 偏转，其偏转角正比于负荷功率。同时，同步电动机的旋转经过时间齿轮组带动脱扣机构，每 15min 动作一次，使推进指针 P 返零位而需量指示针 N 仍留在原位不动。如果下一次计量阶段时间内的负荷功率大于上一次，则推进指针 P 能继续带动指针 N 偏转，使指针被推到新的更大的负荷刻度位置。因此，在整个电费结算期间，指针总是停在最高需量刻度上，待抄录以后用手动回零以备下一期使用。这种表结构简单，价格便宜，最为常用。

第二节　复费率电能表

众所周知，电力生产的特点是发、供、用电同时发生，加之电能储存既困难成本又高，因而在一般情况下，发、供的电量是由用电多少来决定的。当用电负荷集中时，要求发、供电量大量增加，形成电网负荷高峰；反之，当用电负荷大量减少时，则要求减少发、供电量，形成电网负荷低谷。有时，峰谷电量差值可能很大，这种运行状况是很不经济的，有时甚至危及电网的安全。特别是在电网备用容量较小，发、供电量不能满足使用要求时更是如此。为了摆脱这种不利局面，电力生产部门和用电部门均采取了许多措施，复费率（分时）电能表的使用就是其中的措施之一。如果人为地提高电网负荷高峰时电能的售价（这种电价不是简单地以发、供电成本计算出来的），降低电网负荷低谷时电能的售价，即实行负荷低谷时用电优惠的政策，从经济上鼓励用户低谷时多用电，鼓励非连续生产部门避开高峰负荷用电，对用户来说，可以减少电费支出，对电网来说有利于提高负荷率，因而是对供、用电双方都有利的措施。而且，由于电网负荷调整合理，减少了拉闸限电现象，在负荷高峰时段也能做到不停电，以保证必要的用电负荷，尽管多付电费也是值得的。

一、复费率电能表分类

复费率即多种电价，也叫分时电价。因此，复费率电能表也叫分时电能表或峰谷电能表。

按基本工作原理分，其分时计量部分可分成机械式、机电式、电子式三类。目前，使用较多的是后两类。

二、复费率电能表结构和原理

复费率电能表的基本功能是能够将电网高峰负荷时间和低谷负荷时间的用电量（包括发电量、供电量）分别记录在不同的计度器上，以便按不同的费率收费，或用来监视考核电网（或用户）的用电状态。根据这一要求，分时电能表无论是哪种产品都应有以下几个基本组成部分：

（1）电能测量元件。

（2）电能—脉冲转换部分。

（3）逻辑功能控制部分。

（4）时间控制部分。

（5）分时记数部分。

（6）电源及稳压部分。

机电式、电子式复费率电能表基本工作原理框图，如图 11-2 所示。

图 11-2 显示了这种类型的复费率电能表的基本工作原理。电能表测量出的电量经过信

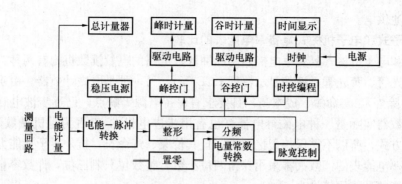

图 11-2 机电式、电子式复费率
电能表基本工作原理框图

号转换，电能—脉冲转换电路后输出脉冲，脉冲信号需经整形放大，然后进入分频电路，与此同时还要进行电能表常数的配合调整，最后送入门控电路，由驱动电路带动电磁计数机构或其他种类显示器件进行计数。

电能—脉冲转换部分的基本功能是将正比于被测电能的感应型电能表的圆盘转数转换成脉冲数。这时的脉冲数也正比于被测电量。目前，使用最多的电能—脉冲转换功能的电路是光电转换式和感应脉冲式。

电能与脉冲数应满足下式关系

$$W = m \times \frac{n}{c}$$

式中　W——被测电能，kWh；

m——转换成的脉冲数；

n——每输出一个脉冲，电能表圆盘应转动的转数，r/脉冲，即分频数；

c——电能表的常数，r/kWh。

分频数有时也以电能表圆盘每转一转输出的脉冲数来表示，单位为脉冲/r。那么，上式应改为

$$W = \frac{m}{nc}$$

例如，设计时设置 15r 发出一个脉冲，即 $n = 15$r/脉冲，电能表常数 $c = 1500$ r/kWh，这时发出一个脉冲应代表的电量为

$$W = 1 \times \frac{15}{1500} = 0.01(\text{kWh})$$

门控电路由时控编程部分控制其打开或关闭。在高峰时段打开峰控门，峰时计度器开时累计高峰用电量。高峰时段一过，关闭峰控门，峰时计量器停止计数。同理类推，低谷和平段两个时段的工作过程。

稳压电源部分：复费率电能表的控制和操作电源主要来自电能表上的工作电压，经过电源变压器，该电压（三相三线表为 100V，三相四线表为 220V）降为低压（如 20V±2V），再经过整流电路及集成稳压电路，输出直流稳压（如 12V）供控制电路和记数元件使用。

时控部分的电源不能停电，否则计时的连续性将无法保证。因此，一般使用高能干电池

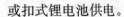

或扣式锂电池供电。

三、电子式和电子机械式复费率电能表的比较

电子式和电子机械式复费率电能表的脉冲计数电路的电量读数机构有两种，一种是数码管（包括辉光管、荧光管、液晶显示器即 LCD 等），另一种是电磁计数器。由于数码管耗电量大（LCD 除外）、寿命短、成本高，且要求有保持电源等缺点，已逐步被电磁计数器所替代。电磁计数器实际是一种电磁继电器（也有用步进电机的），因为是机械数码显示机构，即机械记忆方式，所以不需保持记忆电源，且其价廉、寿命长，抗外界干扰能力强。其缺点是由于复费率电能表的读数大都采用保留两位小数，整数位只剩三位，计数容量偏小。这两种复费率电能的具体比较见表 11-1。

表 11-1　　　　　　　　　电子式和电子机械式复费率电能表的比较

类　　型	计时部分	分时计量部分	优　　点	缺　　点
机电式（机电一体式）	石英晶体电子时间电路	机械计时传动，电磁计数器机械显示或 LCD 显示电量	时控编码，整定、调整方便、直观、价廉	定时精度较低，计度器容量小
电子式	标准石英振荡器作时基电路	电子线路计数，LCD液晶显示电量	定时精度高，时控部分无机械磨损	电子线路结构复杂，时控编程较烦，维护工作量大、价高

四、复费率电能表使用

1. 外部接线

复费率电能表的外部接线与所选用的基表相同。

2. 时段编程

由于目前我国尚无复费率电能表的统一技术标准，各生产厂家都按自己厂的企业标准进行生产，所以时段编程方法不尽相同。现在我们只能就其共同特点加以阐述。

一般分时计量电子计数器运行分以下三种状态：

（1）运行态——不显示，内部进行计数、时控等处理。

（2）显示态——显示时钟及电量数据，并提供脉冲及分频检查功能。

（3）操作态——进行时钟及时段等参数设置和检查。

电能表以上三种状态一般均由外设的编程器来控制。

例如，河南驻马店生产的 DT66-4 型多功能复费率电能表编程流程如下：

（1）将编程器插入表的端钮盒中的编程器插座。

（2）接通电源。

（3）功能自检。在开始启用或工作出现异常后，都应进行功能自检，表进入系统自检状态时，仪表按设计的逻辑顺序和符号自动扫描显示。自检正常可转入编程，否则应排除故障。

（4）编程操作。具体操作步骤如下：

1）日历与时钟编制及自检。遵照说明书，先输入年、月、日，再输入星期，最后输入时、分、秒。年、月、日和时、分、秒均得输入两位数字，星期一到星期七各输入一位数字。

2）各时段控制编程及自检。时段编制应输入"时"与"分"各两位数字，如 8 时整，输入[0800]。

3）常数预置。应按以下规定的顺序输入：

脉冲常数（也称分频数）的预置，分频数由下式计算得

$$分频数＝电表常数×每盘转脉冲数（即遮光片叶数）×系数 K$$

式中，系数 K 根据用户要求计数器显示小数位数的不同而取不同值，$K＝1$，表示不保留小数位（只取整数）；$K＝\dfrac{1}{10}$，表示只取一位小数；$K＝\dfrac{1}{100}$，表示只取两位小数。

常数预量分为：总计度起始读数预置、峰计度起始读数预置、平计度起始读数预置、谷计度起始读数预置。

4）表号预置及自检。

5）最大需量周期预置及自检。

6）外控时段。

（5）系统运行。各项编制和预置经自检正确无误后，可以投入运行。

由于生产厂家不同，复费率电能表的编程流程和操作方式会略有不同，但实质是一样的。

五、复费率电能表主要部件的技术要求

（1）基本电能表的技术性能应符合国家标准 GB 3924—1983 的全部要求。

（2）时控部分（电子开关钟为例），要求如下：

计时精度：日走时误差≤±2s/日，或月走时误差≤±15s/月。

时段控制误差≤3min。

最小时段 15min 或 30min。

平均工作电流小于 300μA 或 200μA（1.5V 时）。

时基标准频率：4194304Hz 或 32768Hz。

（3）功率消耗。电压回路的功率消耗是指在额定电压、额定频率的条件下，复费率电能表电流线圈中无电流时，电压回路的总损耗应在表 11-2 所列的范围之内。电流回路的功率消耗是指在额定电流、额定频率的条件下，复费率电能表的每一电流线路的功耗应在表 11-3 所列的范围内。

表 11-2　　　　　　　　　　　　　电压回路功率消耗允许值

表　计　等　级	0.5 级	1.0 级	2.0 级	3.0 级
有功复费率电能表	4W 15VA	4W 15VA	2.5W 9VA	—
无功复费率电能表			4W 15VA	25W（4W） 9VA（15VA）

注　括号中的数据是对跨相 60°角差的无功复费率电能表而言。

表 11-3　　　　　　　　　　　　　电流线路功率消耗允许值

表计等级	0.5 级	1.0 级	2.0 级	3.0 级
功　　能	6VA	4VA	2.5VA	5VA

六、国产复费率电能表型号含义

D——电能表；F——复费率代号；E——设计序号；P——逆转判别功能代号；M——脉冲输出功能代号。

例如，型号 DTF862-4E 是基本电能表型号为 DT862-4 的复费率电能表；型号 DSF864-2EPM 是基本电能表型号为 DS864-2 的具有脉冲输出功能和逆转判别功能的复费率电能表。

第三节　多功能电能表

多功能电能表由测量单元和数据处理等组成，是除了计量有功、无功电能外，还具有分时、测量需量等两种以上功能，并能显示、贮存和输出数据的电能表。它应具有以下功能：

（1）电能计量。能计量多时段的单相或双相有功电能、单相或双相或四象限无功电能，并贮存其数据；至少贮存上一个抄表周期的数据。数据转存分界时间为每月月末 24 时（月初零时）。转存的同时，当月的最大需量值应自动复零。

（2）最大需量测量。在指定的时间区间内（一般为一个月），能测量单相或双相最大需量、分时段最大需量及其出现的日期和时间，并存贮数据；最大需量值除了能自动复零外，应能手动（或抄表器）复零，但这种复零装置必须具有防止非授权人操作的措施。

（3）费率和时段。具有日历、计时和闰年自动切换等功能，日历和时间的改变应有防止非授权人操作的措施；24h 内具有可以任意编程的 4 种费率和 8 个时段。

（4）事件记录。至少记录上月中的最大需量复零次数、上次复零时间、编程总次数及上次改编程序的时间；若辅助电源失电后，所有数据保存时间应不小于 180 天。

（5）扩展功能。有电气隔离的数据通信接口电路，能实现本地或远程数据信息采集和交换；记录并显示月末 24h 的平均功率因数或分时段的功率因数；有失压记录和失压计时功能；有负荷监控功能等。

（6）其他功能。应有电量脉冲输出；能用外接或内置编程器进行编程；能选择显示或自动循环显示所有的预置数据；工作时无死机现象。

第四节　预付费电能表

预付费电能表就是一种用户必须先买电，然后才能用电的特殊电能表。因此，又叫购电式电能表。安装预付费电能表的用户必须先持卡到供电部门售电机上购电，将购得电量存入 IC 卡（一种介质）中，当写入了存贮电量的 IC 卡插入预付费电能表时，电能表可显示购电数量，购电过程即告完成。

随着城网、农网改造的结束，电力用户的急剧增加给抄表管理带来了压力。由于预付费电能表不需要人工抄表，因此它的使用还有效解决了抄表难问题。

一、预付费电能表种类和特点

预付费电能表的发展大致经历了投币式、磁卡式、电卡式和 IC 卡式等。由于投币容易仿造、磁卡容易失磁、电卡容易磨损或接触电阻大等缺点，因此已被逐一淘汰。

目前，普遍采用的是 IC 卡，它是将一个集成电路芯片镶嵌于塑料基片中，封装成卡。IC 卡芯片有写入数据和存贮数据的能力，其存贮器中的内容可根据需要有条件地供外部读取。因其通用性强、保密性好、携带方便等优点，使得预付费电能表得到了广泛应用。

二、预付费电能表原理

预付费电能表的工作原理，如图 11-3 所示。

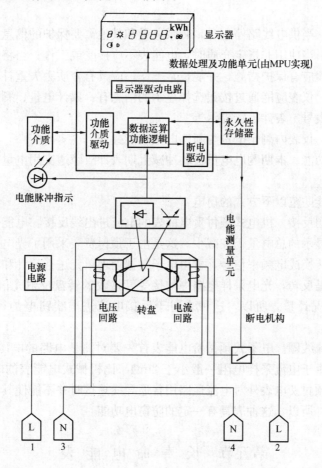

图 11-3　预付费电能表工作原理图

三、预付费电能表基本功能

1. 计量功能

预付费电能表计量功能有：计量有功电能并存贮其数据；表计故障透支用电（指剩余电量为零时，由于表内继电器故障未能跳开电流回路，仍可继续用电的情况）记录并存贮数据；反向用电量单独存贮并计入正向用电量。

2. 监控功能

预付费电能表监控功能，主要表现在以下几个方面：

（1）剩余电量报警。当电费即将用尽时，即电能量剩余数等于设置值时，应发声或光报警信号。当电能量剩余数为零时，单相预付费电能表可发出断电信号控制开关断电；对三相用户，由于生产的连续性不能立即断电的，可仅发报警信号，但表应该能按规定作欠费记录。预付费电能表报警的剩余电能数可根据用户要求确定。

（2）超限定负荷跳闸。能实现负荷控制功能，用户用电负荷在设置的时间内连续超过所设置的负荷控制门限时，表计自动跳闸，在设定的跳闸次数内可插卡恢复供电。超过设定的跳闸次数后，不能恢复供电，须改变参数后才可恢复供电。

（3）表计故障报警。当表计继电器出现故障或自检出其他故障时，应有声或光报警信号。

（4）记忆功能。当供电线路停电时，剩余电量和其他需要保护的信息应不丢失。

（5）辨伪功能。当使用非指定介质时，电能表不应接受或工作；当将能造成短路的物质插入卡座时，电能表应有保护措施，并能正常工作；应具有介质丢失重补功能。

（6）显示功能。仪表应能通过按钮选择显示的信息有：累计电量、剩余电量、反向用电量、限定功率值、表号、表计出错提示等。

（7）叠加功能。仪表内剩余电量与新购电量应能叠加。

（8）自动冲减功能。本期购电电量自动冲减上期表计故障透支用电量。

3. 防窃电功能

预付费电能表能防范以下方式的窃电：

（1）防电流线圈反接。机电式预付费电能表的电流进出线反接，电能表会像普通电表一样反转，但计度器显示的总电量仍在减少。这是由于预付费表采用了光电采样电路，它将机械表转盘的角频率转换成电频率信号，再由电子数据处理单元进行累计和其他处理。但是不管机械表是正转还是反转，光电采样电路中的接受管接收的转盘反射光信号是没有区别的，因此仍然按正转情况计量。所以，这种表对于反接电流进出线窃电的行为有很好的防范作用。

（2）防短接电流线圈。电子式预付费电能表首先要对测量电路的电压和电流进行采样，才能进入乘法器，由于电流采样电阻一般小于 $2m\Omega$，比机械式电能表的电流线圈内阻小得多，因此从电子式预付费电表外对电流通路用普通导线短接时并不能使其停止计度，只是对计量精度有些影响。所以，这种表具有一定的防窃电功能。

第五节　长寿命电能表

正常使用的机械式电能表的寿命主要取决其下轴承的磨损程度。那么从投入使用，到由于下轴承磨损使电能表的基本误差超差所持续的时间，就是电能表的寿命。

一、电能表校验周期

为保证电能表的准确度，每过一定时期，电能表都要进行轮换、检修。这一时期称为电能表的校验周期。如普通单相电能表采用单宝石轴承，校验周期是 5 年。长寿命电能表由于采用了磁推轴承或石墨轴承或双宝石轴承等新材料、新技术，使其寿命比普通电能表长 5 年左右。所以，其轮换、检定周期都可以延长。例如，普通单相电能表采用双宝石轴承可以10 年轮换 1 次，从而节省了大量的人力、物力，具有显著的经济效益和社会效益。现在农网改造中大量使用的就是这类电能表。

二、长寿命电能表特点

DD86 系列电能表设计寿命为 10 年，运行约 5 年后抽样检验，合格率只有 60% 左右，不能适应目前推广"一户一表"的需要。DD201 和 DD202 是单相长寿命电能表，它们具有以下特点：

（1）过负荷倍数为 4 倍以上。

（2）无磨损，免维护。

（3）尽量采用无螺钉的安装紧固工艺，调整部位少。

（4）功耗小于 0.8W。

（5）永磁元件的磁力能满足使用 25 年以上的需要。

（6）抗腐蚀性能强。

（7）机架刚性稳定。

第六节　宽量程电能表

近年来，由于居民生活水平的提高，装设的家用电器日益增多，容量很大，但可能不同时使用。如果选用旧式的单量程电能表，额定电流选择偏大，在使用的家用电器很少时，实际运行电流可能低于电能表额定电流的 10% 而使计量不准；反之，若选用电能表额定电流偏小，一旦家用电器使用得很多时，电能表就可能因过负荷而烧毁。而宽量程电能表能克服以上问题，只要所使用家用电器的电流总和在电能表的额定电流范围之内，都可以完全准确的计量。因此，在农网和城网改造中，居民安装的电能表一般为宽量程电能表。

宽量程电能表又叫高过负荷倍数电能表，其过负荷能力可达 2～4 倍，即这种电能表的额定电流并非一个固定值，而是一个弹性范围。例如，单相电能表铭牌标有：2.0 级，220V，10（40）A，则说明该表过负荷能力为 4 倍；电能表的额定电流在 10～40A 范围内时，准确度仍能满足 2.0 级的要求。而 2.0 级，220V，10A 的普通电能表，其过负荷能力一般只有 1.5～2 倍。

由电能表的负荷特性曲线可知，电能表的电流在过负荷范围时，表的基本误差一般为负值且超差，就是说如果电能表长期处于此段工作，会少计电量。宽量程电能表就是通过采取以下技术措施，使得电能表在一定的电流范围内，特别是在过负荷情况下，其基本误差满足要求：

（1）增加永久磁钢的制动力矩。这样会使电流制动力矩在总制动力矩中的比例下降；同时，永久磁钢制动力矩的增加还会使圆盘的额定转速减小，进而又使电流制动力矩减小，最终使电能表在过负荷时的负荷特性得以改善。

（2）增加电压工作磁通。为了减小电流制动力矩对误差的影响，可适当减少电流电磁铁的匝数以减小电流工作磁通。为不因此而使驱动力矩减小，应适当增加电压工作磁通，所以可适当增加电压铁芯中柱的截面或减小电压工作磁通磁路的气隙。

（3）采用过负荷补偿装置。这种方法比较常见，是在电流铁芯上加装磁分路，使磁分路在电流磁通增加时，其铁芯饱和得比电流铁芯快，电流工作磁通增加得多些，这样驱动力矩随之增加的部分可补偿因负荷增加导致电流制动力矩增加而引起的负误差。

复习思考题

1. 什么是用户的最大需量，考核它有何意义？
2. 复费率电能表的用途是什么，基本功能有哪些？
3. 多功能电能表一般具有哪些基本功能？
4. 试述 5 (15) A 宽量程电能表与 15A 单量程电能表的区别。
5. 什么是电能表的寿命？长寿命电能表能"长寿"的原因是什么？
6. 预付费电能表为什么具有一定的防窃电功能，它有哪些用途？

第十二章 电能表正确接线

第一节 有功电能表正确接线

一、单相有功电能表

单相电能表，如 DD28、DD862a 型，只有一个电流线圈、一个电压线圈，一般用于单相电路有功电能的测量，如居民用户中的家用电能表，在接线时，电流线圈与负荷串联，电压线圈与负荷并联。直接接入式就是将电能表端子盒内的端子直接接入被测电路。直接接入式单相电能表见图 12-1。

当电能表电流或电压量限不能满足要求时，便需经互感器接入。电流量限不够，就需采用电流互感器；电压量程不够，就需采用电压互感器。图 12-2 和图 12-3 是既带电流互感器又带电压互感器的接线，所不同的是：一个是共用方式，另一个是分开方式。

在采用互感器接入时，应注意以下几点事项：

（1）电流线圈均应串入相线，且电流、电压线圈的同名端均应与电源端的相线相连，否则可能造成漏计电量或圆盘反转。

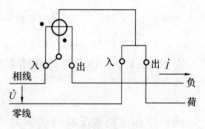

图 12-1 直接接入式单相电能表

（2）电流互感器均应按减极性连接，且电压互感器应接在电流互感器的电源侧，否则电能表会多计了电压互感器消耗的电能。

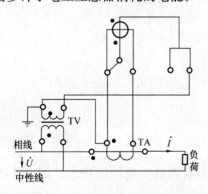

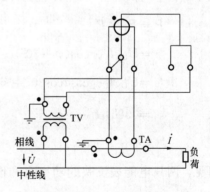

图 12-2 同时经电流、电压互感器
接入的共用方式接线图

图 12-3 同时经电流、电压互感器接入的分开方式接线图

（3）电压互感器熔断器只能装在一次侧，而不应装在二次侧。因为当熔断器发生接触不良时会增加二次侧电压降，产生计量误差，有时这种误差可高达－10％以上。

当要计量 380V 单相电焊机的有功电能，而又没有额定电压为 380V 的有功电能表时，可采用两只 220V 单相电能表按图 12-4（a）方式接线。电焊机消耗的有功电能为两只单相电能表读数之代数和，其正确性可用图 12-4（b）加以证明。

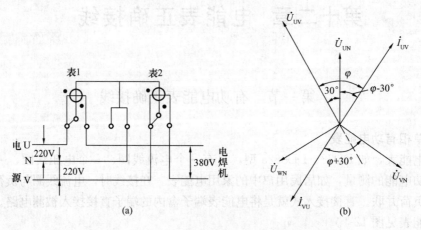

图 12-4　计量 380V 单相负荷有功电能的接线

（a）接线图；（b）相量图

在图 12-4 中，负荷消耗的功率为

$$P_{UV} = U_{UV} I_{UV} \cos\varphi$$

两只单相电能表反映的功率为

$$P_1 = U_{UN} I_{UV} \cos(\overset{\wedge}{\dot{U}_{UN} \dot{I}_{UV}}) = U_{UN} I_{UV} \cos(\varphi - 30°)$$

$$P_2 = U_{VN} I_{VU} \cos(\overset{\wedge}{\dot{U}_{WN} \dot{I}_{VU}}) = U_{VN} I_{VU} \cos(\varphi + 30°)$$

由于 $U_{VN} = U_{UN}$，$I_{UV} = I_{VU}$，$U_{UV} = \sqrt{3} U_{UN}$，所以两只电能表反映的功率之和为

$$P = P_1 + P_2$$

$$= U_{UN} I_{UV} [\cos(\varphi - 30°) + \cos(\varphi + 30°)]$$

$$= U_{UN} I_{UV} [\cos\varphi\cos30° + \sin\varphi\sin30° + \cos\varphi\cos30° - \sin\varphi\sin30°]$$

$$= \sqrt{3} U_{UN} I_{UV} \cos\varphi$$

$$= U_{UV} I_{UV} \cos\varphi$$

可见，两只电能表反映的功率之和恰好为单相电焊机所消耗的功率，所以接线是正确的。

必须说明，由于两只电能表的转速和转向是随功率因数变化的，这并不是电能表本身和接线的错误。如表 1 正向走 600kWh，表 2 反走 200kWh，则电焊机消耗的电能应为 600＋（－200）＝400（kWh），而 600＋200＝800（kWh）的算法是错误的。

二、三相四线有功电能表正确接线

三相四线有功电能表的驱动力矩为

$$M_d = K_d U_U I_U \cos\varphi_U + K_d U_V I_V \cos\varphi_V + K_d U_W I_W \cos\varphi_W$$

$$=K_{\mathrm{d}}P_{3\mathrm{ph}}$$

可见，电能表的驱动力矩与负荷的三相总有功功率成正比，因此图 12-5 接线方式能正确计量三相负荷的有功电能。

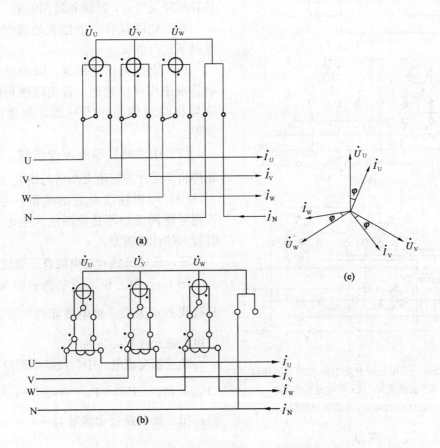

图 12-5　三相四线三元件电能表接线图及相量图

(a) 三相四线直接接入式电能表接线图；(b) 三相四线电能表
经电流互感器接入式接线图；(c) 三相四线电能表接线相量图

三相有功电能的供给分为两种方式，大多数低压（相电压小于 500V）采用三相四线制，高压供电采用三相三线制，其计量方式各不相同。在三相四线电路中，有功电能的测量一般采用三相四线有功电能表，如 DT1、DT2、DT10、DT864 等型号。因三相四线电路可看成是三个单相电路组成的，其总功率为各相功率之和。所以，它的计量也可以用三只相同规格的单相电能表计量，其计量结果为三只单相电能表计量值的代数和，它们的规范化接线原则都是相同的，即将电能表的三个电流线圈分别串入三相电路中，电压线圈分别接入相应的相电压，且其同名端应与相应电流线圈的同名端一起接在电源侧。这种接线方式最适合于中性点直接接地的三相四线制系统，且不论三相电压、电流量是否对称，都能正确计量。

在农村三相电力系统中，宜采用三只单相电能表，而不宜采用一只三相电能表测量电能。因为农村不经常抄表，也很少有完整的负荷记录，一旦发生计量故障，三相电能表可能只表现为圆盘转慢些，而很难区别是负荷变小了还是电能表接线有了故障。当采用三只单相

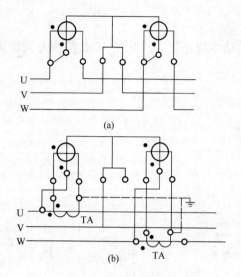

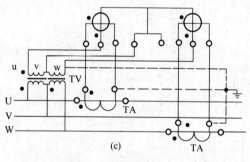

图 12-6　三相三线有功电能表的实际接线

（a）直接接入；（b）经电流互感器接

入；（c）经电流、电压互感器接入

电能表，只要其中一只电能表圆盘不转，便可迅速准确发现哪相有了故障，而且抄表员还可根据以往正常情况下三只表示数的比例，估算故障发生后，故障相的用电量。

在三相四线有功电能表的接线中，应注意以下几点事项：

（1）应按正相序接线。因为三相电能表都是按正相序校验的，若实际使用时接线相序与校验时的相序不一致，便会产生附加误差。

（2）中性线即零线不能接错，否则电压元件将承受比规定值大 $\sqrt{3}$ 倍的线电压。

（3）与中性线对应的端钮一定要接牢，否则可能因接触不良或断线产生电压差，引起较大的计量误差。

三、三相三线有功电能表正确接线

图 12-6 为三相三线电能表的实际接线，其接线方式为第一组电磁元件 $\dot{U}_{UV}$、$\dot{I}_U$，第二组电磁元件 $\dot{U}_{WV}$、$\dot{I}_W$。

在三相交流电路中，负荷的瞬时功率为

$$P_{(t)} = P_{U(t)} + P_{V(t)} + P_{W(t)} = u_U i_U + u_V i_V + u_W i_W$$

而三相三线电路自动满足 $i_U + i_V + i_W = 0$，则 $i_V = -(i_U + i_W)$，所以

$$P_{(t)} = u_U i_U - u_V(i_U + i_W) + u_W i_W = (u_U - u_V)i_U + (u_W - u_V)i_W$$

$$= u_{UV} i_U + U_{WV} i_W \tag{12-1}$$

当 u_{UV}、u_{WV}、i_U 和 i_W 均为正弦交变量时，则三相电路的平均功率，即有功功率为

$$P = \frac{1}{T}\int_0^T P_{(t)}\,dt = \frac{1}{T}\int_0^T (u_{UV} i_U + u_{WV} i_W)\,dt$$

$$= U_{UV} I_U \cos(\widehat{\dot{U}_{UV} \dot{I}_U}) + U_{WV} I_W \cos(\widehat{\dot{U}_{WV} \dot{I}_W}) \tag{12-2}$$

按图 12-6 规范化接线方式，即第一元件为电压 $\dot{U}_{UV}$、电流 $\dot{I}_U$，第二元件为电压 $\dot{U}_{WV}$、电流 $\dot{I}_W$，则两组电磁元件反映的功率为

$$P = P_1 + P_2 = U_{UV} I_U \cos(\widehat{\dot{U}_{UV} \dot{I}_U}) + U_{WV} I_W \cos(\widehat{\dot{U}_{WV} \dot{I}_W}) \tag{12-3}$$

可见，上述结果与式（12-2）完全相同，所以三相三线电能表可正确地测量三相三线

电路中的有功电能。

因为在证明过程中，并没要求电路对称，只是运用了三相三线电路的性质，三相电流瞬时值之和为零，即 $i_U + i_V + i_W = 0$。因此，三相三线有功电能表按这种计量方式，能正确地计量三相三线电路的有功电能。

三相三线有功电能这种计量方式，广泛用于电力系统和电力用户的电能计量。它所计量的电能一般占整个电力系统的 70% 以上。除了少数的高供低计的方式外，它们都属于重要的电能计量装置。

当三相电压对称，仅负荷不对称时，可进一步将功率表达式写为

$$P = U_{UV} I_U \cos(30° + \varphi_U) + U_{WV} I_W \cos(30° - \varphi_W)$$

当三相电路完全对称时，上式可变为

$$P = UI\cos(30° + \varphi) + UI\cos(30° - \varphi) = \sqrt{3} UI\cos\varphi$$

大家知道，三相电能表可看成是几块单相电能表的组合。例如，三相四线有功电能表有三组电磁元件，可看成三块单相电能表组成，当三相电路完全对称时，每组电磁元件各记录总电量的 1/3。那么三相三线有功电能表的两组电磁元件是否各记录总电量的 1/2 呢？下面来分析 $\cos\varphi$ 不同时，两组电磁元件反映的功率大小。因要比较两组电磁元件产生转矩的大小和方向，因此可利用两块单相电能表来代替两组电磁元件。

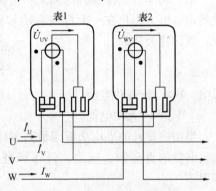

图 12-7　用两只单相电能表
测量三相三线电路有功电能的接线

如图 12-7 接线，由两组电磁元件的功率表达式特点看，第一组电磁元件也叫（$30° + \varphi$）元件，第二组电磁元件也叫（$30° - \varphi$）元件，见表 12-1。

表 12-1　　　　　　　　　　两组电磁元件功率与阻抗角 φ 的关系

负荷的 阻抗角 φ	接（$\dot{U}_{UV} \dot{I}_U$）的电能表 功率表达式 $UI\cos(30° + \varphi)$	接（$\dot{U}_{WV} \dot{I}_W$）的电能表 功率表达式 $UI\cos(30° - \varphi)$
$\varphi = 0°$	$0.866UI$	$0.866UI$
$\varphi = 30°$	$0.5UI$	UI
$\varphi = 60°$	0	$0.866UI$
$\varphi = 90°$	$-0.5UI$	$+0.5UI$

由此可见，三相三线有功电能表的两组电磁元件反映的功率，并不一定各占总功率的一半，而是与负荷的功率因数 $\cos\varphi$ 有关。

第二节　无功电能表正确接线

一、无功电能和无功电能表分类

由于用电负荷性质不同，通常把电力负荷分为有功负荷和无功负荷，且用功率因数

$\cos\varphi$ 来表征有功功率和无功功率的比例。从电功率的表达式 $P=UI\cos\varphi=S\cos\varphi$ 不难看出，对于 $\cos\varphi=0.5$ 和 $\cos\varphi=1.0$ 的电力用户，要得到同样多的电能，前者所需的负荷电流为后者的 1 倍。也就是说，当功率因数低时，发电机、变压器和输电线路的负担都要增加。由于线路本身有阻抗，因此线路上的电压降增大了，电力用户获得的电压质量下降了，同时线路和变压器的损耗随着负荷电流的增加也加大了。为了保证电能的供给，就得增加发电机组和输变电设备的容量。

为了提高供电设备的利用率，降低损耗，改善电压质量，电力系统采取了许多措施。例如，使部分机组作调相机运行，在中心枢纽变电所装设同期调相机，加装并联电容器，提高功率因数，补偿无功出力。但是，从提高发、供电设备利用率和降低损耗的角度出发，这种补偿在受电端进行要更合理、更经济，所以国家实行了依照功率因数高低调整电费的办法，以鼓励电力用户采取补偿措施，提高功率因数。

用户功率因数是随有功和无功负荷变化而变化的量。如何确定一个月的功率因数呢？一般规定以电力用户在一个月内有功和无功负荷的累积量来计算功率因数，称为平均功率因数，其计算公式为

$$\overline{\cos\varphi} = \frac{W_P}{\sqrt{W_P^2 + W_Q^2}} \tag{12-4}$$

式中　　W_P——有功电能；

　　　　W_Q——无功电能。

当用户每月的平均功率因数高于标准时，国家在依据功率因数调整电费的办法中规定了减收电费的百分数。反之，低于标准时，则增收电费。测量无功电能的表计称为无功电能表。

感应型无功电能表种类不少，但按照其测量原理来区分，基本上可分为两大类：一类是完全按无功原理制成的无功电能表，也称为正弦电能表；另一类是按有功电能表原理，采用跨相电压或采用附加电阻、自耦移相变压器的办法，使之反映三相无功电能。

正弦电能表的最大优点是：不管三相电压是否对称，三相电流是否平衡，它都能够正确地计量。但是，由于这种电能表本身消耗功率大，制造比较困难，所以近年来已很少制造和使用了。

二、跨相 90°型三相四线无功电能表

跨相 90°型三相无功电能表，实际上和一只三相三元件有功电能表的结构完全相同，只不过电压线路加的不是相电压而是线电压。

规范化接线原则为：第一组电磁元件接 $\dot{U}_{VW}$、$\dot{I}_U$；第二组电磁元件接 $\dot{U}_{WU}$、$\dot{I}_V$；第三组电磁元件接 $\dot{U}_{UV}$、$\dot{I}_W$，则三组元件反映的无功功率分别为

$$Q_1 = U_{VW}I_U\cos(90°-\varphi_U) = U_{VW}I_U\sin\varphi_U$$
$$Q_2 = U_{WU}I_V\cos(90°-\varphi_V) = U_{WU}I_V\sin\varphi_V$$
$$Q_3 = U_{UV}I_W\cos(90°-\varphi_W) = U_{UV}I_W\sin\varphi_W$$

因为无功电能表测量机构的转矩与无功功率成正比，所以三组元件总的驱动力矩可写作

$$M_Q = K(U_{VW}I_U\sin\varphi_U + U_{WU}I_V\sin\varphi_V + U_{UV}I_W\sin\varphi_W)$$

当三相电路完全对称时，$U_{UV}=U_{VW}=U_{WU}=U$，$I_U=I_V=I_W=I$，$\varphi_U=\varphi_V=\varphi_W=\varphi$，则

$$M_Q = 3KUI\sin\varphi = \sqrt{3}K(\sqrt{3}UI\sin\varphi) = \sqrt{3}KQ_t \tag{12-5}$$

式中　U——线电压；

　　　I——线电流；

　　　Q_t——三相电路总无功功率。

从上式可看出，在三相电路中，只要电压对称，按跨相 $90°$ 原则接线，则电能表反映的功率是三相负荷总无功功率的 $\sqrt{3}$ 倍。所以，将三相电能表的读数除以 $\sqrt{3}$ 便是被测的无功电能。实际上，为了免除抄表时计算，可在制造表时，将每组元件的电流线圈的匝数分别减少 $\sqrt{3}$ 倍，这样就可直读了，DX9 型无功电能表便属此种类型。

实际上，目前采用的结构形式大多和三元件表略有不同，为了减小体积，降低造价，改为两元件结构，第二相也就是 V 相电流线圈分别绕在 U 相和 W 相电流铁芯上，所以也叫做带串联附加线圈的三相无功电能表，如 DX1 型无功电能表。其带附加电流线圈的电流元件，如图 12-8 所示。

带附加串联线圈的三相无功电能表的接线和相量，

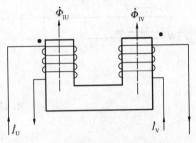

图 12-8　带附加电流线圈的电流元件

如图 12-8 所示，第一组电磁元件上加 $\dot{U}_{VW}$、（$\dot{I}_U - \dot{I}_V$），第二组电磁元件上加 $\dot{U}_{UV}$、（$\dot{I}_W - \dot{I}_V$）。

这种电能表的结构特点是：它有两组电磁元件，且每组元件中的电流线圈都由匝数相等、绕向相同的两个线圈构成。通以电流 $\dot{I}_V$ 的线圈称为附加电流线圈。$\dot{I}_U$ 从 U 线圈同名端流入，$\dot{I}_V$ 从附加线圈非同名端流入。

适用范围：上述两种跨相 $90°$ 型无功电能表只要三相电压对称，不管负荷是否平衡，这种表总可以用来计量三相四线制供电方式的无功电能。

三、60°型无功电能表

这是我国目前用以计量三相三线无功电能所普遍采用的一种无功电能表，DX2 和 DX8 等均属于这类型。

两元件 $60°$ 型无功电能表接线原理和相量图见图 12-9。一般有功电能表在把线径细、匝数多的电压线圈视为纯电感的情况下，其电压和电压工作磁通间的相角差为 $90°$。如果在三相三线有功电能表的两个电压线圈中分别串联一个电阻 R_U，同时加大电压铁芯非工作磁通路的气隙，即减小电压线圈感抗分量，这样电压铁芯的工作磁通 $\dot{\Phi}_U$ 和相应电压 $\dot{U}$ 之间的相角就由原来的（$90° + \alpha_1$）改变为（$60° + \alpha_1$）了。为了叙述方便，这里假定 $\alpha_1 = 0$。从相量关系可以看出，电能表两组元件的转矩分别为

$$M_{Q1} = K_1 \Phi_{UVW} \Phi_{IU} \sin(150° - \varphi_U) = K_1 \Phi_{UVW} \Phi_{IU} \sin(30° + \varphi_U)$$

$$M_{Q2} = K_2 \Phi_{UUW} \Phi_{IW} \sin(210° - \varphi_W) = K_2 \Phi_{UUW} \Phi_{IW} \sin(\varphi_W - 30°)$$

当三相电能表结构对称，且三相电路电压也对称时，总转矩可以改写成下述形式

$$M_Q = M_{Q1} + M_{Q2} = KU[I_U \sin(30° + \varphi_U) + I_W \sin(\varphi_W - 30°)]$$

$$= KU\left[I_U\left(\frac{1}{2}\cos\varphi_U + \frac{\sqrt{3}}{2}\sin\varphi_U\right) + I_W\left(\frac{\sqrt{3}}{2}\sin\varphi_W - \frac{1}{2}\cos\varphi_W\right)\right]$$

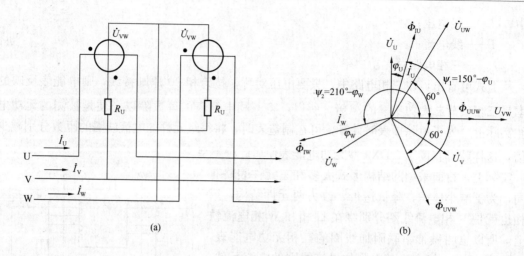

图 12-9 两元件 60°型无功电能表

(a) 接线原理图; (b) 相量图

因为线电压 $U = \sqrt{3} U_{ph}$（其中 U_{ph} 为相电压），所以上式又可改写为

$$M_Q = K U_{ph}\left(\frac{\sqrt{3}}{2} I_U \cos\varphi_U + I_U \frac{3}{2}\sin\varphi_U + \frac{3}{2} I_w \sin\varphi_w - \frac{\sqrt{3}}{2} I_w \cos\varphi_w\right)$$

$$= K U_{ph}\left[(I_U \sin\varphi_U + I_w \sin\varphi_w) + I_U\left(\frac{1}{2}\sin\varphi_U + \frac{\sqrt{3}}{2}\cos\varphi_U\right) + I_w\left(\frac{1}{2}\sin\varphi_w - \frac{\sqrt{3}}{2}\cos\varphi_w\right)\right]$$

$$= K U_{ph}\left[I_U \sin\varphi_U + I_w \sin\varphi_w + I_U \sin(60° + \varphi_U) - I_w \sin(60° - \varphi_w)\right] \tag{12-6}$$

因为在三相三线电路内，不管三相电流量是否平衡，总有 $\dot{I}_U + \dot{I}_V + \dot{I}_w = 0$，所以当将各相电流向与 $\dot{U}_V$ 垂直的纵坐标 Y 线投影时，三相电流纵坐标之和为零，即 OA＝OC＋OB，投影如图 12-10 所示，也就是 $I_U \sin(60° + \varphi_U) = I_w \sin(60° - \varphi_w) + I_V \sin\varphi_V$，则

$$I_U \sin(60° + \varphi_U) - I_w \sin(60° - \varphi_w) = I_V \sin\varphi_V$$

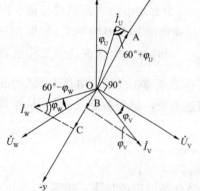

图 12-10 三相电流相量投影图

代入式（12-6）得

$$M_Q = K U_{ph}(I_U \sin\varphi_U + I_w \sin\varphi_w + I_V \sin\varphi_V)$$

$$= K(U_{ph} I_U \sin\varphi_U + U_{ph} I_V \sin\varphi_V + U_{ph} I_w \sin\varphi_w) \tag{12-7}$$

即

$$M_Q = K Q_s$$

式（12-7）说明，当三相电压对称时，两元件 60°型无功电能表不管负荷是否平衡，这种表的总驱动力矩是正比于三相总的无功功率的，故能正确计量。而当三相电压不对称时，这块表将产生线路附加误差。

另外，在三相四线电路中，由于 $\dot{I}_U + \dot{I}_V + \dot{I}_w = \dot{I}_N \neq 0$ 不符合推导过程中使用的条件 $\dot{I}_U + \dot{I}_V + \dot{I}_w = 0$，所以两元件 60°型无功电能表不能用于测量三相四线电路中的无功电能，否则要产生线路附加误差。由于这种表一般只用于完全对称或简单不对称的三相三线电路中测量无功电能，因

此又把两元件 $60°$ 型无功电能表称为三相三线无功电能表。

四、三相无功电能表特点

无功电能表与有功电能表相比有以下特点。

（1）除了正弦电能表外，大多数无功电能表仅适用于简单的不对称电路，当线路电压和电流都不对称时，均会引起原理性的附加误差，且不同类型的无功电能表各不相同。这就要求校验无功电能表时，被试和标准电能表选用相同或相近的形式，使之具有相同的原理性误差。

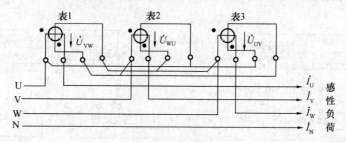

图 12-11　三只单相有功电能表计量三相四线无功电能的接线

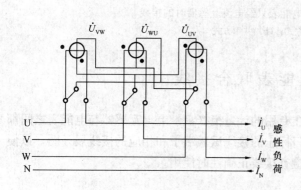

图 12-12　三元件无功电能表
直接接入时的接线

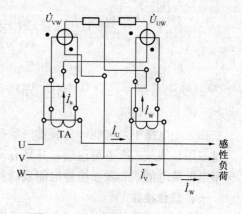

图 12-13　$60°$ 型无功电能表只经电
流互感器时的接线

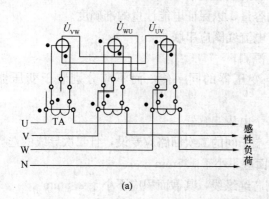

(a)

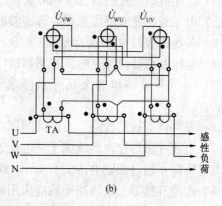

(b)

图 12-14　三元件无功电能表经电流互感器时的接线
（a）电流互感器为分相接法；（b）电流互感器为混相接法

（2）在负荷为容性时，无功电能表的圆盘反转。为了正确地计量无功电能，规定无功电能表都要装防反转装置，或具有双向记录功能的计度器。双向计度器的特点是当转盘反转时，因为计度器的传动机构有一个换向装置，所以仍然进行加法计数。

（3）由于用户的功率因数一般都会超过 0.8，所以 $\sin\varphi$ 就比较小，因此无功电能表的相位角误差比有功电能表大。

几种常用的无功电能表实际接线图，如图 12-11～图 12-15 所示。

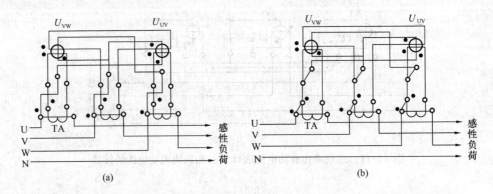

图 12-15　两元件无功电能表只经电流互感器时的接线
(a) 分开方式；(b) 共用方式

第三节　电能表联合接线

在三相电路中，电能计量装置一般都在专用的计量柜（盘）上。互感器与电能表之间都通过专用导线或二次电缆连接，并且有专门标志的接线试验端子和相应的接线展开图，以便于带电拆装电能表和现场检验电能表以及检查接线正确性时使用。

一、联合接线

所谓联合接线是指电压或电流互感器的二次回路中同时接入有功电能表和无功电能表以及其他有关测量仪表。联合接线应满足以下几个条件。

（1）电压或电流互感器二次侧应设置必要的接线端子，以便检修时互不影响。

（2）电压或电流互感器选择应有足够的容量，以保证电能计量的准确度。

（3）各电能表的对应电压线圈应并联，电流线圈应串联。

（4）电压互感器应接在电流互感器的电源侧。

（5）电压互感器和电流互感器应装于变压器的同一侧，而不应分别装于变压器的两侧。

（6）非并列运行的线路，不许共同用一个电压互感器。

（7）电压互感器二次出线端子到电能表端子间的二次回路应专设，且二次导线的选择应保证其电压降不超过额定电压的 0.5%，截面应不小于 1.5mm²。

（8）电流互感器二次回路导线应采用铜芯绝缘线，其截面积应不小于 2.5mm²。

以下讨论两种常见的联合接线电路：第一种是在低压三相四线电路中，有功电能表和无功电能表的联合接线，由于这种电路一般负荷较大，因此带电流互感器；第二种是在高压三相三线电路中，有功电能表和无功电能表的联合接线，这种高压电路既带电压互感器，又带电流互感器。

图 12-16 为 DT8 型有功电能表和 DX1 型无功电能表在低压三相四线电路中的接线，其中 DX1 型无功电能表也可换成三元件跨相 90°的 DX9 型无功电能表。

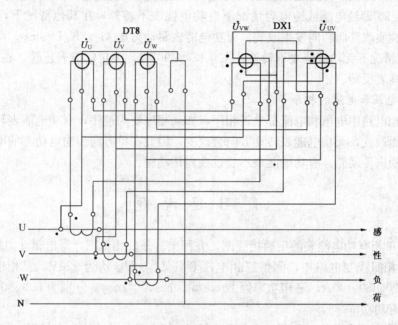

图 12-16　有功、无功电能表在低压三相四线电路中的联合接线

图 12-17 为 DS2 型有功电能表和 DX2 型无功电能表在高压三相三线电路中的接线。

二、影响电能表转动方向因素

电能表的转向与许多因素有关，如功率传输方向、负荷性质、功率因数、接线等，下面分别讨论其中几个因素对有功电能表和无功电能表转向的影响。

1. 功率传输方向

在三相电路中，有一种是单方向输送电功率，另一种是输送功率方向是变化的（如电网之间的功率互馈，双电源电力用户，电力用户功率因数过补偿，用户向系统输送无功）。功率的传输方向改变后，有功电能表和无功电能表的转动方向都会改变。

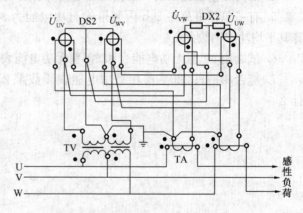

图 12-17　有功、无功电能表在高压三相三线电路中的联合接线

因此，单方向传输电功率的电路只需要一块有功电能表和一块无功电能表来分别计量有功电能和无功电能。另一种输送功率方向变化的三相电路，则需要装两只有功和无功电能表，分别计量不同方向传输来的有功电能和无功电能。在这种计量方式下，有功和无功电能表均需带有止逆器（防倒转装置），但其缺点是增加投资，抄计复杂。因此，多数采用在一

般无功电能表的计度器的基础上增加了一组换向传动轮，当转盘由正向转动变为反向转动时，其传动机构倒向换向轮以保证无论转盘正转或反转，计度器均按加法计数。

2. 负荷性质

电路负荷分感性、容性和阻性三大类，有功电能表驱动力矩 $M_P = K_P U I \cos\varphi$，由此可知，除 $\varphi = \pm 90°$ 即纯电感或纯电容情况下有功电能表不转外，在其他情况下，有功电能表均不随负荷性质改变而转向发生改变。无功电能表驱动力矩 $M_Q = K_Q U I \sin\varphi$，由此可知，除 $\varphi = 0°$ 纯电阻情况下无功电能表不转外，在 $0° < \varphi \leqslant 90°$ 时，无功电能表正转，在 $-90° \leqslant \varphi < 0$ 时，无功电能表反转。

3. 三相电压和电流的相序

一般三相电路中电压和电流都是正相序，如果相序变为逆序，有功电能表转动方向不随相序的改变而改变，无功电能表转动方向会改变，因此在单方向传输电功率的电路中，一般都装有一组换向传动轮。有功电能表不装设换向传动轮。

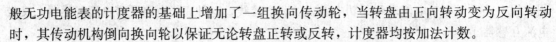

复 习 思 考 题

1. 画出单相有功电能表的正确接线图，并画出其条件相量图，写出驱动力矩表达式。

2. 在三相四线制电路中，测得三相电压 U_U、U_V、U_W 均为 220V，三相电流 I_U、I_V、I_W 分别为 100、80、90A，三相功率因数 $\cos\varphi_U$、$\cos\varphi_V$、$\cos\varphi_W$ 分别为 0.9、0.9、0.8。试计算三相总有功功率。

3. 在对称三相电路中，测得线电压为 380V，线电流均为 100A，功率因数均为 0.8。试计算其总有功功率和总无功功率。

4. 如何测量三相四线和三相三线电路的有功电能？并画出常见的两种正确接线。

5. 有一单相负荷在 24h 内测得的有功电能为 2000kWh，无功电能为 1400kvarh，试计算其平均功率因数。

6. 试画出 60°型无功电能表和 90°型无功电能表的正确接线图。

7. 能否用一只 220V 单相有功电能表读数乘 2 的方法计量 380V 单相负荷的电能？为什么？

第十三章 电能表误差及其校验

第一节 电 能 表 误 差

一、误差理论

人们知道，世界上任何一种测量仪表在进行测量时，仪表测量值与被测量的真值间总有差别，即存在误差，误差大小一般直接关系到仪表的准确度等级，因此电能表在测量电能时也不例外。

1. 绝对误差

它是电能的测得值与真值之差，可表示为

$$\Delta W = W_m - W_r$$

式中 W_m——电能表测得的电量，kWh；

W_r——被测电能的实际值，即真值，kWh。

2. 相对误差

它是绝对误差与真值的百分比，即

$$\gamma = \frac{W_m - W_r}{W_r} \times 100\% \tag{13-1}$$

因为电能与功率成正比，圆盘的转速又与负荷功率成正比，所以电能表的相对误差又可用下列两式表示

$$\gamma = \frac{P_m - P_r}{P_r} \times 100\%$$

$$\gamma = \frac{n_m - n_r}{n_r} \times 100\% \tag{13-2}$$

上两式中 P_m——电能表反映的功率，W；

P_r——被测电路的实际功率，W；

n_m——电能表圆盘转速，r/s；

n_r——电能表圆盘的理论转速，r/s。

二、电能表主要技术特征

1. 准确度

电能表在规定的条件（如额定电压、50Hz 频率、环境温度 23℃、无外磁场影响等）下，由于内部结构上的原因（转动部分的摩擦以及电流元件的电流和磁通之间的非线性关系等）所引起的误差，叫做基本误差，一般用相对误差表示。

由于磁路里面有铁芯，所以磁通 $\dot{\Phi}_I$ 和电流 $\dot{I}$ 之间不是严格的线性关系，特别在负荷电流较大时，更是如此。同时，电流线圈的磁通 $\dot{\Phi}_I$ 穿过圆盘时也要产生制动力矩，称为电流抑制力矩 M_I，这个力矩和电压线圈的磁通 $\dot{\Phi}_U$ 产生的电压抑制力矩 M_U 不同，它将随负

荷电流而变化，因此很难在不同的负荷下都得到合理的补偿。另外，由于摩擦力矩还和圆盘转速有关，所以也不能保证在不同转速时，摩擦力矩都能得到补偿。这就是电能表产生基本误差的原因。

此外，人们还把由于工作条件的变化，如电压、频率、温度等因素的变化时，电能表产生的误差叫做附加误差，一般也用相对误差表示。

电能表的准确等级有 0.05、0.1、0.2、0.5、1.0、2.0、3.0。前三种等级的电能表一般用作标准表，在校表时使用；0.5 级和 1.0 级电能表一般用于计量用电大户的电能；2.0 级和 3.0 级电能表为普通电力用户使用。准确度数值愈小，电能表使用时其产生的基本误差和附加误差最大值也愈小。例如，最常见的 1.0 级、2.0 级单相有功电能表和负荷对称的三相有功电能表，其基本误差的规定如表 13-1 所示。

表 13-1 单相有功电能表和平衡负荷时三相有功电能表的基本误差

被检电能表类别	负荷电流（标定电流的百分数，%）	功率因数 $\cos\varphi$	基本误差（%）		
			0.5	1.0	2.0
安装式有功电能表	5	1	±1.0	±1.5	±2.5
	$10\sim I_{max}$[①]	1	±0.5	±1.0	±2.0
	10	0.5（感性）	±1.0	±1.5	±3.0
	$20\sim I_{max}$	0.5（感性）	±0.5	±1.0	±2.0
携带式精密有功电能表	10	1	±0.75		
	$20\sim120$	1	±0.5		
	20	0.5（感性）	±0.75		
		0.8（容性）[②]	±0.75		
	$50\sim120$	0.5（感性）	±0.5		
	用户特殊需要 $50\sim120$	0.8（容性）[③]	±0.5		
		0.5（容性）	±0.5		

① 额定最大电流。

②、③ 0.8（容性）仅对于100V 的单相电能表而言。

2. 灵敏度

电能表的灵敏度是指在额定电压、额定频率和 $\cos\varphi=1.0$ 的条件下，负荷电流从零增加至圆盘开始转动时的最小电流与额定电流的百分比。有关规程规定，这个电流应不大于额定电流的 0.5%，如标定电流为 5A 的电能表，圆盘开始转动的电流应不大于 0.025A。

灵敏度一般用下式表示

$$\delta = \frac{I_{min}}{I_N} \times 100\% \tag{13-3}$$

式中 I_{min}——当电压、频率为额定值，$\cos\varphi=1.0$ 时，电能表的最小启动电流；

I_N——电能表的标定电流。

在交流电能表校验规程中，对不同准确度等级的电能表的灵敏度规定，见表 13-2。

表 13-2　　　　　　　　　　　　　　　电能表起动电流的规定

被检电能表级别	0.5	1.0	2.0
启动电流（标定电流的百分数，%）	0.3	0.5	0.5

3. 潜动

人们把电能表电压回路有电压、电流回路无电流时圆盘仍然连续转动的现象，称为"潜动"或"空转"。

按照规程规定，当负荷电流等于零、电压为电能表额定电压 80% 或 110% 时，圆盘的转动都不应超过　周，则说明无潜动现象。

三、电能表负荷特性曲线

人们把基本误差随负荷电流和负荷功率因数变化的关系曲线，称为电能表的基本误差特性曲线，简称电能表的负荷特性。图 13-1 中的两条曲线代表了多数感应式电能表负荷特性曲线的特征，它对使用和调整电能表是十分必要的，因为负荷特性曲线反映了电能表内部各电磁量对电能表基本误差的影响情况。

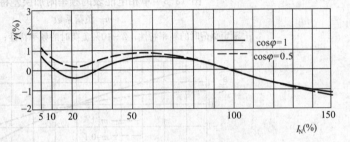

图 13-1　感应式电能表负荷特性曲线

四、电能表附加误差

在实际使用中，电能表所处的外界条件，常常与测定基本误差时规定的条件不同，因此误差会随外界条件变化而变化，误差的改变量就是附加误差。在电能表订货技术条件中，对各项附加误差的范围都作了具体的规定。

一般为了讨论方便，人们假定在叙述某项外界变化引起的附加误差时，其他条件均为额定值或在允许的范围内变化。另外，某一个外界条件变化，均指对其额定值或规定数值而发生的变化。

引起电能表附加误差的外界因素一般有电压、频率和环境温度的变化，电压波形畸变，运行不稳定，相序改变，三相电压不对称，负荷不平衡，电能表倾斜度等。

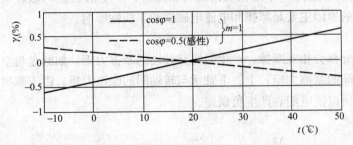

图 13-2　有功电能表的温度附加误差特性曲线

m—负荷系数

1. 温度影响

当电能表所处的环境温度与标准温度（23℃）不同时，产生的附加误差叫温度附加误差。有功电能表温度附加误差特性曲线，如图 13-2 所示。

2. 频率影响

当电网频率与电能表额定频率（50Hz）不同时产生的附加误差，叫频率附加误差。单相电能表的频率附加误差特性曲线，如图 13-3 所示。

3. 电压影响

如果加于电能表电压线圈上的电压与其额定电压不同，并由此电压工作磁通的变化引起的附加误差，叫做电压附加误差。电能表电压附加误差特性曲线，如图 13-4 所示。

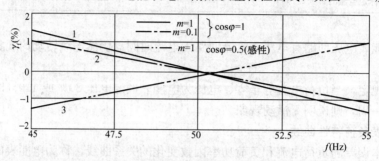

图 13-3　单相电能表的频率附加误差特性曲线

m—负荷系数

1—额定负荷时的频率特性；2—10%负荷时的频率特性；3—相位角频率特性

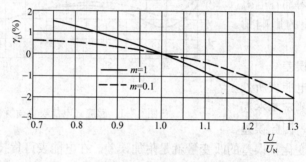

图 13-4　电能表的电压附加误差特性曲线

m—负荷系数

第二节　电能表误差调整装置

一、轻负荷误差及调整

当电能表在 10% 的标定电流以下运行，称为轻负荷运行。此时，产生的误差叫做轻负荷误差。电能表轻负荷误差产生的原因主要是摩擦和电流电磁铁的非线性影响。

1. 摩擦误差

当圆盘转动时，凡是转动部分都会相互摩擦，产生阻碍其转动的摩擦力矩，如圆盘与空气间的摩擦力矩，计度器传动齿间的摩擦力矩，上、下轴承与转轴间的摩擦力矩。由于摩擦力矩总与驱动力矩的方向相反，所以使电能表产生负误差。

摩擦误差可表示为

$$\gamma_r = -\frac{M_r}{M_d} \times 100\% \tag{13-4}$$

式中　M_r——摩擦力矩，N·m；

　　　M_d——驱动力矩，N·m。

由上式可知，M_r 不变时，随负荷电流的增大，M_d 愈大，则摩擦误差 γ_r 相对愈小；反之，则 γ_r 愈大。所以，当电能表轻负荷运行时，摩擦误差不能忽略，必须采取措施减小它对电能表基本误差的影响。图 13-5 示出了 DD86 型电能表的摩擦误差曲线。

2. 电流电磁铁的非线性误差

前面推导电能表工作原理时，曾假设电流铁芯为线性铁芯，即在理想情况下，电能表的电流铁芯工作磁通 $\dot{\Phi}_I$ 和产生它的负荷电流 $\dot{I}$ 成正比，即 $\dot{\Phi}_I = K_I \dot{I}$，其中 K_I 为常数。

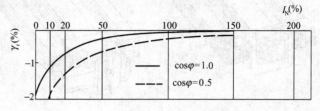

图 13-5　DD86 型电能表的摩擦误差曲线

实际情况并非完全如此，图 13-6 示出了实际的电流铁芯磁化曲线。在图 13-6 中，负荷电流很小的起始部分，即轻负荷情况下，磁化曲线不是平直的，而是弯曲的。电流 I 增加时，磁通 Φ_I 增加幅度很小，即比理论值要小，而驱动力矩 M_d 与 Φ_I 成正比，$M_d = K\Phi_I\Phi_U\sin\psi$，随着 $\dot{\Phi}_I$ 的减小，M_d 也比理论值要小一些，这样就造成了电能表在轻负荷时，转速比额定值要小，圆盘转慢，电能表基本误差呈现负值，如图 13-7 所示。

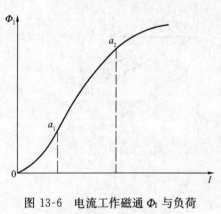

图 13-6　电流工作磁通 Φ_I 与负荷
电流 I 的关系曲线

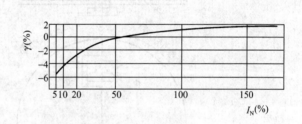

图 13-7　电能表非线性
误差曲线

3. 轻负荷误差的调整

如前所述，电能表在轻负荷下运行时，由于固有的摩擦力矩的存在和电流铁芯工作磁通 Φ_I 与负荷电流 I 之间的非线性关系，可以造成相当大的负误差，如不设法将这负误差补偿掉，则电能表就不可能准确地工作。

如图 13-8 所示，用于改善轻负荷误差特性而装设的轻负荷补偿装置，也叫轻负荷调整装置，其补偿原理如图 13-9 所示。此装置的作用是产生与驱动力矩方向相同的补偿力矩，用以补偿负的轻负荷误差，有时也用于补偿反向潜动力矩。

如图 13-9 所示，在电压铁芯的中芯柱和圆盘之间放置一个铜片 3，由于铜片 3 的位置对电压铁芯磁极中心是不对称的，因此电压工作磁通分裂为 $\dot{\Phi}'_U$ 和 $\dot{\Phi}''_U$。当 $\dot{\Phi}'_U$ 穿过铜片时，要在铜片 3 上产生涡流损耗，因此两个磁通在磁路上的损耗不相等，这样 $\dot{\Phi}''_U$ 滞后 $\dot{\Phi}'_U$

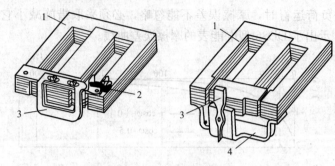

图 13-8　轻负荷调整装置

1—电压元件铁芯；2—螺钉；3—调整铜片；4—回磁极

角度 δ_{com}，它们相互作用就在转盘上产生了一个附加力矩，即

$$M_{com} = K_{com}\Phi'_U\Phi''_U\sin\delta_{com}$$

(13-5)

式中　K_{com}——补偿力矩常数。

因 Φ'_U 和 Φ''_U 都与外加电压 U 成正比，所以式（13-5）可变为

$$M_{com} = K_{com}U^2\sin\delta_{com}$$

(13-6)

方向由 $\dot{\Phi}'_U$ 指向 $\dot{\Phi}''_U$，即由超前磁通指向滞后磁通。式（13-6）说明，补偿力矩 M_{com} 与外加电压 U 的平方成正比，因此电能表接入电路后，不论有无电流，M_{com} 总存在，当电压 U 一定时，M_{com} 的大小决定于铜片 3 的位置。

铜片 3 所在位置，电压磁通 Φ''_U 分量损耗最大，因此 M_{com} 的方向总是指向铜片 3 的位置，即 M_{com} 的方向也决定于铜片 3 的位置。

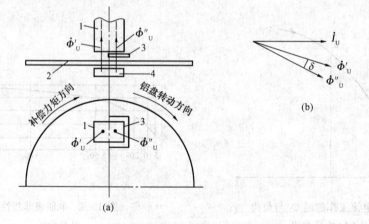

图 13-9　轻负荷装置补偿原理图

(a) 电压磁通分裂；(b) 相量图

1—电压元件铁芯；2—铝盘；3—铜片；4—回磁板

二、相位角误差及其调整

人们知道，电能表实现正确计量应满足的第三个条件是 $\psi=90°\pm\varphi$（正交条件）。当不满足该条件时，电能表就会产生计量误差。人们把由于内相角 $\psi\neq90°\pm\varphi$ 而引起的误差，称为相位角误差。

1. 产生相位角误差的原因

在讲电能表的工作原理时，对其电磁元件的电压、电流和磁通之间的相位关系采用了许多假定，如电压线圈为纯电感，电流铁芯和电压铁芯都为线性铁芯，但这些假定只是在理想情况下才成立。实际上，由于电压线圈不是纯电感元件，电流线圈不是纯电阻元件，铁芯中还有涡流和磁滞损耗。因此，电能表的实际相量图与理想条件下的相量图是有差别的。

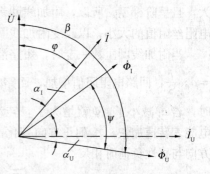

电流铁芯有损耗，则 $\dot{\Phi}_{\mathrm{I}}$ 滞后 $\dot{I}$，用损耗角 α_{I} 表示；电压铁芯有损耗，则 $\dot{\Phi}_{\mathrm{U}}$ 滞后 $\dot{I}_{\mathrm{U}}$，用损耗角 α_{U} 表示。

单相电能表简化相量图，如图 13-10 所示。

由图 3-10 看出，$\varphi+\psi=\beta-\alpha_{\mathrm{I}}$，如果 $\beta-\alpha_{\mathrm{I}}\neq90°$，则不满足正确计量的正交条件，必定会产生误差。假设 $(\beta-\alpha_{\mathrm{I}})$ 与 90° 之间相差一个小角度 α，则电能表转矩公式变为 $M=K_{\mathrm{d}}\Phi_{\mathrm{U}}\Phi_{\mathrm{I}}\sin\psi=K_{\mathrm{d}}\Phi_{\mathrm{U}}\Phi_{\mathrm{I}}\sin(90°-\varphi+\alpha)$。因 $\Phi_{\mathrm{U}}\propto U$、$\Phi_{\mathrm{I}}\propto I$，则上式可变为 $M=K_{\mathrm{d}}UI\cos(\varphi-\alpha)$。

图 13-10　单相电能表简化相量图

相位角误差为

$$\gamma_{\varphi}=\frac{M-M_0}{M_0}\times100\%=\left(\frac{M}{M_0}-1\right)\times100\%$$
$$=\left[\frac{K_{\mathrm{d}}UI\cos(\varphi-\alpha)}{K_{\mathrm{d}}UI\cos\varphi}-1\right]\times100\%$$

因 α 角很小，故 $\sin\alpha\approx\alpha$、$\cos\alpha\approx1$，整理上式得

$$\gamma_{\varphi}=\tan\varphi\sin\alpha\times100\%=\alpha\tan\varphi\times100\%$$

α 角的单位为分，化为弧度即乘以系数 $\dfrac{2\pi}{360\times60}$，得

$$\gamma_{\varphi}=0.0291\alpha\tan\varphi\times100\% \tag{13-7}$$

电能表相位角误差由 α 和 φ 决定，要使 γ_{φ} 与负荷功率因数角无关，则需 $\alpha=0°$，为此电能表专门装设了相位调整装置对 α 角进行调整，以使电能表在不同性质的负荷下都能准确地计量。

2. 相位角误差调整装置及其调整原理

由前面分析可知，欲使 $\alpha=0°$，即 $\beta-\alpha_{\mathrm{I}}=90°$，一般有两种途径：一是改变 α_{I}；二是改变 β。以下分析既简单又广泛使用的相位调整装置，即改变 α_{I} 相位角调整装置。

如图 13-11 所示，在电流铁芯柱上增加一个附加线圈（3 匝左右）。由于 $\dot{\Phi}_{\mathrm{I}}$ 在闭合的附加线圈中感应电势，就有电流在附加线圈中流动，产生有功损耗，改变了 $\dot{\Phi}_{\mathrm{I}}$ 的损耗角 α_{I}。改变附加线圈匝数就可以改变感应电势的高低，从而改变 α_{I} 的大小，但这样做调整范围太

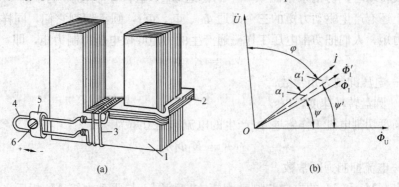

图 13-11　改变 α_{I} 角的相位角调整装置

(a) 结构图；(b) 相量图

1—电流铁芯；2—短路片；3—附加线圈；4—电阻丝；5—短路滑块；6—调整螺丝

大，且呈阶梯型。所以，附加线圈都通过一段康铜电阻丝来闭合，移动短路滑块 5 即可调整电阻丝阻值的大小，以改变附加线圈中电流的大小。

当附加线圈匝数一定时，短路滑块朝"＋"方向移动，则电阻丝回路路径增加，根据 $R = \rho \times \dfrac{l}{S}$，回路电阻阻值增加，回路感应电流减小，损耗减小，损耗角 α_1 减小。在感性负荷时，若 α_1 减小了，ψ 就增大了，转动矩 $M'_d = K_d \Phi'_1 \Phi_U \sin \psi'$ 也比 $M_d = K_d \Phi_1 \Phi_U \sin \psi$ 增大了，电能表转速加快，γ_φ 朝正方向变化。反之，γ_φ 向负方向变化。注意，在容性负荷下调整的方向与感性负荷时相反。

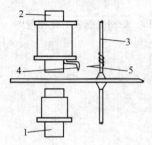

图 13-12 防潜动装置
1—电流元件；2—电压元件；3—
转轴；4—制动片；5—防潜针

三、防潜动装置

用户不用电，而圆盘仍然连续转动的现象，称为潜动。发生潜动，显然是不合理的。发生潜动的主要原因是电能表电磁元件制造和装配不准确、不对称，使电压磁通对圆盘的相对位置出现不对称分布，从而产生使圆盘正转或反转的潜动力矩，另一个原因是轻负荷补偿力矩 M_{com} 过大，即所谓轻负荷过补偿。

为消除潜动现象，一般电能表常采用图 13-12 所示的防潜动装置。图 13-12 中止动片 4 的一端塞入电压线圈内，另一端向转轴伸出。当电压线圈通电时，制动片就是一个带有磁性的小磁铁，当固定在转轴上的钢制防潜针转到制动片附近时，就被磁化并吸引。适当调整制动片和防潜针间的距离，便可使潜动现象消除。由于制动片和防潜针间的吸引力很小，所以不会影响电能表的正常工作。

应指出，防潜装置产生的防潜力矩与补偿力矩一样，都与外加电压的平方成正比。所以对调整好的电能表，当电压在一定范围内变化时，不仅可消除潜动，而且可以保持防潜力矩和补偿力矩之间的平衡。

还应指出，在进行电能表轻负荷误差调整时，同时满足无潜动和提高灵敏度的要求是有矛盾的。为了限制潜动需增加防潜力矩，会降低灵敏度；为了提高灵敏度需增加补偿力矩，可能产生潜动。所以，在调整电能表时，必须反复协调两者间的关系才能收到良好的调整效果。

四、满负荷误差调整装置

在电能表转动时，切割永久磁铁产生的磁通 Φ_{res}，会产生制动力矩 $M_{res} = K_{res} \Phi_{res}^2 h_{res} n$，同时，圆盘上还有产生驱动力矩的三个磁通 Φ_U、Φ_1、Φ'_1，圆盘切割它们，同样会产生阻碍圆盘转动的力矩，人们把切割电压工作磁通产生的力矩叫做电压抑制力矩，即

$$M_U = K_U \Phi_U^2 n$$

式中　K_U——电压抑制力矩常数；

　　　n——圆盘转动速度，r/s。

同理，圆盘切割电流工作磁通 Φ_1 产生的电流抑制力矩为

$$M_I = K_I \Phi_I^2 n$$

式中　K_I——电流抑制力矩常数。

不难看出，M_U 和 M_I 的方向与制动力矩方向相同，与驱动力矩 M_d 相反。而且负荷电流 I 的变化，对电流抑制力矩 M_I 的影响大一些。因电流由某一数值变化到另一数值时，M_I 比 M_d 变化大，所以负荷的变化会因电流抑制力矩而引起附加误差，电流抑制误差 $\gamma_I =$

$-\dfrac{M_I}{M_d}\times100\%$。因 M_I 与 M_d 的方向总相反，所以 γ_I 应为负值。

在阐述电能表工作原理时，假设在理想情况下电能表圆盘上只有一对力矩平衡，即

$$M_d = M_{res}$$

但实际情况并非如此，圆盘上还附加了轻负荷补偿力矩 M_{com}，摩擦力矩 M_r，电压、电流抑制力矩 M_U 和 M_I，也就是说如果圆盘匀速转动，则必存在以下平衡关系

$$M_d + M_{com} - M_r = M_{res} + M_I + M_U$$

但一般由于抑制力矩的存在，其电流愈大影响愈大，如果个采取其他措施，很难达到上述平衡，因此，电能表中专门设置了满负荷调整，即在额定电压、标定电流和 $\cos\varphi=1.0$（有功电能表）或 $\sin\varphi=1.0$（无功电能表）的条件下，通过改变永久磁铁的制动力矩以改变圆盘转速。其目的是使圆盘转速和负荷功率成正比，这一调整叫满负荷调整。应该说明，改变永久磁铁的制动力矩，不仅对标定电流下的误差产生影响，而且对所有负荷点的误差都有影响，并且影响几乎

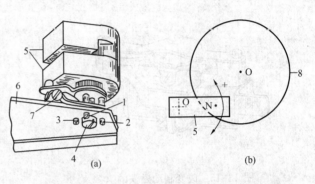

图 13-13　回转整个制动磁铁满负荷调整装置
(a) 结构图；(b) 原理示意图
1～3—平衡螺钉；4—固定螺钉；5—制动磁铁；
6—支架；7—调整螺钉；8—圆盘

是相同的，也就是满负荷调整可将电能表的误差特性曲线相对横坐标上下平移。

由制动力矩公式 $M_{res}=K_{res}\Phi_{res}^2 h_{res}n$ 可知，调整 M_{res} 有以下两种方法。

1. 改变制动力矩力臂 h_{res}

改变制动力矩力臂 h_{res} 可调整永久磁铁和圆盘轴心的相对位置。图 13-13 所示调整装置，就是借助于调整螺钉 7 来改变永久磁铁的轴向位置的。如果圆盘转速太慢，则可将永久磁铁移近轴心，以减小制动力矩。反之，则将永久磁铁外移。

2. 改变穿过圆盘的制动磁通量

改变穿过圆盘的制动磁通量可达到满载调整目的，有如下几种方式：

（1）改变制动磁铁的位置。图 13-14 示出了通过改变磁铁位置而改变磁通量的满负荷调整装置。松动固定螺钉 4，可用手拨动夹板 3 并带动永久磁铁 1 绕支点 5 转动。由于永久磁铁 1 是安装于圆盘的边缘位置，如图 13-14（b）所示。所以，如永久磁铁向圆盘边缘方向移动，则跨于圆盘的有效部分减少，穿过圆盘的有效

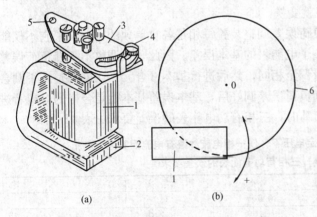

图 13-14　改变磁通量的满负荷调整装置
(a) 结构图；(b) 原理图
1—永久磁铁；2—磁轭；3—夹板；4—固定
螺钉；5—支点；6—圆盘

磁通量减小，故制动力矩减小使圆盘转速变快；如果永久磁铁向圆盘中心方向移动，则圆盘转速变慢。

（2）改变制动磁铁的气隙和加磁分路。图 13-15 示出了通过改变气隙（作为粗调）和加磁分路（作为细调）以改变磁通量的满负荷调整装置。松动固定螺钉 2，用手拨动回磁板 3 可实现圆盘转速的粗调；拧动细调螺钉 1 可实现圆盘转速的细调。

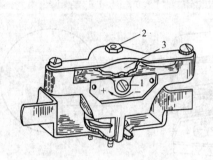

图 13-15　改变制动磁铁的
气隙和加磁分路
1—细调螺钉；2—固定螺钉；
3—回磁板

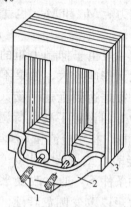

图 13-16　不平衡负荷
误差调整装置
1—调节螺杆；2—电压回磁
板；3—电压电磁铁

五、不平衡负荷误差调整装置

在三相电能表中，除了有单相电能表的那些调整装置外，各组驱动元件还配有不平衡调整装置。利用这种调整装置，将各组驱动元件在相同的负荷功率下的驱动力矩调到相等，以便在不对称的三相负荷或电压下运行时，使三相电能表各相误差不致超出允许范围。

不平衡负荷误差调整装置的结构如图 13-16 所示。调节螺杆 1 的调入和调出，可以改变电压电磁铁非工作磁通的大小。螺杆旋进时，非工作磁通增多，电压工作磁通 $\dot{\Phi}_U$ 减少，驱动力矩 M_d 减小，表就变慢，反之，表就变快。

应当指出，三相电能表的不平衡负荷误差调整装置每相是各自单独的，但调整它不仅能改变不平衡负荷的误差，同时也改变整个电能表的基本误差。因此，在调整不平衡负荷误差时，应先将各相的不平衡负荷误差尽量调至相同，然后进行基本（合元）误差调整，否则会越调越乱。在一般情况下，各相不平衡负荷误差调好后，基本误差基本上是合格的，或者进行一些轻微细调就可以了。在不平衡负荷时，三相有功电能表的误差要求见表 13-3。

表 13-3　不平衡负荷时（在对称三相额定电压下，任一相电流线路有电流而其他相电流线路中无电流）三相有功电能表的误差要求

负荷电流（标定电流的百分数,%）	每元件的功率因数	基　本　误　差　（%）		
		0.5	1.0	2.0
20～100	1	±1.0	±2.0	±3.0
100	0.5（感性）	±1.0	±2.0	±3.0

不平衡负荷的误差调整是在三相电压元件上加额定电压，被调整的那相电流回路有电流，而其他两相电流回路无电流的情况下进行的。

第三节　电能表检验方法

电能表作为计量电能生产和消费的量具，几乎对所有的生产和生活都有一定的影响。为保证正确计量，对于运行中的或准备投入使用的电能表必须依照相应的检验制度和规程进行定期检验。

一、电能计量装置的分类和检验周期

（1）《电能计量装置检验规程》（SD 109—1983）中对电能计量装置的分类，如表 13-4 所示。

表 13-4　　　　　　　　　　　　　　**电能计量装置的分类**

类别	计量对象	电能计量装置的准确等级		
		有功电能表	无功电能表	测量用互感器
第Ⅰ类	200MW 及以上发电机发电量；10000kVA 及以上变压器供电量；主网线损与 220kV 以上地区分界电量；月平均用电量 500 万 kWh 及以上计费用户	0.5	2.0	0.2
第Ⅱ类	100MW 以下发电机发电量；发电厂总厂用电量及供电量；月平均用电量 100 万 kWh 及以上计费用户	1.0	2.0	0.5
第Ⅲ类	月平均用电量 100MWh 及以上的计费用户；315kVA 及以上变压器的计费用户	1.0	2.0	0.5
第Ⅳ类	315kVA 以下变压器低压计费用户；其他非计费的计量	2.0	3.0	0.5
第Ⅴ类	单相供电的电力用户计费用电能计量装置			

（2）检验项目。投入使用前的电能表，必须在试验室经过下列项目的检验：

1）直观检验；

2）启动试验；

3）潜动试验；

4）基本误差的测定；

5）绝缘强度试验；

6）走字试验；

7）其他项目的试验（如需量表的需量部分以及分时电能表的特殊项目的检定）。

（3）电能表的检定周期和检定点。一般对于使用中的安装式电能表，检定周期为三年，携带式精密电能表在一般使用时检定周期为一年，经常使用时检定周期为半年或更短一些。

安装式电能表的基本误差检定点，如表 13-5 所示。

表 13-5　　　　　　　　　　　　**安装式电能表检定点**

被检电能表类别	$\cos\varphi=1$	$\cos\varphi=0.5$（感性）
	负荷电流（标定电流的百分数，%）	
普通单相有功电能表	10，50，100	20，100
宽负荷电能表（$I_{max}>2I_N$）	5，10，100，I_{max}	10（20）①，100，I_{max}

被 检 电 能 表 类 别	$\cos\varphi=1$		$\cos\varphi=0.5$（感性）
	负荷电流（标定电流的百分数，%）		
直接接入式三相有功电能表	5，10，100，150		10，50，100
经互感器和万用互感器接入的电能表	5，10，50，100（120）②		10，50，100

① 额定最大电流 I_{max} 大于 4 倍标定电流 I_N 时的宽负荷电能表，按括号内的电流值检定。

② 新生产的和可能在额定大负荷下运行的电能表，增加括号内检定点。

（4）电能表的现场检验项目，包括以下几方面：

1）在实际运行中测定电能表的基本误差；

2）检查电能表及互感器的二次回路连接是否正确；

3）检查计量差错（包括倍率等）以及不合理的计量方式。

二、电能表的校验方法

电能表的基本误差测试过程，叫做校验。校验通常采用"标准表法"和"瓦秒法"进行。

1. 标准表法

标准表法是将被校表和标准电能表接入同一电路直接比较两者测量结果，从而确定被校表的误差。基本误差计算公式为

$$\gamma=\frac{W_m-W_r}{W_r}\times100\%=\frac{\dfrac{N}{C_m}-\dfrac{n_r}{C_r}}{\dfrac{n_r}{C_r}}\times100\%=\frac{\dfrac{C_rN}{C_m}-n_r}{n_r}\times100\%$$

$$=\frac{N_r-n_r}{n_r}\times100\%$$

$$N_r=\frac{C_r}{C_m}\times N$$

式中　N——校表时，被校电表的选定圆盘转数，r；

　　C_m——被校电能表铭牌常数，r/kWh；

　　C_r——标准电能表铭牌常数，r/kWh；

　　n_r——标准电能表的实测转数，r；

　　N_r——被校电能表的折算转数。

在实际校表中，当考虑到校验时的接线方式及标准表和被校表是否经互感器接入等因素，还需将 N_r 乘以一个系数 K，于是上式变为

$$N_r=\frac{C_r}{C_m}\times NK$$

系数 K 又按下述公式计算

$$K=\frac{1}{K_{Im}K_{vm}K_{Ir}K_{Ur}K_{con}}$$

式中　K_{Im}、K_{vm}——被校电能表铭牌上标注的电流、电压互感器的额定变比；

　　K_{Ir}、K_{Ur}——与标准电能表连接的标准电流、电压互感器的额定变比；

　　K_{con}——接线系数，由校验接线方式决定。

【**例 13-1**】 如图 13-17 所示，用标准电能表校验 220V、10A 单相电能表，标准电能表所用标准电压互感器变比为 220/100V，电流互感器变化为 10/5A，标准表铭牌常数为 1800r/kWh，被校表铭牌常数为 2000r/kWh，在被校表负荷为 10Λ 时，标准表转数测得为 1.01r，求此负荷下被校表转 5r 时的误差。

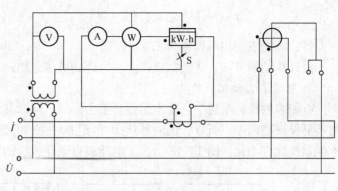

图 13-17 标准表法接线

解 据题意，被校表为直接接入式，而标准表需经变比分别为 220/100V、10/5A 的电压、电流互感器扩大量程接入电路，又单相有功电能表接线系数 $K_{con}=1$，所以被校表的折算转数为

$$N_r = \frac{C_r N}{C_m K_{Ir} K_{Ur} K_{con}} = \frac{1800 \times 5}{2000 \times 2.2 \times 2 \times 1} = 1.02(r)$$

被校表误差为

$$\gamma = \frac{N_r - n_r}{n_r} \times 100\% = \frac{1.02 - 1.01}{1.01} \times 100\% = 0.99\%$$

答：被校表转 5r 时的误差为 0.99%。

2. 瓦秒法

此方法是在一定的功率下，用秒表测定电能表转动一定的转数所需的实际时间 t，然后和计算出来的时间 T 相比较，以判断电能表误差的大小。

如果校验时，标准瓦特表的读数是 P（W），被校电能表的常数 C_m（$C_m = \frac{N}{W}$，r/kWh），则圆盘转过 N（r）；对应的时间 T 应为

$$T = \frac{W}{P} = \frac{N}{C_m P}$$

时间量纲一般用 s，所以上式可化为

$$T = \frac{N \times 3600 \times 1000}{C_m P}$$

式中 T——被校表的理论时间，也叫算定时间，s；

P——标准功率表的读数，W。

如果由标准秒表测定的实际时间为 t，则相对误差为

$$\gamma = \frac{T - t}{t} \times 100\%$$

【**例 13-2**】 已知被校电能表的准确度等级为 2.0，铭牌常数为 2000r/kWh。在校验时，功率表的读数为 1000W，用秒表记录 20r 的时间为 35.5s，求其相对误差。

解 铝盘转过 20r 的理论时间

$$T = \frac{N}{C_m P} \times 3600 \times 1000 = \frac{20 \times 3600 \times 1000}{2000 \times 1000} = 36(s)$$

故电能表的相对误差为

$$\gamma = \frac{T-t}{t} \times 100\% = \frac{36-35.5}{35.5} \times 100\% = 1.41\% < 2\%$$

答：电能表的相对误差为 1.41%。

由计算结果可知，该负荷点误差在容许的范围之内。

3. 电能表自动化校验

电能表的校验项目中，基本误差是最主要的，同时其调整也是最费时间的，而且手工操作不易保证准确度。所以，国内外从 20 世纪 60～70 年代开始投入使用自动校验装置，使基本误差校验自动化。图 13-18 示出了电能表自动化校验的原理框图。

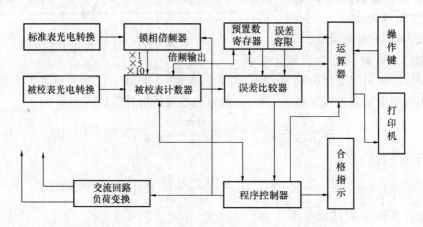

图 13-18　自动校表台的程序控制及数据处理部分原理方框图

我国从 20 世纪 70 年代中期开始陆续试制投运了一些用数字逻辑电路组成按固定程序运行的自动校验装置。这些装置的共同特点是使基本误差试验全部按预定程序自动进行，并自动判断合格与否。

自动化校验的关键，是将圆盘转数转化为脉冲数进行比较，这样基本误差计算式变为

$$\gamma = \frac{m_r - m}{m} \times 100\%$$

$$m_r = \frac{C_r}{C_m} KNa$$

$$K = \frac{1}{K_{Ir} K_{Ur} K_{Im} K_{Um} K_{con}}$$

上两式中　m_r——被校电能表算定脉冲转数，也叫预置数；

　　　　m——标准电能表实际脉冲数；

　　　　C_r——标准电能表铭牌常数，r/kWh；

　　　　C_m——被校电能表铭牌常数，r/kWh；

　　　　K——系数；

　　　　N——校表时，选定的被校电能表圆盘转数，r；

　　　　a——标准电能表圆盘每转发出的脉冲数。

【例 13-3】　被校电能表参数为：3×380/220V，3×5A，三相四线有功电能表，$C_m = 450$r/kWh，$C_r = 7200$，$a = 1000$，取 $N = 1$。若在标定电流下测得标准电能表实际脉冲数为 72103，求此负荷点被校表的误差。

解　$K = \dfrac{1}{K_{\text{Im}} K_{\text{Um}} K_{\text{Ir}} K_{\text{Ur}} K_{\text{con}}} = \dfrac{1}{\dfrac{5}{5} \times \dfrac{220}{100} \times 1 \times 1}$

被校表的算定脉冲数为

$$m_r = \frac{7200 \times 1 \times 10^4}{450 \times 2.2 \times 1 \times 1} = 72727$$

所以通入 I_N 电流时，被校表的误差为

$$\gamma = \frac{m_r - m}{m} \times 100\% = \frac{72727 - 72103}{72103} \times 100\% = 0.87\%$$

答：此负荷点被校表的误差为 0.87%。

复习思考题

1. 影响电能表轻负荷误差的主要因素是什么？试述轻负荷补偿装置的作用和原理。

2. 何谓电能表的潜动？产生潜动的原因有哪些？如何限制潜动？

3. 略述电能表定期校验的目的，校验的内容有哪些？

4. 无过负荷补偿装置的电能表，长期在过负荷状态下运行，用户要多付电费还是少付电费？为什么？

5. 写出单相电能表的转矩平衡方程式，说明各转矩的性质。

6. 某照明用户的电能表无过热补偿装置，长期在过热状态下运行，用户要多付电费还是少付电费？为什么？

7. 无电压补偿的电能表，长期在电压不足的电网上运行，电能表是多计电量还是少计电量？为什么？

8. 何谓电能表灵敏度？如何提高灵敏度？

9. 何谓标准表法？说明算定转数的物理意义。

10. 某单相电能表，常数为 3750r/kWh，$U_N = 100\text{V}$，$I_N = 10\text{A}$。当在额定负荷 $\cos\varphi = 1$ 的条件下用瓦秒法校验时，圆盘转 10r 用 9.55s，求被校表误差。

11. 用两只单相标准有功电能表校验 DX1 型无功电能表。被校表铭牌数据为 $U_N = 380\text{V}$，$I_N = 10\text{A}$，$C_m = 400\text{r/kWh}$。标准电能表铭牌数据为 $U_N = 100\text{V}$，$I_N = 1\text{A}$，$C_r = 1800\text{r/kWh}$。校验时，被校表圆盘转 10r，标准表圆盘转数分别为 1.06r 和 1.07r，若两只标准表的平均误差为 0.5%，求被校表误差。

12. 用光电校表法校验某单相电能表。已知标准表常数为 900r/kWh，标定电流为 5A，圆盘一周有 250 个小孔；被校表常数为 1200r/kWh，标定电流为 5A。在额定负荷下，当被校表圆盘转 5r，标准电能表发出的实际脉冲数为 445，求被校表误差。

第十四章 电能计量装置错误
接线及其更正

chapter 14

第一节 电 能 表 错 误 接 线

经过校验的电能计量装置,其基本误差可以不超过百分之几,但错误接线可能使计量误差达 100%,所以正确的接线是最终保证电能计量准确的必要条件。

电能计量装置的错误接线种类一般可分为以下三大类:

(1) 电压回路和电流回路发生短路或断路。

(2) 电压互感器和电流互感器极性接反。

(3) 电能表元件中没有接入规定相别的电压和电流。

电能计量装置接线发生错误后,电能表的圆盘转动现象一般可分为正转、反转、不转和转向不定四种情况。

以下重点分析三类错误中几种常见错误接线引起的后果并讨论分析方法。

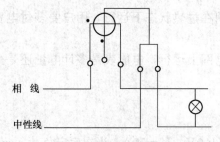

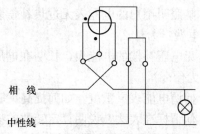

图 14-1 电压钩子打开   图 14-2 电流线圈的进线反接

一、电压钩子打开

如图 14-1 所示,当电压线圈与电流线圈间的连接片(俗称电压钩子)打开时,电压线圈上无电压,由驱动力矩 $M_d = K_d UI \cos\varphi$,得 $M_d = 0$,圆盘不转。

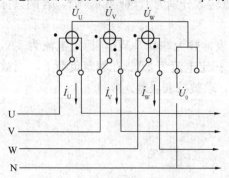

图 14-3 电能表电压线圈中性点
与电路中性线断开

二、电流线圈的进线反接

如图 14-2 所示,由于同名端反接,所以电能表反转。这时,虽然可用首次抄表示数减去末次抄表示数计算电量,但很不准确。因为,当圆盘反转时,补偿力矩的方向仍为原来的方向,因此会产生很大的负误差,有时误差可达 −10% 或 −20%。

三、三相四线电能表电压线圈中性点与电路中性线断开

如图 14-3 所示,当三相电压不对称时,中性线断开后将在电压线圈中性点与中性线 N 之间产生

172

电压差 U_0，如果中性线电流不等于零（$I_N \neq 0$），则电能表反映的功率要比实际功率少 ΔP，即

$$\Delta P = U_0 I_N \cos\varphi_N$$

$$\varphi_N = \operatorname{arctg} \frac{\dot{U}_0}{\dot{I}_N}$$

所以电能表的计量误差为

$$\gamma = -\frac{\Delta P}{P} = \frac{-U_0 I_N \cos\varphi_N}{U_U I_U \cos\varphi_U + U_V I_V \cos\varphi_V + U_w I_w \cos\varphi_w} \times 100\%$$

由上述分析可知，只有当电路的中性线电流等于零时发生中性线断路，电能表才能够正确计量，而实际三相四线电路中，$I_N = 0$ 的情况极少。因此，在进行三相四线电能表接线时，中性线一定要接牢，并尽量减小接头处的接触电阻，以保证计量的准确度。

四、三相三线有功电能表 U 相电流互感器极性接反

错误接线如图 14-4（a）所示，为分析方便，画出错误接线下的相量图，并假设三相电压、电流均对称，得

第一元件反映功率

$$P_1 = U_{uv} I_u \cos\ (150° - \varphi)$$

第二元件反映功率　　　　　　$P_2 = U_{wv} I_w \cos\ (30° - \varphi)$

三相电能表反映的总功率

$$P = P_1 + P_2 = UI\cos(150° - \varphi) + UI\cos(30° - \varphi)$$

$$= 2UI\sin 30° \sin\varphi$$

$$= UI\sin\varphi$$

因此，电能表反映的总功率与三相负荷总功率 $\sqrt{3}UI\cos\varphi$ 不成正比，圆盘的转速和转动方向与 $\sin\varphi$ 有关。

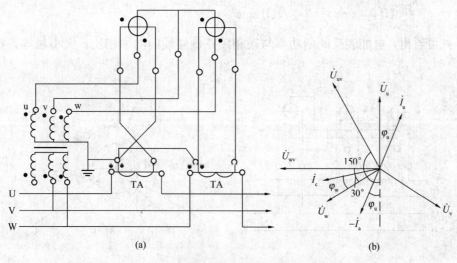

图 14-4　电能表 U 相电流互感器极性接反

（a）接线图；（b）相量图

173

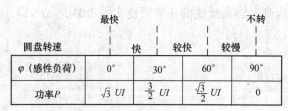

圆盘转速	最快	快	较快	较慢	不转
φ（感性负荷）	0°	30°	60°	90°	
功率P	$\sqrt{3}\,UI$	$\dfrac{3}{2}UI$	$\dfrac{\sqrt{3}}{2}UI$	0	

图 14-5　正常接线时圆盘转速、
功率与 φ 的关系

正确接线时电能表反映的功率 $P=\sqrt{3}\times UI\cos\varphi$，图 14-5 示出了此时圆盘转速、功率与 φ 的关系。

错误接线电能表反映的功率 $P=UI\sin\varphi$，图 14-6 示出了此时圆盘转速、功率与 φ 的关系。

在以上各式中，U 为线电压有效值，I 为线电流有效值。

由以上分析可知，在 U 相电流互感器极性接反的情况下，只有当负荷功率因数值为 1/2（$\varphi=60°$）时才能正确计量，而在其他数值时均不能正确计量，并且当负荷为容性时，圆盘还会反转。

五、三相四线无功电能表相序接反

在校表时，一般都在正相序、正转情况下进行，因此要求实际使用时，电能表也必须在正相序情况下，按规范化接线方式接入。图 14-7 中由于相序由 U-V-W 变为 W-V-U，于是电能表的接线方式变为

圆盘转速	不转	慢	较慢	快	最快
阻抗角 φ	0°	30°	60°	90°	
功率P	0	$\dfrac{1}{2}UI$	$\dfrac{\sqrt{3}}{2}UI$	UI	

图 14-6　错误接线时圆盘转速、
功率与 φ 的关系

第一元件为 $\dot{U}_{\mathrm{VU}}\dot{I}_{\mathrm{U}}$；

第二元件为 $\dot{U}_{\mathrm{UW}}\dot{I}_{\mathrm{V}}$；

第三元件为 $\dot{U}_{\mathrm{WV}}\dot{I}_{\mathrm{W}}$。

为分析方便，假设电路完全对称，则电能表反映的电功率为

$$Q=\frac{\sqrt{3}}{3}\left[U_{\mathrm{VU}}I_{\mathrm{W}}\cos(90°+\varphi)+U_{\mathrm{UW}}I_{\mathrm{V}}\cos(90°+\varphi)+U_{\mathrm{WV}}I_{\mathrm{U}}\cos(90°+\varphi)\right]$$

$$=\frac{\sqrt{3}}{3}\left[3UI(-\sin\varphi)\right]=-\sqrt{3}UI\sin\varphi$$

由上式可看出，电能表反映的功率与正相序正确接线的功率相比，大小相等，符号相

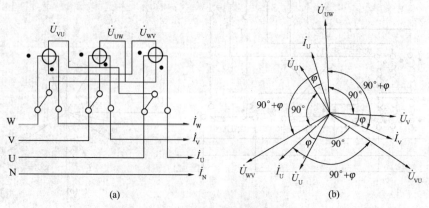

图 14-7　三元件无功电能表相序反接
(a) 接线图；(b) 相量图

反，即电能表圆盘反转，这会产生计量误差。虽然这时可以用前一次抄见读数减去后一次抄见读数之差，作为一个抄表周期内的无功电量，但是由于电能表都是在正相序（正转）条件下校验的，所以必然产生计量误差。因此，必须对错误接线予以更正。

第二节　电能表接线检查

一、接线检查意义

有人把电能计量装置比作电力部门销售电能的一杆秤，那么对电能计量装置的根本要求是"准确"两字。因为电能计量装置计量的准确性与节约用电、计划用电、提高经济效益有着密切的关系。准确的电量数据是发展生产、制订国民经济计划不可缺少的重要依据。因此，必须千方百计地做到正确计量。具体应做到以下几点。

（1）电能表、互感器的误差要合格。

（2）互感器的变比、极性、组别以及电能表的倍率要正确。

（3）电能表的铭牌数据与线路的电压、电流、频率、相序等应符合。

（4）电流、电压互感器的二次负荷应不超过其铭牌上规定的额定值；电压互感器二次导线电压降应不超过额定电压的$\pm 0.5\%$。

（5）根据线路实际情况合理选择接线方式。

（6）接线要正确。否则，即使电能表和互感器本身准确度很高，也会出现百分之几甚至百分之几百的误差，或出现圆盘不转或反转的特殊情况，甚至会发生仪表损坏或人身伤亡事故。

接线是否正确，必须采取一定的测试手段，进行必要的检查才能判断。仅仅根据电能表圆盘转速或转向的变化来判断接线的正确性是不行的。因为，从电能表的工作原理及接线分析中我们知道，对有功电能表，在接线正确情况下，只要有功功率传送方向没变，则不论相序如何，也不论负荷为感性还是容性，电能表圆盘都是正转的。但是，当功率传送方向发生变化，或系统中的大型电动机因超速变为发电机运行而向系统回送电能时，则电能表圆盘要反转，这仍然是正常现象。又例如，用两只或三只单相电能表计量三相三线电路或三相四线电路有功电能时，如果在相间接有像电焊机等功率因数较低的负荷时，则其中某个单相电能表圆盘可能会反转，这也是正常现象。

对于无功电能表，其圆盘的转向除了与功率传送方向有关外，还与负荷的性质及相序有关。例如，带附加电流线圈的无功电能表和$60°$型无功电能表在正相序接线下负荷变为容性，或在逆相序接线下负荷变为感性，电能表圆盘都要反转，这是正常现象而不是接线错误。另外，在同一线路中有功功率和无功功率的传送方向有时是不同的，因此在同一线路中的有功和无功电能表圆盘转向不同也是正常现象。所以，不能以有功、无功电能表圆盘转向不同判断电能表的接线有无错接。

在电力系统和电力用户中，错误接线是经常发生的事。其主要原因大多是由于工作人员的疏忽和不熟悉所致。此外，还有回路端子混乱不清、图纸错误或没有图纸、互感器极性和组别不对以及运行方式的改变等种种原因。单相电能表由于仅有一组电磁元件，且大多数是直接接入的低压小用户，其接线简单，差错少，影响也小，若接线有错误易发现，也易改正。至于三相电能表，尤其是经过电流和电压互感器二次端子接入的三相三线电能表，则比较容易发生接线错误，其影响也严重，而且一般不易判断，因此重点研究三相三线电能表的接线。

二、停电检查内容和方法

停电检查就是在电能表非计量状态下，对其接线是否正确所进行的检查。电能计量装置在安装竣工后或检修后重新投入运行之前都要进行停电检查。停电检查的主要内容及其方法如下。

（一）互感器极性和变比试验

1. 互感器极性试验

（1）直流法。直流法检查互感器极性的接线，如图 14-8 所示。在图 14-8（a）中，电压互感器一次侧施加 1.5～12V 的直流电压，二次侧接入一小量限直流电压表，或万用表直流电压档的适当量限。当开关 S 接通电源的瞬间，若仪表指针向正方向偏转，则一次绕组接电源正极的端头与二次绕组接仪表正极的端头为同极性端子。应注意，当开关瞬间断开时，电压表或电流表指针指向与开关瞬间接通时恰好相反。

（2）交流法。此法主要用于检查电压互感器的极性，其接线如图 14-9 所示。在一、二次侧各选一端子，把它们用导线连接起来，然后在一次侧中加以适于测量的交流电压，并用电压表测量没有连接的两个端头之间的电压。若测得的电压为一、二次电压之差，则互感器为减极性；若测得的电压为一、二次电压之和，则互感器为加极性。

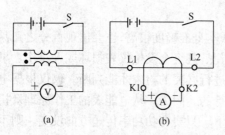

图 14-8　直流法检查互感器极性

（a）试验电压互感器极性；
（b）试验电流互感器极性

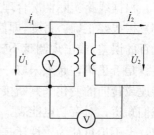

图 14-9　交流法检查电压
互感器极性

（3）比较法。用比较法检查互感器极性，通常是与测量互感器误差同时进行，测量接线原理如图 14-10 所示。在图 14-10 中，TA 与 TV 为标准互感器，其极性为已知，KZ 为极性指示器。若被测互感器与标准互感器极性不一致，则在调节电源调压器使其输出增加的过程中，差流回路中的电流 $\Delta \dot{I}$ 较大，所以极性指示器动作；若两者极性一致，则极性指示器不动作。

应指出，采用比较法检查互感器极性时，被试互感器与标准互感器的变比必须相同。

2. 互感器变比试验

互感器的变比试验在无特殊要求时，可不单独进行，因为在检查极性的同时一般都要测定变比。如需单独测定变比，可将电压互感器或电流互感器的一次侧（或二次侧）加以适合测量的电压或电流，然后测出其二次侧（或一次侧）的电压或电流，便可求出变比。这就是双电压（电流）表法。

（二）三相电压互感器接线组别试验

三相电压互感器或三台单相电压互感器组成三相互感器组时，三相绕组之间的连接关

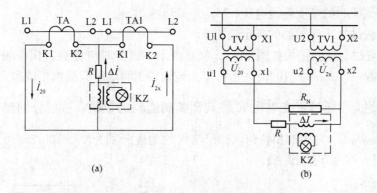

图 14-10 用比较法检查互感器极性的接线原理

(a) 检查电流互感器极性；(b) 检查电压互感器极性

系，同变压器一样可出现 12 种接线组别。国家标准规定，第 12 组为标准接线组别。组别试验可采用以下三种方法中的任何一种。

(1) 直流法。试验三相电压互感器组别接线，如图 14-11（a）所示。试验方法为：先将一直流电压（1.5～3V）瞬间接入高压侧的 UV 端，然后记录接在低压侧 uv 端、vw 端和 uw 端的直流毫伏表指针摆动方向，正摆动记为"＋"，反摆动记为"－"。然后将直流电压依次瞬间接入高压侧 VW 端和 UW 端，同样记录接在低压侧三只毫伏表指针的摆动方向。最后将记录的 9 个测量结果与判断组别的表格所列结果相对照，便可确定被试互感器的接线组别。

表 14-1 列出了两种接线组别的测量结果。

表 14-1   **用直流法判断三相电压互感器接线组别表**

接 线 组 别	高压侧通电的组别	低压侧电压表接法及表针摆动方向		
		u(+)、v(−)	v(+)、w(−)	u(+)、w(−)
Yy0	U(+)、V(−)	+	−	+
	V(+)、W(−)	−	+	+
	U(+)、W(−)	+	+	+
Yy6	U(+)、V(−)	−	+	−
	V(+)、W(−)	+	−	−
	U(+)、W(−)	−	−	−

(2) 交流法。试验接线如图 14-11（b）所示。先将已标出的一次侧 U 端与二次侧 u 端用导线连接起来，然后在一次侧加以适于测量的对称三相交流电压（一般不超过 400V）。然后用电压表测出电压 U_{Vv}、U_{Ww}、U_{Vw}、U_{Wv}。最后，根据测得的电压值绘制相量图，或将测得的电压值与计算结果相比较，便可判断被试电压互感器的组别。例如，组别为 Yy0 的计算公式为

$$U_{Vv} = U_{Ww} = U_2(K_{UN} - 1)$$

$$U_{Vw} = U_{Wv} = U_2\sqrt{K_{UN}^2 - K_{UN} + 1}$$

式中 U_2——试验时的二次侧线电压，V；

K_{UN}——被试电压互感器的额定变比。

（3）相位表法。试验接线如图 14-11（c）所示。试验时应注意，相位表上的极性标志应与电压互感器一、二次绕组的极性相对应。施加的试验电压应根据相位表允许的电压量限来确定。电流的大小通过可变电阻 R 将其调整到适当的数值，然后分别测量 $\dot{U}_{UV}$ 与 $\dot{U}_{uv}$、$\dot{U}_{UV}$ 与 $\dot{U}_{vw}$、$\dot{U}_{UV}$ 与 $\dot{U}_{wu}$ 之间的相位角，如果测得的角度分别为 0°、120°、240°，则说明接线组别为第 12 组（即为 Yy0 接法）。

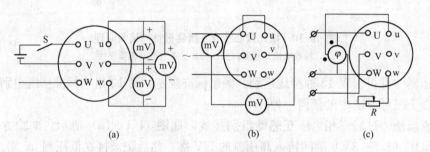

图 14-11 试验三相电压互感器组别的方法
(a) 直流法；(b) 交流法；(c) 相位表法

（三）核对端子标志

（1）核对组别。在电力系统中是以黄、绿、红三种颜色来区别 U、V、W 三相的相别的，所以在进行电能表接线时，应首先据此核对电压（电流）互感器一次绕组的相别是否与系统相符。然后根据电流互感器一次侧接线端子的电源线、负荷线及电流互感器的极性标志，来确定由电流互感器到电能表接线端子之间的连接导线的相别及其对应的标号。

（2）核对标号。先从电压（电流）互感器二次端子到表盘的端子排，再到电能表接线盒间的所有接线端子，都有专门的标志符号，而且这些符号还要同样标记在二次回路的接线图中，以供接线或检查接线时核对。例如，符号 ITA$_U$ 是代表第一组电流互感器 U 相，它应同时标在电流互感器 U 相二次引出导线的端头、电能表 U 相引出线的端头以及端子排的接线端头上。

（四）二次导线导通试验

竣工检查或停电检修都要通过导通试验检查二次导线连接是否正确，是否接通，其试验方法可采用图 14-12 所示的万用表法或电池、灯泡法。在图 14-12 中，将电缆线两头线端拆

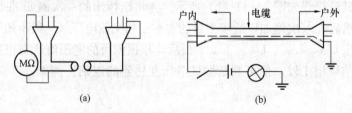

图 14-12 二次导线导通试验
(a) 万用表法；(b) 电池、灯泡法

开，再将户外每个线端分别接地或接电缆铅皮，户内每个线端也依次接地或接铅皮。当接于线路的万用表（放在欧姆档上）有指示或小灯泡发亮时，则对应的那相端头为同相。试验操作需两个人，当两人距离较远时可用电话联系。

（五）二次导线绝缘试验

电能表接线不仅要求二次导线连接要正确，而且要求各导线以及导线对地之间均应有良好的绝缘。一般二次导线的绝缘电阻应不低于 10MΩ。测定绝缘电阻可用 500V 或 1000V 绝缘电阻表。

三、带电检查电压回路的接线

带电检查就是电能表在计量状态下对其接线是否正确所进行的检查。带电检查的前提是电能表内部接线要正确。带电检查的主要内容如下：

（1）检查互感器本身的接线是否正确；

（2）检查互感器与电能表之间的接线是否正确。

（一）检查电压互感器接线的正确性

主要是检查电压互感器一、二次侧有无断线或极性反接。检查方法是用一只 250V 的交流电压表依次测量二次侧各线间电压，然后根据测得的电压值、接线方式、二次负荷情况等判断接线的正确性。例如，测得二次电压 $U_{uv}=U_{vw}=U_{wu}=100V$，说明电压互感器无断线（或熔丝熔断）和极性反接情况；若测得的三个电压数值不相等，则说明接线有错误。

1. 二次侧断线的判断

在不带负荷的情况下测量二次线电压时，u、v、w 相间依次测量三次，其中两次为 0V，一次为 100V，则一定是二次侧发生了断线（包括熔丝熔断）故障。这个结论对 V 形和 Y 形接线的电压互感器都是正确的，其断线情况如下：

$U_{vw}=100V$，$U_{uv}=U_{wu}=0V$，则 u 相断线；

$U_{wu}=100V$，$U_{uv}=U_{vw}=0V$，则 v 相断线；

$U_{uv}=100V$，$U_{vw}=U_{wu}=0V$，则 w 相断线。

2. 一次侧断线的判断

当一次侧发生断线时，在二次侧测得的电压数值与互感器的接线方式及断线相别有关，具体情况如表 14-2 所示。

表 14-2　　　　　一次侧断线时二次电压数值

一次侧断线相别	接 线 方 式	二次电压数值（V）		
		U_{uv}	U_{vw}	U_{wu}
U 相	V 形接线	0	100	100
	Y 形接线	57.7	100	57.7
V 相	V 形接线	50	50	100
	Y 形接线	57.7	57.7	100
W 相	V 形接线	100	0	100
	Y 形接线	100	57.7	57.7

3. 极性反接的判断

若极性反接，则在互感器二次侧测得的电压数值与互感器的接线方式及极性反接绕组的相别有关，现举例说明。

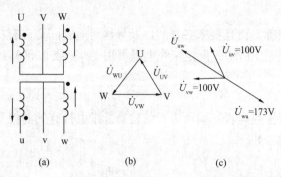

图 14-13　V 形接线 W 相极性接反
(a) 接线图；(b) 一次侧相量图；
(c) 二次侧相量图

（1）互感器为 V 形接线，且 W 相二次绕组极性接反，其接线及相量图如图 14-13 所示。在图 14-13 中，当 W 相二次绕组极性接反时，则电压 $\dot{U}_{vw}$ 与 $\dot{U}_{VW}$ 相位差为 $180°$，所以

$$\dot{U}_{uw} = -\dot{U}_{vw} = \dot{U}_{uv} + \dot{U}_{vw}$$

$$U_{wu} = \sqrt{3}U_{uv} = \sqrt{3}U_{vw} = \sqrt{3} \times 100 \approx 173 \text{ (V)}$$

也就是说，电压 U_{wu} 不等于 100V 而是增加了 $\sqrt{3}$ 倍。总之，只要测得的三个二次电压中有一个增加了 $\sqrt{3}$ 倍，就说明有极性接反的情况。

（2）互感器为 Y 形接线，且二次绕组 u 相极性接反。其接线和相量图如图 14-14 所示。在图 14-14 中，二次绕组 u 相极性接反，则电压 $\dot{U}_u$ 与 $\dot{U}_U$ 相位差为 $180°$，所以

$$\dot{U}_{uv} = -\dot{U}_u - \dot{U}_v$$

$$U_{uv} = U_u = U_v = \frac{100}{\sqrt{3}} \approx 57.7(\text{V})$$

$$\dot{U}_{wu} = \dot{U}_w - (-\dot{U}_u)$$

$$U_{wu} = U_w = U_u = \frac{100}{\sqrt{3}} \approx 57.7(\text{V})$$

$$\dot{U}_{vw} = \dot{U}_v - \dot{U}_w$$

$$U_{vw} = \sqrt{3}U_v = \sqrt{3}U_w = \sqrt{3} \times 57.7 = 100(\text{V})$$

以上说明，当 u 相二次绕组极性接反，则与 u 相有关的二次线电压变为原来的 $1/\sqrt{3}$，所以只要测得的二次线电压中有两个变为 57.7V，则说明有极性接反的情况。

按照上述同样的分析方法可知，当 v 相极性接反时，则 $U_{uv} = U_{vw} = 57.7\text{V}$，$U_{wu} = 100\text{V}$；当 w 相极性接反时，则 $U_{vw} = U_{wu} = 57.7\text{V}$，$U_{uv} = 100\text{V}$。

（二）确定接地点和相别

1. 确定有无接地的方法

在电力系统中，电压互感器和电流互感器的二次侧均应进行安全接地，在变电所中多采用中性点接地，在发电厂中简化同期系统多采用 v 相接地。确定是否安全接地，可将电压表（或万用表电压档）的一端接地，另一端分别接向电能表的三个电压端子。

（1）若电压表三次均指示零，则说明无安全接地（无论 V 形接线还是 Y 形接线）。

（2）若电压表两次指示 100V，一次指示零，则说明指零的一相接地，且接地相大多是 v 相。

（3）若电压表三次均指示 $100/\sqrt{3}$ V，则说明三相电压互感器是星形接线，且二次侧是在中性点接地。

2．确定 v 相的方法

在检查有无接地时已初步能定出 v 相，为了进一步确定接向电能表电压端子的相别，可采用下列几种方法之一来判断：

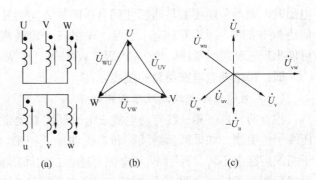

图 14-14　Y 形接线 u 相极性接反
(a)接线图；(b)一次侧相量图；(c)二次侧相量图

（1）将电压表的一个端子接向已知相别的其他仪表的 v 相端子，电压表的另一端子依次接向电能表的三个电压端子，则电压表指示零的一相便是 v 相。

（2）若已知电压互感器二次侧 v 相端子，可将电压表的一个端头通过足够长的导线接向电压互感器的 v 相端子，电压表的另一端子依次接向电能表的三个电压端子，电压表指示零的一相即为 v 相。

（3）在条件允许的情况下，可断开电压互感器一次侧 V 相电压，然后测量其二次线电压，若测出两个 50V（或 57.7V），一个 100V，则电压为 100V 的两个端子分别为 u 相和 w 相，剩下的端子则一定是 v 相。

（三）检查相序

确定 v 相电压后，不等于相序已被确定，而相序对电能表特别是对无功电能表的正确计量有直接关系，因此，还必须进一步确定相序。检查相序可采用以下方法。

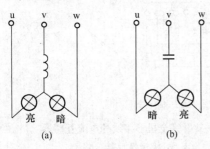

图 14-15　用电感（电容）灯泡法检查相序示意图
(a) 电感灯泡法；(b) 电容灯泡法

1．电感（电容）灯泡法

如图 14-15 所示，先将电感（电容）和两只灯泡接成星形，然后接到电压互感器的二次端子或电能表的电压端子上。当两只灯泡的亮、暗顺序如图 14-15（a）和（b）所示时，则为正相序，反之，则为逆相序。需要注意，电感灯泡法与电容灯泡法中灯泡的亮、暗顺序是相反的。

上述方法是利用三相星形负荷不对称时，会造成中性点位移，因而发生相电压不对称的原理。因此，为使两只灯泡亮、暗有明显区别，灯泡的阻抗应等于电感（电容）的阻抗。

另外，由于定相别后 v 相是已知的，因此用上述方法检查相序时，可将电感（电容）接于 v 相。这样，在正相序情况下，当采用电感灯泡法时则灯亮的那相是 u 相，灯暗的那相是 w 相；当采用电容灯泡法时则灯暗的那相是 u 相，灯亮的那相是 w 相。

2．相序表法

相序表实质上就是定子绕组接成星形，转子为一轻质铝盘的小型三相异步电动机。当其绕组加以正序相电压时，则产生正序旋转磁场使铝盘顺时针方向旋转；当其绕组加以逆序相电压时，则产生逆序旋转磁场使铝盘逆时针方向旋转，因此可以检查出相序。应当指出，在使用相序表时，当将其标有 U、V、W 的三个出线端子分别接向电能表的三个电压端子时，可能出现三种接线顺序，即 U-V-W、W-U-V、V-W-U。这三种接线顺序均属正相序。

四、带电检查电流回路的接线

（一）电流回路断线或短路的判断

检查两元件三相三线有功电能表电流回路有无断线或短路，可分别断开 U 相和 W 相电压端子的引线，如果圆盘继续旋转，说明接线正确，无断线或短路；如果断开 U 相电压端子引线后圆盘不转，说明 W 相电流互感器二次回路有断线或短路；如果断开 W 相电压端子引线后圆盘不转，说明 U 相电流互感器二次回路有断线或短路。

采用上述方法应注意，当负荷功率因数为 0.5 时，U 相元件正常情况下就无转矩（圆盘不转）。为防止误判断，可在断开 W 相电压的同时，用 W 相电压代替 U 相电压，若圆盘仍不转，才能说明 U 相电流回路有断线或短路；若圆盘有明显反转，则说明 U 相电流回路无断线或短路。

（二）极性反接的判断

1. 不完全星形接线

图 14-16 为不完全星形接线的电流互感器 W 相极性反接时接线图和相量图。在图 14-16 中，$\dot{I}_v = -(\dot{I}_u - \dot{I}_w) = \dot{I}_w - \dot{I}_u$，故 $I_v = \sqrt{3}I_u$ 或 $I_v = \sqrt{3}I_w$。若用电流表分别测量电流 I_u、I_v、I_w，当测得 u 相电流比其他两相约大 $\sqrt{3}$ 倍时，则说明有一组电流互感器极性接反了。

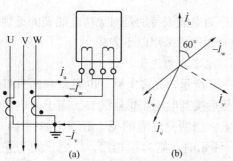

图 14-16　不完全星形接线的电流互感器
W 相极性反接
（a）接线图；（b）相量图

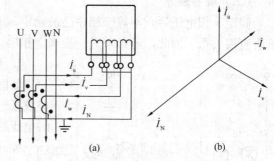

图 14-17　完全星形接线的电流互感器
W 相极性反接
（a）接线图；（b）相量图

2. 完全星形接线

图 14-17 为完全星形接线的电流互感器 W 相极性反接时接线图和相量图。在图 14-17 中，中性线电流 $\dot{I}_N = \dot{I}_u + \dot{I}_v + (-\dot{I}_w) = -2\dot{I}_w$。所以，若用电流表分别测量电流 I_u、I_v、I_w 和 I_N，所测得的中性线电流 I_N 比三相相电流约大 2 倍时，则说明有一组电流互感器极性接反了。

应当指出，当两组（或三组）电流互感器极性全部反接，则用测电流法是无法判断的，那时只有用后面将介绍的六角图法判断了。

（三）有无接地的判断

电流互感器二次侧有无安全接地，可用电压表检查。其方法为：将电压表的一个端子接向电压互感器二次侧未接地的端子，另一端子接向电流互感器的二次端子。当电压表有指示（指示 100V）时，说明电流互感器二次侧有接地；当电压表无指示（指示 0V）时，说明电流互感器二次侧无接地。

为了进一步判断接地是否正确，可用电流表检查。其检查方法为：将电流表的一个端子接地，另一个端子依次接向电能表的电流端子。当电流表无指示且圆盘转速无变化时，则说明该端子是接地的；当电流表有指示且圆盘转速变慢时，则说明该端子是不接地的。

这里还要强调指出，在带电检查电压回路和电流回路接线时，一定要严格遵守电能表安装现场的安全工作制度，要特别注意防止因检查接线而造成电压互感器二次绕组短路或电流互感器二次绕组开路。

五、实负荷比较法检查电能表接线

实负荷比较法也称核对法。此法是将电能表反映的功率(有功或无功)与线路中的实际功率相比较，以核对电能表接线是否正确。它的适用条件是负荷功率稳定，其波动小于±2%。

（一）核对有功电能表的接线

其方法是：用一只秒表记录电能表圆盘转 N（r）（如 10r）所需的时间 t（s），然后根据电能表常数（一次或二次常数）按式（14-1）求出负荷功率，即

$$P = \frac{3600N}{Ct} \times 1000 \tag{14-1}$$

式中　C——有功电能表常数（一次或二次常数），r/kWh。

再将求得的功率值与同一线路上功率表指示的功率值相比较。若两者近似相等，则说明电能表的接线正确。

【例 14-1】　一居民用户反映他家的单相电能表不准，抄表人员让其只点一盏 40W 的灯泡，用秒表测得：表转 2r 用了 1min39s。已知这块单相电能表铭牌上标有：2.0 级、220V、5（10）A、1800r/kWh，试计算并判断该电能表是否准确？

解　根据公式（14-1）可得电能表的算定时间为

$$T = \frac{3600 \times 1000 \times N}{C \times P} \quad \text{（s）}$$

则该单相表转盘转 2r，应该用的算定时间 T 为

$$T = \frac{3600 \times 1000 \times N}{C \times P} = \frac{3600 \times 1000 \times 2}{1800 \times 40} = 100 \text{（s）}$$

该单相表转盘转 2r，实际用的时间 $t = 99s$，则

该单相表相对误差 $\gamma = \frac{T-t}{T} \times 100\% = \frac{100-99}{99} \times 100\% = +1.0\%$

答：因为单相电能表等级为 2.0 级，而表的实际基本误差 $1.0\% < 2.0\%$，因此该单相表计量准确。

（二）核对无功电能表的接线

按上述同样方法记录无功电能表圆盘转 N（r）所需的时间 t（s），再根据式（14-2）求出功率，即

$$Q = \frac{3600N}{Kt} \times 1000 \text{（var）} \tag{14-2}$$

式中 K——无功电能表常数（一次或二次常数），r/kvarh。

将求得的无功功率值与同一线路上的无功功率表指示的无功功率值相比较，若两者近似相等，则说明无功电能表接线正确。

（三）核对负荷功率因数

根据上述方法求得的有功功率 P 和无功功率 Q，先求出

$$\tan\varphi = \frac{Q}{P}$$

再根据 $\tan\varphi$ 之值查表求出功率因数 $\cos\varphi$ 或 φ 角，将它们与同一线路的功率因数表或相位表的指示值相比较，若两者近似相等，则说明电能表接线正确。

六、用力矩法检查电能表接线

力矩法就是将电能表原有接线故意改动后，观察圆盘转速或转向的变化（即力矩的变化），以判断接线是否正确。下面着重介绍两元件三相三线有功电能表应用力矩法原理时的两种具体方法。

（一）断开 v 相电压法

1. 基本原理

图 14-18 为两元件三相三线有功电能表断开 v 相电压法时接线图和相量图，由图 14-18（b）可写出三相电压、电流对称时的功率表达式为

$$P = P_1 + P_2 = U_{UV}I_U\cos(30° + \varphi) + U_{WV}I_W\cos(30° - \varphi)$$
$$= \sqrt{3}UI\cos\varphi$$

当断开 v 相电压后，其相量图如图 14-18（c）所示，这时电能表反映的功率为

$$P' = P'_1 + P'_2$$
$$= \frac{1}{2}U_{UW}I_U\cos(30° - \varphi) + \frac{1}{2}U_{WU}I_W\cos(30° + \varphi)$$
$$= \frac{\sqrt{3}}{2}UI\cos\varphi$$

可见，断开 V 相电压后，电能表反映的功率仅是正确接线时的 1/2。电能表的转矩要变为正确接线时的 1/2，圆盘的转速也要变为正确接线时的 1/2。所以，一般情况下只要测得断开 v 相电压后圆盘的转速变为断开 v 相电压前的 1/2，则可说明原接线是正确的。

2. 测转速比的方法

在检查接线时，可采用下列两种方法中的任一种测定断开 v 相电压前后圆盘的转速比。

（1）测功率法。将一只三相三线功率表或两只单相功率表按三相三线电能表的同样接线方式接入线路，测出断开 v 相电压前的功率 P 和断开 v 相电压后的功率 P'，若 $\frac{P}{P'} \approx 2$，则说明接线正确，否则接线有错误。此法虽操作麻烦，但可避免因功率波动对测量结果所产生的影响。

（2）测时间法。用秒表先测出电能表圆盘在全电压下转 N（r）所需的时间 t（s），再测出断开 v 相电压时电能表圆盘转同样 N（r）所需时间 t'（s）。若 $\frac{t'}{t} \approx 2$，则说明接线正确；若 $\frac{t'}{t} \approx 4$，或虽然 $\frac{t'}{t} \approx 2$，但圆盘反转或转向不定，则说明接线有错误。

应当指出，测时间方法同样适用于检查 DX1 型和 DX2 型无功电能表的接线。但是，对 DX2 型表应是断开 w 相电压后，$\dfrac{t'}{t}\approx 2$ 时为正确接线。

采用测时间方法应选择负荷较稳定时进行测量，并应尽量缩短测量 t 和 t' 的时间间隔，以减小由于负荷波动使测量结果不准。

用断开 v 相电压法虽可判断接线有无错误，但很难甚至不可能判断是属哪一类错误。例如，原接线是将 w 相电流接入第一元件，u 相电流接入第二元件，电压端子接线正确，这时电能表圆盘是不转的（因为 $P=0$）。又例如，第一元件取 $\dot{U}_{vu}$，第二元件取电压 $\dot{U}_{wu}$，电流回路接线正确，这时电能表圆盘也是不转的。以上两例断开 v 相电压后，前者圆盘反转，后者圆盘正转，显然均应判断为接线有错误，但无法区别这两种错误的类型。

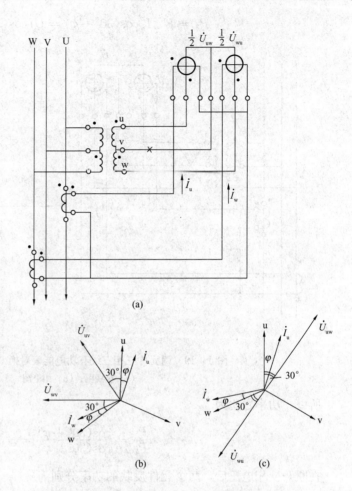

图 14-18 两元件三相三线有功电能表断开 v 相电压法

（a）接线图；（b）相量图；（c）断开 v 相后相量图

所以，断开 v 相电压法的应用是有局限性的。一般应用的条件是：①三相电压、电流接近对称且稳定；②电压接线正确；③元件 1、2 应取电流 $\pm\dot{I}_u$ 或 $\pm\dot{I}_w$，不能取 $\dot{I}_v$；④负荷功率方向不变且稳定，负荷不低于额定功率的 20%；⑤负荷功率因数应在 $0.5<\cos\varphi<1$ 以内。

（二）对换电压法（电压交叉法）

1. 基本原理

由两元件三相三线有功电能表的工作原理知，当其接线正确，且三相电压、电流对称时，则有下列特征。

（1）在全电压下若元件 1、2 功率之比 $\dfrac{P_1}{P_2}=y$，当断开 v 相电压后，有 $\dfrac{P_2}{P_1}=y$。由相量图 14-19（b）可见，全电压下元件 1、2 反映的功率分别为

$$P_1 = U_{uv}I_u\cos(30°+\varphi) = UI\cos(30°+\varphi)$$

$$P_2 = U_{wv} I_w \cos(30° - \varphi) = UI \cos(30° - \varphi)$$

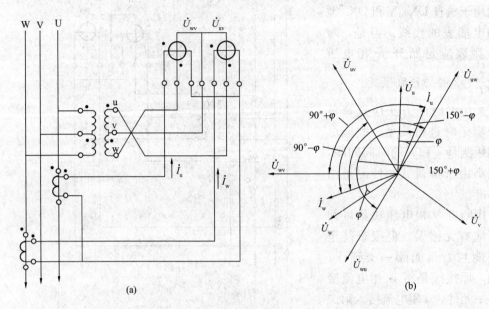

图 14-19 两元件三相三线有功电能表对换 u、w 相电压法

(a) 接线图；(b) 相量图

所以，功率之比为

$$\frac{P_1}{P_2} = \frac{\cos(30° + \varphi)}{\cos(30° - \varphi)} = y$$

在断开 v 相电压后，两个元件反映的功率分别为

$$P_1 = \frac{1}{2} U_{uw} I_u \cos(30° - \varphi)$$

$$= \frac{1}{2} UI \cos(30° - \varphi)$$

$$P_2 = \frac{1}{2} U_{wu} I_w \cos(30° + \varphi)$$

$$= \frac{1}{2} UI \cos(\varphi + 30°)$$

所以，此时元件 2 与元件 1 功率之比为

$$\frac{P_2}{P_1} = \frac{\cos(\varphi + 30°)}{\cos(\varphi - 30°)} = y$$

(2) 对换 u、w 相电压后，两个元件的转矩大小相等，方向相反，故圆盘不转。

如图 15-19 所示，对换 u、w 相电压后，元件 1 所加电压为 $\dot{U}_{wv}$，元件 2 所加电压为 $\dot{U}_{uv}$，所以电能表反映的功率为

$$P = P_1 + P_2 = U_{wv} I_u \cos(90° + \varphi) + U_{uv} I_w \cos(90° - \varphi)$$

$$= (-UI \sin\varphi) + UI \sin\varphi = 0$$

应当指出，如果仅仅以对换 u、w 相电压后圆盘不转作为判断接线正确的依据是不充分的。因为往往有时原为错误接线，对换 u、w 相电压后，圆盘也会不转。例如，原接线是：元件 1 取电流 $\dot{I}_w$，取电压 $\dot{U}_{uv}$；元件 2 取电流 $\dot{I}_v$，取电压 $\dot{U}_{wv}$。此时功率表达式为 $P = -\sqrt{3} \times UI\cos(60° + \varphi)$，当对换 u、w 相电压后，则电能表反映的功率 $P = 0$，故圆盘不转。

（3）对换 u、w 相电压后再断开 v 相电压，两组元件产生的转矩均为负，故圆盘反转。

由图 14-19 可见，当对换 u、w 相电压后再断开 v 相电压，则两组元件反映的功率分别为

$$P_1 = \frac{1}{2}U_{wu}I_u\cos(150° + \varphi) = -\frac{1}{2}UI\cos(30° - \varphi)$$

$$P_2 = \frac{1}{2}U_{wu}I_w\cos(150° - \varphi) = -\frac{1}{2}UI\cos(30° + \varphi)$$

电能表反映的功率 $P = P_1 + P_2$，分析方法基本同（2）条，此处略去。

2. 检查接线的方法

根据上述特征，可以利用两只单相标准电能表 PW1 和 PW2，分别代替三相三线电能表的两个元件，并按与被试三相电能表的同样接线方式接入电路，然后按下列步骤进行接线正确性的判断。

（1）在全电压下使 PW2 转 N_2（r）（为计算方便，应取 N_2 为整数，如 5r）时，将两只标准电能表同时停下，并记下 PW1 的转数 N_1，然后求出

$$\frac{P_1}{P_2} = \frac{N_1}{N_2} = y$$

（2）断开 v 相电压，使 PW1 转 N_1（r）（取 N 为整数）时，将两只标准电能表同时停下，并记下 PW2 转数 N_2，然后求出

$$\frac{P_2}{P_1} = \frac{N_2}{N_1} = y$$

（3）不断开 v 相电压，对换 u、w 相电压时，PW1 反转，PW2 正转，且两只电能表圆盘转速近似相等（在相同的时间内圆盘的转数相近）。

（4）对换 u、w 相电压后，再断开 v 相电压，PW1 和 PW2 的圆盘均反转。

按上述步骤测试后，若符合上述规律，则说明原接线是正确的。

以上介绍的断开 v 相电压法和对换电压法并不是对所有的错误接线都能作出正确判断的。而三相三线电能表可能出现的接线种类又很多。例如，三相三线电能表为直接接入式，且只考虑各相电流接入表内的方式，便可出现 24 种接线。因为能够接入表内的电流共有 $\dot{I}_u$、$\dot{I}_v$、$\dot{I}_w$、$-\dot{I}_u$、$-\dot{I}_v$、$-\dot{I}_w$ 等六相电流，而每次接入表内的为两相，故可能出现的接线种类为 6 取 2 的排列组合。当排除六种同相电流，即排除 $\dot{I}_u$、$-\dot{I}_u$，$-\dot{I}_u$、$\dot{I}_u$，$\dot{I}_v$、$-\dot{I}_v$，$-\dot{I}_v$、$\dot{I}_v$，$\dot{I}_w$、$-\dot{I}_w$，$-\dot{I}_w$、$\dot{I}_w$ 后，则余下的接线种类还有 $P_6^2 - 6 = 30 - 6 = 24$（种）。若电能表是经过两相不完全星形接线的电流互感器接入时，则可出现 72 种接线（包括上述 24 种在内）。在 24 种或 72 种接线中都只有一种接线是正确的。为了对诸多种接线的

正确性均能作出正确判断，可采用以下讲述的相量图法进行分析。

七、相量图法（六角图法）

（一）基本原理

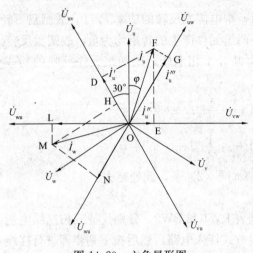

图 14-20 六角星形图

在三相电路中，当三相电压对称时，则线（相）电压相量 $\dot{U}_{uv}$、$\dot{U}_{vw}$、$\dot{U}_{wu}$ 和 $\dot{U}_{vu}$、$\dot{U}_{wu}$、$\dot{U}_{uw}$ 恰好组成一个六角星形图。如果负荷性质一定，则三相电流的相量 $\dot{I}_{u}$、$\dot{I}_{v}$、$\dot{I}_{w}$ 在六角星形图中的位置是固定的。图 14-20 示出了负荷为感性时各相电流与各线（相）电压间的相位关系，即六角星形图。在检查电能表接线时，只要能找到接入电能表的各相电流相量在图 14-20 中的位置，就可以判断接线是否正确。如何才能确定电流相量的位置呢？如图 14-20 所示，如果已知各电流相量，则可求出各电流相量在相应电压相量上的投影；反过来，如果已知各电流相量在相应电压相量上投影，也可求出各电流相量。例如，$\dot{I}_{u}$ 分别向 $\dot{U}_{uv}$、$\dot{U}_{vw}$ 和 $\dot{U}_{wu}$ 投影为

$$I'_{u} = I_{u}\cos(30° + \varphi) \tag{14-3}$$
$$I''_{u} = I_{u}\cos(90° - \varphi) \tag{14-4}$$
$$I'''_{u} = I_{u}\cos(30° - \varphi) \tag{14-5}$$

若已知 I'_{u}、I''_{u}、I'''_{u} 中的任意两个，如 I'_{u} 和 I''_{u} 为已知，则可由 I'_{u} 和 I''_{u} 的终点 D 和 E 分别引相量 $\dot{U}_{uv}$ 与 $\dot{U}_{vw}$ 的垂线，两垂线的交点 F 与原点 O 的连线，即为相量 $\dot{I}_{u}$。

同样，若已知 $\dot{I}_{w}$ 在 $\dot{U}_{uv}$ 和 $\dot{U}_{wu}$ 上的投影，$\dot{I}_{v}$ 在 $\dot{U}_{vw}$ 和 $\dot{U}_{uw}$ 上的投影，用上述同样方法可求出相量 $\dot{I}_{w}$ 和 $\dot{I}_{v}$ 在图 14-20 中的位置。

大家知道，将电流相量及其各投影同时扩大或缩小相同的倍数时，电流相量的位置是不变的。因此，若 $U_{uv}=U_{vw}=U_{wu}=U$，则可将式(14-3)～式（14-5）等号两边同乘以 U，于是可变为各电流与相应电压所形成的功率，即

$$P_{uv} = U_{uv}I_{u}\cos(30° + \varphi) = UI'_{u}$$
$$P_{vw} = U_{vw}I_{u}\cos(90° - \varphi) = UI''_{u}$$
$$P_{uw} = U_{uw}I_{u}\cos(30° - \varphi) = UI'''_{u}$$

当以上各式中的电压 U 一定时，则各功率与相应电流的投影成正比。所以，可按一定的比例尺，分别在相量 $\dot{U}_{uv}$、$\dot{U}_{vw}$、$\dot{U}_{wu}$ 上截取 $\overline{OD}=P_{uv}$、$\overline{OE}=P_{vw}$、$\overline{OG}=P_{uw}$，然后在各线段的终点分别引 $\dot{U}_{uv}$、$\dot{U}_{vw}$、$\dot{U}_{uw}$ 的垂线，则三垂线的交点与原点 O 的连接即为相量 $\dot{I}_{u}$。对两元件三相电能表，利用任意两个功率值便可确定电流相量的位置。

按照上述同样方法，可确定 $\dot{I}_{v}$ 或 $\dot{I}_{w}$ 在图 14-20 中的位置。

电能表反映的功率为

$$P = \frac{3600 \times 1000N}{Ct}$$

由上式可知，当时间 t 一定时，则 $P \propto N$，因此可以利用转数 N 来确定电流相量在相应电压相量上的投影。当转数 N 一定时，功率 $P \propto \dfrac{1}{t}$。因此，还可利用所测时间的倒数来确定电流相量在相应电压相量上的投影。

（二）绘制六角图的方法

绘制六角图的主要步骤是：①测量电能表电压端子间的线电压，其值应接近相等，找出接有 v 相电压的端子；②测定电压相序，确定接入电能表的电压的相别；③根据测得的电压相序画出各线电压相量；④测定各电流相量在相应线电压相量上的投影。测定投影可采用测时间法、测转数法和测功率法三种方法中的任何一种，下面分别介绍之。

1. 测时间法

此法利用运行电能表本身，将其每个元件依次加已知的线电压 $\dot{U}_{uv}$、$\dot{U}_{vw}$ 和 $\dot{U}_{wu}$，而另一元件不加压，然后用秒表测定电能表每加入一线电压后圆盘转完 N（一般取 $N=5\text{r}$）所需时间 t。一般两元件三相电能表测出下列四个时间便可以作图：

(1) 元件 1 加 $\dot{U}_{uv}$ 和 $\dot{I}_u$，断开 w 相电压，圆盘转 N 的时间 t_1。

(2) 元件 1 加 $\dot{U}_{vw}$ 和 $\dot{I}_u$，断开 u 相电压，圆盘转 N 的时间 t_2。

(3) 元件 2 加 $\dot{U}_{uv}$ 和 $\dot{I}_w$，断开 w 相电压，圆盘转 N 的时间 t_3。

(4) 元件 2 加 $\dot{U}_{vw}$ 和 $\dot{I}_w$，断开 u 相电压，圆盘转 N 的时间 t_4。

求出以上各时间的倒数，然后按一定的比例尺在图 14-20 中的 $\dot{U}_{uv}$ 上截取 $\overline{OD}=\dfrac{1}{t_1}$，在 $\dot{U}_{vw}$ 上截取 $\overline{OE}=\dfrac{1}{t_2}$，过 D 点和 E 点分别引 $\dot{U}_{uv}$ 和 $\dot{U}_{vw}$ 的垂线交于 F 点，连接 $\overline{OF}$ 即为 $\dot{I}_u$。再在 $\dot{U}_{uv}$ 上截取 $\overline{OH}=\dfrac{1}{t_3}$，在 $\dot{U}_{wv}$（即 $-\dot{U}_{vw}$）上截取 $\overline{OL}=\dfrac{1}{t_4}$，过 H 点和 L 点分别引 $\dot{U}_{uv}$ 和 $\dot{U}_{wv}$ 的垂线交于 M 点，连接 $\overline{OM}$ 即为 $\dot{I}_w$。

采用测时间法绘制六角图时，应注意：①测量各时间 t 时，应选择负荷波动较小时进行测量，且应尽量缩短每次测量的操作时间间隔；②当遇圆盘反转时，应将测得的 t 记为负值，作图时应在相应电压相量的反向截取 $\dfrac{1}{t}$，如遇圆盘不转，则应过原点向相应电压相量作垂线；③必要时，可作出 $\dot{I}_u$ 和 $\dot{I}_w$ 分别对 $\dot{U}_{wu}$（或 $-\dot{U}_{wu}$）的投影，由这第三个投影的末端所引的垂线应通过前两条垂线的交点，否则应复查作图方法。另外，同一元件测得的三个时间的倒数之代数和应近似等于零，否则说明测量方法有问题。

2. 测转数法

此法可用两只单相标准电能表，将其按现场校验电能表的接线方式接入电路，然后记录每只电能表分别在电压 $\dot{U}_{uv}$、$\dot{U}_{vw}$ 和 $\dot{U}_{wu}$ 作用下经时间 t（一般取 $t=5\sim10\text{s}$）后圆盘所转过的转数，即记录 N_{u-uv}、N_{u-vw}、N_{u-wu}、N_{w-uv}、N_{w-vw}、N_{w-wu}。最后根据记录的转数选择恰当的比例尺，便可按与测时间法相同的方法作图确定出各电流相量的位置。

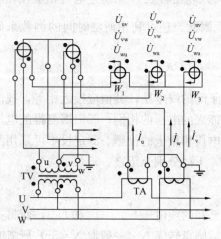

图 14-21 测功率法作六角图的接线图

应当注意，当出现圆盘反转时，也应将转数记为负值。这时，应在所加电压的反相电压相量上截取投影线段。

3. 测功率法

此法可利用三只单相功率表，将其按图 14-21 接入被试电路，然后依次测定电流 $\dot{I}_u$、$\dot{I}_v$、$\dot{I}_w$ 分别对 $\dot{U}_{uv}$、$\dot{U}_{vw}$、$\dot{U}_{wu}$ 的有功功率。最后，根据测得的功率值选择合适的比例尺，便可按与测时间法的作图方法，确定各电流相量在六角图中的位置。

应当注意，电压下角的第一个字母为功率表电压端子的同名端。若表针正指，读得功率为正；若表针反指，应将同名端对调使指针正指，读数记为负值。

（三）用六角图判断接线

用六角图判断接线是否正确，应预先了解功率传输方向、负荷性质（感性或容性）及功率因数的大致范围，否则无法作出正确判断。图 14-22 示出了两元件三相电能表正确接线时的六角图。当用六角图法检查接线，作出的六角图与图 14-22 相符，则说明接线正确，否则接线有错误。属哪类错误，应视具体情况具体分析。

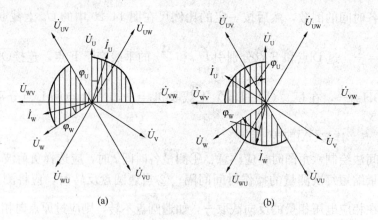

图 14-22 两元件三相电能表正确接线时的六角图
(a) 负荷为感性；(b) 负荷为容性

（1）当作图后得出的两个电流大小相接近，相位差为 120°，则两组电流互感器的极性都正确或是两组互感器的极性都接反。当两个电流相位差为 60° 时，则其中之一极性必接反。

（2）当作图得出的两个电流之间的相位差不是 120°或 60°时，则必须根据现场的实际功率因数进行判断。因为，任一个相量图对不同功率因数，可以作出三种不同的判断，现以例说明。

经实测作出的相量图，如图 14-23 所示。依此相量图可对接线作出下列三种判断：

1）当 cosφ=0.9（感性）时，各电流分别与对应的相电压的相位差约为 15°，故图 14-23 中的 $\dot{I}_1$ 应为 $-\dot{I}_v$，$\dot{I}_3$ 为 $\dot{I}_u$；

2）当 cosφ=0.3（感性）时，各电流分别与对应的相电压的相位差约为 75°，故图 14-23 中的 $\dot{I}_1$ 应为 $\dot{I}_w$，$\dot{I}_3$ 为 $-\dot{I}_v$；

3）当 cosφ=0.7（容性）时，各电流分别与对应的相电压的相位差约为 45°，故图 14-23 中的 $\dot{I}_1$ 应为 $\dot{I}_u$，$\dot{I}_3$ 应为 $-\dot{I}_w$。

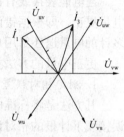

图 14-23　六角图判断接线实例

以上三种判断均属错误接线。虽接线不同，但相量图却是相同的。可见，用相量图判断接线时，预先了解功率因数是非常重要的。像上述 cosφ=0.9（感性）和 cosφ=0.3（感性），其差别是很大的，而对略有经验的工作人员，还是能够根据现场设备运行情况，比较容易地把功率因数确定下来的。

为了判断接线，在估计功率因数时，不能单靠有功、无功电能表示数之比来确定 cosφ 值，还应与其他有关仪表求出（或测出）的 cosφ 值相互核对比较，以确定出符合实际的功率因数值。

【例 14-2】　某三相三线有功电能表的六角相量图，如图 14-24 所示。已知电压为正相序，cosφ=0.8～0.9（感性）。试对电能表的接线作出分析。

解　在图 14-24 中，由于 $\dot{I}_u$ 和 $\dot{I}_w$ 之间的相位差约为 60°左右，所以可初步判断为：U 相或 W 相电流互感器极性接反。作此种判断只有测出 $\dot{I}_v$ 的大小，且 $I_v=\sqrt{3}I_u$（或 $\sqrt{3}I_w$）时，才说明判断正确。而作六角图时，往往不要求测出 $\dot{I}_u$、$\dot{I}_v$、$\dot{I}_w$ 的大小，所以当没有测出 $\dot{I}_v$ 的大小，或在六角图中没有作出相量 $\dot{I}_v$ 时，上述判断无法定论。另外，电流互感器为不完全星形接线时，若有一组极性接反，则相量图 $\dot{I}_u$ 永远超前相量 $\dot{I}_w$（在 60°范围内）。本题不符合此特点，所以只判断为电流互感器极性接反不全面。

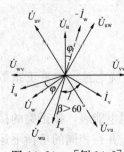

图 14-24　[例 14-2] 六角相量图

已知 cosφ=0.8～0.9（感性），故各电流应滞后对应的相电压 30°左右。而图 14-24 中的 $\dot{I}_w$ 是超前 $\dot{U}_w$ 的，所以 $\dot{I}_w$ 不是真正的 $\dot{I}_w$。那么，$\dot{I}_w$ 能否是实际的 $\dot{I}_v$ 呢？也不是，因为图 14-24 中的 $\dot{I}_w$ 滞后 $\dot{U}_v$ 的角度 β>60°，β 大于 60°时功率因数应小于 0.5，这与实际功率因数为 0.8～0.9 不符，所以图 14-24 中的 $\dot{I}_w$ 应为 u 相电流。但又知 cosφ=0.8～0.9（感性），所以 $\dot{I}_w$ 必为 $-\dot{I}_u$。

而图 14-24 中的 $\dot{I}_u$ 滞后 $\dot{U}_w$ 的角度恰符合 $\cos\varphi=0.8\sim0.9$（感性），所以 $\dot{I}_u$ 必是实际的 $\dot{I}_w$。

根据以上分析，出现此种六角图的原因是将 w 相电流（$\dot{I}_w$）送入元件 1；将 u 相电流（$\dot{I}_u$）送入元件 2，且极性还接反了。

第三节 退补电量计算及电量抄读

一、退补电量计算

当电能表接线有错误时，必然会出现计量不准问题。所以除了改正接线外，还应该进行电量更正，即根据错误的抄见电量，求出实际的用电量，并进行电量的退补。也就是说，将多计的电量退还给用户，少计的电量由用户补交出来。

更正电量的方法主要有以下几种。

1. 测定相对误差

其方法是将标准电能表按正确接线方式接入被试电路，在现场直接测定被试电能表在错误接线下计量的相对误差，公式为

$$\gamma = \frac{W_m - W_r}{W_r} \times 100\%$$

则

$$W_r = \frac{W_m}{1+\gamma}$$

退补电量为

$$\Delta W = W_m - \frac{W_m}{1+\gamma} = \frac{\gamma}{1+\gamma}W_m \tag{14-6}$$

式中 γ——错误接线下被试电能表对正确接线下标准电能表的计量相对误差，%。

应该说明的是，式（14-6）中的 γ，不仅包括被试电能表的误差，而且还包括由于接线错误而产生的计量误差。

2. 更正系数法

更正系数为

$$G_m = \frac{W_r}{W_m}$$

式中 W_r——正确电量，kWh；

W_m——错误接线期间的抄见电量，kWh。

则正确电量为

$$W_r = G_m W_m$$

可见，只要能求出更正系数 G_m，便可根据错误的抄见电量求出正确电量。求更正系数 G_m 一般有两种方法，实测更正系数法和错误接线分析法。

（1）实测更正系数法。其方法是将标准电能表，或误差合格的普通电能表，按正确的接线方式接入被测电路，使之与错误接线下的电能表处于同一个电路中，并在相同的负荷下运行一段时间，然后记录标准表和被试表指示的电量数 W_r 和 W_m，那么更正系数 $G_m = \frac{W_r}{W_m}$。

应用此法可不再考虑错误接线电能表的相对误差。

（2）错误接线分析法。因为电能表计量的电量与通过它的功率成正比，所以更正系数 G_m 可以用下式求得

$$G_m = \frac{W_r}{W_m} = \frac{P_r}{P_m} \tag{14-7}$$

式中　P_r——正确接线下电能表反映的功率；

　　　P_m——错误接线下电能表反映的功率。

P_m 可通过六角图法求出接线方式，再写出其功率表达式。

【例 14-3】 有一只三相四线有功电能表，V 相电流互感器反接达一年之久，累计电量为 2000kWh。试求三相电路对称时误接线期间的差错电量。该电能表 V 相电流互感器反接如图 14-26 所示。

解　（1）误接线时电能表反映的功率 P_m

$$P_m = U_U I_u \cos\varphi + U_V I_v \cos(180° - \varphi) + U_W I_w \cos\varphi$$

由于三相电路对称，所以 $U_U = U_V = U_W$，$I_u = I_v = I_w$，故

$$P_m = U_{ph} I_{ph} \cos\varphi - U_{ph} I_{ph} \cos\varphi + U_{ph} I_{ph} \cos\varphi = U_{ph} I_{ph} \cos\varphi$$

（2）更正系数 G_m

$$G_m = \frac{P_r}{P_m} = \frac{3 U_{ph} I_{ph} \cos\varphi}{U_{ph} I_{ph} \cos\varphi} = 3$$

（3）差错电量 $\Delta W = W_m - W_r = W_m (1 - G_m) = 2000 \times (1 - 3) = -4000$（kWh）。

由于 $\Delta W < 0$，即 $W_r > W_m$，所以用户应补交电费。

答：差错电量为 -4000kWh。

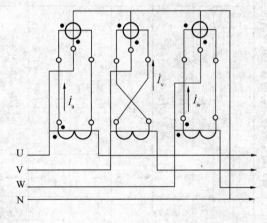

图 14-25　三相四线电能表 V 相电流互感器反接

由于三相三线有功电能表一般均带电压互感器，故接线和分析都比较复杂，因此当排除了互感器的断线或极性接反等故障，并且利用检查手段确认各二次线电压值相等，没有 V 相电流流入电能表，三相电压为正相序时，接入电能表的电压端钮 U、V、W 的电压就只有以下三种组合可能，即

$$\dot{U}_u - \dot{U}_v - \dot{U}_w$$

$$\dot{U}_v - \dot{U}_w - \dot{U}_u$$

$$\dot{U}_w - \dot{U}_u - \dot{U}_v$$

通入电能表的电流就只有 $\dot{I}_u$ 和 $-\dot{I}_u$，$\dot{I}_w$ 和 $-\dot{I}_w$，与四个电流端钮可构成以下八组电流组合，即

$$\dot{I}_u、\ \dot{I}_w;\quad \dot{I}_u、\ -\dot{I}_w;\quad -\dot{I}_u、\ \dot{I}_w;\quad -\dot{I}_u、\ -\dot{I}_w$$

$$\dot{I}_w、\ \dot{I}_u;\quad \dot{I}_w、\ -\dot{I}_u;\quad -\dot{I}_w、\ \dot{I}_u;\quad -\dot{I}_w、\ -\dot{I}_u$$

对常见的一些错误接线方式的更正系数 G_m 进行了计算，现列出如表 14-3 所示。

表 14-3　三相三线有功电能表在对称的感性负荷时的更正系数

序号	误接情况 元件1			元件2			可能的原因	更正系数 G_m
	电压	电流	功率	电压	电流	功率		
1	0	$\dot{I}_u$ 0	0 0	$\dot{U}_{uv}$ $\dot{U}_{vw}$	$\dot{I}_u$ $-\dot{I}_w$	$UI\cos(30°-\varphi)$ $UI\cos(30°-\varphi)$	u相电压断线 u相电流回路断线或短路	$\dfrac{2\sqrt{3}}{\sqrt{3}+\tan\varphi}$
2	$\dot{U}_{uv}$ $\dot{U}_{vw}$	$\dot{I}_u$ $-\dot{I}_u$	$UI\cos(30°+\varphi)$ $UI\cos(30°+\varphi)$	0 $\dot{U}_{wv}$	0 $\dot{I}_w$	0 0	w相电压回路断线 w相电流回路断线或短路	$\dfrac{2\sqrt{3}}{\sqrt{3}-\tan\varphi}$
3	$\dot{U}_{uv}$ $\dot{U}_{vw}$	$-\dot{I}_u$ $\dot{I}_u$	$-UI\cos(30°+\varphi)$ $UI\cos(30°+\varphi)$	$\dot{U}_{wv}$ $\dot{U}_{vw}$	$\dot{I}_w$ $-\dot{I}_w$	$UI\cos(30°-\varphi)$ $UI\cos(30°-\varphi)$	u相电流互感器极性错 u相电压互感器极性错	$\dfrac{\sqrt{3}}{\tan\varphi}$
4	$\dot{U}_{uv}$ $\dot{U}_{vu}$	$\dot{I}_u$ $\dot{I}_u$	$UI\cos(30°+\varphi)$ $UI\cos(30°+\varphi)$	$\dot{U}_{wv}$ $\dot{U}_{vw}$	$-\dot{I}_w$ $\dot{I}_w$	$-UI\cos(30°-\varphi)$ $-UI\cos(30°-\varphi)$	w相电流互感器极性错 w相电压互感器极性错	$-\dfrac{\sqrt{3}}{\tan\varphi}$
5	$\dfrac{\dot{U}_{uw}}{2}$	$\dfrac{\dot{I}_{uw}}{2}$	$\dfrac{1}{2}UI\cos(30°+\varphi)$ $\dfrac{\sqrt{3}}{2}UI\cos(30°-\varphi)$	$\dfrac{\dot{U}_{wu}}{2}$	$\dfrac{\dot{I}_{wu}}{2}$	$\dfrac{1}{2}UI\cos(60°-\varphi)$ $\dfrac{\sqrt{3}}{2}UI\cos(60°-\varphi)$	v相电压回路断线 v相电流回路断线	2
6	$\dot{U}_{vw}$	$\dot{I}_u$	$UI\cos(90°-\varphi)$	$\dot{U}_{wu}$	$\dot{I}_w$	$-UI\cos(30°-\varphi)$	电压端钮 u,v,w 分别接入 v,w,u 电压	$\dfrac{2\cos\varphi}{\sqrt{3}\sin\varphi-\cos\varphi}$
7	$\dot{U}_{wu}$	$-\dot{I}_u$	$UI\cos(30°-\varphi)$	$\dot{U}_{vu}$	$\dot{I}_w$	$UI\cos(30°-\varphi)$	电压、电流线都接错	$\dfrac{2\cos\varphi}{\sqrt{3}\sin\varphi+\cos\varphi}$
8	$\dot{U}_{wv}$	$\dot{I}_u$	$UI\cos(90°-\varphi)$	$\dot{U}_{uv}$	$\dot{I}_w$	$UI\cos(90°-\varphi)$	电压，电流线都接错	$\dfrac{\sqrt{3}}{2\tan\varphi}$
9	$\dot{U}_{uv}$	$\dot{I}_v$	$UI\cos(30°-\varphi)$	$\dot{U}_{wv}$	$\dot{I}_w$	$UI\cos(30°-\varphi)$	用 $-\dot{I}_v$ 充当 $\dot{I}_u$	$\dfrac{\sqrt{3}\cos\varphi}{\sqrt{3}\cos\varphi-\sin\varphi}$
10	$\dot{U}_{uv}$ $\dot{U}_{vu}$ $\dot{U}_{wv}$	$\dot{I}_v$ $-\dot{I}_u$ $\dot{I}_u$	$-UI\cos(30°+\varphi)$ $UI\cos(30°-\varphi)$ $-UI\cos(30°+\varphi)$	$\dot{U}_{wv}$ $\dot{U}_{wu}$ $\dot{U}_{uv}$	$\dot{I}_w$ $-\dot{I}_u$ $\dot{I}_u$	$UI\cos(30°-\varphi)$ $-UI\cos(30°+\varphi)$ $UI\cos(90°-\varphi)$	用 $\dot{I}_v$ 充当 $\dot{I}_u$ 装表或检修时接错 装表或检修时接错 装表或检修时接错	$\dfrac{\sqrt{3}\cos\varphi}{\sqrt{3}\cos\varphi+\sin\varphi}$ 表不转，无法算出更正系数

3. 估算法

当电能表接线有错误时，发生圆盘不转或反转，或由于负荷功率因数的变化使圆盘时而正转，时而反转（即转向不定），或者三相负荷很不对称，或者由于发生错误接线的时期不明，因而无法确定错误接线期间的抄见电量。如果出现上列各种情况均无法确定更正系数，因此便无法计算退、补电量，只有进行估算。估算的方法是：先按电气设备的容量、设备利用率、设备运行小时数计算用电量，然后根据计量条例的有关规定核算电量、核收电费。

应该说明的是，此种方法不仅适合于有功电能表，也适用于无功电能表。如果无功电能表发生错误接线，同样可采取以上方法，在这里就不再细述。

二、电量抄读

现场运行的电能表，有的自身带电压互感器或电流互感器，而有的则联用电流、电压互感器，其额定变比 K'_I、K'_U 与电能表铭牌标注的额定变比 K_I、K_U 不同，这样电能表的实用倍率必须重新计算，再乘以电能示数，才能得到应测的电量。实用倍率按下式计算

$$B_L = \frac{K'_I K'_U}{K_I K_U} b \tag{14-8}$$

式中　K'_I、K'_U——与电能表连接的电流、电压互感器的额定变比；

　　　K_I、K_U——经互感器接入式的电能表铭牌上标注的电流、电压互感器的额定变比；

　　　　　　b——计度器倍率，kWh/字；

　　　　　B_L——实用倍率，或叫乘率。

直接接入式的电能表，或经万用互感器接入式的电能表，因其铭牌上没有标明电流、电压互感器的额定变比，则 $K_I = K_U = 1$，没有标注计度器倍率的电能表，则 $b = 1$。

国产电能表多采用字轮式计度器，其他电能表有的采用指针式计度器，小数位数常用红色窗口表示，在抄读电量时，应读数正确并应达到必要的精度。特别是经互感器接入的电能表，其用电量是很大的，应该读到最小位数（一位小数或两位小数）。某段时期内电能表测得的电量按下式计算

$$W = (W_2 - W_1) B_L \tag{14-9}$$

式中　W——电能表测得的电量；

　　　W_1——前一次抄见读数；

　　　W_2——后一次抄见读数。

若发现后一次抄读数小于前一次抄读数（电能表反转除外），则说明计度器各位字轮的示值已超过数字 9，这时测得的电量为

$$W = [(10^m + W_2) - W_1] B_L$$

式中　m——黑色窗口的整数位数。

电能表如果反转，则后一次的抄见读数 W_2 可能小于前一次的抄见读数 W_1，则电能表的测得电量应记为负值。

【例 14-4】　某三相有功电能表，其计度器整数位窗口为 4 位，小数位数为 2 位，铭牌上标有×100，$3 \times \frac{3000}{100}$V，$3 \times \frac{100}{5}$A。该表实际是经额定变比为 $\frac{6000}{100}$ 和 $\frac{250}{5}$ 的电压、电流互感器接入电路的，电能表圆盘始终正转，前次抄表示数为 9870.26，后次抄表示数为 0042.74。试问此间电能表测得的计费电量是多少？

解 由题意 $b=100$，$K_{\mathrm{I}}=\dfrac{100}{5}=20$，$K_{\mathrm{U}}=\dfrac{3000}{1000}=30$，$K'_{\mathrm{I}}=\dfrac{250}{5}=50$，$K'_{\mathrm{U}}=\dfrac{6000}{100}=60$。

所以实用倍率为

$$B_{\mathrm{L}}=\frac{K'_{\mathrm{I}}K'_{\mathrm{U}}}{K_{\mathrm{I}}K_{\mathrm{U}}}b=\frac{50\times60}{20\times300}\times100=500$$

又由题意，计度器字轮已翻转，所以电能表测得的计费电量应为

$$W=\left[(10^m+W_2)-W_1\right]B_{\mathrm{L}}$$
$$=\left[(10^4+42.74)-9870.26\right]\times500$$
$$=86240(\mathrm{kWh})$$

答：电能表测得的计费电量应为 86240kWh。

复 习 思 考 题

1. 两元件三相三线有功电能表，电压相序接成 V-U-W，同时 U 相电流互感器的极性又接反。试分析在不同功率因数（感性）下，电能表圆盘转速的变化。

2. 怎样判断电压互感器一、二次侧有无断线？绕组是否极性接反？

3. 如何进行电能表的接线检查？常用的带电检查方法有哪几种？

4. 用测功率的方法绘制六角图，测得数据为：I_{u} 对 U_{uv} 和 U_{vw} 的功率均为 $-250\mathrm{W}$，I_{w} 对 U_{uv} 的功率为 $-250\mathrm{W}$，I_{w} 对 U_{vw} 的功率为 $500\mathrm{W}$，$\cos\varphi=0.866$（感性）。试绘出六角图，并进行接线分析，指出错误接线类型和改正接线的方法。

5. 某三相三线有功电能表，相对误差为 3.6%，运行两个月后的抄见电量为 8500kWh。后来发现是属于 $P=\sqrt{3}UI\cos(60°-\varphi)$ 类型的接线错误，若此间平均功率因数角 $\varphi\approx35°$，试求退补电量。

6. 某三相三线有功电能表，倍率为 1，计度器整数位窗口为 4 位，经检查属于 $P=-\sqrt{3}\times UI\cos\varphi$ 类型的接线错误，且电能表的相对误差为 -4.0%，发现接线错误前示数由 0020 变为 9600，改正接线后运行到月末抄表时，其示数又变为 9800，试求退补电量和本抄表周期内的实际用电量。

7. 某 DX1 型无功电能表，较长时间在 U 相电流互感器极性反接的情况下运行，发现错误前的累计抄见电量为 80000kvarh，若不计电能表的误差，求实际用电量和退补电量。

第十五章 电能计量监督管理

计量是国民经济的一项重要基础技术。世界上大多数国家对于计量和计量器的建立、检定、管理和监督都是通过立法来保证的。我国的第一部《计量法》已于1985年9月6日正式公布。它明确规定了我国政府的计量行政部门对全国的计量工作实施统一的监督管理，同时对计量标准器具、计量检定、计量器具的原理、计量监督以及相应的法律责任也都有明确的规定。

电能计量是计量工作的重要组成部分，它关系到电能的生产和消费之间的直接利益，关系到国家能源的合理开发利用。所以，在国务院公布的实行强制检定的工作计量器具目录中，就包含了电能表和互感器。按照《计量法》的规定，实行强制检定的计量器具必须由政府计量部门的计量检定机构检定，或者授权其他单位的计量检定机构检定，未按照规定申请检定或者检定不合格的不得使用。

各级电能计量监督管理机构的任务，主要是负责贯彻执行国家计量法及其部门的有关规定；建立相应的计量标准；组织量值传递工作和测试工作，保证电能计量装置的可靠性和准确性；审查新装供电的电能计量方式和电能计量装置的设计及竣工后的验收等。

第一节 电能计量装置装设和检验

一、装设的要求

电能计量装置的装设应符合部颁《供电营业规则》和《电能计量装置技术管理规程》、《电气测量仪表装置设计技术规程》、《工业与民用电测仪表设计技术规范》等规定。

供电部门的计量管理机构应根据国家规定的电价分类，对不同用电类别的电能用户在不同的受电点安装计费用电能计量装置。这些电能计量装置包括有功、无功电能表；最大需量电能表、复费率电能表；电压、电流互感器；专用的二次回路。其计量方式、电压等级、准确度等级、量限、二次回路的电缆长度及截面积均应符合上述规程和规范的规定。

一般情况下电能计量装置应装设在供电高压侧，且装表接电必须规范。其具体做法是：

（1）单相电能表相线、中性线应采用不同颜色的导线并对号入座，不得对调。

（2）单相用户的中性线要经电表接线孔穿越电表，不得在主线上单独引接一条中性线进入电表。这样可防止欠压窃电。

（3）三相四线电能表或三块单相表的中性点中性线不得与其他单相用户的电表中性线共用，以免一旦中性线开路时引起中性点位移，造成单相用户少计。

（4）电表及接线安装要牢固，进出电表的导线也要尽量减少预留长度，目的是防止用户使电能表倾斜卡盘而窃电。

（5）接入电表的导线截面积太小造成与电表接线孔不配套的应采用封、堵措施，以防窃电者短接电流进出线端子而窃电。

（6）三相用户电能表要严格按照安装接线图施工，并注意核对相线，以免由于安装接线错误被窃电者利用。

（7）电表的铅封和漆封是用于防止窃电者私自拆开电能表，并为侦查窃电提供证据的。因此，须认真对待铅封、漆封，尤其是表尾接线安装完毕后要及时封好接线盒盖，以免给窃电者以可乘之机。

二、审查和验收

新装和扩建、改建工程的电能计量装置的设计审查，应由供电部门的计量机构依照上述规程和规范的技术要求进行。

竣工后的验收工作主要有以下几点。

（1）电能表和互感器在有效期内均应有检验合格证书，二次回路的电缆应符合要求。

（2）高压供电的用户应建立相应的技术档案，应包括互感器的变比、供电电压等级、实际计量方式、一次和二次的接线原理图和安装图、用电的最大负荷和经常运行的负荷大小及功率因数。

（3）在停电情况下，核对端子和检查电能计量装置接线的正确性。

（4）在实际二次负荷下，测量互感器的误差和电压互感器二次回路的电压降。

（5）供电后，在带电的情况下检查电能计量装置的接线正确性并核对其计费倍率。

（6）在实际运行中，测定电能表在经常运行负荷下的误差。

经验收合格的电能计量装置才能投入运行，运行后的电能计量装置即纳入正常的运行监督管理之下。同时，验收的测试报告和技术资料均应移交给运行管理部门。

三、检验分类

1. 周期检验

投入使用后的电能计量装置必须按规定的周期进行定期检验，它包含以下两个内容：

（1）所有的电能表都必须按规定的周期进行抽检、轮换。

（2）对高压供电用户的电能计量装置除了定期轮换外，还需按期在现场实际运行状态下进行检验。

2. 非定期检验

非定期检验有两种情况，一种是电力用户对电能计量装置的正确性有怀疑时，根据一定的理由向供电部门的计量机构申请检验；另一种是供电部门根据用电量的变化或其他原因对电能计量的正确性有怀疑时，进行检验。非定期检验应在申请或通知后尽快进行，并且将检验结果报告计量管理部门。一般在未得到计量管理部门许可之前，供电的其他部门如营抄、监查等，不能拆开电能计量装置的封印或变动接线。用户更不能私自打开封印或变动接线，否则作窃电处理。

对于供电部门与其他用电单位因电能计量准确性发生纠纷，按照国家计量局和原电力工业部的规定，先由上一级电力部门会同对方主管部门进行第一次复核和调解。对第一次调解不服的，可向双方再上一级部门申请第二次调解。

对调解后仍未达成一致的，由相应计量局主持仲裁检定。

第二节　电能计量管理工作

一、运行管理

电能计量的运行管理的主要内容就是安排制订电能计量装置的周期轮换和检验计划，并监督和检查其执行情况；及时处理电能计量装置的故障差错；接受并安排非定期检验；向资产管理部门提供周期轮换的电能表和互感器的规格、型号和数量要求；及时向电费管理部门通知电能表的计费倍率的变更情况。

运行管理主要是通过一套运行卡片来实现的，这种卡片是按电力用户的名称为索引，每户一卡（大的用户是按计量点建卡）。

运行卡的主要内容包括用户的名称、地址、负荷大小和性质、历次装表的规格、形式、编号、装表日期、计度器的起止数及非周期检验的原因等。

高压用户除了运行卡之外，还有一套按户建立的资料袋，其内容有一次、二次安装图，历次检验数据，故障差错记录，用户负荷特性，月平均用电量等。

普通电力用户在大多数情况下，对一个地区的周期检验大都安排在同一月（或年）内，所以上述排列大体上也相当于按地区排列分类。

当需要轮换或现场检验时，只需按上述排列的标志顺序找出相应的运行卡片，按工作性质将装、拆、换验的内容登记在运行卡片上，并按规定通知抄表、收费等部门。

随着电能计量装置的日益增多，这种管理办法效率比较低，现在就是一般的中等城市由电力部门直接管理的电能计量变量也有几十万台，依靠人去查卡片、发凭证是很困难的，而且易出错，造成管理上的混乱。

现代电能计量装置的运行管理大多使用计算机，只要将运行卡片的数据存入计算机，将所有的检索、读删等工作编制成管理程序，给计算机输入一定的工作指令，就可以完成上述运行管理工作内容。

二、封印钳模管理

为保证电能计量工作的质量，明确供用电双方以及供电部门的各有关工作人员对电能计量装置的维护管理责任，必须严格实行电能表的封印钳模管理。

（1）计量部门对检验合格的电能表（包括接线端子、互感器专用柜）负责封印。

（2）装接和用电检查人员与电能表接线盒，定型表板接线盒、灯，电力用户的总分保险盒和最高需量表的封印有关。

（3）修灯人员与熔丝盒及电能表接线盒有关。厂抄算人员与最高需量表、欠费停电用户的封印有关。

（4）计划用电人员与负荷定量器的定型表板接线盒、负荷定量器、时间开关、辅助开关的封印有关。

因此，供电部门要严格进行封印钳模的统一管理，明确使用封印钳模的人员名单和规定专用模号，分清责任，严格管理，无论班组或个人都不得越权私自开启封印，否则，一经查出将严肃处理，造成重大损失的还要追究其法律责任。

三、修校周期

根据《国家计量检定规程》规定，对各类电能表、互感器的轮换周期及现场检定周期的规定，如表 15-1 所示。

四、窃电防范措施

由于各种原因，窃电这一"公害"日益猖獗，使供电企业丢失了大量的电量，经济损失不小。为此，电能表、互感器的生产厂家以及计量科技人员探索出了许多防治窃电的技术措施，常用的方法有以下几种。

表 15-1　　　　　　　　各类电能表、互感器的轮换周期及现场检验周期

周期\项目 计量类别		轮　　换			现场检验		
		有功表	无功表	互感器	电能表	互感器	合成误差
Ⅰ		3 年	3 年	10 年	3 个月	高压 10 年	10 年
Ⅱ		3 年	3 年	10 年	6 个月	高压 10 年	10 年
Ⅲ		3 年	3 年	10 年	1 年	高压 10 年 低压 20 年	10 年
Ⅳ	单相	单宝石 5 年 双宝石 10 年	—	—	—	低压 20 年	—
	三相	3 年	4 年	10 年	—	低压 20 年	—

1. 采用专用计量箱或电表箱

偷电者作案时主要是对计量装置的一次或二次设备下手。采用专用计量箱或电表箱的目的就是阻止窃电者触及计量装置。为此，除了要求计量箱或电表箱要有足够牢固外，最关键的还是箱门的防撬问题。现在比较常见的、实用的方法有如下三种：

（1）箱门配置防盗锁。和普通锁相比，其开锁难度较大，若强行开锁则不能复原。其优点主要是正常维护容易。缺点是遇到精通开锁者仍然无法幸免。

（2）箱门加封印。这种计量箱的箱门可加上供电部门的防撬铅封，使窃电者开启箱门窃电时会留下证据。其优点是便以实施，缺点是容易被破坏。

（3）将箱门焊死，这是针对个别用户窃电比较猖獗，迫不得已而采取的措施。其优点是比较可靠。缺点是表箱只能一次性使用，正常维护也不方便。

2. 采用防撬铅封

与旧式铅封相比，新型防撬铅封不仅在铅封帽和印模上增加了防伪识别标记（由各供电企业自行设定），而且还有分类标志，一旦被撬，很难复原，从而起到防窃电作用。若用户私自启动铅封、封印，将按偷电论处，并依据《中华人民共和国计量法》和《电力供应与使用条例》有关规定进行严肃处理，造成重大损失的送交司法机关处理。

3. 采用双向计量或止逆式电表

按窃电持续时间特点分类，窃电有连续型和间断型两种窃电。连续型窃电时，电能表一般表现为正向慢转，或不转，电表异常运行情况往往容易被发现。而间断型窃电，是用户雇用社会上一些所谓窃电专业户，利用窃电器使电表在短时间内快速反转，往往见好就收，现场不易抓到作案证据。针对这种窃电行为，用户不是双电源或多电源供电的，可以采用具有双向计量功能的电能表或带止逆器的电能表进行防范。

具有双向计量功能的电能表，当窃电使电表反转时，计度器不但不减码反而照常加码，使窃电者偷鸡不成反倒蚀把米；若采用止逆式电能表，只可防倒转。因此，这两种电能表只对窃电后表反转有防范功能，对电表正向慢转或不转的窃电情况无能为力。

4. 三相负荷尽量采用分相计量

（1）三相四线表改用三只单相表计量。三相四线有功电能表的结构特点是三元件共用一个转轴、一个计度器。那么当窃电使其中一相电流短路或电压开路时，它只计量了两相电量，在三相负荷平衡的情况下电表少计 1/3 电量，三相电能表圆盘表现为正向慢转，并在检查时目测很难察觉。而采用三只单相表计量时情况就不同了，一旦某相电流或电压为零时，

该相的电表圆盘就会马上不转，使检查比较容易。此法适合于高供低量或低压供电的三相四线用户。

（2）三相三线表改用三元件电表计量。此法适合于用三相三线电能表直接计量的低压用户。由电表的原理分析可知，由于 V 相负荷电流没有进入电能表，所以窃电者如果在 V 相与地之间接入单相负荷，电表对单相负荷的电量就没有计量，这就给窃电者提供了可乘之机。

低压三相三线用户若改用三相四线电表计量，每相负荷电流都进了表，因此可防范此类窃电方式。

5. 其他措施

低压用户安装剩余电流动作保护器。例如，电流型剩余电流动作保护器就具有防窃电作用；采用防窃电电能表或在电能表内加装防窃电器；封闭变压器低压出线端子到计量装置的导体；对于高压用户，在计量用电压互感器二次回路安装失压记录仪或失压保护器；禁止随意地乱接私拉供电部门的电力线路用电等等。

复 习 思 考 题

1. 为什么要进行电能表的统一管理？
2. 如何进行电能计量装置的竣工验收？
3. 试简述电能计量装置的封印钳模管理的重要性。
4. 常见的反窃电技术措施有哪些？

第三篇

安 全 用 电 管 理

改革开放以来,工业生产得到了迅速的发展,电力已成为国民经济各个领域和人民生活不可缺少的部分。但是,随着用电量的大量增加,安全用电的矛盾却愈来愈突出,如果不引起重视,不注意安全,则会造成人身伤亡事故和国家财产的巨大损失。因此,安全用电具有重大的现实意义。

电气事故造成设备损坏,停电、停产给国民经济造成的损失是巨大的,并会引起社会秩序紊乱。例如,炼钢厂的高炉如果停电时间超过 0.5h,铁水就要凝固,其结果会造成高炉毁坏;医院里如果停电,进行中的手术难以继续下去,手术终止,病人生命危在旦夕;矿井下停电,会影响井下通风,使空气中的瓦斯含量增加,可能引起井下人员窒息和瓦斯爆炸。例如,1965 年 11 月 9 日闻名世界的美国东北部系统发生大停电事故,从下午 5 时 16 分发生故障造成 21000MW 用电负荷停电,停电时间最长达 13h,停电区域共 20 万 km²,影响居民 3000 多万人,各方面经济损失达 1 亿美元。

由于电能具有发、供、用同时完成的特点,因此用电单位工作的失误,将会扩大为系统事故。1987 年 11 月 27 日,某厂电工应基建单位要求,给新落成的高层建筑顶楼电梯间拉临时低电压电源试电梯,由于临时线从 110kV 高压线下穿过,8 级大风将临时线吹到高压线上,造成弧光短路。电弧又使同杆架设的另一条 110kV 线路跳闸,造成变电所全所失压。同时,使相邻的发电厂 2 号机因故障失步解列,结果造成大面积停电。

近 20 年来,人民生活水平得到了大幅度提高,家用电器大量普及,生活用电日益增加,发生触电事故的机会也相应增加。因此,要加强安全意识,大力宣传安全用电,提高安全用电管理水平,防止各种用电设备事故和人身触电事故的发生。

 # 第十六章　人身触电及防护

人体触及带电体并形成电流通路,造成人体伤害,称为触电。无论是在电能的使用还是在电气工作过程中,如果不懂得电的安全知识、不采取可靠的防护措施,就会发生触电事故。特别是在低压供配电系统中,触电事故发生的频度很高,一方面,是由于人们接触带电体的可能性大;另一方面,人们对低电压在思想上的重视程度不够,安全措施不完善。因此,触电及防护问题是安全用电工作的重要部分。本章介绍电对人体的效应和人体触电机理方面的研究结果、人体触电的方式及防止发生触电的技术措施、触电急救的方法。

第一节　人　身　触　电

一、电流对人体的效应

电作用于人体的机理是一个很复杂的问题,至今尚未完全探明。其影响因素很多,对于同样的情况，不同的人产生的生理效应不尽相同，即使同一个人，在不同的环境、不同的生理状态下，生理效应也不相同。通过大量的研究表明，电对人体的伤害，主要来自电流。

电流流过人体时，电流的热效应会引起肌体烧伤、炭化或在某些器官上产生损坏其正常功能的高温；肌体内的体液或其他组织会发生分解作用，从而使各种组织的结构和成分遭到严重破坏；肌体的神经组织或其他组织因受到刺激而兴奋，内分泌失调，使人体内部的生物电破坏；产生一定的机械外力引起肌体的机械性损伤。因此，当电流流过人体时，人体会产生不同程度的刺麻、酸疼、打击感，并伴随不自主的肌肉收缩、心慌、惊恐等症状，严重时会出现心律不齐、昏迷、心跳及呼吸停止甚至死亡的严重后果。

二、电流对人体的伤害

电流对人体的伤害可以分为两种类型，即电伤和电击。

（一）电伤

电伤是指由于电流的热效应、化学效应和机械效应引起人体外表的局部伤害，如电灼伤、电烙印、皮肤金属化等。

1. 电灼伤

电灼伤一般分接触灼伤和电弧灼伤两种。接触灼伤发生在高压触电事故时，电流流过的人体皮肤进出口处。一般进口处比出口处灼伤严重，接触灼伤的面积较小，但深度大，大多为三度灼伤，灼伤处呈现黄色或褐黑色，并可累及皮下组织、肌腱、肌肉及血管，甚至使骨骼呈现炭化状态，一般需要治疗的时间较长。

当发生带负荷误拉、合隔离开关及带地线合隔离开关时，所产生强烈的电弧都可能引起电弧灼伤，其情况与火焰烧伤相似，会使皮肤发红、起泡、组织烧焦、坏死。

2. 电烙印

电烙印发生在人体与带电体之间有良好的接触部位处。在人体不被电击的情况下，在皮肤表面留下与带电接触体形状相似的肿块痕迹。电烙印边缘明显，颜色呈灰黄色，有时在触电后，电烙印并不立即出现，而在相隔一段时间后才出现。电烙印一般不发臭或化脓，但往往会造成局部麻木和失去知觉。

3. 皮肤金属化

皮肤金属化是由于高温电弧使周围金属熔化、蒸发并飞溅渗透到皮肤表面形成的伤害。皮肤金属化以后，表面粗糙、坚硬，金属化后的皮肤经过一段时间后方能自行脱离，对身体机能不会造成不良后果。

电伤在不是很严重的情况下，一般无致命危险。

（二）电击

电击是指电流流过人体内部造成人体内部器官的伤害。当电流流过人体时，会造成人体内部器官（如呼吸系统、血液循环系统、中枢神经系统等）生理或病理变化，工作机能紊乱，严重时会导致人体休克乃至死亡。

电击使人致死的原因有三个方面：一是流过心脏的电流过大、持续时间过长，引起"心室纤维性颤动"而致死；二是因电流作用使人产生窒息而死亡；三是因电流作用使心脏停止跳动而死亡。研究表明"心室纤维性颤动"致死是最根本、占比例最大的原因。

电击是触电事故中后果最严重的一种，绝大部分触电死亡事故都是电击造成的。通常所说的触电事故，主要是指电击。

电击伤害的影响因素主要有如下几个方面。

1. 电流强度及电流持续时间

当不同大小的电流流经人体时，往往有各种不同的感觉，通过的电流愈大，人体的生理反应愈明显，感觉也愈强烈。按电流通过人体时的生理机能反应和对人体的伤害程度，可将电流分成以下三级：

（1）感知电流。使人体能够感觉，但不遭受伤害的电流。感知电流的最小值为感知阈值。感知电流通过时，人体有麻酥、灼热感。人对交、直流电流的感知阈值分别约为0.5、2mA。

（2）摆脱电流。人体触电后能够自主摆脱的电流。摆脱电流的最大值是摆脱阈值。摆脱电流通过时，人体除麻酥、灼热感外，主要是疼痛、心律障碍感。

（3）致命电流。人触电后危及生命的电流。由于导致触电死亡的主要原因是发生"心室纤维性颤动"，故将致命电流的最小值称为致颤阈值。

电流对人体的伤害与流过人体电流的持续时间有着密切的关系。电流持续时间越长，其对应的致颤阈值越小，电流对人体的危害越严重。这是因为：一方面，时间越长，体内积累的外能量越多，人体电阻因出汗及电流对人体组织的电解作用而变小，使伤害程度进一步增加；另一方面，人的心脏每收缩、舒张一次，中间约有0.1s的间隙，在这0.1s的时间内，心脏对电流最敏感，若电流在这一瞬间通过心脏，即使电流很小（几十毫安），也会引起心室颤动。显然，电流持续时间越长，重合这段危险期的几率越大，危险性也越大。一般认为，工频电流15～20mA以下及直流50mA以下，对人体是安全的，但如果持续时间很长，即使电流小到8～10mA，也可能使人致命。

2. 人体电阻

人体触电时，流过人体电流在接触电压一定时由人体的电阻决定，人体电阻愈小，流过的电流则愈大，人体所遭受的伤害也愈大。

人体的不同部分（如皮肤、血液、肌肉及关节等）对电流呈现出一定的阻抗，即人体电阻。其大小不是固定不变的，它决定于许多因素，如接触电压、电流途径、持续时间、接触面积、温度、压力、皮肤厚薄及完好程度、潮湿、脏污程度等。总的来讲，人体电阻由体内电阻和表皮电阻组成。

体内电阻是指电流流过人体时，人体内部器官呈现的电阻，其数值主要决定于电流的通路。当电流流过人体内不同部位时，体内电阻呈现的数值不同。电阻最大的通路是从一只手到另一只手，或从一只手到另一只脚或双脚，这两种电阻基本相同；电流流过人体其他部位时，呈现的体内电阻都小于这两种电阻。一般认为，人体的体内电阻为500Ω左右。

表皮电阻指电流流过人体时，两个不同触电部位皮肤上的电极和皮下导电细胞之间的电阻之和。表皮电阻随外界条件不同而在较大范围内变化。当电流、电压、电流频率及持续时间、接触压力、接触面积、温度增加时，表皮电阻会下降，当皮肤受伤甚至破裂时，表皮电阻会随之下降，甚至降为零。可见，人体电阻是一个变化范围较大，且决定于许多因素的变量，只有在特定条件下才能测定。不同条件下的人体电阻见表16-1，一般情况下，人体电阻可按1000～2000Ω考虑，在安全程度要求较高的场合，人体电阻可按不受外界因素影响的体内电阻（500Ω）来考虑。

表 16-1   不同条件下的人体电阻

加于人体的电压 (V)	人 体 电 阻 （Ω）			
	皮肤干燥	皮肤潮湿	皮肤湿润	皮肤浸入水中
10	7000	3500	1200	600
25	5000	2500	1000	500
50	4000	2000	875	440
100	3000	1500	770	375
250	2000	1000	650	325

注　1. 表内值的前提：基本通路，接触面积较大。

　　2. 皮肤潮湿相当于有水或汗痕。

　　3. 皮肤湿润相当于有水蒸气或特别潮湿的场合。

　　4. 皮肤浸入水中相当于游泳池内或浴池中，基本上是体内电阻。

　　5. 此表数值为大多数人的平均值。

3. 作用于人体的电压

作用于人体的电压，对流过人体的电流大小有着直接的影响。当人体电阻一定时，作用于人体电压越高，则流过人体的电流越大，其危险性也越大。实际上，通过人体电流的大小，也并不与作用于人体的电压成正比，由表 16-1 可知，随着作用于人体电压的升高，人体电阻下降，导致流过人体的电流迅速增加，对人体的伤害也就更加严重。

4. 电流路径

电流通过人体的路径不同，使人体出现的生理反应及对人体的伤害程度是不同的。电流通过人体头部会使人立即昏迷，严重时，致使人死亡；电流通过脊髓，使人肢体瘫痪；电流通过呼吸系统，会使人窒息死亡；电流通过中枢神经，会引起中枢神经系统的严重失调而导致死亡；电流通过心脏会引起心室"纤维性颤动"，心脏停跳造成死亡。研究表明，电流通过人体的各种路径中，哪种电流路径通过心脏的电流分量大，其触电伤害程度就大。电流路径与流经心脏的电流比例关系见表 16-2。左手至脚的电流路径中，心脏直接处于电流通路内，因而是最危险的；右手左脚的电流路径的危险性相对较小。电流从左脚至右脚这一电流路径，危险性小，但人体可能因痉挛而摔倒，导致电流通过全身或发生二次事故而产生严重后果。

表 16-2   电流路径与通过人体心脏电流的比例关系

电流路径	左手至脚	右手至脚	左手至右手	左脚至右脚
流经心脏的电流与通过人体总电流的比例（％）	6.4	3.7	3.3	0.4

5. 电流种类及频率的影响

电流种类不同，对人体的伤害程度不一样。当电压在 250～300V 以内时，触及频率为 50Hz 的交流电，比触及相同电压的直流电的危险性大 3～4 倍。不同频率的交流电流对人体的影响也不相同。通常，50～60Hz 的交流电对人体危险性最大。低于或高于此频率的电流对人体的伤害程度要显著减轻。但高频率的电流通常以电弧的形式出现，因此有灼伤人体的危险。频率在 20kHz 以上的交流小电流对人体已无危害，所以在医学上用于理疗。

6. 人体状态的影响

电流对人体的作用与人的年龄、性别、身体及精神状态有很大关系。一般情况下，女性比男性对电流敏感，小孩比成人敏感。在同等触电情况下，妇女和小孩更容易受到伤害。此外，患有心脏病、精神病、结核病、内分泌器官疾病或酒醉的人，因触电造成的伤害都将比正常人严重；相反，一个身体健康、经常从事体力劳动和体育锻炼的人，由触电引起的后果会相对轻一些。

三、人体触电方式

触电的方式很多，归纳起来有以下四类。

（一）人体与带电体的直接接触触电

人体与带电体的直接接触触电可分为单相触电和两相触电。

1. 单相触电

人体接触三相电网中带电体的某一相时，电流通过人体流入大地，这种触电方式称为单相触电。

电力网可分为大接地短路电流系统和小接地短路电流系统。由于这两种系统中性点的运行方式不同，当发生单相触电时，电流经过人体的路径及大小就不一样，触电危险性也不相同。

（1）中性点直接接地系统的单相触电。

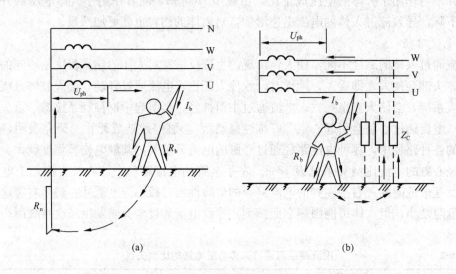

图 16-1　单相触电示意图

(a) 中性点直接接地系统的单相触电；(b) 中性点不接地系统的单相触电

以 380/220V 的低压配电系统为例。当人体触及某一相导休时，相电压作用于人体，电流经过人体、大地、系统中性点接地装置、中性线形成闭合回路，如图 16-1 (a) 所示。由于中性点接地装置的电阻 R_0 比人体电阻小得多，所以相电压几乎全部加在人体上。设人体电阻 R_b 为 1000Ω，电源相电压 U_{ph} 为 220V，则通过人体的电流 I_b 约为 220 mA，远大于人体的摆脱阈值，足以使人致命。一般情况下，人脚上穿有鞋子，有一定的限流作用。人体与带电体之间以及站立点与地之间也有接触电阻，所以实际电流较 220mA 要小，人体触电后，有时可以摆脱。但人体触电后由于遭受电击的突然袭击，慌乱中易造成二次伤害事故（如空中作业触电时摔到地面等）。所以，电气工作人员工作时应穿合格的绝缘鞋，在配电室的地面上应垫有绝缘橡胶垫，以防触电事故的发生。

（2）中性点不接地系统的单相触电。如图 16-1（b）所示，当人站立在地面上，接触到该系统的某一相导体时，由于导线与地之间存在对地电抗 Z_C（由线路的绝缘电阻 R 和对地电容 C 组成），则电流以人体接触的导体、人体、大地、另两相导线对地电抗 Z_C 构成回路，通过人体的电流与线路的绝缘电阻及对地电容的数值有关。在低压系统中，对地电容 C 很小，通过人体的电流主要决定于线路的绝缘电阻 R_0 正常情况下，R 相当大，通过人体的电流很小，一般不致造成对人体的伤害。但当线路绝缘下降，R 减小时，单相触电对人体的危害仍然存在。而在高压系统中，线路对地电容较大，通过人体的电容电流较大，将危及触电者的生命。

2. 两相触电

当人体同时接触带电设备或线路中的两相导体时，电流从一相导体经人体流入另一相导体，构成闭合回路，这种触电方式称为两相触电，如图 16-2 所示。此时，加在人体上的电压为线电压，它是相电压的 $\sqrt{3}$ 倍。通过人体的电流与系统中性点运行方式无关，其大小只决定于人体电阻和人体与相接触的两相导体的接触电阻之和。因此，它比单相触电的危险性更大，例如，380/220V 低压系统线电压为 380V，设人体电阻 R_b 为 1000Ω，则通过人体的电流约 I_b 为 380mA，大大超过人的致颤阈值，足以致人死亡。电气工作中两相触电多在带电作业时发生，由于相间距离小，安全措施不周全，使人体或通过作业工具同时触及两相导体，造成两相触电。

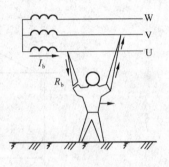

图 16-2　两相触电示意图

（二）间接触电

间接触电是由于电气设备绝缘损坏发生接地故障，设备金属外壳及接地点周围出现对地电压引起的。它包括跨步电压触电和接触电压触电。

1. 跨步电压触电

当电气设备或载流导体发生接地故障时，接地电流将通过接地体流向大地，并在地中接地体周围作半球形的散流，如图 16-3 所示。由图 16-3 可见，在以接地故障点为球心的半球形散流场中，靠近接地点处的半球面上，电流密度线密集，离开接地点的半球面上电流密度线稀疏，且愈远愈疏；另一方面，靠近接地点处的半球面的截面积较小、电阻大，离开接地点处的半球面面积大、电阻减小，且愈远电阻愈小。因此，在靠近接地点处沿电流散流方向取两点，其电位差较远离接地点处同样距离的两点间的电位差大，当离开接地故障点 20m 以外时，这两点间的电位差即趋于零。人们将两点之间的电位差为零的地方，称为电位的零点，即电气上的"地"。显然，该接地体周围对"地"而言，接地点处的电位最高（为 U_k），离开接地点处，电位逐步降低，其电位分布呈伞形下降，此时，人在有电位分布的故障区域内行走时，其两脚之间（一般为 0.8m 的距离）呈现出电位差，此电位差称为跨步电压 U_{kb}，如图 16-3 所示。由跨步电压引起的触电叫跨步电压触电。由图 16-3 可见，在距离接地故障点 8～10m 以内，电位分布的变化率较大，人在此区域内行走，跨步电压高，就有触电的危险；在离接地故障点 8～10m 以外，电位分布的变化率较小，人一步之间的电位差较小，跨步电压触电的危险性明显降低，人在受到跨步电压的作用时，电流将从一只脚经腿、跨部、另一只脚与大地构成回路，虽然电流没有通过人体的全部重要器官，但当跨步电压较高时，触电者脚发麻、抽筋，跌倒在地。跌倒后，电流可能会改变路径（如从手至脚）而流经人体的重要器官，使人致命。因此，发生高压设备、导线接地故障时，室内不得接近接地故障点4m以内（因室内狭窄，地面较为干燥，离开4m之外一般不会遭到跨步电压的伤害），室外不得接近故障点8m以内。如果要进入此范围内工作，为防止跨步电压触电，进入人员应穿绝缘鞋。

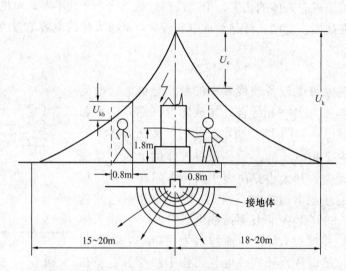

图 16-3　接地电流的散流场、地面电位分布示意图

U_k—接地短路电压；U_c—接触电压；U_{kb}—跨步电压

需要指出，跨步电压触电还可能发生在另外一些场合。例如，避雷针或者避雷器动作，其接地体周围的地面也会出现伞形电位分布，同样会发生跨步电压触电。

2. 接触电压触电

在正常情况下，电气设备的金属外壳是不带电的，由于绝缘损坏，设备漏电，使设备的金属外壳带电。接触电压是指人触及漏电设备的外壳，加于人手与脚之间的电位差（脚距漏电设备 0.8m，手触及设备处距地面垂直距离 1.8m），由接触电压引起的触电叫接触电压触电。若设备的外壳不接地，在此接触电压下的触电情况与单相触电情况相同；若设备外壳接地，则接触电压为设备外壳对地电位与人站立点的对地电位之差。如图 16-3 所示，当人需要接近漏电设备时，为防止接触电压触电，应戴绝缘手套、穿绝缘鞋。

（三）与带电体的距离小于安全距离的触电

前述几类触电事故，都是人体与带电体直接接触（或间接接触）时发生的。实际上，当人体与带电体（特别是高压带电体）的空气间隙小于一定的距离时，虽然人体没有接触带电体，也可能发生触电事故。这是因为空气间隙的绝缘强度是有限度的，当人体与带电体的距离足够近时，人体与带电体间的电场强度将大于空气的击穿场强，空气将被击穿，带电体对人体放电，并在人体与带电体间产生电弧，此时人体将受到电弧灼伤及电击的双重伤害。这种与带电体的距离小于安全距离的弧光放电触电事故多发生在高压系统中。此类事故的发生，大多是工作人员误入带电间隔、误接近高压带电设备所造成的。因此，为防止这类事故的发生，国家有关标准规定了不同电压等级的最小安全距离，工作人员距带电体的距离不允许小于此安全距离值。

第二节 防止人身触电的技术措施

防止人身触电，从根本上说，是要加强安全意识，严格执行安全用电的有关规定，防患于未然。同时，对系统或设备本身或工作环境采取一定的技术措施也是行之有效的办法。防止人身触电的技术措施包括以下几方面：

(1) 电气设备进行安全接地；

(2) 在容易触电的场合采用安全电压；

(3) 采用低压触电保护装置。

另外，电气工作过程采用相应的屏护措施，使人体与带电设备保持必要的安全距离，也是预防人身触电的有效方法。

一、安全接地

安全接地是防止接触电压触电和跨步电压触电的根本方法。安全接地包括电气设备外壳（或构架）保护接地、保护接零或零线的重复接地。

（一）保护接地

保护接地是将一切正常时不带电而在绝缘损坏时可能带电的金属部分（如各种电气设备的金属外壳、配电装置的金属构架等）与独立的接地装置相连，从而防止工作人员触及时发生触电事故。它是防止接触电压触电的一种技术措施。

保护接地是利用接地装置足够小的接地电阻值，降低故障设备外壳可导电部分对地电压，减小人体触及时流过人体的电流，达到防止接触电压触电的目的。

1. 中性点不接地系统的保护接地

在中性点不接地系统中，用电设备一相绝缘损坏，外壳带电。如果设备外壳没有接地，如图 16-4 (a) 所示，则设备外壳上将长期存在着电压（接近于相电压），当人体触及到电气设备外壳时，就有电流流过人体，其值为

$$I_b = \frac{3U_{ph}}{|3R_b + Z_C|} \tag{16-1}$$

接触电压

$$U_c = \frac{3U_{ph}R_b}{|3R_b + Z_C|} \tag{16-2}$$

式中　I_b——流过人体的电流；

　　　U_c——作用于人体的接触电压；

　　　R_b——人体电阻；

　　　Z_C——电网对地绝缘阻抗；

　　　U_{ph}——系统运行相电压。

但若采用保护接地，如图 16-4 (b) 所示，保护接地电阻 R_0 与人体电阻 R_b 并联，由于 $R_0 \ll R_b$，则设备对地电压及流过人体的电流可近似为

$$U_c = \frac{3U_{ph}R_0}{|3R_0 /\!/ R_b + Z_C|} \approx \frac{3U_{ph}R_0}{|3R_0 + Z_C|} \tag{16-3}$$

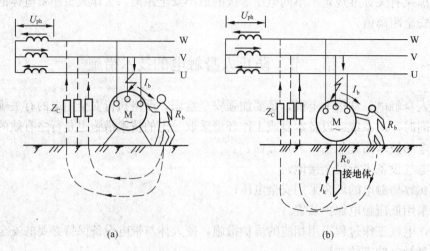

图 16-4　中性点不接地的系统保护接地原理图

(a) 不采用保护接地时；(b) 采用保护接地时

$$I_b = \frac{U_c}{R_b} = \frac{3U_{ph}R_0}{|\ 3R_0 + Z_C\ |\ R_b} \tag{16-4}$$

式中　R_0——保护接地电阻。

比较式 (16-2) 与式 (16-3) 可知，由于 $Z_C \gg R_b$、R_0，所以其分母近似相等；而分子因 $R_b \ll R_0$，使得接地后对地电压大大降低。同样由式 (16-1) 与式 (16-4) 得知，保护接地后，人体触及设备外壳时流过的电流也大大降低。由此可见，只要选择适当的 R_0，即可避免人体触电。

例如，220/380V 中性点不接地系统，绝缘阻抗 Z_C 取绝缘电阻 7000Ω，有设备发生单相碰壳。若没有保护接地，有人触及该设备外壳，人体电阻 R_b 为 1000Ω，则流过人体电流约为 66mA；但如果该设备有保护接地，接地电阻 $R_0 = 4\Omega$，则流过人体的电流约为 0.26mA，显然，该电流不会危及人身安全。

同样，在 6~10kV 中性点不接地系统中，若采用保护接地，尽管其电压等级较高，也能减小因设备发生碰壳人体触及设备时流过人体的电流，减小触电的危险性。如果进一步采取相应的防范措施，增大人体回路的电阻，如人脚穿胶鞋，也能将人体电流限制在 50mA 之内，保证人身安全。

2. 中性点直接接地系统的保护接地

中性点直接接地系统中，若不采用保护接地，当人体接触一相碰壳的电气设备时，人体相当于发生单相触电，如图 16-5 (a) 所示，流过人体的电流及接触电压为

$$I_b = \frac{U_{ph}}{R_b + R_n} \tag{16-5}$$

$$U_c = \frac{U_{ph}}{R_b + R_n} \times R_b \tag{16-6}$$

式中　R_n——中性点接地电阻；

　　　U_{ph}——电源相电压。

以 380/220V 低压系统为例，若人体电阻 $R_b = 1000\Omega$，$R_n = 4\Omega$，则流过人体的电流

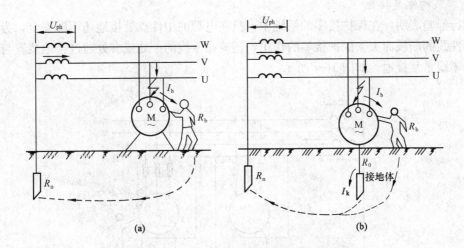

图 16-5　中性点接地的系统保护接地原理

(a) 无保护接地时；(b) 有保护接地时

$I_b = 220\text{mA}$，作用于人体电压 $U_c = 220\text{V}$，此时足以使人致命。

若采用保护接地，如图 16-5 (b) 所示，电流将经人体电阻 R_b 和设备接地电阻 R_0 的并联支路、电源中性点接地电阻 R_n、电源形成回路，设保护接地电阻 $R_0 = 4\Omega$，流过人体的电流及接触电压为

$$U_c = I_k R_0 = U_{ph} \times \frac{R_0}{R_n + R_0 /\!/ R_b} \approx U_{ph} \times \frac{R_0}{R_n + R_0} = 110 \text{ (V)} \tag{16-7}$$

$$I_b = \frac{U_c}{R_b} = \frac{U_{ph}}{R_b} \times \frac{R_0}{R_n + R_0} \approx 110 \text{ (mA)} \tag{16-8}$$

110mA 的电流虽比未装保护接地时小，但对人身安全仍有致命的危险。所以，在中性点直接接地的低压系统中，电气设备的外壳采用保护接地仅能减轻触电的危险程度，并不能保证人身安全；在高压系统中，其作用就更小。

(二) 保护接零和零线重复接地

1. 保护接零

在中性点直接接地的低压供电网络，一般采用的是三相四线制的供电方式。将电气设备的金属外壳与电源（发电机或变压器）接地中性线（零线）作金属性连接，这种方式称为保护接零，如图 16-6 所示。

采用保护接零时，当电气设备某相绝缘损坏碰壳，接地短路电流流经短路线和接地中性线构成回路，由于接地中性线阻抗很小，接地短路电流 I_k 较大，足以使线路上（或电源处）的自动开关或熔断器以很短的时限将设备从电网中切除，使故障设备停电。另外，人体电阻远大于接零回路中的电阻，即使在故障未切除前，人体触到故障设备外壳，接地短路电流几乎全部通过接零回路，也使流过人体的电流接近于零，保证了人身安全。

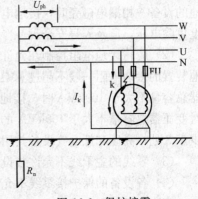

图 16-6　保护接零

211

2. 零线的重复接地

运行经验表明，在保护接零的系统中，只在电源的中性点处接地还不够安全，为了防止接地中性线的断线而失去保护接零的作用，还应在零线的一处或多处通过接地装置与大地连接，即零线重复接地，如图 16-7 所示。

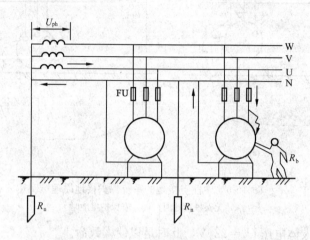

图 16-7　中性线的重复接地

在保护接零的系统中，若零线不重复接地，当零线断线时，只有断线处之前的电气设备的保护接零才有作用，人身安全得以保护；在断线处之后，当设备某相绝缘损坏碰壳时，设备外壳带有相电压，仍有触电的危险。即使相线不碰壳，在断线处之后的负荷群中，如果出现三相负荷不平衡（如一相或两相断开），也会使设备外壳出现危险的对地电压，危及人身安全。

采用了零线的重复接地后，若零线断线，断线处之后的电气设备相当于进行了保护接地，其危险性相对减小。

（三）安全接地注意事项

电气设备的保护接地、保护接零和零线的重复接地都是为了保证人身安全的，故统称为安全接地。为了使安全接地切实发挥作用，应注意以下问题：

（1）同一系统（同一台变压器或同一台发电机供电的系统）中，只能采用一种安全接地的保护方式，不可一部分设备采用保护接地，另一部分设备采用保护接零。否则，当保护接地的设备一相漏电碰壳时，接地电流经保护接地体、电流中性点接地体构成回路，使零线带上危险电压，危及人身安全。

（2）应将接地电阻控制在允许范围之内。例如，3～10kV 高压电气设备单独使用的接地装置的接地电阻一般不超过 10Ω；低压电气设备及变压器的接地电阻不大于 4Ω；当变压器总容量不大于 100kVA 时，接地电阻不大于 10Ω；重复接地的接地电阻每处不大于 10Ω；对变压器总容量不大于 100kVA 的电网，每处重复接地的电阻不大于 30Ω，且重复接地不应少于 3 处；高压和低电气设备共用同一接地装置时，接地电阻不大于 4Ω 等。

（3）零线的主干线不允许装设开关或熔断器。

（4）各设备的保护接零线不允许串接，应各自与零线的干线直接相连。

（5）在低压配电系统中，不准将三孔插座上接电源零线的孔同接地线的孔串接，否则零线松掉或折断,就会使设备金属外壳带电;若零线和相线接反,也会使外壳带上危险电压。

(四)保护接地和接零应用范围

保护接地和接零的设备,主要根据电压等级、运行方式及周围环境而定。一般情况下,供配电系统中的下列设备和部件需要采用接地或接零保护。

(1)电机、变压器、断路器和其他电气设备的金属外壳或基础。

(2)电气设备的传动装置。

(3)互感器的二次绕组。

(4)屋内外配电装置的金属或钢筋混凝土构架。

(5)配电盘、保护盘和控制盘的金属框架。

(6)交、直流电力和控制电缆的金属外皮、电力电缆接头的金属外壳和穿线钢管等。

(7)居民区中性点非直接接地架空电力线路的金属杆塔和钢筋混凝土杆塔或构架。

(8)带电设备的金属护网。

(9)配电线路杆塔上的配电装置、开关和电容器等的金属外壳。

(五)低压系统接地形式

1. TN 系统

低压系统有一点直接接地,装置的外露导电部分用保护线与该点连接。按照中性线与保护线的组合情况,TN 系统有以下三种形式:

(1)TN-S 系统。整个系统的中性线与保护线是分开的,如图 16-8(a)所示。

(2)TN-C-S 系统。系统中有一部分中性线与保护线是合一的,如图 16-8(b)所示。

(3)TN-C 系统。整个系统的中性线与保护线是合一的,如图 16-8(c)所示。

2. TT 系统

TT 系统有一个直接接地点,电气装置的外露导电部分接至电气上与低压系统的接地点

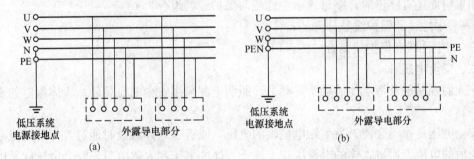

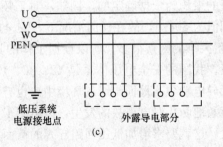

图 16-8　TN 系统

(a) TN-S 系统;(b) TN-C-S 系统;(c) TN-C 系统

无关的接地装置，如图 16-9 所示。

3. IT 系统

IT 系统的带电部分与大地间不直接连接（经阻抗接地或不接地），而电气装置的外露导电部分则是接地的，如图 16-10 所示。

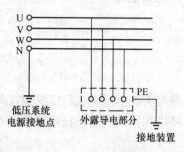

图 16-9　TT 系统

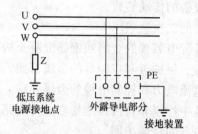

图 16-10　IT 系统

4. 文字代号的意义

（1）第一个字母表示低压系统的对地关系：

T——一点直接接地；

I——所有带电部分与地绝缘或一点经阻抗接地。

（2）第二个字母表示电气装置的外露导电部分的对地关系：

T——外露导电部分对地直接电气连接，与低压系统的任何接地点无关；

N——外露导电部分与低压系统的接地点直接电气连接（在交流系统中，接地点通常就是中性点）。

如果后面还有字母时，字母表示中性线与保护线的组合：

S——中性线和保护线是分开的；

C——中性线和保护线是合一的（PEN）。

二、安全电压

在人们容易触及带电体的场所，动力、照明电源采用安全电压是防止人体触电的重要措施之一。

安全电压是指不会使人发生触电危险的电压，或者是人体触及时通过人体的电流不大于致颤阈值的电压。通过人体的电流决定于加于人体的电压和人体电阻，安全电压就是以人体允许通过的电流与人体电阻的乘积为依据确定的。例如，对工频 $50 \sim 60\text{Hz}$ 的交流电压，取人体电阻为 1000Ω，致颤阈值为 50mA，故在任何情况下，安全电压的上限不超过 $50\text{mA} \times 1000\Omega = 50\text{V}$。影响人体电阻大小的因素很多，所以根据工作的具体场所和工作环境，各国规定了相应的安全电压等级。我国的安全电压体系是 42、36、12、6V，直流安全电压上限是 72V。在干燥、温暖、无导电粉尘、地面绝缘的环境中，也有使用交流电压为 65V 的。

采用安全电压无疑可有效地防止触电事故的发生，但由于工作电压降低，要传输一定的功率，工作电流就必须增大。这就要求增加低压回路导线的截面积，使投资费用增加。一般安全电压只适用于小容量的设备，如行灯、机床局部照明灯及危险度较高的场所中使用的电动工具等。

必须注意的是采用降压变压器（即行灯变压器）取得安全电压时，应采用双绕组变压器，而不能采用自耦变压器，以使一、二次绕组之间只有电磁耦合而不直接发生电的联系。此外，安全电压的供电网络必须有一点接地（中性线或某一相线），以防电源电压偏移引起触电危险。

需要指出的是，采用安全电压并不意味绝对安全。如人体在汗湿、皮肤破裂等情况下长时间触及电源，也可能发生电击伤害。当电气设备电压超过 24V 安全电压等级时，还要采取防止直接接触带电体的保护措施。

三、剩余电流动作保护器

在用电设备中安装剩余电流动作保护器是防止触电事故发生的又一重要保护措施。在某些情况下，将电气设备的外壳进行保护接地或保护接零会受到限制或起不到保护作用。例如，个别远距离的单台设备或不便敷设零线的场所，以及土壤电阻率太大的地方，都将使接地、接零保护难以实现。另外，当人与带电导体直接接触时，接地和接零也难以起到保护作用。所以，在供配电系统或电力装置中加装剩余电流动作保护器（亦称漏电开关或触电保安器），是行之有效的后备保护措施。

剩余电流动作保护器种类繁多，按照装置动作启动信号的不同，一般可分为电压型和电流型两大类。目前，广泛采用的是反映零序电流的电流型剩余电流动作保护器。

电流型剩余电流动作保护器的动作信号是零序电流。按零序电流的取得方式的不同可分为有电流互感器和无电流互感器两种。

1. 有电流互感器的电流型剩余电流动作保护器

这种保护器是由中间执行元件接受电网发生接地故障时所产生的零序电流信号，去断开被保护设备的控制回路，切除故障部分。按中间执行元件的结构不同，可分为灵敏继电器型、电磁型和电子式三种。

典型的灵敏继电器型剩余电流动作保护器接线，如图 16-11 所示。装置的中心元件是零序电流互感器 TA、灵敏电流继电器 KA，它们通过中间继电器 KM1 接入被保护设备的控制电路。正常运行时，三相电流对称平衡，TA 输出零序电流为零。当被保护电路内发生接地故障时，系统内出现零序电流，TA 二次侧输出的零序电流达到 KA 的动作值时，KA 励磁动作，接通中间继电器 KM1 线圈回路，触点 KM1 断开，使接触器 KM 失磁，主电路断开切除故障。

电磁型和电子式剩余电流动作保护器的中间执行元件分别是电磁继电器和晶体管放大器，零序电流通过它们切除故障，达到保护的目的。图 16-12 是电子式剩余电流动作保护器原理框图，它以电子放大器作为中间机构，当发生漏电时，零序电流互感器将漏电信号传给放大器，经放大后再传给继电器，由继电器控制并断开开关，切断电源。电子放大器一般都需要直流电源。因此，这种保护器常带有由小型降压变压器（或分压器）、整流器和稳压器等组成的直流供电装置。电子放大器既可采用晶体管，也可采用集成元件。

电子式剩余电流动作保护器的主要特点是：灵敏度很高，动作电流可以调整到很小，整定误差小，动作准确，容易实现延时动作，动作时间可以随意调节，便于实现分段保护。但是，这种保护器使用元件较多，结构较复杂，元件受冲击能力较差。而且，如果整流电源接在主电路上，当主电源缺相时，可能因失去电源而丧失保护功能。

有电流互感器型剩余电流动作保护器分四极（用于三相四线制）、三极（用于三相三线

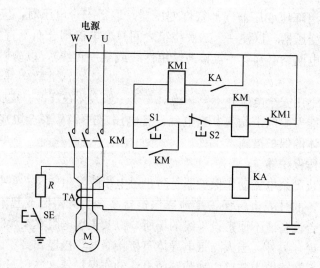

图 16-11 灵敏继电器型剩余电流动作保护器接线图

S1、S2—合、跳闸按钮;KA—灵敏电流继电器;KM1—中间继电器;

KM—接触器;SE—试验按钮;R—限流电阻;TA—零序电流互感器

制)和二极(单相两线制)三种。按灵敏度分,有 30mA 以上的高灵敏度、30~100mA 的中灵敏度和 1000mA 以上的低灵敏度三种。按动作时限分,有 0.1s 以内的快速型、0.1~0.2s 的瞬时型和反时限型(即动作电流越大,其动作越快)三种。

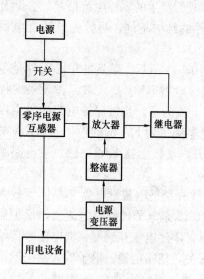

图 16-12 电子式剩余电流
动作保护器原理框图

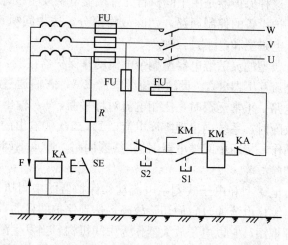

图 16-13 无电流互感器型剩余电流动作保护器接线图

F—击穿保险器;KA—灵敏电流断电器;FU—熔断器;

S1、S2—合、跳闸按钮;SE—试验按钮;KM—接触器;

R—限流电阻

有电流互感器的电流型剩余电流动作保护器可作为中性点接地和不接地系统中的电气设备及线路的剩余电流动作保护。其既可作为漏电、触电、短路保护,也可用来防止设备绝缘损坏,产生接地故障电流而引起火灾、爆炸。与电压型相比,具有应用范围广、管理方便、工作可靠、使用效果良好等优点,但由于结构较为复杂、制作精度要求较高,造价也相应提高。

2. 无电流互感器电流型剩余电流动作保护器

无电流互感器零序电流型剩余电流动作保护器的接线，如图 16-13 所示。

灵敏电流继电器 KA 的线圈并联在击穿保险器 F 的两端，其动断触点接于电流的控制回路中。在正常时，KA 躲开三相不对称负荷电流所造成的不平衡电流而不动作；当设备漏电时，或有人发生接地触电时，零序电流增大，KA 迅速动作，动断触点 KA 断开，使接触器 KM（或开关）线圈失电而断开主电路。

这种保护器结构简单，成本低廉，只适用于中性点不接地系统，适用于线路，不适用于设备。而我国低压系统一般采用中性点直接接地，故其使用范围受到限制。

第三节 触 电 急 救

在电力生产使用过程中，人身触电事故时有发生，但触电并不等于死亡。实践证明，只要救护者当机立断，用最快速、正确的方法对触电者施救，多数触电者可以"起死回生"。触电急救的关键是迅速脱离电源及正确的现场急救。

一、脱离电源

触电急救，首先要使触电者迅速脱离电源，越快越好。因为电流作用时间越长，伤害越严重。

脱离电源就是要把触电者接触的那一部分带电设备的断路器、隔离开关或其他断路设备断开；或设法将触电者与带电设备脱离。在脱离电源过程中，救护人员既要救人，又要注意保护自己。触电者未脱离电源前，救护人员不准直接用手触及触电者，因为有触电危险。

1. 脱离低压电源

（1）触电者触及低压设备时，救护人员应设法迅速切断电源，如就近拉开电源断路器或隔离开关、拔除电源插头等。

（2）如果电源开关、瓷插熔断器或电源插座距离较远，可用有绝缘手柄的电工钳或干燥木柄的斧头、铁锹等利器切断电源。切断点应选择导线在电源侧有支持物处，防止带电导线断落触及其他人体。剪断电线要分相，一根一根地剪断，并尽可能站在绝缘物体或木板上。

（3）如果导线搭落在触电者身上或压在身下，可用干燥的木棒、竹竿等绝缘物品把触电者拉脱电源。如果触电者衣服是干燥的，又没有紧缠在身上，不致于使救护人员直接触及触电者的身体时，救护人员可直接用一只手抓住触电者不贴身的衣服，将触电者拉脱电源；也可站在干燥的木板、木桌椅或橡胶垫等绝缘物品上，用一只手把触电者拉脱电源。

（4）如果电流通过触电者入地，并且触电者紧握导线，可设法用干燥的木板塞进其身下使其与地绝缘而切断电流，然后采取其他方法切断电源。

2. 脱离高压电源

抢救高压触电者脱离电源与低压触电者脱离电源的方法大为不同，因为电压等级高，一般绝缘物对抢救者不能保证安全，电源开关距离远，不易切断电源，电源保护装置比低压灵敏度高等。为使高压触电者脱离电源，用如下方法：

（1）尽快与有关部门联系，停电。

（2）戴上绝缘手套，穿上绝缘鞋，拉开高压断路器或用相应电压等级的绝缘工具拉开高压跌落式熔断器，切断电源。

（3）如触电者触及高压带电线路，又不可能迅速切断电源开关时，可采用抛挂足够截面、适当长度的金属短路线的方法，迫使电源开关跳闸。抛挂前，将短路线的一端固定在铁塔或接地引下线上，另一端系重物。但是在抛掷短路线时，应注意防止电弧伤人或断线危及人员安全。

（4）如果触电者触及断落在地上的带电高压导线，救护人员应穿绝缘鞋或临时双脚并紧跳跃接近触电者，否则不能接近断线点 8m 以内，以防跨步电压伤人。

3. 注意事项

（1）救护人员不得采用金属和其他潮湿的物品作为救护工具。

（2）未采取任何绝缘措施，救护人员不得直接触及触电者的皮肤和潮湿衣服。

（3）在使触电者脱离电源的过程中，救护人员最好使用一只手操作，以防触电。

（4）当触电者站立或位于高处时，应采取措施防止脱离电源后触电者摔跌。

（5）夜晚发生触电事故时，应考虑切断电源后的临时照明问题，以便急救。

二、现场急救

触电者脱离电源后，应迅速、正确地判定出其触电程度，有针对性地实施现场紧急救护。

1. 触电者伤情判定

（1）触电者如神态清醒，只是心慌、四肢发麻、全身无力，但没有失去知觉，则应使其就地平躺、严密观察，暂时不要站立或走动。

（2）触电者若神志不清、失去知觉，但呼吸和心脏尚正常，应使其舒适平卧，保持空气流通，同时立即请医生或送医院诊治。随时观察，若发现触电者出现呼吸困难或心跳失常，则应迅速用心肺复苏法进行人工呼吸或胸外心脏按压。

（3）如果触电者失去知觉，心跳呼吸停止，则应判定触电者是否为假死症状。触电者若无致命外伤，没有得到专业医务人员证实，不能判定触电者死亡，应立即对其进行心肺复苏。

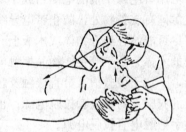

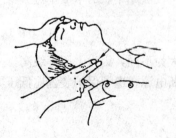

图 16-14　触电者伤情判定
的看、听、试

对触电者应在 10s 内用看、听、试的方法，如图 16-14 所示，可判定出其呼吸、心跳情况：

看：看伤员的胸部、腹部有无起伏动作。

听：用耳贴近伤员的口鼻处，听有无呼吸的声音。

试：试测口鼻有无呼气的气流。再用两手指轻试一侧（左或右）喉结旁凹陷处的颈动脉，有无脉动。

若看、听、试的结果既无呼吸又无动脉搏动，可判定呼吸心跳停止。

2. 心肺复苏法

触电伤员呼吸和心跳均停止时，应立即按心肺复苏支持生命的三项基本措施，正确地进行就地抢救。

（1）畅通气道。触电者呼吸停止，重要的是始终确保气道畅通。如发现伤员口内有异物，可将其身体及头部同时侧转，迅速用一个手指或两个手指交叉从口角处插入，取出异物。操作中要防止将异物推到咽喉深部。

通畅气道可以采用仰头抬颏法，见图 16-15。用一只手放在触电者前额，另一只手的手指将其下颌骨向上抬起，两手协同将头部后仰，舌根随之抬起。严禁用枕头或其他物品垫在触电者头下，头部抬高前倾，会加重气道阻塞，且使胸外按压时流向脑部的血流减少，甚至消失。

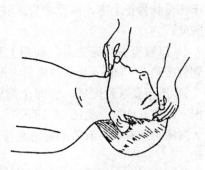

图 16-15　仰头抬颏法畅通气道

（2）口对口（鼻）人工呼吸。在保持触电者气道通畅的同时，救护人员在触电者头部的右边或左边，用一只手捏住触电者的鼻翼，深吸气，与伤员口对口紧合，在不漏气的情况下，连续大口吹气两次，每次 1～1.5s，见图 16-16。如两次吹气后试测颈动脉仍无脉动，可判断心跳已经停止，要立即同时进行胸外按压。

除开始大口吹气两次外，正常口对口（鼻）人工呼吸的吹气量不需过大，但要使触电人的胸部膨胀，每 5s 吹一次（吹 2s，放松 3s）。对触电的小孩，只能小口吹气。

救护人换气时，放松触电者的嘴和鼻，使其自动呼气，吹气时如有较大阻力，可能是头部后仰不够，应及时纠正。

触电者如牙关紧闭，可口对鼻人工呼吸。口对鼻人工呼吸时，要将伤员嘴唇紧闭，防止漏气。

（3）胸外按压。胸外按压是现场急救中使触电者恢复心跳的唯一手段。

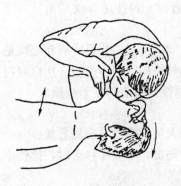

图 16-16　口对口人工呼吸

首先，要确定正确的按压位置。正确的按压位置是保证胸外按压效果的重要前提。确定正确按压位置的步骤如下：

1）右手的食指和中指沿触电者的右侧肋弓下缘向上，找到肋骨和胸骨接合点的中点；

2）两手指并齐，中指放在切迹中点（剑突底部），食指放在胸骨下部；

3）另一手的掌根紧挨食指上缘，置于胸骨上，即为正确按压位置，见图 16-17。

另外，正确的按压姿势是达到胸外按压效果的基本保证。正确的按压姿势：

1）使触电者仰面躺在平硬的地方，救护人员立或跪在伤员一侧肩旁，救护人员的两肩

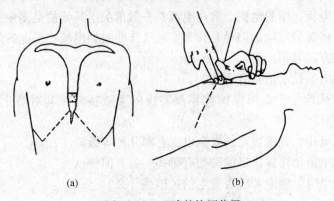

（a）　　　　　　　　（b）

图 16-17　正确的按压位置

（a）正面；（b）侧面

位于伤员胸骨正上方，两臂伸直，肘关节固定不屈，两手掌根相叠，手指翘起，不接触触电者胸壁；

2）以髋宽关节为支点，利用上身的重力，垂直将正常成人胸骨压陷 3~5cm（儿童和瘦弱者酌减）；

3）压至要求程度后，立即全部放松，但放松救护人员的掌根不得离开胸壁，见图 16-18。

按压必须有效，有效的标志是按压过程中可以触及颈动脉搏动。

按压操作频率如下：

1）胸外按压要以均匀速度进行，每分钟 80 次左右，每次按压和放松的时间相等。

图 16-18　胸外心脏按压姿势

2）胸外按压与口对口（鼻）人工呼吸同时进行，其节奏为单人抢救时，每按压 15 次后吹气 2 次，反复进行；双人抢救时，每按压 5 次后由另一个吹气 1 次，反复进行。

3）按压吹气 1min 后，应用看、听、试的方法在 5~7s 时间内完成对伤员呼吸和心跳是否恢复的再判定。若判定颈动脉已有脉动但无呼吸，则暂停胸外按压，而再进行 2 次口对口人工呼吸，接着每 5s 吹气一次。如脉搏和呼吸均未恢复，则继续坚持心肺复苏法抢救。

3. 现场急救注意事项

（1）现场急救贵在坚持，在医务人员来接替抢救前，现场人员不得放弃现场急救。

（2）心肺复苏应在现场就地进行，不要为方便而随意移动伤员，如确需移动时，抢救中断时间不应超过 30s。

（3）现场触电急救，对采用肾上腺素等药物应持慎重态度，如果没有必要的诊断设备条件和足够的把握，不得乱用。

（4）对触电过程中的外伤特别是致命外伤（如动脉出血等），也要采取有效的方法处理。

复 习 思 考 题

1. 电流对人体的效应有哪些？使人致命的原因有哪些？
2. 什么是感知电流、摆脱电流、致命电流？一般情况下其阈值是多少？
3. 电流流经人体时最危险的路径是什么？电气作业时如何减小触电的危险性？
4. 人体的触电方式有哪几种？
5. 防止人身触电的技术措施有哪些？
6. 什么叫保护接地？什么叫保护接零及零线的重复接地？其对防止人身触电有什么作用？
7. 什么叫安全电压？我国规定的安全电压有哪几种等级？
8. 电流型剩余电流动作保护器的种类有哪些？各有何特点？
9. 发生人身触电时，触电者能否复生的关键是什么？
10. 对触电者现场急救的要领有哪些？

第十七章 电气防火防爆

人们在使用电能的过程，常会发生电气火灾和爆炸，如电力线路、断路器、隔离开关、熔断器、插座、照明器具、烘箱、电炉等电气设备均有引起火灾的可能。此外，对电力变压器、互感器、高压断路器及电力电容器等电气设备来说，除可能引起火灾外，还潜在有爆炸的危险。

电气火灾和爆炸不仅会造成设备损坏和人身伤亡，还能造成电力系统及用户的大面积或长时间停电，给国家财产造成巨大损失。所以要重视安全用电，防止电气设备发生火灾和爆炸。因此，本章将介绍电气火灾和爆炸的原因、特点、预防措施及扑救方法。

第一节 电气火灾与爆炸

一、火灾

可燃物质在空气中燃烧是最普遍的燃烧现象。凡超出有效范围而形成灾害的燃烧，通称为火灾。

燃烧是一种发光发热的化学反应，具有以下三个条件，便可以产生燃烧，即有可燃物质、助燃物质和着火源存在。

1. 可燃物质

凡能与空气中的氧或其他氧化剂起剧烈化学反应的物质都称为可燃物质，如木材、纸张、橡胶、钠、镁、汽油、酒精、乙炔、氢气等。这些可燃物质必须与氧气混合并占有一定的比例才会发生燃烧。可燃物质以气体燃烧最快，液体次之，固体最慢，燃烧时的温度可达 $1000\sim2000℃$。

2. 助燃物质

凡能帮助燃烧的物质通称为助燃物质，如氧、氧化钾、高锰酸钾等。在燃烧时，助燃物质与可燃物质进行燃烧，发生化学反应。当助燃物质数量不足时，则不会发生燃烧。

3. 着火源

着火源并不参加燃烧，但它是可燃物、助燃物进行燃烧的起始条件。凡能引起可燃物质燃烧的能源通称为火源，如明火、电火花、电弧、高温和灼热物体等。

二、爆炸

物质发生剧烈的物理或化学变化，瞬间释放大量的能量，产生高温高压气体使周围空气发生猛烈振荡而发生巨大声响的现象称为爆炸。爆炸的特征是物质的状态或成分瞬间变化，温度和压力骤然升高，能量突然释放。爆炸往往是与火灾密切相关的。火灾能引起爆炸，爆炸后伴随火灾发生。

根据爆炸性质的不同，爆炸可分为物理性爆炸、化学性爆炸和核爆炸三类。

1. 物理性爆炸

由于物质的物理变化，如温度、压力、体积等的变化引起的爆炸，叫做物理性爆炸。物理性爆炸过程不产生新的物质，完全是物理变化过程，如蒸汽锅炉、蒸汽管道的爆炸，是由

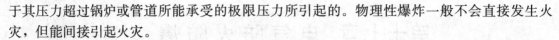

于其压力超过锅炉或管道所能承受的极限压力所引起的。物理性爆炸一般不会直接发生火灾，但能间接引起火灾。

2. 化学性爆炸

物质在短时间完成化学反应，形成其他物质，产生高温高压气体而引起的爆炸，叫化学性爆炸。其特点是：爆炸过程中含化学变化过程，且速度极快，有新的物质产生，伴随有高温及强大的冲击波，如梯恩梯（TNT）炸药、氢气与氧气混合物的爆炸，其破坏力极强。由于化学性爆炸内含剧烈的氧化反应，伴随发光、发热现象，故化学性爆炸能直接引起火灾。

化学性爆炸的产生必须同时具备三个基本条件，即可燃物质、可燃物质与空气（氧气）混合、引起爆炸的引燃能量。这三个条件共同作用，才能产生化学性爆炸。

3. 核爆炸

物质的原子核在发生"裂变"或"聚变"的链锁反应瞬间放出大量能量而引起的爆炸，如原子弹、氢弹的爆炸。它们在爆炸时产生极高的温度和强烈的冲击波，同时伴随有核辐射，具有极大的破坏性。

三、电气火灾和爆炸

由于电气方面的原因形成火源而引起的火灾和爆炸，称为电气火灾和爆炸。如高压断路器因密封不严进水受潮引起的爆炸，或因灭弧性能满足不了要求，不能熄灭电弧而产生的爆炸，电力变压器因进水或制造质量不良，在运行中引起的爆炸和火灾等，都是电气火灾和爆炸。

四、燃点与闪点

1. 燃点

可燃物质只有在一定温度的条件下与助燃物质接触，遇明火才能产生燃烧。使可燃物质遇明火能燃烧的最低温度，叫做该可燃物质的燃点。不同的可燃物有不同的燃点，一般可燃物的燃点是较低的。

2. 闪点

可燃物在有助燃剂的条件下，遇明火达到或超过燃点便产生燃烧，当火源移去，燃烧仍会继续下去。可燃物质的蒸汽或可燃气体与助燃剂接触时，在一定的温度条件下，遇明火并不立即发生燃烧，只发生闪烁现象，当火源移去闪烁自然停止。这种使可燃物遇明火发生闪烁而不引起燃烧的最低温度称为该可燃物的闪点，单位用℃表示。

显然，同一物质的闪点比燃点低。由于液体可燃物质燃烧首先要经过"闪"点，才到"燃"的过程，"闪"是"燃"的先驱，故衡量液体、气体可燃物着火爆炸的主要参数是闪点。闪点愈低，形成火灾和爆炸的可能性愈大。

闪点等于或低于45℃的液体可燃物称为易燃液体，高于45℃的液体称为可燃液体。

3. 自燃温度

可燃物质在空气中受热温度升高而不需明火就着火燃烧的最低温度称为自燃温度，单位用℃表示。煤或煤粉的自燃是因其温度达到或超过其自燃温度，此时碳或碳氢化合物与氧起反应而燃烧。

自燃温度高于可燃物质本身的燃点。自燃温度愈低，形成火灾和爆炸的危险性愈大。因此，火电厂应注意煤粉的自燃，降低煤粉温度，防止煤粉自燃引起的爆炸和火灾。

五、爆炸性混合物和爆炸极限

1. 爆炸性混合物

可燃气体、可燃液体的蒸汽、可燃粉尘或化学纤维与空气（氧气、氧化剂）混合，其浓度达到一定的比例范围时，便形成了气体、蒸汽、粉尘或纤维的爆炸混合物。能够形成爆炸性混合物的物质，叫做爆炸性物质。

2. 爆炸极限

由爆炸性物质与空气（氧气或氧化剂）形成的爆炸性混合物浓度达到一定的数值时，遇到明火或一定的引爆能量立即发生爆炸，这个浓度称为爆炸极限。可燃气体、液体的蒸汽爆炸极限是以其在混合物中的体积百分比（％）来表示的，可燃粉尘、纤维的爆炸极限是以可燃粉尘、纤维占混合物中单位体积的质量（g/m^3）来表示的。

爆炸极限分为爆炸上限和爆炸下限。当浓度高于上限时，空气（氧气或氧化剂）含量少了；当浓度低于下限时，可燃物含量不够，都不能引起爆炸，只能着火燃烧。

爆炸极限不是一个固定值，它与很多因素，如环境温度、混合物的原始温度、混合物的压力、火源强度、火源与混合物的接触时间等有关。

六、危险场所分类

按照发生爆炸或火灾事故的危险程度、发生爆炸或火灾事故的可能性和后果的严重性，以及危险物品的状态，将爆炸和火灾危险场所分为三类八级。

第一类是有气体或蒸汽爆炸性混合物的场所，分为以下三级：

（1）Q—1 级场所，在正常情况下能形成爆炸性混合物的场所。

（2）Q—2 级场所，在正常情况下不能形成、在不正常情况下能形成爆炸性混合物的场所。

（3）Q—3 级场所，在正常情况下不能形成、在不正常情况下能形成爆炸性混合物，但可能性较小的场所（该场所内形成的爆炸性混合物或数量少、或比重小，难以积聚，或爆炸下限较高等）。

第二类是有粉尘或纤维爆炸混合物的场所，分为如下两级：

（1）G—1 级场所，在正常情况下能形成爆炸性混合物的场所。

（2）G—2 级场所，在正常情况下不能形成、在不正常情况下能形成爆炸性混合物的场所。

第三类是有火灾危险的场所，分如下三级：

（1）H—1 级场所指在生产过程中产生、使用、加工储存或转运闪点低于场所环境温度的可燃液体，在数量和配置上能引起火灾危险的场所。

（2）H—2 级场所指在生产过程中，悬浮状、堆积状的可燃粉尘或纤维不可能形成爆炸性混合物，而在数量和配置上，能引起火灾危险的场所。

（3）H—3 级场所指固体可燃物质在数量和配置上能引起火灾危险的场所。

上述各条中的"正常情况"包括正常开车、停车、运转及设备和管线正常允许的泄漏；"不正常情况"包括装置损坏、误操作、维护不当及装置检修等。

危险场所等级的划分应根据《爆炸危险场所电气安全规程》（试行）规定，视危险物品的种类、性能参数和数量，以及厂房结构、设备条件和通风设施等情况而定。如果场所等级定得偏高，会造成经济浪费，定得偏低则安全无保障。因此，在确定等级时，应会同劳动保护部门、专业工艺人员和电气技术人员，正确掌握标准，根据具体情况共同研究判定。

第二节　电气火灾和爆炸的一般原因及防护

一、电气火灾和爆炸的一般原因

发生电气火灾和爆炸要具备两个条件，即有易燃易爆的环境及有引燃条件。

1. 易燃易爆环境

(1) 变电所存在易燃易爆物质，许多地方潜在着火灾和爆炸的可能性。其主要电气设备、变压器、油断路器等都要大量用油，因此其油库都容易发生火灾事故。

(2) 变电所及用户使用了大量电缆，电缆是由易燃的绝缘材料制成的，电缆夹层和电缆隧道容易发生电缆火灾。

2. 引燃条件

电气系统和电气设备正常和事故情况下都可能产生电气着火源，成为火灾和爆炸的引燃条件。电气着火源可能是下述原因产生的：

(1) 电气设备或电气线路过热。由于导体接触不良、电力线路或设备过负荷、短路、电气产品制造和检修质量不良等造成运行时铁芯损耗过大、转动机械长期相互摩擦、设备通风散热条件恶化等原因都会使电气线路或设备整体或局部温度过高。若其周围存在易燃易爆物质，则会引起火灾和爆炸。

(2) 电火花和电弧。如电气设备正常运行时，断路器分合、熔断器熔断、继电器触点动作均产生电弧；运行中的发电机的电刷与滑环、交流电机电刷与整流子间也会产生或大或小的电火花；绝缘损坏时发生短路故障、绝缘闪络、电晕放电时产生电弧或电火花；电焊产生的电弧，使用喷灯产生的火苗等都为火灾和爆炸提供了引燃条件。

(3) 静电。如两个不同性质的物体相互摩擦，可使两个物体带上异号电荷；处在静电场内的金属物体上会感应静电；施加电压后的绝缘体上会残留静电。带上静电的导体或绝缘体等当其具有较高的电位时，会使周围的空气游离而产生火花放电。静电放电产生的电火花可能引燃易燃易爆物质，发生火灾或爆炸。

(4) 照明器具或电热设备使用不当也能作为火灾或爆炸的引燃条件，雷击易燃易爆物品时，往往也会引起火灾和爆炸。

变电所和用户是容易发生火灾和爆炸的危险场所，因此必须采取有效的防范措施，防止火灾和爆炸的发生。

二、电气防火防爆的一般措施

1. 改善环境条件，排除易燃易爆物质

(1) 加强密封，防止易燃易爆物质的泄漏。

(2) 打扫环境卫生，保护良好通风，既美化和净化了环境，又可防火防爆。经常对油污及易燃物进行清理、对爆炸性混合物进行清除，加强通风，均能达到有火不燃，有火不爆的效果。

(3) 加强对易燃易爆物质的管理，防患于未然。例如，油库、化学药品库、木材库等应管理严格，严禁带进火种，实行严格的进、出入制度。

2. 强化安全管理，排除电气火源

（1）在易燃易爆区域的电气设备应采用防爆型设备，如采用防爆开关、防爆电缆头等。

（2）在易燃易爆区域内，线路采用绝缘合格的导线，导线的连接应良好可靠，严禁明敷。

（3）加强对设备的运行管理，防止设备过热过负荷，定期检修、试验，防止机械损伤、绝缘破坏等造成短路。

（4）易燃易爆场所内的电气设备，其金属外壳应可靠接地（或接零），以便发生碰壳接地短路时迅速切除火源。

（5）突然停电有可能引起火灾和爆炸的场所应有两路能自动切换的电源。

3. 土建和其他方面

房屋建筑应能满足防火防爆要求，如配电室应满足耐火等级，有火灾、爆炸危险的房间的门应向外开，设备与设备之间装有隔墙，安装单独的防爆间，在容易引起火灾的场所或显赫处安装灭火器和消防工具等。

第三节　电气设备防火防爆

一、变压器防火防爆

变压器是变电所和用户最重要的电气设备，一旦发生火灾和爆炸，不仅会造成变压器损坏，而且会造成变电所及用户大面积停电，带来巨大的损失。

1. 变压器火灾及爆炸的危险性

电力变压器一般为油浸变压器，变压器油箱内充满变压器油。变压器油是一种闪点在140℃以上的可燃液体。变压器的绕组一般采用 A 级绝缘，用棉纱、棉布、天然丝、纸及其他类似的有机物作绕组的绝缘材料；变压器的铁芯用木块、纸板作为支架和衬垫，这些材料都是可燃物质。因此，变压器发生火灾，爆炸的危险性很大。当变压器内部发生短路放电时，高温电弧可能使变压器油迅速分解气化，在变压器油箱中形成很高的压力，当压力超过油箱的机械强度时即产生爆炸，或分解出来的油气混合物与变压器油一起从变压器的防爆管大量喷出，可能造成火灾。

2. 变压器发生火灾和爆炸的基本原因

（1）绕组绝缘老化或损坏，产生短路。变压器绕组的绝缘物，如棉纱、棉布、纸等，如果受到过负荷发热或受变压器油酸化腐蚀的作用，其绝缘性能将会发生老化变质，耐受电压能力下降，甚至失去绝缘作用；变压器制造、安装、检修过程中也可能潜伏绝缘缺陷。由于变压器绕组的绝缘老化或损坏，能引起绕组匝间、层间短路，短路产生的电弧使绝缘物燃烧。同时，电弧分解变压器油产生的可燃气体与空气混合达到一定浓度，便形成爆炸混合物，遇火花便发生燃烧或爆炸。

（2）绕组接触不良产生高温或电火花。在变压器绕组的绕组与绕组之间，绕组端部与分接头之间，如果连接不良，都可能使接触电阻过大，发生局部过热而产生高温，使变压器油分解产生油气混合物引起燃烧和爆炸。

（3）套管损坏爆裂起火。变压器引线套管漏水、渗油或长期积满油垢而发生闪络；电容套管制造不良、运行维护不当或运行时间太长，都会使套管内的绝缘损坏、老化，产生绝缘击穿，电弧高温使套管爆炸起火。

（4）变压器油老化变质引起绝缘击穿。变压器常年处于高温状态下运行，如果油中渗入水分、氧气、铁锈、灰尘和纤维等杂质时，会使变压器油逐渐老化变质，绝缘性能降低，引起油间隙放电，造成变压器爆炸起火。

（5）其他原因引起火灾和爆炸。如变压器铁芯硅钢片之间的绝缘损坏形成涡流，使铁芯过热；雷击或系统过电压使绕组主绝缘损坏；变压器周围堆积易燃物品出现外界火源；动物接近带电部分引起短路等，以上诸因素均能引起变压器起火爆炸。

3. 预防变压器火灾和爆炸的措施

（1）预防变压器绝缘击穿。预防绝缘击穿的措施有：①安装前进行绝缘检查。在变压器安装之前，必须检查绝缘，核对使用条件是否符合制造厂的规定。②加强变压器的密封。不论变压器运输、存放、运行，其密封均要良好，都要结合检修，检查各部分密封情况，必要时做检漏试验，防止潮气及水分进入。③彻底清理变压器内杂物。在变压器安装、检修时，要防止焊渣、铜丝、铁屑等杂物进入变压器内，并彻底清除变压器内的焊渣、钢丝、铁屑、油泥等杂物，并使用合格的变压器油彻底冲洗。④防止绝缘损坏。在变压器检修吊罩、吊芯时，应防止绝缘受损伤，特别是内部绝缘距离较为紧凑的变压器，勿使引线、绕组和支架受伤。⑤限制过电压值，防止因过电压引起绝缘击穿。

（2）预防铁芯多点接地及短路。在检查变压器时，应测试下列项目：

1）测试铁芯绝缘。通过测试，确定铁芯有无多点接地，如有多点接地，应查明原因，排除后才能投入运行。

2）测试穿芯螺丝绝缘。穿芯螺丝绝缘应良好，各部分螺丝应紧固，防止螺丝掉下，造成铁芯短路。

（3）预防套管闪络爆炸。套管应保持清洁，防止积垢闪络；检查套管引出线端子发热情况，防止因接触不良或引线开焊过热引起套管爆炸。

（4）设置事故蓄油坑。室内、室外变压器均应设置事故蓄油坑，蓄油坑应保持良好状态，蓄油坑内有足够厚度和符合要求的卵石层。蓄油坑的排油管道应通畅，应能迅速将油排出（如排入事故总储油池），不得将油排入电缆沟。

（5）建防火隔墙或防火防爆建筑。室外变压器周围应设围墙，以防火灾蔓延；室内变压器应安装在有耐火、耐爆的建筑场内，并设有防爆铁门，室内一室一台变压器，且室内应通风散热良好。

（6）设置消防设备。大型变压器周围应设置适当的消防设备，如水雾灭火装置和"1211"灭火器，室内可采用自动或遥控水雾灭火装置。

二、断路器防火防爆

1. 断路器发生爆炸的主要原因

断路器发生爆炸主要由以下几个方面造成。

（1）断路器本身的断流容量不能适应电力系统短路容量的要求。首先，可能由于设计不周，在选择断路器时没有认真地进行短路容量的校验；其次，也可能由于电网的发展，系统短路容量有了较大的增长，使得原有的断路器满足不了发展中电力系统容量的要求；第三，制造质量低劣，不能满足产品本身所提出的性能指标的各项要求。

（2）检修工艺不良而造成断路器开断能力降低。断路器检修工艺不良使断路器开断能力下降的因素很多，主要有分、合闸速度和燃弧距离，这些通常为人们所不太注意。

（3）运行维护不当造成断路器开断能力下降。断路器在数次切断大的故障电流后，触头可能严重的灼伤，油质因大量的游离碳而劣化，如不及时安排检修，势必影响断路器的开断性能。油中含水，油质不良，油位过高、过低都是断路器爆炸的原因之一。

所以，加强运行中的管理对断路器的防火防爆是必要的。在运行中，必须对断路器做好详细的记录，如动作时间和动作次数、检修及调试情况等。

此外，直流系统运行不当（如直流电源容量不足、电压下降）造成分合速度下降，也会影响断路器的关合能力和开断性能。

（4）操作不当也会导致意外事故的发生。操作不当主要是对手动操作而言，操作时不果断以及不准确地多次抢送等，均影响断路器的开合性能。

（5）过去厂家生产的旧型断路器，其实际的开断容量均达不到铭牌的开断容量，对这些老旧断路器，使用单位进行了普遍的增容改造，但对诸如近区开断，并联开断和欠压开断等恶劣条件未能进行检验，因此在上述情况出现时，可能会发生爆炸事故。

（6）油断路器断开间隔内的弧光短路事故时，经常会产生着火爆炸，而扩大事故。断路器动作瞬间，产生油气喷出，但短路故障还未完全消失，油气遇近旁的短路电流电弧立即起火燃烧和爆炸。也就是说，油断路器没有断开近旁短路的能力，这一点在操作时切忌发生。

2. 断路器防火防爆措施

断路器的防火防爆措施主要有以下几个方面。

（1）断路器的遮断容量必须满足要求。在设计、检修、改造、运行中都必须进行短路检验，对于重要的断路器，还需进行诸如近区开断、并联开断等恶劣条件的检验，以满足断路器在各种情况下断流灭弧的可靠性。

（2）加强断路器运行的管理工作。要认真做好正常操作和故障跳闸次数的统计工作，并根据系统短路容量的大小和实际运行经验确定检修时间。

（3）加强运行检查、维护，时刻保证断路器灭弧绝缘介质的质量。对油断路器应保证油位正常（油占油桶容积的 70%～80%），过高或过低都将导致事故。

（4）采用液压机构的油断路器、采用压缩空气灭弧的空气断路器和六氟化硫断路器正常运行时，必须保证气体压力和液体压力为正常值。若气体压力降低，则断路器的灭弧能力降低，甚至不能灭弧，并造成断路器爆炸。若操动机构液压降低到正常值以下时，断路器分闸会形成慢分，使触头间的电弧不易熄灭而引起断路器爆炸。因此，油断路器及空气断路器都装有液压及气压闭锁，在运行中应注意对闭锁行程开关的监视。

（5）注意断路器的防雨、防潮、防泄漏、防污染。断路器进水是引起断路器爆炸的重要原因。从断路器爆炸事故的分析得知，当断路器进水后，绝缘拉杆受潮，引起绝缘击穿放电，使断路器爆炸。为防止断路器进水，除加强对断路器密封圈的检查外，还应加装防雨帽，加强断路器试验数据的综合分析，定期做断路器油的水分析和耐压试验，这是判断是否进水的有效方法。

（6）在户内配电装置中，各台断路器之间应设置隔墙或隔板，相间亦用绝缘板隔开，以免相互影响。在户外配电装置中，各台断路器除应满足安全距离的条件外，还应满足防火防爆要求。

此外，在安装时，少油断路器油桶上的排气孔，应注意不要正对相邻相，以免在切断故

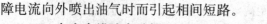

障电流向外喷出油气时而引起相间短路。

三、电力电缆防火防爆

1. 电力电缆爆炸起火的原因

电力电缆的绝缘层是由纸、油、麻、橡胶、塑料、沥青等可燃物构成，因此具有引起火灾的可能性。电力电缆爆炸起火的原因如下：

（1）电缆敷设时可能已将保护层（铅皮、钢铠、麻丝、沥青等）损坏，或运行过程中受到机械损伤，损坏绝缘，引起相间或相对地击穿短路。短路电流产生的电弧引燃绝缘材料而导致火灾。

（2）电缆长时间过负荷运行。长时间的过负荷运行，温度超过正常发热的最高允许温度，可能使电缆的绝缘老化干枯。老化干枯后的材料失去或降低绝缘性能和机械性能，容易发生击穿而着火燃烧。

（3）当油浸电缆垂直敷设位差较大时，可能发生滴油现象而造成不良后果。电缆上部由于油的流失而绝缘能力下降，使这一部分的热阻增加，纸绝缘焦化而击穿损坏。另外，由于油的流失，腾出的空间增加了吸入水分、潮气的机会。电缆下部由于油的积聚而静压力上升，促使电缆漏油，增加了发生故障、造成火灾的可能性。

（4）电缆头接线盒的中间接头因安装时压接不紧，或焊接不牢，或接头材料选择不当等原因，使电缆在运行中接头氧化、发热、流胶，或灌注在接线盒中的绝缘剂质量不符合要求，灌注时盒内存在有气孔，以及接线盒密封不良，易漏进潮气等，都将引起接线头击穿短路，发生爆炸事故。

（5）电缆头受潮和积污、电缆头瓷套管破裂和引出线相间距离过小，将导致闪络着火，引起电缆头表层混合物和引出线绝缘燃烧。

（6）外部火源和热源引起电缆火灾事故。例如，油系统的火灾蔓延、油断路器火灾爆炸事故的蔓延、酸碱的化学腐蚀，以及电焊火花和其他火种等，都将可能使电缆产生火灾。

2. 电缆火灾预防措施

电缆火灾的预防措施如下：

（1）在设计和运行时，必须保证电力电缆满足长期发热和短时发热时的热稳定要求，严格控制电缆的长时间过负荷，保证电缆的安全运行。

（2）电缆敷设时，应尽量避免靠近热源，避免与热蒸汽管道平行布置，严禁电缆全线平行敷设于管道的上边或下边。电缆的敷设，电缆之间、电缆与热管道及其他管道、道路、建筑物等之间平行或交叉的距离不应少于设计、施工规程中规定的最小距离。架高敷设的电缆，尤其是塑料、橡胶电缆，应注意防止热管道的热影响。热管道的隧道或沟道中，一般应避免敷设电缆。如需要敷设电缆，也应采取可靠的隔热措施。设有油管道的沟道内禁止敷设电缆。

（3）电力电缆在运行中应加强检查和巡视，发现异常情况及时处理。对敷设在电缆沟中的大容量电力电缆和电缆接线盒，应做好温度记录，并应编制电缆沟中各种不同温度时电缆的允许负荷表，供运行时参考。

（4）必须将电缆穿过通道的所有门、孔、洞，并进行严密的封闭。例如，将电缆沟道的出入口、电缆进入控制室、电缆夹层的孔洞处进行密封。对较长的电缆遂道及其分叉道口应设置防火墙和隔火门。在正常情况下，电缆沟或洞口的门应关闭，以隔离或限制燃烧范围。

万一发生火灾，能防止火势的蔓延。但是，在电缆温度过高的情况下，应采取适当的通风措施。

（5）在敞开的电缆沟中敷设电缆时，沟的上面应用盖板盖好，盖板应完整、坚固。沟内电缆钢铠甲外面的麻皮应剥掉，以减小火灾扩大的危险性。

（6）在正常情况下，电缆隧道或沟道中应有适当的通风，必要时设通风扇。为了便于在隧道或沟道中检查电缆，必须装有特别的梯子。

（7）敷有电缆的隧道或沟道内的照明应保持良好状态。沟内应保持清洁，不许堆积垃圾及杂物，沟内积水和积油应及时清除。在电缆沟道附近明火作业时，应有防止火种进入电缆沟道的措施。

（8）按照有关规程的规定及现场要求，应对电缆进行定期检查、试验和检修。进入电缆隧道、沟道内工作时，应遵守《电业安全工作规程》的有关规定。

第四节　扑灭电气火灾方法

一、一般灭火方法

从对燃烧的三要素分析可知，只要阻止三要素并存或相互作用，就能阻止燃烧的发生。由此，灭火的方法分为窒息法、冷却法、隔离法和抑制法等。

1. 窒息灭火法

阻止空气流入燃烧区或用不可燃气体降低空气中的氧含量，使燃烧因助燃物含量过小而终止的方法称为窒息法。例如，用石棉布、浸湿的棉被等不可燃或难燃物品覆盖燃烧物，或封闭孔洞，用惰性气体、CO_2、N_2 等充入燃烧区降低氧含量等。

2. 冷却灭火法

冷却灭火法是将灭火剂喷洒在燃烧物上，降低可燃物的温度使其温度低于燃点而终止燃烧。例如，喷水灭火、"干冰"（固态 CO_2）灭火都是利用冷却可燃物达到灭火的目的。

3. 隔离灭火法

隔离灭火法是将燃烧物与附近的可燃物质隔离，或将火场附近的可燃物疏散，不使燃烧区蔓延，待已燃物质烧尽时，燃烧自行停止。例如，阻挡着火的可燃液体的流散，拆除与火区毗邻的易燃建筑物，构成防火隔离带等。

4. 抑制灭火法

前述三种方法的灭火剂，在灭火过程中不参与燃烧，均属物理灭火法。抑制灭火法是灭火剂参与燃烧的连锁反应，使燃烧中的游离物基本消失，形成稳定的物质分子，从而终止燃烧过程。例如，1211（二氟一氯一溴甲烷）灭火剂就能参与燃烧过程，使燃烧连锁反应中断而熄灭。

二、常用灭火器

1. 二氧化碳灭火器

将二氧化碳（CO_2）灌入钢瓶内，在 20℃时钢瓶内的压力为 6MPa。使用时，液态二氧化碳从灭火器喷嘴喷出，迅速气化，由于强烈吸热作用，变成固体雪花状的二氧化碳，又称干冰，其温度为 -78℃。固体二氧化碳又在燃烧物上迅速挥发，吸收燃烧物热量，同时使燃烧物与空气隔绝，从而达到灭火的目的。

二氧化碳灭火器主要适用于扑救贵重设备、档案资料、电气设备、少量油类和其他一般物质的初起火灾。不导电，但电压超过 600V 时，应切断电源。其规格有 2kg、3kg、5kg 等多种类型。

在使用时，因二氧化碳气体易使人窒息，人应该站在上风侧，手应握住灭火器手柄，以防止干冰接触人体而造成冻伤。

2. 干粉灭火器

干粉灭火器的灭火剂主要由钾或钠的碳酸盐类加入滑石粉、硅藻土等掺合而成，不导电。干粉灭火剂在火区覆盖燃烧物，并受热产生二氧化碳和水蒸气，因其具有隔热、吸热和阻隔空气的作用，故使燃烧熄灭。

干粉灭火器适用于扑灭可燃气体、液体、油类、忌水物质（如电石等）及除旋转电机以外的其他电气设备的初起火灾。

在使用干粉灭火器时，先打开保险，把喷管口对准火源，另一只手紧握导杆提环，将顶针压下干粉即喷出。在扑救地面油火时，要平射并左右摆出，由近及远，快速推进，同时注意防止回火重燃。

3. 泡沫灭火器

泡沫灭火器的灭火剂是利用硫酸或硫酸铝与碳酸氢钠作用放出二氧化碳的原理制成的。其中，加入甘草根汁等化学药品造成泡沫，浮在固体和比重大的液体燃烧物表面，隔热、隔氧，使燃烧停止。由于上述化学物质导电，故不适用于带电扑灭电气火灾，但切断电源后，可用于扑灭油类和一般固体物质的初起火灾。

在灭火时，将泡沫灭火器筒身颠倒过来，稍加摇动，两种药液即刻混合，由喷嘴喷射出泡沫。泡沫灭火器只能立着放置。

4. 1211 灭火器

1211 灭火器的灭火剂 1211（二氟一氯一溴甲烷）是一种高效、低毒、腐蚀性小、灭火后不留痕迹、不导电、使用安全、储存期长的新型优良灭火剂。其灭火作用在于阻止燃烧连锁反应并有一定的冷却窒息效果。特别适用于扑灭油类、电气设备、精密仪表及一般有机溶剂引起的火灾。

在灭火时，拔掉保险销，将喷嘴对准火源根部，手紧握压把，压杆将封闭阀开启，1211灭火剂在氮气压力下喷出，当松开压把时，封闭喷嘴停止喷射。

该灭火器不能放置在日照、火烤、潮湿的地方，禁止剧烈振动和碰撞。

5. 其他

水是一种最常用的灭火剂，具有很好的冷却效果。纯净的水不导电，但一般水中含有各种盐类物质，故具有良好的导电性。在未采用防止人身触电的技术措施时，水不能用于带电灭火。但切断电源后，水却是一种廉价、有效的灭火剂。水不能对比重较小的油类物质进行灭火，以防油火飘浮水面使火灾蔓延发展。

干砂的作用是覆盖燃烧物，吸热、降温并使燃烧物与空气隔离。特别适用于扑灭油类和其他易燃液体的火灾，但禁止在旋转电机上灭火，以免损坏电机和轴承。

三、电气火灾扑灭

从灭火角度看，电气火灾有两个显著特点：一是着火的电气设备可能带电，扑灭火灾时，若不注意可能发生触电事故；二是有些电气设备充有大量的油，如电力变压器、油断路器、电压互感器、电流互感器等，发生火灾时，可能发生喷油甚至爆炸，造成火势蔓延，扩大火灾范围。因此，扑灭电气火灾必须根据其特点，采取适当措施进行扑救。

1. 切断电源

在发生电气火灾时，首先设法切断着火部分的电源，切断电源时应注意下列事项：

（1）切断电源时应使用绝缘工具操作。因发生火灾后，开关设备可能受潮或被烟熏，其绝缘强度大大降低，因此在拉闸时应使用可靠的绝缘工具，防止操作中发生触电事故。

（2）切断电源的地点要选择得当，防止切断电源后影响灭火工作。

（3）要注意拉闸的顺序。对于高压设备，应先断开断路器后拉开隔离开关；对于低压设备，应先断开磁力起动器，后拉开刀开关，以免引起弧光短路。

（4）当剪断低压电源导线时，剪断位置应选在电源方向的支持绝缘子附近，以免断线的线头下落造成触电伤人、发生接地短路等；剪断非同相导线时，应在不同部位剪断，以免造成人为短路。

（5）如果线路带有负荷，应尽可能先切除负荷，再切断现场电源。

2. 断电灭火

在着火电气设备的电源切断后，扑灭电气火灾的注意事项如下：

（1）灭火人员应尽可能站在上风侧进行灭火。

（2）灭火时若发现有毒烟气（如电缆燃烧时），应戴防毒面具。

（3）若灭火过程中，灭火人员身上着火，应就地打滚或撕脱衣服，不得用灭火器直接向灭火人员身上喷射，可用湿麻袋或湿棉被覆盖在灭火人员身上。

（4）灭火过程中应防止全电厂（变电所）停电，以免给灭火带来困难。

（5）在灭火过程中，应防止上部空间可燃物着火落下，危害人身和设备安全，在屋顶上灭火时，要防止坠落"火海"中及其附近。

（6）当室内着火时，切勿急于打开门窗，以防空气对流而加重火势。

3. 带电灭火

在来不及断电，或由于生产或其他原因不允许断电的情况下，需要带电来灭火。带电灭火的注意事项如下：

（1）根据火情适当选用灭火剂。由于未停电，应选用不导电的灭火剂。如手提灭火机使用的二氧化碳、四氯化碳、二氟一氯一溴甲烷（1211）、二氟二溴甲烷或干粉等灭火剂都是不导电的，可直接用来带电喷射灭火。泡沫灭火剂有导电性，且对电气设备的绝缘有腐蚀作用，不宜用于带电灭火。

（2）采用喷雾水枪灭火。用喷雾水枪带电灭火时，通过水柱的泄漏电流较小，比较安全。若用直流水枪灭火，通过水柱的泄漏电会威胁人身安全，为此直流水枪的喷嘴应接地，灭火人员应戴绝缘手套，穿绝缘鞋或均压服等。

（3）灭火人员与带电体之间应保持必要的安全距离。在用水灭火时，水枪喷嘴至带电体的距离为110kV及以下不小于3m，220kV及以上不小于5m。在用不导电灭火剂灭火时，喷嘴至带电体的最小距离为10kV不小于0.4m，35kV不小于0.6m。

（4）对高空设备灭火时，人体位置与带电体之间的角度不得超过45°，以防导线断线危及灭火人员的人身安全。

（5）若有带电导线落地，应划出一定的警戒区，以防发生跨步电压触电。

4. 充油设备灭火

绝缘油是可燃液体，受热气化还可能形成很大的压力造成充油设备爆炸。因此，充油设备着火有更大的危险性。

在充油设备外部着火时，可用不导电灭火剂带电灭火。如果充油设备内部故障起火，则必须立即切断电源，用冷却灭火法和窒息灭火法使火焰熄灭，即使在火焰熄灭后，还应持续喷洒冷却剂，直到设备温度降至绝缘油闪点以下，防止高温使油气重燃而造成重大事故。如果油箱已经爆裂，燃油外泄，可用泡沫灭火器或黄沙扑灭地面和储油池内的燃油，注意采取措施和防止燃油蔓延。

在旋转电机着火时，为防止轴和轴承变形，应使其慢慢转动，可用二氧化碳、1211（二氟一氯一溴甲烷）灭火，也可用喷雾水枪灭火。在用冷却剂灭火时，应注意使电机均匀冷却，但不宜用干粉、砂土灭火，以免损伤电气设备绝缘和轴承。

复 习 思 考 题

1. 形成燃烧和爆炸的条件有何区别？
2. 什么是可燃物质？分别举出几个固体、液体、气体可燃物例子。
3. 什么是化学性爆炸？它有何特点？
4. 什么是闪点？闪点的高低与火灾和爆炸有什么关系？
5. 爆炸和火灾危险场所分为哪几类和哪几级？
6. 产生电气火灾和爆炸的主要原因是什么？
7. 电气防火防爆有哪些主要措施？
8. 变压器发生火灾和爆炸的基本原因有哪些？
9. 防止变压器火灾和爆炸采取了哪些措施？
10. 断路器发生爆炸有哪些主要原因？
11. 防止断路器火灾和爆炸采取了哪些措施？
12. 电力电缆爆炸起火由哪些原因引起？
13. 常用的灭火器有哪些？并说明其应用场所。
14. 发生电气火灾，在切断电源时应注意哪些事项？
15. 在带电灭火时应注意哪些事项？

第十八章 电气安全用具

在电力生产过程中，工作人员经常使用各种电气工具，这些工具不仅对完成工作任务起一定的作用，而且对保护人身安全起重要作用，如防止人身触电、电弧灼伤、高处摔跌等。要充分发挥电气安全用具的保护作用，电气工作人员还得对各种电气安全用具的基本结构、性能有所了解，掌握其使用和保管方法。电气安全用具就其基本作用而言，可分为绝缘安全用具和一般防护安全用具两大类。下面着重介绍这两类安全用具的性能、作用及使用维护。

第一节 绝缘安全用具

绝缘安全用具是用来防止工作人员直接触电的安全用具，分为基本安全用具和辅助安全用具两种。

基本安全用具是指那些具有较高绝缘强度，能长期承受设备的工作电压，并且在该电压等级产生内部过电压时，能保证工作人员安全的工具。例如，绝缘棒、绝缘夹钳、验电器等。

辅助安全用具是指那些主要用来进一步加强基本安全用具绝缘强度的工具。例如，绝缘手套、绝缘靴、绝缘垫等。

辅助安全用具的绝缘强度比较低，不能承受高电压带电设备或线路的工作电压，只能加强基本安全用具的保护作用。因此，在辅助安全用具配合基本安全用具使用时，能起到防止工作人员遭受接触电压、跨步电压、电弧灼伤等伤害的作用。另外，在低压带电设备上，辅助安全工具可作为基本安全用具使用。

一、基本电气安全用具

在电气工作中，常用的基本电气安全用具有下列几种。

（一）绝缘棒

绝缘棒又称绝缘杆或操作杆，主要用于接通或断开隔离开关、跌落熔断器、装卸携带型接地线以及带电测量和试验等。

绝缘棒一般用电木、胶木、环氧玻璃棒或环氧玻璃布管制成。在结构上，绝缘棒分为工作、绝缘和握手三部分，其结构如图 18-1 所示。工作部分一般由金属制成，也可用

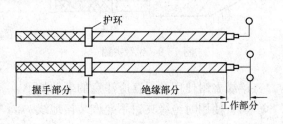

图 18-1 绝缘棒结构图

玻璃钢等机械强度较高的绝缘材料制成。因其工作的需要，工作部分不宜过长，一般为 5～8cm，以免操作时造成相间或接地短路。绝缘棒的绝缘部分用硬塑料、胶木或玻璃钢制成，有的用浸过绝缘漆的木料制成。其长度可按电压等级及使用场合而定，如 110kV 及以上的电气设备使用的绝缘棒，绝缘部分长达 2～3m，为便于携带和使用方便，将其制成多段，各段之间用金属螺丝连接，使用时可拉长、缩短。绝缘棒表面应光滑，无裂纹或硬伤。绝缘棒握手部分，材料与绝缘部分相同。握手部分与绝缘部分之间有由护环构成的、明显的分界线。

在绝缘棒使用时，应注意如下事项：

（1）使用前，必须核对绝缘棒的电压等级与所操作的电气设备的电压等级是否相同。

（2）在使用绝缘棒时，工作人员应戴绝缘手套、穿绝缘靴，以加强绝缘棒的保护作用。

（3）在下雨、下雪或潮湿天气时，无伞型罩的绝缘棒不宜使用。

（4）使用绝缘棒时要注意防止碰撞，以免损坏表面的绝缘层。

绝缘棒保管应注意的事项如下：

（1）绝缘棒应保持存放在干燥的地方，以防止受潮。

（2）绝缘棒应放在特制的架子上，或垂直悬挂在专用挂架上，以防其弯曲。

（3）绝缘棒不得与墙或地面接触，以免碰伤其绝缘表面。

（4）绝缘棒应定期进行绝缘试验，一般每年试验一次。用作测量的绝缘棒每半年试验一次，试验时的标准见表 18-1。另外，绝缘棒一般每三个月检查一次，检查有无裂纹、机械损伤、绝缘层破坏等。

表 18-1　　绝缘棒试验项目和试验标准

名称	电压等级（kV）	周期	交流耐压（kV）	时间（min）
绝缘棒	6～10	每年一次	44	5
	35～154		4 倍相电压	
	220		3 倍相电压	

（二）绝缘夹钳

绝缘夹钳是用来安装和拆卸高压熔断器或执行其他类似工作的工具，主要用于 35kV 及以下电力系统。

绝缘夹钳由工作钳口、绝缘部分和握手三部分组成，见图 18-2。各部分都用绝缘材料制成，所用材料与绝缘棒相同，只是工作部分是一个坚固的夹钳，并有一个或两个管型的开口，用以夹紧熔断器。其绝缘部分和握手部分的最小长度不应低于表 18-2 的数值，主要依电压和使用场所而定。

表 18-2　　绝缘夹钳的最小长度（m）

电压（kV）	户内设备用		户外设备用	
	绝缘部分	握手部分	绝缘部分	握手部分
10	0.45	0.15	0.75	0.20
35	0.75	0.20	1.20	0.20

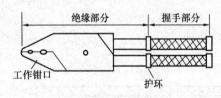

图 18-2　绝缘夹钳

绝缘夹钳使用及保存应注意的事项如下：

（1）使用时绝缘夹钳不允许装接地线。

（2）在潮湿天气只能使用专用的防雨绝缘夹钳。

（3）绝缘夹钳应保存在特制的箱子内，以防受潮。

（4）绝缘夹钳应定期进行试验，试验方法同绝缘棒，试验周期为一年，10～35kV 夹钳实验时施加 3 倍线电压，220V 夹钳施加 400V 电压，110V 夹钳施加 260V 电压。

（三）携带型电压指示器（验电器）

携带型电压指示器一般称为验电器，是一种用氖灯制成的轻便仪器。当电容电流流过氖灯时即发出亮光，用以指示设备是否带有电压。验电器分为高压验电器、低压验电器及回转式高压验电器三类。

1. 低压验电器

低压验电器称为试电笔，其结构如图18-3所示。为便于携带，其制成类似钢笔的形状，笔尖用铜或铅做成，笔管里有一个圆形的炭素高电阻（安全电阻）和一个氖灯。验电笔的笔钩一方面便于挂在衣袋里，另一方面用于使电流通向人体入地。笔中有一个弹簧，用来使笔尖、电阻、氖灯、笔钩和它本身保持接触。笔身是用绝缘材料制成的。试电笔只能用于380/220V的系统，使用时，手拿验电器，以

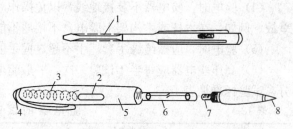

图 18-3　低压验电器结构图
1—绝缘套管；2—小窗；3—弹簧；4—笔尾的金属体；
5—笔身；6—氖管；7—电阻；8—笔尖的金属体

一个手指触及金属盖或中心螺钉，金属笔尖与被检查的带电部分接触，如氖灯发亮说明设备带电。灯愈亮电压愈高，愈暗电压愈低。低压试电笔有如下几种用途：

（1）在三相四线制系统（380/220V）中，可检查系统故障或三相负荷不平衡。不管是相间短路、单相接地、相线断线，还是三相负荷不平衡。中性线上均出现电压，若试电笔灯亮，则证明系统故障或负荷严重不平衡。

（2）检查相线接地。在三相三线制（星形接线）中，用试电笔触及三相时，试电笔氖灯在其中两相较亮，一相较暗，表明灯光暗的一相有接地现象。

（3）用以检查设备外壳漏电。当电气设备的外壳（如电动机、变压器）有漏电现象时，则试电笔氖灯发亮，如果外壳原是接地的，氖灯发亮则表明接地保护断线或其他故障（接地良好氖灯不亮）。

（4）用以检查接触不良。当发现氖灯闪烁时，表明回路接头接触不良或松动，或是两个不同电气系统互相干扰。

（5）用以区分直流、交流及直流电的正负极。当试电笔通过交流时，氖灯的两个电极同时发亮。当试电笔通过直流时，氖灯的两个电极只有一个发亮。这是因为交流正负极交变、直流正负极不变形成的。把试电笔连接在直流电的正、负极之间，氖灯亮的那端为负极。人站在地上，用试电笔触及正极或负极，氖灯不亮证明直流不接地，否则直流接地。

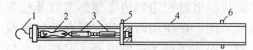

图 18-4　高压验电器结构图
1—工作触头；2—氖灯；3—电容器；4—支持器；
5—接地螺丝；6—隔离护环

2. 高压验电器

高压验电器根据所使用的电压，一般制成10kV及35kV两种，其结构如图18-4所示。

高压验电器在结构上分为指示器和支持器两部分。其中，指示器是用绝缘材料制成的一根空心管子，管子上端装有金属制成的工作触头，里面装有氖灯和电容器。支持器是由绝缘部分和握手部分组成，绝缘和握手部分用胶木或硬橡胶制成。高压验电器的工作触头接近或接触带电设备时，则有电容电流通过氖灯，氖灯发光，即表明设备带电。

使用高压验电器的注意事项如下：

（1）使用前，确认验电器电压等级与被验设备或线路的电压等级一致。

（2）验电前，应在有电的设备上试验，验证验电器应良好。

（3）验电时，验电器应逐渐靠近带电部分，直到氖灯发亮为止，不要直接接触带电部分。

（4）验电时，验电器不装接地线，以免操作时接地线碰到带电设备造成接地短路或触电事故。例如，在木杆或木构架上验电，不接地不能指示者，验电器可加装接地线。

（5）验电时，应戴绝缘手套，手不超过握手的隔离护环。

（6）高压验电器应每半年试验一次，一般验电器的试验分发光电压试验和耐压试验两部分，试验标准见表18-3。

表 18-3　　　　　　　　　　验 电 器 的 试 验 标 准

验电器额定电压（kV）	发光电压试验（kV）		耐 压 试 验			
	氖气管起辉电压	氖气管清晰电压	接触端和电容器引出端之间		电容器引出端和护环边界之间	
			试验电压（kV）	试验时间（min）	试验电压（kV）	试验时间（min）
10 及以下	2.0	2.5	25	1	40	5
35 及以下	8.0	10	35	1	105	5

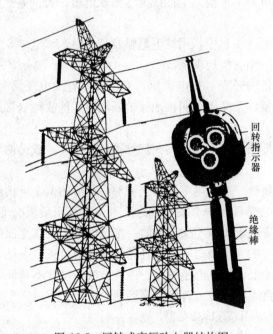

图 18-5　回转式高压验电器结构图

3. 回转式高压验电器

回转式高压验电器是一种新型验电器，它利用带电导体尖端电晕放电产生的电晕风来驱动指示叶片旋转，从而检查设备或导体是否带电，也称风车式验电器，其结构如图 18-5 所示。

回转式高压验电器主要由回转指示器和长度可以自由伸缩的绝缘棒组成。在使用时，将回转指示器触及线路或电气设备，若设备带电，指示叶片旋转；反之则不旋转。电压等级不同，回转式高压验电器配用的绝缘棒的节数及长度也不同，在使用时，要选择合适的绝缘棒，保证测试人员的安全。回转式高压验电器的型号及有关数据，如表 18-4 所示。

这种验电器具有灵敏度高、选择性强、信号指示明确、操作方便等优点。不论在线路、杆塔上还是在变电所内部都能够正确、明显地指示电力设备有无电压。它适用于 6kV 及以上的交流系统。

回转式高压验电器使用时应注意下列问题：

（1）使用前，要按所测设备（线路）的电压等级，选用适当型号的回转指示器和绝缘棒，并对回转指示器进行检查，验证良好方可使用。

表 18-4　回转式高压验电器型号及有关数据

型　号	使用电压（kV）	指示器颜色	配用绝缘棒
CHY-10	6～10	绿	0.9m　2 节
CHY-35	35	黄	0.9m　2 节
CHY-110	110～220	红	1.2m　4 节

（2）把检验过的回转指示器固定在绝缘棒上，并用绸布将其表面擦净，然后转动至所需角度，以便使用时观察。

（3）根据电力设备所需测试的电压等级，将绝缘棒拉伸至规定的长度。绝缘棒上标有红线，红线以上部位表示内有电容元件，且属带电部分，该部分应按《电业安全工作规程》要求与临近导体或接地体保持必要的安全距离。

（4）在使用验电器时，工作人员的手必须握在绝缘棒护环以下的部位，不准超过护环。

（5）在测试时，应逐渐靠近被测设备。一旦指示器叶片开始正常回转，即说明该设备有电，应立即离开被测设备。叶片不能长期旋转，以保证验电器的使用寿命。

（6）此验电器在多回路平行架空线上对其中任一回路进行验电时，均不受其他运行线路感应电压的影响。当电缆或电容器上存在残余电荷电压时，回转指示器叶片仅短时缓慢转动几圈，即自行停转。因此，它可以准确鉴别设备停电与否。

（7）回转式指示器应妥善保管，不得强烈振动或冲击，也不准擅自调整拆装。

（8）回转式验电器只适用于户内或户外良好天气下使用，在雨、雪等环境下禁止使用。

（9）每次使用完毕，在收缩绝缘棒及回转指示器放入包装袋之前，应将表面尘埃擦拭干净，并存放在干燥通风的地方，避免受潮。

（10）为保证使用安全，验电器应每半年进行一次预防性电气试验。

二、辅助电气安全用具

辅助安全用具有绝缘手套、绝缘靴、绝缘鞋、绝缘垫、绝缘站台、绝缘毯等。

（一）绝缘手套和绝缘靴（鞋）

在操作高压隔离开关、高压断路器或装卸携带型接地线时，除了使用绝缘棒或绝缘夹钳外，还需要使用绝缘手套和绝缘靴，如图18-6所示。

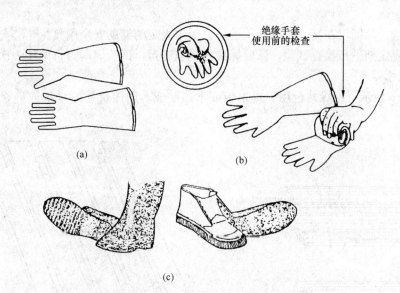

图 18-6 绝缘手套和绝缘靴（鞋）

（a）绝缘手套式样；（b）手套使用前的检查；（c）绝缘靴（鞋）的式样

绝缘手套和绝缘靴由特种橡胶制成。在低压带电设备上工作时，绝缘手套可作为基本安全用具使用。在任何电压等级的电气设备上工作时，绝缘靴（鞋）作为与地保持绝缘的辅助安全用具。当系统发生接地故障，并出现接触电压和跨步电压时，绝缘手套又对接触电压起一定的防护作用。而绝缘靴（鞋）在任何电压等级下，可作为防护跨步电压的基本安全用具。

绝缘手套应有足够的长度，长度应以超过手腕 10cm 为准。绝缘手套、绝缘靴不得作其他使用。同时，普通、医疗及化学手套和胶靴不能代替绝缘手套和绝缘靴使用。

使用绝缘手套和绝缘靴时，应注意下列事项：

（1）使用前应检查外部有无损伤，并检查有无砂眼漏气，有砂眼漏气的不能使用。

（2）在使用绝缘手套时，最好先戴上一双棉纱手套，夏天可防止出汗动作不方便，冬天可以保暖，当操作出现弧光短路接地时，可防止橡胶熔化灼烫手指。

（3）绝缘手套和绝缘靴应定期进行试验。试验标准按高压试验规程进行，试验合格的应有明显标志并注明试验日期。

绝缘手套和绝缘靴的保存应注意下列事项：

（1）使用后应擦净、晾干，绝缘手套还应洒上一些滑石粉，以免黏连。

（2）绝缘手套和绝缘靴应存放在通风、阴凉的专用柜子里。温度一般在 5～20℃，湿度在 50%～70% 最合适。

不合格的绝缘手套和绝缘靴不应与合格的混放在一起，以免错拿使用。

（二）绝缘垫和绝缘毯

绝缘垫和绝缘毯由特种橡胶制成，表面有防滑槽纹，如图 18-7 所示。

绝缘垫一般用来铺在配电装置室的地面上，用以提高操作人员对地的绝缘，防止接触电压和跨步电压对人体的伤害，在低压配电室地面铺上绝缘垫，工作人员站在上面可不使用绝缘手套和绝缘靴。

绝缘地毯一般铺设在高、低压开关柜前，用作固定的辅助安全用具。

绝缘垫应定期进行检查试验，试验标准按规程进行，试验周期为每两年一次。

（三）绝缘站台

如图 18-8 所示，绝缘站台用干燥木板或木条制成，用以代替绝缘垫或绝缘靴。用木条

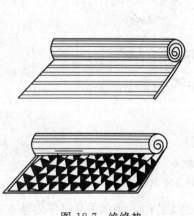

图 18-7　绝缘垫

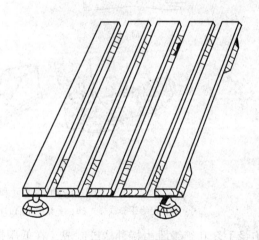

图 18-8　绝缘站台

制成的绝缘站台，其木条间距不大于 2.5cm，以免靴跟陷入，也便于观察支持绝缘子是否损坏。台面边缘不超出绝缘子以外，绝缘子高度不小于 10cm。

绝缘站台可用于室内外的一切电气设备。在室外使用绝缘站台时，站台应放在坚硬的地面上，防止绝缘子陷入泥中或草中，降低绝缘性能。

绝缘站台应三年试验一次，试验电压为 40kV，时间为 2min。

第二节 一般防护安全用具

一般性防护安全用具没有绝缘性能，主要用于防止停电检修的设备突然来电使工作人员走错间隔、误登带电设备、电弧灼伤、高处跌落等事故的发生。这种安全用具虽不具备绝缘性能，但对保证电气工作的安全是必不可少的。

一般防护安全用具有携带型接地线、临时遮栏、标示牌、安全牌、近电报警器。

一、携带型接地线

图 18-9 为携带型接地线，其作用是当高压设备停电检修或进行其他工作时，为了防止停电检修设备突然来电（如误操作合闸送电）和邻近高压带电设备所产生的感应电压对人体的危害，需要将停电设备用携带型接地线三相短路接地，这对保证工作人员的人身安全是十分重要的，也是生产现场防止人身触电必须采取的安全措施。

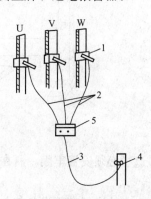

图 18-9 携带型接地线
1、4、5—专用夹头（线夹）；
2—三相短路线；3—接地线

携带型接地线由短路各相和接地用的多股软裸铜线及专用线夹组成（线夹用于连接接地极及被接地的导线）。多股软裸铜线的截面应根据短路电流的热稳定要求选定，一般选用的截面不小于 25mm^2。导线的截面可参照下列公式计算

$$S=\frac{I_\infty\sqrt{T}}{250}$$

式中 I_∞——稳态短路电流，A；

T——短路的等效持续时间，取继电保护最长动作时间，s；

S——短路导线的截面，mm^2。

上述公式系据携带型接地线在 I_∞ 流过发热后，温度由 30℃上升到 75℃这一条件考虑的。不论计算结果如何，短路导线的截面不必大于被接地导线的等值面积。

在生产现场，有的自制携带型接地线，在制作接地线时，接地导线和短路导线的连接必须牢靠，一般用螺丝拧紧后再加焊锡，不许只用焊锡焊接，以防熔断。

接地线是保证人身安全的"保命线"，使用时要正确，严禁采用缠绕方法制作接地线。

携带型接地线的保管应遵守下列事项：

（1）接地线要有统一编号，有固定的存放位置。

（2）在存放接地线的位置上也要有编号，将接地线按照对应的编号对号入座，放在固定的位置上。

（3）接地线要标明短路容量和许可使用的设备系统。

二、遮栏

在高压设备部分停电检修时，为防止检修人员走错位置、误入带电间隔和过分接近带电部分，一般采用遮栏进行防护。此外，遮栏也用作检修安全距离不够时的安全隔离装置。

遮栏分为栅遮栏、绝缘挡板和绝缘罩三种，如图 18-10 所示为栅遮栏及绝缘挡板，遮栏用干燥的绝缘材料制成，不能用金属材料制作，遮栏高度不得低于 1.7m，下部绝缘离地不应超过 10cm。

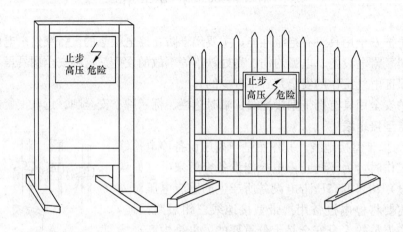

图 18-10 遮栏

遮栏必须安置牢固，所在位置不能影响工作，遮栏与带电设备的距离不小于规定的安全距离。

在室外进行高压设备部分停电工作时，用线网或绳子拉成临时遮栏。一般可在停电设备的周围插上铁棍，将线网或绳子挂在铁棍或特设的架子上。这种遮栏要求对地距离不小于 1m。

三、标示牌

标示牌的用途是警告工作人员不得接近设备的带电部分，提醒工作人员在工作地点应采取的安全措施，以及表明禁止向某设备合闸送电等。

标示牌按用途可分为禁止、允许和警告三类，共计 8 种，如图 18-11 所示。

1. 禁止类标示牌

禁止类标示牌有"禁止合闸，有人工作！"、"禁止合闸，线路有人工作！"。这类标示牌挂在已停电的断路器和隔离开关的操作把手上，防止运行人员误合断路器和隔离开关，将电送到有人工作的设备上。这类标示牌为长方形，尺寸为 200mm×250mm 和 80mm×50mm 两种。大的挂在隔离开关操作把手上，小的挂在断路器的操作把手上，标示牌的背景用白色，文字用红色。

2. 允许类标示牌

允许类标示牌有"在此工作"、"从此上下"。"在此工作"标示牌用来挂在指定工作的设备上或该设备周围所装设的临时遮栏入口处。"从此上下"标示牌挂在允许工作人员上、下的铁钩或梯子上。此类标示牌的规格为 250mm×250mm，在绿色的底板上绘上一个直径为 210mm 的白色圆圈，在圆圈中用黑色的"在此工作"或"从此上下"的安全用语。

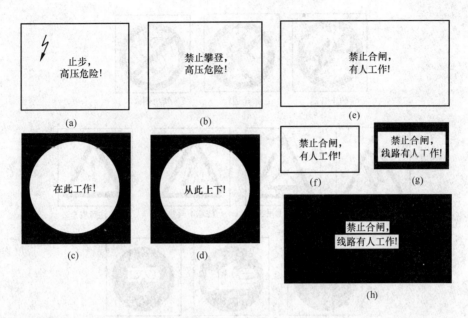

图 18-11 标示牌

(a)、(b) 警告类；(c)、(d) 允许类；(e) ~ (h) 禁止类

3. 警告类标示牌

警告类标示牌有"止步，高压危险"、"禁止攀登，高压危险"。这类标示牌的规格为 250mm×200mm，背景用白色，边用红色，文字用黑色。"止步，高压危险"标示牌用来挂在施工地点附近带电设备的遮栏上、室外工作地点的围栏上、禁止通行的过道上、高压试验地点以及室内构架和工作地点临近带电设备的横梁上。"禁止攀登，高压危险"标示牌用来挂在与工作人员上、下铁钩架临近的有带电设备的铁钩架上和运行中的变压器的梯子上。

当铁钩架上有人工作时，在邻近的带电设备的铁钩架上也应挂警告类标示牌，以防工作人员走错位置。

四、安全牌

为了保证人身安全和设备不受损坏，提醒工作人员对危险或不安全因素的注意，预防意外事故的发生，在生产现场用不同颜色设置了多种安全牌。人们通过安全牌清晰的图像，对安全加以注意。

发电厂、变电所电气部分常用的安全牌有以下三类：

(1) 禁止类安全牌。如禁止开动、禁止通行、禁止烟火。

(2) 警告类安全牌。如当心触电、注意头上吊装、注意下落物、注意安全。

(3) 指令类安全牌。如必须戴安全帽、必须戴防护手套、必须戴防护目镜。

安全牌，如图 18-12 所示。

五、近电报警器

近电报警器是我国新近研制成功的新型安全防护用具，它适合于在有触电危险的环境里进行巡查、作业时使用。在高低压供电线路或设备维护、检修，或巡视检查设备时，若工作人员接近带电设备危险区域，近电报警器会自动报警，提醒工作人员保持安全距离，避免触电事故的发生。同时，近电报警器还具有非接触性检验高、低压线路是否断电和断线的功

图 18-12 安全牌

(a) 禁止类安全牌；(b) 警告类安全牌；(c) 指令类安全牌

能。将近电报警器装于安全帽上，制成电报警安全帽。图 18-13 是电报警安全帽的外形。电报警安全帽的报警距离见表 18-5。

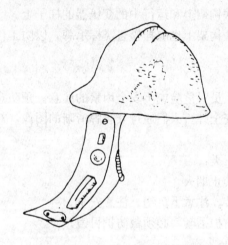

图 18-13 电报警安全帽外形图

表 18-5　　电报警安全帽的报警距离

开始报警距离 h （m）　　　型号　线电压（kV）	DBM-Ⅱ-A（$h\pm30\%$）	CBM-Ⅱ-A（$h\pm20\%$）
6	1	—
10	1.3	0.9
35	3.4	1.7
110	—	3.0
220	—	4.2

电报警安全帽的使用方法及注意事项如下：

(1) 每次使用电报警安全帽前，应选择灵敏度开关高档或低档，然后按安全帽的自检开关，若能发出音响信号，即可使用。

（2）头戴电报警安全帽在检修架空线路的电气设备时，若在报警距离范围内，则能发出报警声音，表示带电，否则不带电。

（3）当发现自检报警音调明显降低时，表明电池已快耗尽，要更换新的电池。

（4）当环境湿度大于90％时，报警距离的准确度要受到影响，使用时要加以注意。

复 习 思 考 题

1. 电气安全用具分为哪些类型？并说明其作用。
2. 绝缘棒有哪些作用？并说明其结构。
3. 使用绝缘棒时，应注意哪些事项？
4. 保管绝缘棒时，应注意哪些事项？
5. 绝缘夹钳使用及保存应注意哪些事项？
6. 携带型电压指示器有哪些？并说明其适用范围。
7. 使用高压验电器时，应注意哪些事项？
8. 辅助安全用具有哪些？
9. 使用和保存绝缘手套、绝缘鞋时，应分别注意哪些事项？
10. 一般防护安全用具有什么作用？其类型有哪些？
11. 保管携带型接地线应注意哪些事项？
12. 发电厂、变电所电气部分常用的安全牌有哪些？
13. 近电报警器有什么作用？
14. 使用近电报警器应注意哪些事项？

第十九章 安全用电管理

第一节 安全用电管理组织措施和技术措施

一、安全用电管理组织措施

为保护在高压线路和电气设备上工作人员的人身安全，需采取的安全组织措施有：工作票制度、工作许可制度、工作监护制度和工作间断、转移与终结制度。

1. 工作票制度

工作票是准许在电气设备或线路上工作的书面命令，它有以下的特点：

(1) 根据工作性质、工作范围的不同，工作票可分为第一种工作票、第二种工作票。

(2) 工作票具有有效期，以批准的检修期为限。

(3) 紧急事故处理可不填写工作票，但应履行工作许可手续，做好必要的安全措施。

(4) 按规程规定，一些工作可以采用口头或电话命令，但是需要进行清晰的记录。

2. 工作许可制度

工作许可是指在进行电气工作之前，必须完成的许可手续。其具体要求如下：

(1) 工作许可人需认真审查工作票所列安全措施。

(2) 工作许可人会同工作负责人到现场亲自检查安全措施，以手触试，证明检修设备确无电压。

(3) 对工作负责人指明带电设备的位置和注意事项。

(4) 和工作负责人在工作票上分别签名。

(5) 许可人不得擅自变更安全措施。

3. 工作监护制度

工作监护制度用以保证正确的操作，避免发生人身伤害事故。其内容如下：

(1) 监护人（工作负责人）需向工作人员交代现场安全措施。

(2) 监护人始终在现场。

(3) 在容易出现事故的地方，应当增设专责监护人。

(4) 及时纠正工作人员违反安全操作规程要求的行为。

4. 工作间断、转移和终结制度

(1) 工作间断分为日内间断和日间间断两种。前者，工作人员撤离现场，安全措施保留，工作票交由工作负责人保存。当继续工作时，不需要经过工作许可人的同意。后者，在收工时，需清扫现场，开放已经封闭的通道。次日开工时，需经工作许可人的同意，领回工作票。同时，工作负责人要重新检查安全措施。

(2) 在同一电气连接部分用同一工作票依次在几个工作地点转移工作时，全部安全措施由值班员在开工前一次做完，不需再办理转移手续，但工作负责人需向工作人员重新交代现场安全措施。

（3）工作终结后，需要进行以下工作：

1）清理现场，工作负责人要做细致地检查，向值班人员讲清检修的项目、发现的问题、试验的结果、存在的问题等，并与值班人员共同检查设备状况，有无遗留物件、是否清洁等，然后在工作票上填明工作终结时间，并签名。

2）只有在同一停电系统的所有工作结束，拆除所有接地线、临时遮栏和标示牌，恢复常设遮栏，并得到值班调度员或值班负责人的命令后，方可合闸送电。

二、安全用电管理技术措施

安全用电管理技术措施包括在全部或部分停电的电气设备或线路上采取必要的停电、验电、装设接地线、悬挂标示牌和装设遮栏等安全措施。现分述如下：

（1）停电必须把各方面的电源安全断开，禁止在经断路器断开电源的设备上工作。工作人员在正常活动和工作时，与带电设备之间应保持的安全距离见表19-1。

表 19-1　　　　　　　　　　工作人员与带电设备之间的安全距离

电压（kV）	0.12~17	20~35	60~110	220	350	500
安全距离（m）	0.7	1.00	1.50	3.0	4.0	5.0

（2）在验电时，必须使用合格的验电器，电压等级合适，并在检修设备进出线两侧分别进行各相验电。

（3）在装设接地线时，必须由两人进行，先接接地端，后接导体端。在拆接地线时，与此顺序相反。

（4）悬挂标示牌、设遮栏。在一经合闸即可送电到工作地点的断路器和隔离开关的操作把上，均应悬挂"禁止合闸"、"有人工作"的标示牌。

第二节　电气运行管理

电气装置的运行维护与安全生产、安全用电的关系很大。经过长期的工作实践逐步形成的有效措施、电气安全工作制度和规程标准，是能确保人身和设备的安全。用电检查人员应经常检查用户执行这些制度和规程的情况，并给予必要的帮助和指导。

一、变配电所的两票四制

保证变配电所安全运行的规章制度有：工作票、操作票的两票和交接班、巡回检查、设备缺陷管理及清洁卫生的四个制度，简称两票四制。

（一）工作票

在电气设备上工作实行工作票制度是保证工作人员生命安全的有效措施。

凡在高压设备上进行检修、试验、清扫、检查等工作时，需要全部停电或部分停电者，或在高压室内的二次接线及照明部分工作，需要将高压设备停电或做安全措施者，应填写第一种工作票。

带电作业和在带电设备外壳上工作；在控制盘和低压配电盘、配电箱、电源干线上的工作；在二次接线回路上工作而无需将高压设备停电等的工作，可填写第二种工作票。

第一、二种工作票格式分别如表19-2和表19-3所示。

表 19-2　　　　　　　　　　**第 一 种 工 作 票 格 式**

××供电公司（　　）

第一种工作票（　　）字第　　号

本工作票停电是根据_____调（站）字_____号设备停电检修票（命令）许可。

1. 工作负责人（监护人）_____班组_____工作人员共_____人。

2. 工作地点的工作任务：_____
3. 计划工作时间：自_____年____月___日___时___分至_____年_____月___日___时___分。
4. 安全措施：

应拉开断路器和隔离开关 （注明编号，下列由工作负责人填写）	已拉开断路器和隔离开关 （注明编号，下列由工作许可人填写）
应装接地线（注明确实地点）	**已装接地线（注明编号、确实地点）**
应设遮栏和应挂标示牌	**已设遮栏和已挂标示牌（注明地点）**
注意的安全事项	**工作地点保留的带电部分和补充安全措施**

工作负责人签名：_____，工作许可人签名：_____。

5. 工作票签发人意见：_____　签名：_____
_____
6. 工作票审批人意见：_____　签名：_____
_____
7. 收到工作票时间：_____年____月___日___时___分。值班长签名：_____。
8. 许可开始工作时间：_____年___月___日___时___分。
　　工作许可人签名：_____
　　工作负责人签名：_____
9. 工作负责人变动：原工作负责人_____于___年___月___日___时___分离开，变更由_____为工作负责人。
　　工作票签发人签名：_____工作许可人签名：_____
10. 工作票延期：有效期延长到_____年___月___日___时___分。
　　工作负责人签名：_____，工作许可人签名：_____，经调度员_____同意。
11. 每日报开工和收工时间：

开工时间	工作许可人	工作负责人	收工时间	工作许可人	工作负责人
月　日　时　分			月　日　时　分		
月　日　时　分			月　日　时　分		
月　日　时　分			月　日　时　分		
月　日　时　分			月　日　时　分		
月　日　时　分			月　日　时　分		

12. 工作终结：现场已清扫完毕，工作人员已全部撤离，全部工作于_____年___月___日___时___分。
13. 接地线共___组，已拆除___组。
　　绝缘罩（隔板）共___组，已拆除___组。
　　值班负责人签名：_____，当值调度员签名：_____
　　备注：_____

表 19-3　　　　　　　**第 二 种 工 作 票 格 式**

⟨变⟩

××供电公司（　　）

第二种工作票（　　）字第　　号

1. 工作负责人（监护人）＿＿＿＿＿班组＿＿＿＿工作人员共＿＿＿＿人。

2. 工作地点的工作任务：＿＿＿＿＿＿＿＿＿＿＿＿＿＿＿＿＿＿＿＿＿＿＿＿＿＿

＿＿＿＿＿＿＿＿＿＿＿＿＿＿＿。

3. 计划工作时间：自＿＿＿＿年＿＿月＿＿日＿＿时＿＿分至＿＿＿＿年＿＿月＿＿日＿＿时＿＿分。

4. 工作条件（停电或不停电）：＿＿＿＿＿＿＿＿＿＿＿＿＿＿＿＿＿＿＿。

5. 注意事项（安全措施）：＿＿＿＿＿＿＿＿＿＿＿＿＿＿＿＿＿＿＿＿＿。

6. 工作票签发人意见：＿＿＿＿＿＿＿＿＿＿＿＿＿＿＿＿＿。签名：＿＿＿＿＿＿＿＿

7. 许可开始工作时间：＿＿＿＿年＿＿月＿＿日＿＿时＿＿分。

工作许可人签名：＿＿＿＿＿＿＿

工作负责人签名：＿＿＿＿＿＿＿

8. 工作结束时间：＿＿＿＿年＿＿月＿＿日＿＿时＿＿分。

值班人员签名：＿＿＿＿＿＿＿

工作负责人签名：＿＿＿＿＿＿＿

9. 每日开工和收工时间：

开工时间	工作许可人	工作负责人	收工时间	工作许可人	工作负责人
月　日　时　分			月　日　时　分		
月　日　时　分			月　日　时　分		
月　日　时　分			月　日　时　分		
月　日　时　分			月　日　时　分		
月　日　时　分			月　日　时　分		
月　日　时　分			月　日　时　分		

备注：＿＿＿＿＿＿＿＿＿＿＿＿＿＿＿＿＿＿＿＿＿＿＿＿＿＿＿＿＿＿＿＿＿＿＿＿＿

＿＿＿＿＿＿＿＿＿＿＿＿

注　凡带电作业需停用重合闸装置的应通知调度。

工作票应由变电所负责人填写，一式两份，由工作负责人和值班人员各执一份，由有关负责人批准并指定工作现场负责人。

工作完毕，验收后记入运行日志并在工作票上签名注销。当所有工作票全部回收后，才可恢复送电。

（二）操作票

对高压断路器、隔离开关、负荷开关、高压熔断器等设备进行倒闸操作时，必须填写操作票，只有下列情况例外：

（1）发生人身或设备事故的紧急拉闸。

（2）根据生产情况必须随时进行的操作。

（3）根据本单位情况规定的操作。

任何倒闸操作，不论是否填写操作票，均应由两人进行，一人为操作监护人，一人为操作执行人。在执行每项操作步骤时，由监护人唱票，执行人复诵，核对设备无误后，由监护人命令，方可操作。每操作一项，在操作票前面打上"√"记号。

（三）交接班制

变配电所值班人员上、下班时，必须履行交接手续。接班人应查阅运行日志和交接记录（如运行方式、安全情况），与交班人一起巡视设备运行状况，对未完工的工作票应详细了解安全措施、工作进展程度等。正在执行倒闸操作的，一定要等交班人操作完毕后方可接班。正在处理事故时，不得进行交接班。

（四）巡回检查制

值班人员对运行设备要定期进行巡回检查，在设备过负荷或出现恶劣天气等情况时，值班人员应进行特殊巡视。当巡视检查发现有问题时，应及时向有关人员汇报并记入缺陷记录。

（五）缺陷管理

在巡视、检修、安装时发现的各类设备缺陷，应立即登入缺陷记录簿中。在发现缺陷后，应尽可能立即组织处理，如不属于紧急和危及安全运行问题的，可列入小修计划一并解决。

（六）现场整洁制

变配电室内外及电气设备应保持整洁，电气设备外壳、室内配电盘、二次回路上的污垢及灰尘必须及时清除，充油设备不应漏油，室外场地上的杂草垃圾应清除，道路应保持畅通。

二、设备运行

在电气设备运行中，应经常掌握其运行参数，分析设备的运行状况，以便发现问题并及时采取措施和进行处理。为此，应建立以下各项制度：

（1）值班制度。对运行中的电气装置，应设有专人或兼职人员进行值班，其职责是监视设备的运行参数，如电压、电流、温度、声音等，及时发现问题，使其在设计规定的条件下运行。当发现有超出正常运行条件的变化时，应及时采取措施。

（2）运行记录制度。运行中的值班人员要每日24h按正点将有关运行参数和发生的变化记录下来，以便作为分析、判断的依据。

（3）运行分工专责制。运行中的设备，要根据其复杂程度分成若干单元，按值班人员的技术高低、分工负责地进行检查。

（4）建立专门机构，整理、分析运行资料，并及时提出改进安全运行的措施。

（5）要根据电气装置的复杂程度，制定现场安全操作规程、运行规程和各种保证安全的制度，并经常组织运行人员学习、考试，采取事故演习等反事故措施，来防止误操作事故的发生。

（6）缺陷管理制度。发现缺陷要登记，上报指定人员并及时处理，消除后再登记。

三、设备管理

电气设备的运行管理是一项复杂、细致、繁琐的工作，管理方法有多种，其目的是为了保证安全运行。通常采用建立设备档案、专人负责等各种手段来监视设备的健康状态，以便从历史对照分析中及时地发现设备缺陷，有针对性地采取措施，来防止设备发生事故。

在设备管理工作中，首先要求每台设备有技术历史档案（包括绝缘、运行参数的变化等），以便掌握设备的动态。通过运行监视和定期试验，及时提出维修或更换计划；其次，应定期组织各级运行人员、检修人员、技术人员进行设备的技术鉴定，并制订检修计划，使设备健康水平不断提高。

（一）经常进行技术监测

对设备的健康状况进行经常性的技术监测，是保证安全运行的有力手段。对各种安全装置也应定期进行监测，以发挥其安全作用。通常把这项工作叫做运行中的四大监督，即绝缘监督、油务监督、继电保护监督及电测监督。

1．绝缘监督

电气设备的绝缘监督重点是电力变压器、油断路器、发电机、电动机、互感器等主要设备，特别是有机绝缘，加强绝缘监督更有预先发现设备缺陷的可能。纯瓷绝缘效果较差，这往往与表面脏污程度有关，对内在缺陷反映不明显。

绝缘监督的方法是：定期进行绝缘预防性试验和各种检查（包括摇测绝缘电阻、测量其介质损失角、做泄漏电流试验等），将测试结果与该台设备的历史记录作比较，从其上升或下降的趋势、升降的速度来预测设备目前的健康状况及今后的变化趋势。这是科学的方法，为使绝缘监督准确，必须注意与历次试验条件、试验方法及测量设备的一致性。

2．油务监督

多油设备是利用油作主要绝缘介质的。采用这类设备时，要对绝缘油的优劣应进行监视，从中可直接发现本体绝缘的好坏。有些局部性故障，如变压器内部偶尔放电、铁芯局部发热，在做本体绝缘试验时不一定能发现，但分析油中杂质，做溶解气体成分的色谱分析，则容易发现及判断以上问题的存在和性质。

3．继电保护监督

继电保护是电气设备安全运行的哨兵，可随时做好切除发现故障设备的准备。因此，要有专人负责管理，定期加以校验，保证正确、可靠地动作。工厂企业继电保护动作正确率要力争达到100％。

对继电保护装置的监督，主要是按规定的试验周期进行定期校验。一般企业继电保护装置，每1～2年要校验其整定值和进行动作跳闸试验，以检验其可靠性，当一次接线和运行参数有变化时，还应重新计算整定值。

继电保护在事故跳闸后的复试检查，是提高动作正确率的关键。所以在发生事故后，一定要分析继电保护装置的动作是否正确，这是一项极为重要的工作。

继电保护的校验要按调试规程进行，并有详细的调试记录，对历史资料要妥善保管，做好分析，这样才能发挥继电保护的监督作用。

4．电测监督

电气装置上安装的各种测量仪表，是运行人员的眼睛，它反映设备运行中的各种参数，对正确掌握运行状况是不可缺少的。因此，要求各种表计指示正确，为使仪表真正起到应有的作用，必须做好以下几点：

（1）根据需要装设测量各种有关参数的仪表，如电压、电流、温度、频率、有功功率表等。

（2）选用的表计规范要适合现场需要，并和相应的互感器变化相一致，使读数简明直观。在正常运行中，最小指示数不小于表面刻度的1/3，最大指示数不大于表面刻度的4/5。

（3）装设的方向与高度，要方便于值班人员随时监视。

（4）每年校验一次，使其准确度在标准之内，同时检查其接线是否牢固正确。

（5）及时调换不能满足以上要求的表计和相应的互感器等附件。

（二）组织重点突出的技术检查

每年应根据季节特点，组织专题技术检查，以便更好地防止事故的发生。

（1）每年雷雨季之前应组织防雷检查和检修，重点检查防雷设施、接地装置、设备绝缘监测、绝缘子清扫等工作。

（2）夏季到来之前就应进行降温、防风、防雨、防汛等检查。重点检查设备是否过负荷、温度是否过高、通风装置是否良好等。线路杆塔、拉线、导线等有无缺陷和可能受洪水、大风的影响。室内配电装置和防雨、防水等设施是否良好。还应考虑由于高温、潮湿的特点检查暂停设备和备品、备件的绝缘。

（3）应组织防冻、防风、防小动物的检查，南方地区在冬季进行，黄河以北地区应在秋季进行。重点是设备防冻措施的落实，取暖装置的检查；设备出力与所预计的冬季高峰负荷能否适合；各种防止小动物措施是否落实，配电室通向室外的孔、洞、电缆沟、下水道等都应封闭，破损的门窗、铁丝应修复。

（三）电气设备的管理

加强设备管理工作，及时掌握设备动态，是保证安全用电的一项重要措施。一般用电企业可从以下几点进行：

（1）设备的技术管理包括主要电气设备应有出厂资料、安全调试资料、历次电气试验和继电保护校验记录等资料，还应有设备缺陷管理、设备事故分析等记录，设备缺陷应有专人负责修理、定期检查、及时消除。

（2）电气设备应定期进行预防性试验，并按国家标准和周期进行，还应检查其试验方法、仪表的准确度、操作过程等是否合乎要求。对具有试验能力的用户，可充分发挥其作用，批准其为自试单位（并指定专责人），将其作为供电系统绝缘监督网的一部分。

（四）运行管理

加强运行管理、严格执行安全制度是防止电气误操作事故的措施，做好各种运行记录，为分析情况提供可靠的科学数据。因此，必须认真做好这项工作。运行管理工作包括如下几方面：

（1）电气运行日志是否按时抄记、字迹要清楚、数据要齐全、记录应准确。值班日志上要注明运行方式、安全情况，能反映运行不正常现象。交接班签名是否清楚，记录表内不应记与运行无关的事情。

（2）事故记录、缺陷记录、操作记录等都应清楚明确，其中应有时间、设备部位、当事人签名、处理经过、处理的情况及上级领导批示等事项。

（3）各种图表的正确与完整情况。一次接线图、二次回路图、操作模拟板等是否与现场相符，并保持完整。

（4）明确岗位责任制。各有关人员是否明确各岗位的职责分工、管辖设备、区域分工等。

（5）检查现场规程是否齐全，内容是否切合实际。执行工作票制度、操作票制度、交接班制度、巡回检查制度、缺陷管理制度及现场整修制度等是否认真、一丝不苟。两票的合格率上升还是下降。

（6）检查继电保护整定值是否与电力系统调度下达的定值相符。

四、双电源管理

双电源用户，包括以自备发电机为备用电源的用户和从其他用户引入低压备用电源的用户，均应与供电企业签订双电源使用协议。双电源切换方式应按协议规定进行。

双电源间的闭锁装置应绝对可靠，能有效地防止向电网返送电的措施和办法。

五、用户电工管理

检查电工人数和技术水平配备是否合理；检查在用户受电装置上工作的电工人员的任职资格，值班室内应有所有运行值班电工和各值负责人名单；检查电工人员有无经常性培训计划和安全生产知识考问记录等。

第三节　现场巡视检查

定期检查除了要充分了解用户在用电管理方面的情况并阅读与查问各种技术资料外，还应进行设备现场巡视、检查设备现状、核对设备台账等工作。在进行现场巡视时，要保持与带电体的安全距离，以防止发生触电危险。

一、现场巡视检查注意事项

到用户现场进行设备巡视检查，应由用户电气负责人陪同并切实遵守以下几点要求：

（1）不允许进入运行设备的遮栏内。

（2）人体与带电部分要保持足够的、符合规程的安全距离。

（3）一般不应接触运行设备的外壳，如需要触摸时，则应先查明其外壳接地线是否良好。

（4）对运行中的开关柜、继电保护盘等巡视检查，要注意防止误碰跳闸按钮和操动机构。

二、巡视检查配电装置的项目与要求

（1）绝缘子和套管应无破损，无放电痕迹，表面无明显积尘污垢。

（2）检视母线及电气设备导电部分的接触点是否发热，一般检查接头表面颜色是否与周围不一致，即是否变色，如有可疑点时应进一步采用仪表进行测量和调试。

（3）检视各种充油设备的油位、油色（油位应在规定的范围内，油色一般为淡黄色）以及外壳油箱是否漏油。

（4）检视设备外壳及构架是否已可靠接地。

（5）检视绝缘监视电压表是否三相平衡，三相电压值是否符合规定。

（6）检视设备的负荷电流和温度是否超过额定电流和温升限额。

（7）检视计费电能表、电力定量器等的运行是否正常，电能表、继电器和电力定量器的铅封是否良好，继电保护整定值是否正确，熔丝是否符合要求。

（8）各种标志牌和标志是否完整、鲜明，各段母线的相色是否一致和完好。

（9）检视房屋是否漏水、飘雪，门窗是否完整，防止小动物进入配电室的铁丝网是否完好，其他通向室外的墙洞、电缆沟是否封闭。

三、巡视检查电力变压器的项目与要求

（1）检视变压器正常运行的负荷电流和电压，其电流应不超过额定电流，电源电压不超过运行分接头电压的105%。

（2）企业变压器容量不足以满足生产所需最大负荷时，应调换大容量变压器。在未调换

之前，允许变压器在短时间内过负荷运行，如果昼夜的负荷率小于 1，则在高峰负荷期间可按表 19-2 规定的允许倍数和允许持续时间过负荷运行。

表 19-4 电力变压器的过负荷允许时间

过负荷倍数	过负荷前上层油的温升（℃）为下列数值时的允许过负荷持续时间（时：分）					
	18	24	30	36	47	48
1.0	连 续 运 行					
1.05	5：50	5：25	4：50	4：00	3：00	1：30
1.10	3：50	3：25	2：50	2：10	1：25	0：10
1.15	1：15	2：50	1：50	1：20	0：35	
1.20	2：05	1：40	1：15	0：45		
1.25	1：35	1：15	0：50	0：25		
1.30	1：10	0：50	0：30			
1.35	0：55	0：35				
1.40	0：40	0：25				
1.45	0：25	0：10				
1.50	0：15					

注 此表仅适用于自然冷却或吹风冷却的油浸式变压器。

（3）带有风扇冷却的变压器，在风扇停止工作时允许的负荷应遵守制造厂的规定。如无规定时，一般允许带额定负荷的 60%～70%；但如果上层油温不超过 55℃，则可在风扇不开动时带额定负荷运行。

（4）变压器运行中允许的三相不平衡电流。当绕组按 Yyn0 连接时，变压器中性线的电流不得超过低压绕组额定电流的 25%。

（5）检视运行中变压器的油温。运行中油浸式变压器的上层油温的允许值应遵守制造厂的规定，为了防止变压器油劣化过速，上层油温不宜经常超过 85℃。

（6）监听变压器的音响。一般变压器的电磁声是均匀的、单调的嗡嗡声。在检查时，应从变压器四周仔细辨认响声是否加大，局部响声的音量、音调有无明显的不同，有无新的杂质发生，特别应注意的是有无放电的噼啪声和水泡声。

（7）检查变压器的外壳是否锈蚀，接地是否良好，防爆管的隔膜是否完整。

（8）检查气体继电器的油面，如油面下降，表示内部有气体，则要求用户工作人员在专责人监视下放出气体，测试是否可燃，并鉴别有无焦糊气味。

（9）检查呼吸器内的干燥剂是否已吸潮至饱和状态（矽胶吸潮饱和后变为红色，干燥时为白色）。

四、巡视检查电力电缆的项目与要求

（1）在相应配电盘上应有电流表监视电缆线路的负荷，电缆负荷电流若超过额定值，应立即采取减负荷措施。

（2）对敷设在地下的电缆线路，应查看地面有无挖掘痕迹，无钢管保护地段应无压痕，路线标桩应完整。

在敷设电缆线路的地面上不应堆放砖瓦、石头、矿渣、建筑材料等笨重物件，也不应砌堆石灰坑等。

（3）户外露天电缆的铠装应完整，麻包外护层脱落超过 40% 者，应全部剥除，并在铠装上涂敷防锈漆。

（4）电缆头不应有绝缘胶和电缆油漏出，当发现漏油时，应查明原因，并密切监视，漏油严重者应及时处理。电缆终端头的接地线必须良好，无松动、断股现象。

五、巡视检查作无功补偿用的电力电容器组或电容器室的项目与要求

（1）电容器应在不超过额定电压 1.05 倍情况下正常运行；在其为额定电压 1.1 倍时，则仅允许短时间运行，一般每昼夜累计不超过 4～6h。电压过高，则应暂时退出运行。

（2）检查其三相电流是否平衡，如三相电流相差超过 5％时，要查明原因或加以调整。

（3）检查电容器有无鼓肚现象，有无渗油、漏油问题。对有疑问者应建议停止运行，进行绝缘电阻和电容值的测试。

（4）检查电容器室的温度，不应超过制造厂规定，如无制造厂规定时，最高室温不得超过 +40℃，电容器的表面温度不超过 +50℃。测量电容器温度时，要用胶泥浆温度计黏在器身 2/3 高度的箱壁上。

六、巡视检查安全用具和消防设施的项目与要求

（1）安全用具应放在专用柜内，绝缘手套和绝缘靴应有专用木架支撑，以免黏连。绝缘棒垂直放在架子上或吊挂在房顶上，以免受潮变形。

（2）检查安全用具的定期试验标签是否过期，凡过期的安全用具不应继续使用。

（3）检查消防设施是否足够，其灭火药剂是否超过有效期，凡过期的药剂应予以更换。

（4）检查各种蓄油池和挡油措施是否完好，室外变压器、油断路器下的卵石层是否被雨水冲刷或被泥沙淹没。

第四节　用电事故调查和管理

凡是用电单位发生人身触电伤亡、主要电气设备损坏和因用户原因引起电网停电等事故时，应及时向当地的用电管理机构报告，并在 7 天内提出事故分析报告。用电检查人员接到事故报告后，凡属重大电气事故的，应立即赶赴现场进行调查了解。其他电气事故在认为有必要时，用电检查人员才参加现场调查。事故调查的目的是找出事故的真正原因，提出相应的对策以改进用电工作，做到"前车之覆，后车之鉴"。

一、用电事故常见类型

1. 用户事故引起的系统跳闸

由于用户内部发生的电气事故引起了其他用户的停电或引起系统波动而造成大量减负荷。例如，公用线路上的用户出了事故，越级将变电所（或发电厂）的馈线跳闸，造成了其他用户断电，这种事故就是用户影响的系统事故。

专线或公用线路用户，由于用户事故，或其他影响造成地区电压大幅度下降，使其他用户的大量用电设备受到影响而造成减产或中断生产，这时不论是否越级跳闸，均属于用户影响的系统事故。

专线供电的用户，由于用户发生事故使变电所（或发电厂）的出线断路器跳闸，如果它没有影响到其他用户，则不能算作用户影响系统的事故，只能作为用户跳闸。

如果用户内部故障，用户进线断路器正确动作跳闸，但因供电线路的原因而扩大为系统事故时，不应算作用户影响系统的事故，而应该作用户跳闸。

2. 用户全厂停电事故

由于用户内部事故的原因造成本厂全厂停电而使生产停顿，这样的事故属于用户全厂停电事故。

双电源供电的用户，如果正常时为分段运行方式，其中一段因事故断电而另一段正常运行者不属全厂停电事故。如果另一路是保安电源，虽及时投入仍造成生产停顿的，应算作全厂停电事故。

3. 重大设备事故

用户内部因使用、维护操作不当等原因造成一次受电电压的主要设备损坏（如主变压器、重要的高压电动机、一次变电所的高压变配电设备）的事故，称为重大设备事故。

4. 人身触电事故

人身触电伤亡事故是指用户电气设备或用电线路因绝缘破坏或其他原因造成的人身触电伤亡。

5. 电气火灾事故

用户生产场所因电气设备或线路故障引起火灾，造成直接损失在 6000 元及以上者列为电气火灾事故。

用电检查人员在用户电气事故的统计和调查中，应对事故原因进行分类统计。用户事故统计分类有误操作事故、设备维护不良、设备制造不良、外力破坏等几种。

二、用电事故调查和分析

进行事故调查的用电检查人员到达事故现场后，应首先听取当时值班人员或目睹者介绍事故经过，并按先后顺序仔细地记录有关事故发生的情况。然后对照现场，务必判断当事者的介绍与现场情况是否相吻合，不符之处应经反复询问、查实，直至完全搞清楚为止。当事故的整个情况基本清楚后，再根据事故情况进行检查。

1. 电气事故现场检查

现场调查与检查项目的内容，应根据事故本身的需要而定，一般应进行以下检查。

（1）检查继电保护装置动作情况，记录各断路器整定电流、时间及熔断器残留部分的情况，判断继电保护装置是否正确动作，从熔断器的残留部分可估计出事故电流的大小，判断是过负荷还是短路所引起的等。

（2）查阅用户事故当时的有关资料，如天气、温度、运行方式、负荷电流、运行电压、频率及其他有关记录；询问事故发生时现场人员的感觉（如声、光、味、振动等），同时查阅事故设备及与事故设备有关的保护设备（如继电器、操作电源、操动机构、避雷器和接地装置等）的有关历史资料，如设备试验记录、缺陷记录和检修调整记录等。

（3）检查事故设备的损坏部位及损坏程度，初步判断事故起因并将与事故有关的设备进行必要的复试检查，如用户事故造成越级跳闸，应复试用户总开关继电保护装置整定值是否正确、上下级能否配合及动作是否可靠；当发生雷击事故时，应复试检查避雷器的特性、接地线连接是否可靠，应测量接地电阻值等。通过必要的复试检查，可排除疑点，进一步弄清情况真象。

（4）对于误操作事故，应检查事故现场与当事人的口述情况是否相符，并检查工作票、操作票及监护人的口令是否正确，从中找出误操作事故的原因。

2. 事故调查必须明确的事项

进行事故调查必须弄清楚和明确下列各项：

（1）事故发生前，设备和系统的运行状况。

（2）事故发生的经过和处理情况。

（3）事故发生和扩大的原因。

（4）指示仪、保护装置和自动装置的动作情况。

（5）事故发生时间、开始停电时间、恢复送电时间和全部停电时间。

（6）损坏设备的名称、容量和损坏程度，如为人身触电事故，应查清肇事者姓名、年龄、职业和工作单位。

（7）规程制度本身及其在执行中暴露的问题。

（8）企业管理和业务技术培训方向的问题。

（9）设备在检修、设计、制造、安装质量等方面的问题。

（10）事故的性质及主要责任者、次要责任者、扩大责任者以及各级领导在事故中的过失和应负的责任（包括各事故责任者的姓名、职务和技术等级）。

（11）事故造成的损失，包括停止生产损失和设备损坏损失。

3. **事故调查中的安全措施**

用电检查人员在事故现场应注意以下事项：

（1）尽快限制事故的发展，指导和协助用户消除事故并解除对人身和设备的危险，同时尽快恢复正常供电。

（2）严禁情况不明就主观臆断和瞎指挥；不得代替用户操作，用户处理不力和产生错误时，只能向值班负责人员提出建议或要求暂停操作，说明情况，统一认识，必要时应请示领导解决。

（3）严禁对情况不明的电气设备强送电。

（4）严禁移动或拆除带电设备的遮栏，更不允许进入遮栏以内。

（5）应与电力调度部门密切联系，及时反映情况。

4. **事故分析**

在弄清现场基本情况，进行了事故后的鉴定试验并恢复用户正常供电后，应将收集到的有关资料，包括记录、实物和照片等，加以汇总整理，然后同用户有关人员一起进行研究分析。

事故分析会议一定要有供电部门代表、发生事故的现场负责人、见证人、企业领导和电气技术负责人参加，必要时邀请有关制造厂家、安装单位、公安部门和法医等专业人员参加。对用户引起的系统大事故应由供电部门总工程师主持事故分析会。事故分析要广泛听取各方面的意见，多方面探讨各种可能性，实事求是，严肃认真，最后使检查情况、实物对照、复试结果等统一起来，找出事故原因。

事故原因清楚后，还要查明事故责任者，在弄清事实的基础上，通过批评和自我批评，教育其本人，并提高大家的认识。对于任意违反规章制度，不遵守劳动纪律，工作不负责任，以致造成事故或扩大事故者，应严肃处理。对有意破坏安全生产，造成用电事故者，还要依法惩办。

在明确事故责任者时，反对单位领导一揽子承担，要通过分清事故责任，检查职责分工是否明确、岗位责任制是否落实，以达到事故责任者和其他有关人员共同受到教育的目的。

三、用电事故管理

（一）**事故报告**

　　所有事故均应填写事故报告，用电事故报告格式见表19-5。事故报告应由发生事故单位电气负责人填写，经事故单位主管领导和安全部门审核后上报。一式三份，一份报当地用电检查部门，一份报用户主管部门，一份用户存查。对性质比较严重或原因复杂的事故报告和事故调查报告书，应由事故调查小组提出。

　　事故报告的填写应严肃认真。编号由接收报告单位填写。"事故简题"应包括发生事故的处所、设备名称、起因、现象、后果等。"事故发生前各种设备运行情况"应包括：当时运行方式、电压、电流情况及主要设备发生过的异常现象等。"原因及责任分析"应根据事故调查小组分析填写。"事故损失"包括停产所造成的损失和设备损失，设备损坏不能修复者按设备估值计算，能修复者修理费用及减低价值共计填写。"防止对策"在具体并应有负责实施的部门和经办人以及完成的期限，还要落实资金、材料来源。对于误操作事故，还应制订电工技术业务培训计划和定期考试。

　　人身触电伤亡事故报告格式和填写说明，见表19-6。

表 19-5　　　　　　　　**用 电 事 故 报 告 表**

编号：＿＿＿＿＿　＿＿＿＿＿年＿＿＿＿＿月＿＿＿＿＿日

厂（矿）名称：＿＿＿＿＿＿＿＿＿＿＿＿＿＿＿＿＿＿＿＿＿＿

地址：＿＿＿＿＿＿＿＿＿＿＿＿＿＿　联系人：＿＿＿＿＿＿　电话：＿＿＿＿＿＿

用电设备容量：＿＿＿＿＿＿＿＿＿＿＿＿

一、事故简题：			
二、事故发生时间： 年 月 日 时 分	事故终止时间： 年 月 日 时 分	经过时间 日 时 分	天　气
三、事故发生前各种设备运行情况：			
四、事故发生、扩大及处理经过：			
五、原因及责任分析（有关人员、设备、制度等方面）：			
六、事故损失（包括生产产值、设备修理费用及少用电量等）：			
七、防止对策：		执行责任人	执行日期
八、备注：			

厂（矿）长：＿＿＿＿＿车间主任（科长）：＿＿＿＿＿调查负责人：＿＿＿＿＿报告日期：＿＿＿＿＿年＿＿＿＿＿月＿＿＿＿＿日

表 19-6　　　　　　　**人身触电伤亡事故报告表**

编号：＿＿＿＿＿＿＿＿

厂（矿）名称：＿＿＿＿＿＿＿＿＿＿＿＿　地址：＿＿＿＿＿　联系人：＿＿＿＿＿电话：＿＿＿＿＿

1. 事故发生地点：＿＿＿＿＿＿＿＿＿＿＿＿＿＿＿＿＿＿＿

2. 事故发生日期：＿＿＿＿＿年＿＿＿＿＿月＿＿＿＿＿日＿＿＿＿＿时＿＿＿＿＿分　天气：＿＿＿＿＿

伤亡者姓名	工种	职称	性别	年龄	工龄
死亡或轻重伤类别	伤害部位		估计歇工日数	曾受过何种安全训练	
负伤经过（做何工作，触电原因及处理过程）：					
原因分析（包括人员、组织、设备、制度等方面）：					
事故教训及防止对策：				执行负责人	执行日期
厂（矿）领导意见：					

厂（矿）长：＿＿＿＿＿车间主任（科长）：＿＿＿＿＿调查人：＿＿＿＿＿执行日期：＿＿＿＿＿年＿＿＿＿＿月＿＿＿＿＿日

（二）用电事故考核指标

在各种用电事故中，影响较大的是人身触电死亡事故、用户影响系统事故和主要电气设备损坏事故。这三种事故的发生频率是评估安全用电的主要指标，是安全用电考核的必考项目。

1. 用户影响系统事故率的计算方法

$$系统事故率 = \frac{年事故次数}{年售电量} \left[次 / (10亿\,kWh \cdot 年) \right]$$

参考指标：系统事故率≤1次／（10亿 kWh·年）。

2. 用户主要设备损坏率的计算方法

$$设备损坏率 = \frac{年损坏台数}{用户主设备总台数} \left[台 / (百台 \cdot 年) \right]$$

参考指标：设备损坏率≤1台／（百台·年）。

3. 用户人身触电伤亡事故率的计算方法

$$触电死亡率 = \frac{用户触电死亡人数}{年售电量} \left[人 / (10亿\,kWh \cdot 年) \right]$$

参考指标：触电死亡率≤1人／（10亿 kWh·年）。

（三）管理措施考核指标

1. 用户继电保护校验率的计算方法

$$校验率 = \frac{实校保护套数}{应校保护套数} \times 100\%$$

参考指标：校验率≥98％。

2. 用户电气设备预防性试验完成率的计算方法

$$完成率 = \frac{实试设备台数}{应试设备台数} \times 100\%$$

参考指标：完成率≥98％。

3. 用户档案建档率的计算方法

$$建档率 = \frac{已建档户数}{管理用户总数} \times 100\%$$

参考指标：建档率＝100％。

4. 用户不定期安全检查完成率的计算方法

$$定检完成率 = \frac{实际检查户次数}{应检查户次数} \times 100\%$$

参考指标：各营业区应有定期安全检查周期表，定期完成率≥95％。

5. 用户电工培训考核率的计算方法

$$考核率 = \frac{实际培训考核电工人数}{应参加培训考核电工人数} \times 100\%$$

参考指标：考核率≥95％。

以上各项指标的计算方法和考核参考指标目前尚无统一规定。各营业区根据本地区具体情况和上级要求可自行制订安全目标和考核办法。以上各项仅供参考，提出这些不成熟意见的目的，在于推动安全用电管理标准化的进程。

复 习 思 考 题

1. 安全用电管理组织措施有哪些?
2. 工作监护制度的内容是什么?
3. 工作票有哪些特点?
4. 安全用电管理技术措施有哪些内容?
5. 两票四制的内容是什么?
6. 怎样填写工作票?
7. 保证电气设备安全运行应建立哪些制度?
8. 设备管理有哪些内容?
9. 巡视电容器组的项目与要求有哪些?
10. 巡视检查电力电缆的项目与要求有哪些?
11. 巡视电容器组的项目与要求有哪些?
12. 检查安全用具和消防设备的项目与要求有哪些?
13. 用电事故常见类型有哪些?
14. 电气事故现场检查有哪些内容?
15. 事故调查中的安全措施有哪些?
16. 怎样分析用电事故?
17. 用电事故考核指标有哪些?

第四篇

电 业 营 业 管 理

第二十章 概　述

电能是现代社会大量广泛使用的一种必不可少的能源形态，是发展国民经济的重要物质基础，它在国民经济中发挥着极其重要的作用。

电能的生产、传输、分配和使用过程实质上是把原油、煤灰、天然气、水能、风能、太阳能、核燃料等自然界中以固有形态存在的一次能源转化为电能，这种二次能源通过传输、分配，再由各种用电装置按生产、生活的多种需要转化为机械能、热能、光能、电磁能、化学能等实用形态的能量加以利用的过程，即为发电、输电、变电、配电、用电的全部过程。

电力是具有独特的生产流通网络的一种特殊商品，其生产、传输、销售和使用几乎是在同一瞬间完成的。随着科学技术的不断发展，现代电力系统正在逐步实现高参数、大容量、大电网、自动化管理，供电范围日益扩大，用电户数日益增多，因此电力销售和用电管理显得越来越重要。

营业是经营业务的简称，电业营业管理是电力营销管理的主要部门之一，是电力营销管理工作中的重要管理环节，是供电企业生产经营的重要组成部分。它主要由业务扩充、日常营业、电费管理三部分组成。

第一节　营业管理特点

营业管理既是电能的销售环节，又是电力企业经营成果的综合体现，同时它也是供电企业与社会联系的窗口和纽带，它的工作好坏，不仅关系到电力企业的经营成果，而且也关系到电力企业的社会信誉，因此，营业工作人员除了必须认识其本职工作的重要意义和在企业管理全过程中的重要地位外，还必须掌握营业管理工作的特点，具有一定的业务素质，才能做好营业工作。

一、电能生产和销售的特殊性

1. 供用电双方"买卖"方式的固定性

用户向当地供电企业提出用电申请，经小理相应业务手续、装表接电后，供用电双方的"买卖"关系就以特定的方式予以固定，用户不能自由选择购电方式，供电企业也不能任意变更供电途径和供电方式。

2. 供电区域内市场的垄断性

在一个电网的覆盖区（供电范围）内，即在供电企业的法定经营区域内，只存在一个"卖方"，用户不可能从另一个"卖方"购得电能。

3. 电能使用的广泛性

由于电能易于传输、控制和转换，因此电能获得了其他商品不可比的广泛应用。目前，电能已成为社会发展、劳动生产和改善人们生活水平的技术与物质基础，电能应用的广度与深度正随着科学技术的发展不断扩展。

4. 电能隶属和所有权转换的含糊性与明确性

由于电能的产、供、销、用是在同一瞬间完成的，因此无法明确制定商品电能在某一时间内的产权隶属，不存在有形商品那样明显的所有权转换手续。通过长期实践的总结，形成了供用电双方以设备产权分界点作为电能所有权变更分界线的明确概念与规定。

5. 生产与使用的一致性

由于电能不能储存（目前还不能大量储存），电能的生产量决定于同一瞬间用户的需用量，用户的用电量也只能取决于电能的生产量，即供电与用电取决于发电；发电和供电也取决于用电。因此，电力生产和电力消费是不可分割的。

6. 商品电能价格的多样性

由于电能的产、供、销必须同时进行，电能消费者的消费行为直接并立即影响电能生产与供应的经济性和安全性。社会上各类电能用户用电的不平衡及对电能供应连续性的要求不同，造成电力企业必须以建立完善的、装有大量（含相当比例备用）的发供电设施的电力系统来保证。同时，不同时间、不同电能用户对电能生产、销售成本有不同的影响，因此必须采用不同的电价和计价方式加以解决。

7. 电能销售呈赊销性

由于无明显的所有权转换手续，且无法事先准确确定用户实用电量（售电量），因此只能在结算电费方式上采用定时段累计计算，即根据供电部门确定的核算周期或在双方商定的时间和产权分界点（计量点），按电能计量装置记录、抄算出的实际数量计收（交纳）电费。

由于电能在商品交换领域中与其他有形商品所不同的特殊性，因此对电业营业工作提出了特殊的要求。

二、营业管理工作特点

1. 政策性强

电能是一次能源转化成的二次能源，是能源的重要组成部分，是现代化生产不可缺少的能源，它直接影响到国民经济的发展，人民生活水平的提高。

在供电企业电能销售过程中，一定要贯彻好国家在各个时期有关的能源政策，使有限的电能得到充分合理的使用。营业管理人员应认真贯彻国民经济在不同时期所制定的电力分配政策和一系列合理用电的措施，如单位产品耗电定额和提高设备利用率、负荷率等。营业管理人员还应熟悉国家制定的电价政策，按照用户的用电性质确定电价，在用户用电后还应进行监督检查。因此，营业管理人员必须具备较高的政策水平，才能更好地贯彻党和国家对电力工业的方针政策。

2. 生产和经营的整体性

由于电能既不是半成品，又不能储存，因而不能像普通商品一样通过一般的商业渠道进入市场，任消费者任意选购。电能销售的方式只能以供电部门与消费者之间，以及各个消费者之间组成的电力网络，作为销售电能和购买电能的流通渠道。因此，电力网络既是完成生产电能过程的基本组成部分，又是电力生产的销售渠道。由于电能的生产与使用是同时完成的，这就决定了电力部门能否安全可靠地供给用户符合质量标准的电源，关系到部分甚至全部用户的生产和生活；用户用电设备的安全运行和用电是否经济合理，也关系到电力部门和其他用户的安全经济运行。因此，供用电双方必须树立整体观念，共同努力使电力生产和经营有机地结合起来，实现安全、经济、优质、高效地供用电。供电企业与用户之间的关系不仅仅是单纯的买卖关系，也是互相配合、互相监督的关系。

基于这个特点，营业管理工作人员在开展业务时，既要贯彻为用户服务的精神，给用户提供方便、及时的供电，以满足工农业生产和人民生活的需要，又要注意供电企业安全生产所必须的技术要求；既要考虑用户当前的用电需要，又要注意网络今后发展的需要；既要配合市政建设，又要注意电力网络的技术改造；既要满足用户的需要，又要考虑电网的供电可能性。

营业管理工作是一种多工序且紧密衔接的生产线方式的作业。从用户申请报装开始，经现场勘测、确定供电方案、供电方式、内外部工程设计施工、中间检查、竣工检查、签订供用电合同（协议）、装表接电、建账立卡，直到抄、核、收等管理全过程中，涉及多种工作岗位，任何一个环节失误，都将造成用户的利益损害和供电企业的损失。因此，营业管理人员必须具备整体观念，使电力工业的生产和经营有机地结合起来。这样，才能使广大用户获得安全可靠的电能，电力工业才能建成安全稳定的电网，从而做到安全、经济、优质、高效地供用电。

3. 技术和经营的统一性

供、用电双方是通过一个庞大的电力网络为流通渠道，实现电力商品的销售与购买的。供电企业和用户的关系，绝不是单纯的买卖关系，而是需供用电双方必须在技术领域上紧密配合，共同保证电网的安全、稳定、经济、合理运行后，才能实现保质保量的销售与购买的正常进行。

供电企业除本身要贯彻"安全第一"的方针，加强技术管理，加强发、供电设备的检修和运行管理，建立安全、稳定的电网外，还必须对用户提出严格的技术要求。例如，为了保证不间断供电，要求用户安装的电气设备必须满足国家规定的技术规范，安装工艺和质量必须达到国家颁布的规程标准，运行人员的操作技术必须达到一定水平并经考试合格等。为了保证供应质量合格的电能，除供电企业应积极改造电力设施、经济合理调度外，还要求用户必须安装补偿设施，使功率因数达到规定的标准等。总之，供电企业与用户之间既是买卖关系，又是在技术上相互帮助、紧密配合、实现技术与经营的统一。

4. 电力发展的先行性

电力工业发、供电设备的建设有一定的周期性，但电能的生产与需用的一致性客观上决定了电力工业的发展应当走在各行各业建设之前。电力工业的基本建设如何布局，容量规模如何确定，主要取决于广大用户用电发展的需要，与各行各业的发展规划密切相关。因此，营业管理人员应开展不定期的社会调查，了解和掌握第一手资料。对新建、扩建需要用电的单位或开发区，一方面要主动了解它们的发展状况，另一方面则应要求这些单位在开工或投产前必须向供电企业提供用电负荷资料和发展规划，为电力工业的发展提供可靠的依据。只有这样，电力工业才能做到电力先行。

5. 营业窗口的服务性

营业管理工作是一项服务性很强的工作，它与各行各业密不可分，是供电企业和用户之间的窗口和桥梁。

营业管理人员应充分认识到营业管理的服务性，树立全心全意为用户服务的思想和高度的责任心，向广大用户宣传电力工业的方针政策，解决和反映用户对电力部门的要求，解答用户的用电咨询，处理日常的用电业务工作等。营业管理人员的工作态度和工作质量，直接关系到电力部门的声誉。因此，营业管理工作人员应本着对供电企业和用户负责的态度，做好本职工作，更好地为用户服务。

第二节　营业管理在供电企业中的作用和地位

一、营业管理在供电企业中的作用

电业营业管理作为供电企业经营管理的一个部门，其主要职能作用表现在以下两个方面：

1. 营业管理是供电企业的销售环节

电能和其他工业产品一样都是商品。商品的销售一般包括两个方面：一方面向消费者供应质量合格的产品；另一方面从用户处取得合理的货币收入。

供电企业和其他工业企业的基本任务是一样的，都要为满足社会需要而生产物美价廉的产品，为社会服务，同时也要为社会取得较高的经济效益，为国家积累较多的资金。

为了实现上述目标，供电企业必须不断地发展业务，接受用户的用电申请，及时供给用户质量合格的电能；同时，还必须准确计量用户每月消耗的电量，及时核算和回收用户每月应付的电费，并上交给国家。这样供电企业的再生产才能不断进行，企业的经营成果才能以货币的形式体现出来。

顺利地完成销售电能和取得资金补偿的全部过程，是供电企业营业管理部门的基本职责。

2. 营业管理是供电企业经营成果的综合体现

供电企业的经营成果是通过营业管理这个销售环节体现出来的。根据电力生产和销售特点，营业管理部门除了完成电能销售任务外，还应通过下面工作综合体现经营成果：

（1）业扩报装工作。用户申请用电（即业扩报装）及营业部门受理用户的申请，必须根据部颁《供电营业规则》及有关规定，谨慎周密地办理业务扩充工作的各项手续。此项工作是否能够周密地完成，关系到供电企业的经营成果，稍有不慎，就有可能造成漏洞，给国家、用户和供电企业带来损失。

（2）电能计量工作。电能计量工作的重点是抓好变电所关口表的现场校验、大用户计量表的定期检验、中小动力用户和照明用户计量表计的轮换以及新用户装表、事故换表等工作。此项工作关系到供电企业是否能准确计量用户电量和合理收费以及销售后的资金回收。

（3）资金周转工作。企业的资金流动按照购买、生产、销售三个不同阶段顺序进行，周而复始，构成资金循环。只有顺利地完成销售，把资金全部收回，这一循环才告结束，并为下一循环提供必要的条件。供电企业的销售收入主要是电费收入，只有加强销售收入的管理，才能及时、准确、全部地收回和上交电费。所以，资金的周转速度不仅影响企业的简单再生产和扩大再生产，也直接影响到国家资金的积累。

（4）营业核算和统计工作。售电量准确无误，不仅能如实地反映用户每月的用电水平，而且与此相关的线路损失率和单位成本也能正确地计算出来。准确无误地核算电费，不仅关系到用户的产品成本，也关系到电价水平和国家的财政收入。

营业统计工作是定期统计和分析上级核定的售电量、电费收入、供电单位成本、线路损失及上交利润等各项指标完成情况。统计资料的分析可为有关部门提供信息，以便指挥生产，进行决策，为制订计划、检查计划提供依据，并能客观地反映经营情况，以利于提高经济效益。

二、营业管理在供电企业中的地位

电力工业生产的电能不能通过商店陈列出售，也不能进入仓库储存，只能用多少生产多少，即供、用电两者之间在每一瞬间都必须保持平衡。基于电能生产与消费紧密相连的特点，使得供电企业经营管理与其他工业企业有显著的不同。一是电业营业管理工作涉及到社会的各个方面，它工作的对象是整个社会，不仅具有广泛的社会性，而且是有很强的技术性和服务性；二是电能销售后，电能的价格和电费收取情况与国民经济状况和国民经济政策也有着密切的关系。所以，电能经营管理水平的高低不但影响着资金的回收和电力工业自身的发展，还直接影响着国家的财政收入和国民经济的发展速度。因此，电业营业管理工作是供电企业经营管理工作中非常重要的组成部分，具有举足轻重的地位。

第三节 营业管理任务

营业管理工作的主要任务是业务扩充、电费管理和日常营业处理。

一、办理报装接电，解决新增或增容用电

报装接电又称业务扩充（简称业扩），其主要任务是接受用户的用电申请，根据电网实际情况，办理供电与用电不断扩充的有关业务工作，以满足用户用电增长的需要。

由于电能易于输送、变换，既无形，又无味，如果使用不当，会危及人们的生命、财产的安全。为此，用户用电必须要申请，并严格按照供电企业的规定办理手续，不得私拉乱接。

业扩工作的内容一般包括以下几方面：

（1）受理用户的用电申请，审查有关资料。

（2）组织现场调查、勘查，进行分析，根据电网供电可能性与用户协商，确定供电方案。

（3）根据用户的用电申请，组织供电业扩工程的设计、施工，设计进行审定，确定电能计量方式。

（4）收取各项业务费用。

（5）对用户自建工程进行中间检查和竣工检查验收。

（6）签订供用电合同（协议）。

（7）装表、接电。

完成上述工作的全过程，统称为办理业扩报装。

业扩报装项目包括普通照明用户、低压动力用户和高压动力用户。高压动力用户的业扩项目是指供电电压在 10kV 及以上的用户。对于专线供电的用户和有保安电力的用户，输变电工程比较细致复杂，不仅涉及供电企业内部许多单位，而且还与市政规划、建设等单位密

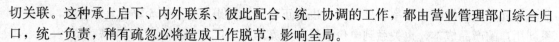

切关联。这种承上启下、内外联系、彼此配合、统一协调的工作，都由营业管理部门综合归口，统一负责，稍有疏忽必将造成工作脱节，影响全局。

二、抄、核、收电费管理

用户办理有关业务手续后，开始接电，电网就开始为用户供应电能，并尽可能满足用户的需要。用户使用电能，按商品交换原则，必须按国家规定的电价和实用电力、电量，定期向供电企业交纳足额的电费。

营业工作中的抄表、核算、收费管理（简称抄、核、收），就是根据国家规定的电价和用户用电类别，抄录、计算用户的实用电力和电量，定期向用户收取电费，其内容一般包括：

（1）定期、按时、准确地抄录、计算用户的实用电力（最大需量、容量）和实用电量（售电量）。

（2）正确严格地按照国家规定的电价和用户实用各类电量，准确地计算出应收电费，填发各类用户交费通知单。

（3）对售电量和应收电费进行审核。

（4）及时、全部、准确地回收和上交电费。

（5）对各行各业的用电量，应收、实收电费，平均电价及其构成等进行综合统计和分析。

电费管理是供电企业在电能销售环节和资金回笼、流通及周转中极为重要的一个程序，是供电企业生产经营成果的最终体现，也是供电企业进行简单再生产和扩大再生产，并为国家提供资金积累的保证。

三、处理日常营业工作

供电企业对于正式用户，在用电过程中办理的业务变更事项和服务以及管理工作，称为日常营业工作（即指报装接电工作之外的其他用电业务工作，有些地方又称其为乙种业务、杂项业务或用电登记）。

日常营业工作一般包括以下几方面：

（1）处理用户因自身原因造成的用电数量、性质、条件变更而需变更的用电事宜，如暂停、减容、过户、改变用电性质、改变用电类别、改变用电方式，以及修、核、换、移、拆、装表等。

（2）迁移用电地址，对临时用电、用电事故进行处理。

（3）接待用户来信来访，排解用户的用电纠纷，解答用户的咨询，向用户宣传、解释供电部门的有关方针政策。

（4）因供电企业本身管理需要而开展的业务，如生产、建卡、翻卡、换卡、定期核查、用电检查、营业普查、修改资料和协议等事宜。

（5）供电企业应用户要求提供劳务及费用计收。

复 习 思 考 题

1. 电能的生产、销售有哪些特点？

2. 营业管理工作有哪些特点？

3. 营业管理部门的作用是什么？
4. 营业管理的工作任务有哪些？
5. 为什么说营业管理可以综合体现供电企业的经营成果？
6. 营业管理工作在供电企业管理工作中的地位如何？

第二十一章 电力市场营销基本理论

第一节 电力市场基本概念

一、电力市场定义

电力市场是采用法律、经济等技术手段，本着公平竞争、自愿互利的原则，对电力系统中发电、输电、供电、用户等各成员组织协调运行的管理机制和执行系统的总和。更具体地说，电力市场是电价、电力系统运行、负荷管理、供用电合作、通信和计算机系统的总和。

电力市场是电力工业（包括运行与发展、内部与社会）管理与技术的综合体。电力市场的管理机制与传统的行政命令的机制不同，主要是采用经济的手段进行管理。电力市场还是体现这种管理机制的执行系统，包括贸易市场、计量系统、计算机系统、通信系统等。

二、电力市场基本特征

电力市场的基本特征是：开放性、竞争性、计划性、协调性。

与传统的垄断的电力系统相比，电力市场具有开放性和竞争性。由于电能产品单一，可以替代电能的产品极为有限，因此电力行业不像别的行业那样竞争激烈。在我国，电力行业主要是在内部引入竞争机制。目前，我国电力市场竞争处于第一阶段，主要是在发电侧引入竞争。随着电力体制的不断改革，电力市场还将在配电侧、零售侧引入竞争。为了在发电侧，以及今后在零售侧引入竞争机制，逐步建立完善电力市场，必须逐步开放输、配电网，并制定和实施统一的、透明的输电价格。

与普通商品相比，电力市场具有计划性和协调性。电力系统中的发、供、用是相互紧密联系的，所以要求电力市场中的电力生产、电力供应、电力使用、电力交换具有计划性。由于电力的不可储存性，要求电力系统的发电、输电、配电、用电时时刻刻保持平衡，因此电力市场具有统一协调性，要求电力市场中供应者之间、供应者与用户之间相互协调。

三、建立电力市场的原则

由于我国各省及省以下的电力行业条件、外部社会经济条件有差异，因此建立电力市场的步伐会有所不同，为了使电力工业改革能协调一致，应确定建立电力市场的原则，这些原则是：

（1）分段性原则。首先建立省级电力市场。当大区内各省都按电力市场经济模式运作后，合并成区域电力市场。当有足够的区域性电力市场运作后，就可以形成全国统一的电力市场。

（2）竞争性原则。建立电力市场，要引入竞争机制，决定竞争方式。竞争的原则应由中央政府来定，并纳入电力管制框架中。我国电力市场竞争的第一阶段是在发电侧引入竞争，而最终目标是零售竞争。

（3）重组性原则。电力工业改革促使传统的发电、输电、配电垂直一体化垄断经营的电力企业重组。在我国，首先是实现网厂分开，然后实现输电和配电的分离，最后将售电业务从配电中分离出去。

（4）电网开放的原则。输配电网本身由于规模效益的要求，而不能采取重复建设的方式引入竞争机制。输配电网具有天然的垄断性，它既是电力生产的重要组成部分，又是电能销售的流通渠道。在发电侧和零售侧引入竞争机制后，应逐步开放输配电网。

（5）吸引投资的原则。所设计的电力市场应有利于吸引电力投资，包括电源投资和电网投资。

（6）合理定价的原则。电力市场中电能价格的制定应遵循《中华人民共和国电力法》中的定价原则，合理定价。

第二节 我国电力市场形式与市场细分

一、我国电力市场形式

我国电力行业可分为国家、大区、省、地区及县五个层次。因此，我国电力市场的形式应为五级市场，即：国家级电力市场、网级电力市场、省级电力市场、地区级电力市场和县级电力市场。

我国是在现行调度体制的基础上有计划地建立和发展电力市场，因此我国电力市场的结构是一种层次结构，开始是树枝状的，如图21-1所示，将来层次之间会出现交叉。

各级电力市场的主要任务是：

1. 国家级电力市场

（1）负责全国电力市场研究与监督。例如，制定法规、仲裁纠纷等。

（2）负责国家级电力市场操作。例如，负责三峡等超大型跨网电厂和网间的能量调度。

国家级电力市场操作的主要内容包括以下几方面：

1）各网级负荷预测；

2）各大水系水文预报；

3）全国燃料平衡计划与监视；

4）各大水库调度与监视；

5）各网级电价预报；

6）各网级电力交易计划与监视；

7）各网级交易结算。

2. 网级电力市场

（1）监督各省级电力市场。

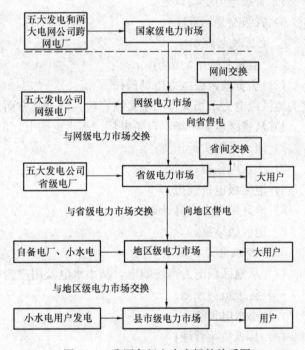

图 21-1 我国各级电力市场的关系图

（2）负责网级电力市场操作。

网级电力市场操作的主要内容包括以下几方面：

1）网间交换（售电、购电）、网级电厂购电、向各省售电、省间交换（售电、购电）；

2）网、省级负荷预测；

3）网级发电计划（包括水电计划、检修计划、备用计划）；

4）网级电价预报（包括售电价、购电价、转运电价）；

5）网、省级电力交易计划；

6）网级交易结算。

3.省级电力市场

（1）监督地区级电力市场。

（2）负责省级电力市场操作。

省级电力市场操作的主要内容包括以下几方面：

1）从网级电力市场购电、省间交换（售电、购电）、省级电厂购电、向地区售电；

2）省、地级负荷预测；

3）省级发电计划（包括水电计划、检修计划、备用计划）；

4）省级电价预报（售电价、购电价、转运电价）；

5）省级电力交易计划；

6）省级交易结算。

4.地区级电力市场

（1）监督县级电力市场。

（2）负责地区级电力市场操作。

地区级电力市场操作的主要内容包括以下几方面：

1）从省级电力市场、自备电厂、小水电购电，向县级电力市场、大用户售电；

2）地、县级负荷预测；

3）小水电预报；

4）地区级电价预报；

5）地区级电力交易计划；

6）地区级结算。

5.县市级电力市场

（1）从地区级电力市场购电，从小水电及用户购电，向用户售电；

（2）县级负荷预测；

（3）小水电预测；

（4）县级负荷管理；

（5）县级电价预报（发布到用户）；

（6）县级电力交易计划；

（7）县级结算。

以上这种树状结构的市场，受限于技术和设备条件，售、购电对象之间相互选择的范围很窄，容易出现售、购电方垄断的现象。随着技术的进步（灵活输电），售、购电双方会有更大的选择余地，电力市场将越来越开放。

二、电力市场细分

电力市场细分，是电力企业根据市场中用户的不同需要特性，根据用户对产品的购买欲望与需求不同，将一个整体市场划分为若干个相似的用户群体，划分后的每一个用户体即是一个细分市场。

从对电能质量的要求看，大工业用户，特别是钢铁企业对电能的频率、电压合格率和供电可靠性等有较高的要求，而一般的居民用户则要求低一些，这就会造成不同的服务成本。从对电价的敏感程度来看，不同用户用电需求的价格弹性不同，一些大工业用户用电需求的价格弹性大，电价过高时，他们就会建立自己的自备电厂，或采用直燃空调替代电能式集中空调。从购买能力看，一些用户出于资金紧张的原因，可能会要求电力企业能够提供商业信用，用户能够先用电，后付款。这些用户对电力企业的不同要求，为电力企业细分市场，选择目标市场提供了依据。

1. 电力市场的构成

电力市场以发电商、配电商、终端用户、市场和系统操作者为主体，通过电网这个市场载体而构成。电力市场可分为电力批发市场和电力零售市场，实行市场交易和金融合约交易。电力市场的构成，如图21-2所示。

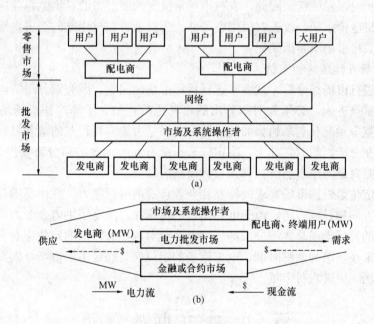

图 21-2　电力市场构成图
(a) 市场构成图；(b) 电力批发市场图

在图21-2中，发电商把发出的电力卖给电力市场，电力市场再把电力批发给配电商（通过市场及系统操作者来运作）。终端的大用户可通过合约的形式从电力市场的发电商手中直接购电，而不必通过配电商。配电商从电力市场购得电力，再将其卖给大小终端用户，构成了零售市场。在零售市场中，大的用户可以自行选择配电商。

2. 电力市场细分

根据目前的市场情况，电力市场可细分为以下几方面：

（1）城市工业市场。城市工业市场的特点是用电量大，用电水平呈增长趋势，但用电水平不会出现跳跃式增长的现象。对城市工业市场应充分利用价格因素，对一些价格弹性敏感的用户进行促销，鼓励电解铝、电解铜、电石、铁合金等高耗能产业用电。

（2）城市商业市场。城市商业市场的特点是用电水平不断增长，由于城市居民的生活水平不断提高，消费的观念不断更新，消费水平不断上涨，使得城市商业市场的前景甚佳。对城市商业市场应以服务带促销，推广制冷制热新技术，抓好电梯用电。

（3）城市居民市场。中国是一个人口众多的国家，每年都会有巨大数目的新家庭产生，家庭用电是一个强劲的消费阶层。目前，居民电炊具、电空调、电取暖器、电热水器等大功率电器在大城市已普及，中小城市是电力市场开拓的重点。城市居民市场的特点是电气化程度高，而且增长潜力较大。供电企业应配合家用电器部门促进电器销售。配合环保部门、城市规划部门、房地产开发商将热水供应引入家庭。

（4）公用事业市场。该市场特点是普遍水平较低，有待于进一步开发。供电企业应配合政府美化城市的行动，增加机场、车站、广场等公共场所使用现代化的灯光系统以及增加公路两侧的照明设施，积极参与城市建设的"光亮工程"。

（5）农村市场。我国是一个农业大国，农村的地域广阔，人口众多。但农村供用电市场的底子薄、起步晚、发展慢。因此，农村市场是极有发展潜力的。供电企业应加大农网改造投资，降低农村电价水平，改善农民用电条件，积极创造农村用电的需求，推动农村居民家庭电气化，使农村市场不断得到完善。

3. 电力市场目标选择和定位

供电企业进行市场细分后，就面临选择目标市场的问题。因为细分后的电力市场并不都值得供电企业重点进入，必须先对细分出的市场进行评估，了解这些市场是否存在潜在需求，市场上的竞争状况和竞争趋势如何，这一市场是否能实现长期的盈利目标，企业本身的实力如何等。在分析判断的基础上，决定、选择最有利于企业的细分市场作为征服的对象。这些被选为征服对象的小市场群，称为目标市场。

电力市场定位是根据市场需求的特性和企业自身的经营能力，在市场细分的基础上，确定企业的服务方向和目标市场。由于电力销售的特殊性，决定了供电企业的服务方向是全社会，供电企业的目标市场是各细分市场。供电企业对各细分市场的定位应有不同的重点和策略。在当前国家经济结构调整时期，电力市场的定位应是稳定工业市场，大力发展城乡居民生活和商业市场，促进农村市场。

第三节 电力市场营销

一、电力市场营销含义

电力市场营销是指供电企业在不断变化的市场环境中，以用户需求为中心，通过供用关系，使用户得到可靠的、安全的、合格的电力商品和周到的、满意的服务，供电企业同时获得合法的、长远的、最大的利润为目的的综合活动。

电力营销的内容十分广泛，它是通过供电企业所处的政治、经济、法律、科技等宏观生存环境，通过对电力生产者、供应者、消费者的分析，通过对电力市场的调查和预测，发现供电企业新的市场机遇、新的增长点或面临的威胁，根据企业具备的条件，选择制订能培育、创造、开发电力市场，刺激电力消费的方针和措施，从而确定企业的产品、价格、分销、促销策略，以实现企业的经营效益最大化的目标。

企业最直接的目的是面向用户销售产品，因此营销是企业的灵魂。凡是以消费需求为中心所开展的活动以及有利于使产品及时销售出去的活动，都被看作是营销活动。

二、电力市场营销观念

电力市场营销观念应符合当代社会经济发展，既要注重投入，又要注重产出；既要注重生产，又要注重销售；既要注重建设速度，又要注重供电质量；既要注重电能分配，又要注重电能促销；既要注重电费回收，又要注重售后服务。因此，电力市场营销观念除了应保持传统的生产观念、产品观念、推销观念外，还应增加市场营销、社会营销新观念。

（1）电力市场营销的生产观念即抓电能的生产产量，在电力供不应求的时候，抓产量和有计划的分配问题尤为突出。

（2）电力市场营销的产品观念即抓电能的质量，只有提高产品的质量，才能产生良好的市场反应。

（3）电力市场营销的推销观念即抓电能的产品推销，并采取适当的促销手段，使消费者对电能产品有所了解、发生兴趣，从而赢得用户。

（4）电力市场营销的市场营销观念即供电企业的一切行为都要以市场需求为出发点，以满足市场的需求为归宿。对于供电企业，应改变传统的观念，走出去，以"电力促销员"的姿态走入市场，通过优质服务去赢得用户。

（5）电力市场营销的社会营销观念即是对市场营销观念的补充和修正。供电企业不仅要满足消费者目前的欲望和需求，而且要主动关心社会利益和消费者的长远利益。社会营销观念强调把企业利润、用户需要、社会利益三方面统一起来。对于供电企业来说，就是要推行绿色营销，注重保护环境和生态，防止资源浪费和环境污染，做到能源、经济与环境协调发展。

三、电力市场营销策略

电力市场营销的主要目的是刺激和满足用户的需要，为了满足用户的需要、刺激用户的消费，必须采取相应的措施，制订电力市场营销策略。

电力市场营销策略包括产品策略、价格策略、分销策略和促销策略四种，这四种策略组合成电力市场营销的策略总体。电力市场营销策略是电力企业参与市场竞争的基本手段，供电企业经营的成败，在很大程度上取决于组合策略的选择和它们的综合运用效果。

1. 产品策略

产品策略是电力市场营销策略的基础。企业能否成功，在很大程度上取决于所制订的产品策略是否合适。产品的整体包括核心产品、有形产品和附加产品三个层次。

（1）电力企业的核心产品是指电能的基本功能、效用。用户购买一种产品，不是为了获得产品本身，而是为了满足某些需求和欲望。电力企业要善于发现用户对电能产品的真正需要，并把电能产品的实际效用和利益准确地提供给用户。

（2）电力企业的有形产品是电能产品的实体和服务的形象，具体地说是指电压、频率以及频率合格率、电压合格率和供电可靠性。

（3）电力企业的附加产品，是指用户购买电能产品时，得到的附加利益和服务，包括维修服务、咨询服务和安装服务等。

2. 价格策略

电力价格是电力市场营销的重要组成部分，是实现企业经营目标的一种手段。电力价格属于国家定价的范畴（我国有十三种产品的价格属于国家定价），供电企业应了解市场需求状况、市场结构与竞争状况、社会经济形式、市场范围、电能成本等影响电价的因素，加强电价管理，降低电网的购电成本，完善电价形成机制，使电价既能不背离电能的价值，又能反映市场的变化。

3. 分销策略

分销策略是电能产品从生产领域向消费领域转移时所经过的路线、环节、方式、机构等的总称。电能分销策略主要包括分销渠道的选择和管理。供电企业的分销渠道采用直接式分销和间接式分销两种，并形成相应的两种策略：①直接式分销策略，是供电企业直接把电能供应给用户的策略；②间接式分销策略，是供电企业利用中间商把电能专卖给用户的策略。

直接式分销策略可及时地将电能产品投入市场，减少电能损耗，企业可获得最大利润，同时有助于加强售前、售后的服务，因此供电企业的分销策略应尽可能地采取直接式分销策略。

4. 促销策略

电能促销策略是指供电企业为了激发用户的购买欲望，扩大电能产品的销售而进行的一系列联系、报导和说服等工作。目前，垄断经营也受到了冲击，竞争也进入了供电企业，在这种严峻的形式下，供电企业应高度重视电力促销工作，在促销活动中，供电企业应根据电能产品的性质和特点、市场的特征、企业的能力和各种促销方式的特点，把人员促销、宣传广告、营业推广和公共关系有机地结合起来，形成整体的促销组合，使供电企业达到既定的目标。

复 习 思 考 题

1. 什么叫做电力市场？电力市场具有哪些基本特征？
2. 建立电力市场的基本原则有哪些？
3. 我国电力市场有哪几种形式？
4. 什么叫做细分市场？电力市场可细分成哪几种市场？
5. 什么叫做电力市场营销？
6. 电力市场营销观念有哪几种？
7. 电力市场营销策略有哪几种？
8. 什么是电力市场营销的分销策略？什么是电力市场营销的促销策略？

第二十二章 电 价

第一节 电价基本概念

价格是商品价值的货币表现。商品价值是通过交换价值来表现的。交换价值是商品之间在价值相等的基础上，相互交换使用价值的比例。这种比例用货币表现，就是商品价格。

价值是体现物化在商品中的社会劳动，价值量的大小决定于消耗的社会必要劳动时间的多少。马克思对社会必要劳动时间的解释为："社会必要劳动时间是在现有的社会正常生产条件下，在社会平均的熟练程度和劳动强度下制造某种使用价值所需要的劳动时间"。这样价值规律就是社会必要劳动时间决定商品价值的规律。

一、价值规律内容和要求

有关价值规律的内容和要求可概括为以下三方面：

(1) 商品的价值量决定于生产商品所消耗的社会必要劳动时间。

(2) 商品交换以价值量为基础进行等价交换。

(3) 社会生产某种商品投入的总劳动量要和社会需求量相一致。

以上三方面是相互联系的，第一条是讲商品价值的确定原则，第二条是讲商品价值的实现途径和原则，第三条是讲商品价值的实现条件或数量界限，即供求关系问题。

二、商品价格

制定商品的价格要以价值为基础，即要使价格最大限度地接近价值，也就是接近社会必要劳动消耗。决定商品价值的社会必要劳动包括两个部分，一部分是社会必要的活劳动消耗，另一部分是物劳动消耗。

活劳动消耗的价值是指新创造的价值，其中一部分是劳动者为自己的生存所创造的价值，或称工资支出，以 V 代表；另一部分是劳动者为社会的发展所创造的价值，或称盈利，以 M 代表。物劳动消耗的价值是指已消耗的生产资料价值，叫做转移价值或物质消耗支出，以 C 代表。

无论是从价值的角度，还是从价值的货币表现的角度，价格（以 P 代表）形成的基本模式为

$$P = C + V + M \tag{22-1}$$

如果把物质消耗支出和劳动报酬（工资）支出从商品价值的形态中划分出来，作为一个特殊的经济范畴，那么这个特殊的经济范畴，就叫做成本，即成本为 $C+V$。因此，商品价格的模式为

$$P = C + V + M$$
$$= 商品成本 + 盈利（包括利润和税金）$$

三、电价基本模式

电价是电能价值的货币表现，是电力这个特殊商品在电力企业参加市场活动，进行贸易结算中的货币表现形式，是电力商品价格的总称。它由电能成本、税金和利润构成。因此，

电价的基本模式同其他商品价格模式一样，即

$$P = C + V + M = 电能成本 + 盈利（包括利润和税金）$$

四、电价种类

电价按照不同的划分方式可分为不同的种类。按照生产和流通环节划分，可分为上网电价、互供电价、销售电价。按照销售方式划分，可分为直供电价、趸售电价。按照用电类别划分，可分为照明电价、商业电价、非工业电价、普通工业电价等。

第二节 电 能 成 本

一、电能成本概念

前面已经谈到，商品价值的货币表现——价格，主要包括三部分，即：①物质消耗支出 C（转移价值的货币表现）；②劳动报酬支出 V（为自己的劳动创造价值的货币表现）；③盈利 M（为社会的劳动创造价值的货币表现）。在经济学中，把转移价值和劳动者为自己的劳动创造的价值的货币形态，即物质消耗支出和劳动报酬支出，从商品价值的货币形态中划分出来，作为一个特殊的经济范畴，叫做成本。也就是说，社会主义产品成本的经济实质，即理论成本，指的是商品价值中补偿部分（$C+V$）的货币表现，包括物化劳动转移价值和劳动者为自己的劳动创造价值的货币表现。

理论成本是测算理论价格的客观依据。它的经济含义：一方面是指成本是产品价格的组成部分，是 $C+V$ 的等价物；另一方面又说明成本是劳动消耗的价格表现，反映了生产过程中的劳动消耗，还反映了再生产过程的价值补偿尺度。理论成本比较正确地反映了产品的物质与劳动直接消耗的共同性质和经济内容，但它不包括生产经营中的一切偶然因素和异常情况的消耗。

二、电能成本构成、分类与特点

1. 电能成本、价值、价格之间的关系

电能成本主要由两部分组成：一部分是以货币表现的物化劳动的转移价值，包括机器、厂房等劳动资料消耗支出（如固定资产折旧）和燃料、材料等劳动对象消耗支出（如燃料费）；另一部分是以工资形式表现的电业职工为自己的劳动创造的价值。电能成本与电能价值、价格的关系，如图 22-1 所示。

2. 电能成本的构成

企业在一定时期内，生产过程发生的用货币额表现的各种生产耗费的总和，叫生产费用。也就是本期生产过程中发生的所有物化劳动和活劳动消耗的货币表现。而产品成本是指一定种类和数量的产品所应负担的各项生产费用的总和。它不仅包括本期发生的生产费用，而且还包括过去已经发生而应摊配于本期产品负担的待摊费用等。

生产费用按照经济用途分类，一般叫成本项目。电能成本一般分为九个项目，具体内容如下：

（1）燃料费。指火力发电厂生产电能所耗用的各种燃料费用。

（2）水费。指水电厂、蓄能电站生产电能用的外购水费，不包括非生产用水的水费。

（3）购入电力费。指从外单位购入的有功电量所支付的电费，包括向地方小水电、小火电、自备电厂等单位购入电量的电费和电网内部互相供电的购电费。但网内互相供电的购电

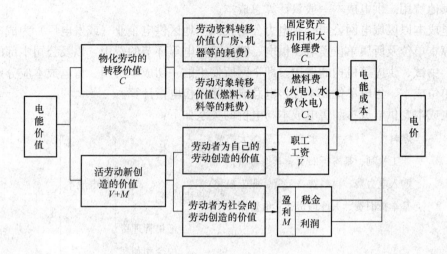

图 22-1 电能价值、成本、价格的关系图

费在电网汇总结算时应予以冲消，以免重复计算。

（4）材料费。指电力企业为生产（包括运行、维修、事故处理）而耗用的各种材料、备品和低值易耗品等费用。

（5）基本折旧费。指按照企业应计的固定资产总值和国家核定的分类比例（折旧率），从成本中提取的固定资产折旧基金。

（6）大修理费。指按照上项应计的固定资产总值和规定的比例（提存率），从成本中提取的大修理基金。目前规定的比例为 1.4%。

（7）工资。指生产和管理部门的职工（含学徒工、临时工等）的工资，计入工资总额的奖金和工资津贴等。

（8）职工福利费。指按规定工资总额（扣除奖金和副食品津贴）的一定比例从成本中提取的职工福利基金，目前规定的比例为 11%。

（9）其他费用。指不属于以上各项，而应计入成本的费用。一般包括办公费、水电费、差旅费、修缮费、取暖费、工会经费、职教经费及利息等支出。

以上九项目构成了电能成本。

3. 电能成本的分类

（1）从成本的层次分类。从成本的层次上看，成本包括总成本和单位成本。总成本是指企业生产全部产品的生产费用总和；单位成本是指企业生产单位产品的生产费用总和。单位成本等于总成本除以总产量。

（2）从成本的发生环节对成本分类。从成本发生的生产环节来看，电能成本可分为发电成本、供电成本和售电成本。

发电成本以发电厂为成本核算单位，核算本单位发电所发生的一切费用，主要包括燃料费、材料费、水费、工资、职工福利、基本折旧费、大修理费和其他费用等。发电成本应分别计算出总成本和单位成本。发电单位成本按发电总成本除以厂供电量计算。

供电成本以供电企业为成本核算单位，核算本单位输电、变电、配电、购电和售电过程中所发生的一切费用，主要包括购入电力费、材料、工资、职工福利费、基本折旧费、大修理费和其他费用。供电成本一般只计算总成本。

售电成本以区域电网公司、省电力公司或孤立地区供电企业（或发电厂）为成本核算单位，核算本单位及所属单位发电、供电、购电、售电等环节的费用，以及公司本部的管理费和中调、中试、供应等机构的费用，即全网所发生的一切成本费用。售电成本应分别计算总成本和单位成本。售电单位成本按售电总成本除以售电量计算。

发电成本、供电成本和售电成本与电价的关系如下：

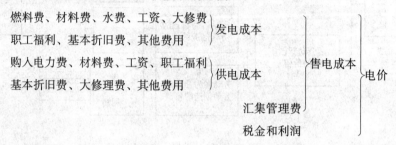

（3）从成本与产量的关系对成本分类。从成本与产量的关系看，电能成本可分为固定成本和变动成本。

固定成本是指在一定范围内其总额不受产量变动影响的成本，即与电力企业设备容量有关，而与电力生产量大小无关的费用，如设备折旧费、大修理费、材料费、工资、职工福利、管理及其他费用等。

变动成本是指其总额随产量变动而相应变动的成本，即与电力企业生产量大小有关而与电力企业设备容量无关的费用，如燃料费、水费、购入电力费等。

4. 电能成本的特点

电能成本的特点，是由电力工业生产的特点所决定的，主要有以下特点：

（1）电力工业的生产经营活动一般可分为发电、供电和售电三个环节。因此，反映电能成本的类别有发电成本、供电成本和售电成本。

（2）由于电力工业生产是二次能源的生产，即实现一次能源的转换。因此，在电能成本中，燃料费占有很大比重。所以，电能成本的高低与燃料价格水平密切相关。

（3）电力工业是技术和资金密集型企业，它的有机构成高。因此，电能成本中固定资产的折旧和修理费占有较大的比重。

（4）由于电力工业产、供、销是同时完成的，电能不能大量储存，也不能形成半成品。因此，在成本计算时不存在中间成本。由于热电厂除生产电能之外还要供热，因此在成本计算上还存在着电热产品成本的分摊问题。

第三节　制定电价基本原则及要求

电价对电力商品的生产、供应、使用各方面都具有不同的作用。对电力企业，特别是供电企业，电价是获取资金以维持简单再生产和扩大再生产的手段。电价水平的高低在很大程度上影响着电力事业的发展程度，从而影响着国民经济的发展。因此，电价是电网的生命线。对于电力使用者，电价则意味着他们使用电力时的支付负担或取得电力使用价值时所付出的代价，电价的高低决定着负担程度的大小。当电价太高时，会形成不合理的国民收入再分配，必将影响到国民经济的协调发展。因此，合理地制定电价，能够促进电力工业的健康发展，调节好电力供需关系，提高电力企业及社会的经济效益，调动各方面办电的积极性。

《电力法》中规定"制定电价，应当合理补偿成本，合理确定收益，依法计入税金，坚持公平负担，促进电力建设"，即明确了电价制定的基本原则。

一、制定电价基本原则

1. 合理补偿成本的原则

合理补偿成本是指电价必须能补偿电力生产全过程和流通全过程的成本费用支出（包括发电成本、输电成本、配电成本和售电成本），但要排除非正常费用计入定价成本，以保证电力企业的正常运营。

2. 合理确定收益的原则

电力工业具有公益性事业的性质。一方面社会对电力需求日益增长，电力工业须不断发展，才能满足日益增长的用电需要，而电力工业是资金密集型企业，需要大量资金建设，而资金必须通过电费收入以及吸引社会资金和国外资金来获得。电力企业的维持和发展离不开资金投入，在市场经济条件下，投资活动的主要目的是追求利润。另一方面，为了维持电力企业的正常运转而保持企业一定的自我发展能力，电力企业应获得一定的收益。另外，为了吸引外部资金，应让投资者获得合理的收益。因此，电价应保证电力企业及投资者应得的利益，如果电价过低，会使电力企业失去发展的能力，损害电力投资者的利益。电力供应企业经营的特点是具有垄断性，由于垄断地位取得超额利润，使电价中利润超出合理标准，则会损害电力使用者的利益。因此，电价中的盈利水平应合理确定。

3. 依法计入税金的原则

电力企业不是所有税金都可计入电价，而是那些属于中国法律允许纳入电价的税种、税款才能计入电价。根据国家税法规定，税金分为商品价格的价内税和价外税。价内税是直接构成商品价格的税种，价外税属于价外加收部分的税种，不能纳入电价之内。合理回收税金，可确保国家财政收入，保证国家机器的正常运转。

4. 坚持公平负担的原则

公平负担的原则是世界许多国家制定电价的惯例。公平负担是指在制定电价时，要从电力公用性和发、供、用电的特殊性出发，使电力使用者价格负担公平。电价结构的安排要根据电力生产和商品特点，区别用电特性，实行消费者对电费负担与其用电特性相适应。另外，根据电价政策，实行分类电价，在计算综合成本的基础上，把电力成本公平合理地分摊到各用户类别，保证不同类别用户间电价公平合理。

5. 促进电力建设的原则

促进电力建设的原则是制定电价的基本出发点。应通过科学、合理地制定电价，促使电力资源优化分配，保证电力企业正常生产，并具有一定的自我发展能力，推动电力事业走上良性循环发展的道路。

二、制定电价基本要求

1. 制定电价必须以电能的价值为基础，必须满足电力企业的财政需要

制定电价要按照价值规律的要求，以电能的价值为基础，使电价在客观上能够体现电能商品的价值。

由于我国过去长期忽视价值规律的作用和其他历史原因，使我国电价体系存在着相当混

乱的现象，电价严重背离价值，且不能反映电能供求关系。近年来，国家在经济体制改革中，陆续提高了原材料、燃料、水、铁路运输、发供电设施的价格，使得电力售电成本逐年上升，虽然也适当调整了电价，但电价水平仍然偏低。因此，必须以电能价值为基础制定电价，不仅要补偿生产电能时已支出的物质消耗和劳动报酬，而且要获得一定的盈利。

电力工业生产的主要产品是电能，电力企业的主要收入是电费收入。为满足国民经济各部门和人民生活日益增长的电能需求，电力工业必须不断发展，而电力建设又需要庞大的投资。因此，电力企业的收入不仅要保证简单再生产的资金需要，还要满足扩大再生产的资金需要，因此在制定电价时应考虑合适的资金盈利率，以保证电力企业有一定的资金积累水平，具有自我改造和自我发展的能力。

长期以来，我国根据国家经济需要和一些客观情况，对某些急需工业产品的生产和某些农村电价实行优惠电价，曾经对这些企业起到了促进生产的积极作用。但是，如果长期无限制地实行电价补贴，既不利于正确考核和评价电力企业的经营成果，又不利于经济合理地使用能源，同时还会对电力企业的经营管理和经济效益产生不利的影响，也不符合价值规律的要求。因此，各种优待电价应逐步取消。

目前，在商品交换中，由于各种因素的影响，使商品的价格随着价值的变动而发生变动。当前，燃料、原材料价格的变动较为频繁。因此，电价应考虑在稳定电价的基础上采取浮动调整的措施，做到及时、准确、合理。浮动调整电价的办法在世界各国普遍采用，一般是根据燃料价格在一定时期内变动的幅度来确定电价调整的幅度。

制定电价以价值为基础是价值规律的客观要求，必须满足电力发展资金的需要，必须制定各种差价，以等量价值进行交换。在一定时间内，还必须考虑价格背离价值的方向和幅度。

2. 制定电价应有利于贯彻国家的能源方针

我国的能源方针是开发与节约并重。由于我国目前能源紧缺，因此应把节约能源放在首位。

在能源的总消耗中，电力工业的燃料消耗量占首位。电力企业是把一次能源转换成二次能源的工业，在转换过程中能源利用率约为1/3左右。从合理节约能源的角度出发，在价格上，煤、油、电三者必须保持合理的比例，如比例失调，就会因电价低、效率高、使用方便，使本来可以使用煤炉、油炉的都改用电炉，造成能源的浪费。如农业生产把油机改为电机，造成输、变、配电损失加大，浪费严重。因此，在制定电价水平和各类电价比例关系时，要考虑合理使用价值规律对耗用能源的制约作用，促使用户合理节约用电。

3. 制定电价应适应国家在不同时期的方针政策

国家在不同时期对国民经济实施的方针政策，除用行政手段外，还可充分发挥经济杠杆对不同行业进行扶植或制约的调节功能。经济杠杆一般包括价格杠杆、税收杠杆和信贷杠杆，而价格杠杆较为重要。例如，我国为加快农业电气化的步伐，对农业生产用电实行优待电价；为了扶植某些急需产品，对某些工业产品用电实行优待电价。又如，为了搞好电力平衡、实行电力统配政策、节约电能，国家对一些大电力用户实行了电量分配办法，并要求用户按照国家统一规定的单位产品耗电量指标用电，超过规定的，对其超过的用电量部分，不但要取消优待电价还要加倍计收；为了提高电力系统负荷率，缓和电源紧张局面，挖掘电力企业发电、供电设备潜力，国家在近几年实行了峰谷和丰枯电价制度，为国家对电力供应政策的顺利实施提供了便利条件。所以，在拟定电价水平或调整电价时，应在国家计划的统一安排下，充分考虑国家不同时期的方针政策，发挥价格杠杆的调节作用，使电价对各行各业的用电能够起到促进和制约的作用。

4. 制定电价应使用户公平合理负担电力成本

在制定电价时，既要考虑为国家积累资金，满足财政需要，又要实事求是，讲究公平合理。应根据各类用户不同的用电性质，不同的用电负荷率，占用电力系统最大负荷的比例等差异，把电力企业各项费用，按公平合理分担电力成本的原则，尽可能如实地分配给各类用户。例如，有些用户用电可调性较大，可以享受季节性电价、高峰低谷分时电价等不同程度的优待；有的用户用电弹性较小，在用电时间上无伸缩余地，对电价的适应能力很低，如市民生活照明、电车、电视台、广播等公用事业用电，只能在电力系统高峰负荷时间内使用，其时间集中而短，其变动取决于人们的生活和工作习惯，对这样的用户，不能因为负荷率低，占用电力企业固定费用多而过高地提高电价水平，尤其是人民生活照明用电，必须合理定价，一般不实行两部制电价。当然，对一些人民生活设施用电，如预热器、采暖用电、空调用电等可适当地采取不同的计费方法，促使它们避开电网高峰用电。

总之，制定的电价，既要为国家积累资金，又要实事求是，达到公平合理。电价结构、电价分类以及差价比例等都要合理，以便满足各类电能用户合理地分担供电成本的要求。

5. 便于计量和抄表、收费

电价制度的执行，须有相应的计量装置配合，为了精确地计算电费，电能计量装置也相应增多。对于实行高峰、低谷电价计费的用户应安装分时计量装置；对用电容量较大的工业用户还应安装最大需量表；对于转供的用电单位还应在其输出部位装置有功电能表和无功电能表；对一般高压供电，低压侧计量的工业用户，不但应安装有功电能表和无功电能表，还应安装生活照明用电的电能表。在实际工作中，由于用户内线布局及生产流程等原因，一时难以分别架设内部电力线路或分别安装电能表，在计算电费时，只好按定比或定量的方法估算，不但给抄表核算带来困难，有时还为用户违章用电提供了方便。因此，在制定电价分类或拟定电价政策时，既要考虑电力工业产品的特点，又要适当注意实际需要，尽可能简单易行，便于抄表、收费和计量。

第四节 制定电价依据与步骤

一、制定电价依据

电能成本是制定电价的依据，电能成本反映了电力企业再生产过程的价值补偿尺度，制定电价时必须以电能成本为最低界限，这是保证电力企业再生产正常进行的必要条件，反映了商品经济发展的客观要求。

二、制定电价步骤

（一）准备工作

制定电价时首先要做好准备工作，包括收集各类用户用电量和负荷资料，研究电价政策，研究国家有关价格、税率和利润率的规定，研究有关电价的其他资料。

（1）售电量统计分析。现行电价是按照用电性质的不同而有所不同的，对各种不同类别的用户因其电压等级不同，电价也有差异。因此，用户用电结构的变化直接影响着电价水平。为了保证电力企业简单再生产和扩大再生产的需要，并保持资金利润率水平稳定，应当对不同类别用户的历年用电情况作具体的分析和比较，得出基本的概念和认识，以便为今后拟订合理的电价水平提供依据。

在分析比较各种不同行业历年的用电量时，一般以国民经济恢复时期或以解放初期的数字为基数，以一个五年为一单元，在每个单元之间进行比较和分析；或将历年各类别的统计数字逐项、逐年地进行比较分析。对各种不同用电类别的用电量进行比较分析，可以看出用户用电量总的发展趋势，以及各种行业用电量所占比重的变化，为预计将来电网的发展趋势和电价水平提供基础资料。

（2）电费统计分析。掌握不同行业、不同历史时期的用电量统计数字和分析固然重要，但对于测定电价水平还远远不够，还要从电费收入的组成进行分析。首先，应当掌握70%左右的大工业用户的电费组成；其次，再掌握非工业和普通工业的电力电费、直供照明电费、农业生产用电电费及趸售电费的组成。从电费组成分析历年电价水平的变动情况，对以不同电压等级供电的用户电费进行综合分析，从而找出电价水平的变动规律。并从中找出电价水平变动的原因，为制订某个地区电力系统发展规划和拟订新的电价水平提供参考资料。

（3）负荷分析。预计负荷的准确程度关系到电力系统发展规划是否符合实际，也关系到未来的电力成本和电价水平，因而电力企业应把它列为重点工作。电力系统的负荷随时都在变化，它不仅受各行各业用电及季节变化的影响，而且有时还会受到某个时期中心活动的影响。

掌握不同行业的用电负荷、用电特性、季节与负荷变化的关系，不仅为调整负荷、合理用电提供了线索，同时还可以通过对历年各行、各业负荷曲线的相互比较，掌握某个地区逐年负荷增长的规律和趋势，为制订未来的发展规划和新的电价水平提供比较切实可靠的依据。

（4）其他资料。掌握了售电量统计分析、电费统计分析和负荷分析的资料后，还应整理并掌握主要行业的单位产品耗电量，每万元产值的耗电量以及负荷密度等有关资料。另外，对历年业务扩充的新装或增添的用电容量，也应按不同行业分别统计和分析，求出历年新装或增容用电的增长率与地区售电量和负荷的关系。

以上各项准备工作，是在制定新电价或制定调整电价方案前准备工作的主要内容。

（二）分析电力成本费用

1. 按照费用的发生阶段分析成本

按照费用的发生阶段分析成本，电力企业生产成本大致分为下列各项费用：

（1）发电费用。凡发电厂内一切与发电有关的费用均包括在内，发电厂为其输出电力而设置的升压设备所耗用的费用也包括在内。在一般情况下，从发电厂外的第一基杆塔开始，即为供电企业所有，由供电企业负责维护运行，这类设备的有关费用应由供电企业承担。

（2）输变电费用。凡为供电所需用的、不论属于哪一级电压的输电线路，以及分成多级变压器的变电所，如500、220、110kV或35kV的输变电设备所发生的费用，均为输变电费用。

（3）配电费用。包括10kV及以下的配电设施，如开关站及小区配电室等的各种费用。在配电费用中又分成一次、二次配电费用。凡10kV供电者不仅包括一次配电线路及配电变压器，还包括380V或220V等低压线路的有关费用。

（4）用户费用。包括接户线、电能表及其附属装置，如电压、电流互感器和大电力用户为限制用电指标而装设的负荷定量限制器等有关费用。

（5）管理费用。包括电力企业各项管理费用，如行政管理费、劳动保护开支、利息支付、各种赔偿金、罚金、材料损耗、营业开支、科学研究、税金以及其他各项非生产费用等。

考虑到电力企业的特点，国家对电力产品成本按发电成本、供电成本、售电成本分别进行核算。

2. 按照费用的发生性质分析成本

按照发生费用的不同阶段分析成本，这种分析方法固然需要，但还不能满足电力企业的要求。由于电力企业所生产的电能与用户的需求量相一致，因此电力企业的成本变动数值与其设备利用率有直接的关系，而设备利用率则又与地区负荷率密切相关，这种变动表现在电力企业产品或成本的费用项目内，分别称之为固定费用和变动费用。

按照发生费用的性质分析成本，就是把成本分为固定成本和变动成本两部分。固定成本代表电力企业中的固定费用部分，它与电力企业设备容量大小有关，而与电力生产量大小无关。变动成本代表电力企业中的变动费用部分，它与电力生产量的大小有关，而与电力企业设备容量大小无关。

（三）固定费用分配

固定费用的分配方法大致上有两种，一种叫用户最大需量法，另一种叫电力系统高峰负荷分配法。

（1）用户最大需量法是直接以用户的绝对最大负荷需量（kW）为依据来分配固定费用，不考虑最大需量发生的时间，对完全不参加系统高峰时间用电的用户，也要负担固定费用。这种方法忽视了构成电力系统综合最大负荷时各类用户的责任，因此不太公平。

（2）电力系统高峰负荷分配法是在电力系统高峰负荷时间内，按照各类用电负荷大小分配电力系统的固定费用。这种办法计算简单，比较合理，体现了占用电力系统容量多的用户多分担固定费用；反之，则少分担费用，使电价与调整负荷和压低电力系统最高负荷有机地联系起来。

（四）变动费用分配

根据已确定的电价分类进行变动费用的分配，分配的方法是根据各类用户的用电量加上各级该类用电的线路损失，求得各类用电所需的实用电量，然后按照各类用电的实需用电量所占比例分配变动费用。

（五）求售电成本

各类用电的售电成本等于经以上分配而得的该类用电的固定费用和该类用电的变动费用之和。

（六）确定用电电价

对各类用电的售电成本适当调整以后，加上计划利润和税金，并根据政策的要求以及应考虑的个别因素，就可以确定各类用电的电价方案。

三、上网电价、互供电价、销售电价的制定

（一）上网电价

上网电价是指独立经营的发电企业向电网企业输送电力商品的结算价格。一般是指全国

五大发电公司的发电厂、独立的地方小火电、小水电、独资或集资建设的独立经营的发电厂、企业的自备电厂、中外合资合作的发电厂、外资独立经营的发电厂向电网企业出售电力商品的价格。

电力市场的建立要求打破传统的上网电价定价方法，引入竞争价格机制，并将政府定价、协议定价和竞争形成价格几种方法有机地结合起来。

1. 特殊电厂上网电价的制定

特殊的电厂，如核电站、风力发电厂、专门用于电网调峰、调相发电厂和抽水蓄能电站等，不可能与一般的水电厂和火电厂竞争，对于这些特殊的电厂，只能实行特殊的定价。其方法仍然是利用"成本相加"的办法由政府定价，根据政府核定的电价，电厂与电网之间签订上网协议。由于这类特殊电厂上网电价水平较高，谁也不愿要这部分高价电。因此，政府部门对这部分电量应本着公平的原则在电网中进行均衡地分配，最后公平地分摊到用户头上。

2. 一般水、火电厂上网电价的制定

电力体制改革后，水、火电厂的上网方式采用的是竞价上网，水、火电厂的上网电价实行同网同质同价。这是把商品按质论价办法引入电价机制的重要规定，也是电价方面的一项重大改革。它是指五大发电公司的发电厂向电网企业售电的价格，属同一电网、同等质量的，其价格也应当是相同的。这样有利于公开竞争，提高生产水平，有利于降低工程造价和发电成本，贯彻国家电力产业政策。

上网电价的制定应符合基本的电价价格模式，上网电价的价格模式为

$$上网电价＝发电成本＋盈利（包括税金和利润）$$

发电成本的构成费用共有燃料费、水费（水电厂）、材料费、工资、职工福利、基本折旧费、大修理费和其他费用等八项。

3. 上网电价的制定程序

上网电价的制定程序应当遵循《电力法》第三十八条的规定。

(1) 跨省、自治区、直辖市和省级电网（通常称为大电网）内的上网电价确定要经过下列四道程序：

第一，由电力生产企业和电网经营企业协商方案。

第二，由电力生产企业和电网经营企业共同将双方协商的方案提出，报国务院物价行政主管部门。

第三，由国务院物价行政主管部门审核其方案是否符合定价原则，是否属于电价标准范围，是否经双方充分自愿协商。

第四，国务院物价行政主管部门在审核后，认定双方协商合法，批准执行。

(2) 独立电网内的上网电价确定程序，与大电网的上网电价确定程序相同，只是核准主体不同：

第一，由电力生产企业和电网经营企业协商方案。

第二，由电力生产企业和电网经营企业共同将协商的方案提出，报有管理权的物价行政主管部门。

第三，由有管理权的物价行政主管部门审核其方案是否合法。

第四，有管理权的物价行政主管部门经审核后，认定双方协商的方案合法，批准执行。

有管理权的物价行政主管部门是指依据价格法规定的物价管理权限和有管理批准电价权的部门，通常是指省级物价行政主管部门及其授权部门。

（二）电网间的互供电价

电网间互供电价是指电网与电网之间相互销售电力的价格（售电方与购电方是两个不同核算单位的电网），包括跨省、自治区、直辖市电网和独立电网之间、省级电网和独立电网之间的互供电价；独立电网是独立电网之间的互供电价。其制定程序如下。

（1）跨省、自治区、直辖市电网和独立电网之间、省级电网和独立电网之间的确定程序，如下：

第一，由相互供电的双方电网当事人协商提出方案。

第二，由双方电网当事人共同将协商确定的方案报国务院物价行政主管部门或其授权部门。

第三，由国务院物价行政主管部门或其授权的部门对当事人提出的方案进行审核。

第四，经国务院物价行政主管部门或其授权部门审核合法后认可批准。

（2）独立电网与独立电网之间的互供电价确定程序，如下：

第一，独立电网与独立电网之间，由双方当事人协商提出方案。

第二，双方当事人共同将协商确定的方案，报有管理权的物价行政主管部门。

第三，由有管理权的物价行政主管部门对当事人提出的方案进行审核。

第四，经有管理权的物价行政主管部门审核认可批准。

（三）销售电价

销售电价是指电网通过供电企业向用户销售电力的价格。

销售电价直接关系到用户的经济负担，是电力价值的具体体现，与广大用户有着密切的关系。其价格模式为

$$销售电价＝售电成本＋盈利（包括利润与税金）$$

其中，售电成本由九项成本费用构成，分别为：燃料费、购入电力费、水费、材料费、工资、职工福利费、基本折旧费、大修理费和其他费用。售电成本除了包括全部九个成本项目外，还应包括汇集管理费。

销售电价与上网电价、电网间互供电价有一个共同的特点，就是大电网和独立电网电价核准主体不同。大电网电价是经国务院物价行政主管部门核准，而独立电网的电价是经有管辖权的物价行政主管部门核准。销售电价的制定程序分别如下。

（1）跨省、自治区、直辖市电网和省级电网销售电价的确定程序：

第一，跨省、自治区、直辖市电网和省级电网的经营企业提出方案。

第二，由跨省、自治区、直辖市和省级电网的经营企业将方案报国务院物价行政主管部门或其授权的部门。

第三，经国务院物价行政主管部门或授权的部门进行审核。

第四，由国务院物价行政主管部门或其授权的部门审核认可批准。

（2）独立电网的销售电价的确定程序：

第一，由独立电网的经营企业提出方案。

第二，由独立电网经营企业将方案报有管理权的物价行政主管部门。

第三，经有管理权的物价行政主管部门审核。

第四，经有管理权的物价行政主管部门审核认可后批准。

上网电价、互供电价、销售电价都是要经过有关物价行政主管部门核准（即审核、批准）。其审核的内容是审核电价方案是否符合法律规定的电价原则、电价构成和国家规定的电价结构与电价总水平。其中，上网电价、电网间互供电价的确定，重要的前提是当事人之间必须经过共同协商，提出方案，经有关物价行政主管部门核准。协商是核准的前提，方案是协商的结果，协商方案是核准的基础，核准是对协商方案的认可。

四、输电费用

在电力市场条件下，电力生产者竞价上网，电力大用户和配电公司可以直接选取电力供应者，电力的卖与买只能由电力的载体——电力网来完成。随着电力体制改革的不断深入，输电网络最终要与用电环节分离，形成独立的经济实体。因此，输电服务，将成为电力企业不能忽视的一个重要环节。

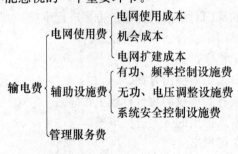

图 22-2　输电服务费用的构成

输电服务是将电力从电力生产者（独立发电厂和发电公司）安全、经济、优质地输送给电力消费者的过程。输电费用对电力市场的电价有着直接的重要的影响。

（一）输电费用的构成

输电费用主要由电网使用费、辅助设备和管理服务费三部分构成，如图 22-2 所示。

1. 电网使用费

电网使用费由电网使用成本、机会成本和电网扩建成本构成。

（1）电网使用成本。包括输电的有功、无功损耗费，输电网络、设施的折旧费，网络的运行维护费等。

（2）机会成本。当某输电服务引起运行条件越限时，输电公司不得不放弃其他一些明显可以获利的交易，由此引发的利润损失称为机会成本。

（3）电网扩建成本。为满足输电服务需要新建输电设备的投资成本。此成本可将国家税收、电网公司利润、扩大输电投资费用等融入，按一定比率计取。

2. 辅助设施费

辅助设施费是利用一些辅助设施对频率和电压进行调整和控制，以防止发生电网功角不稳定、电压不稳定、过负荷、低频振荡、系统崩溃等现象的费用。这些辅助设施主要包括以下几类：

（1）频率控制（负荷跟踪）设施。用于处理较小的负荷与发电的不匹配问题，维持系统频率稳定，使控制区内负荷与发电的偏差及控制区之间的交换功率实际值与计划值的偏差最小。

（2）可靠性备用（旋转备用和快速启动机组）设施。由于发电或输电系统故障，使负荷与发电发生较大偏差时，10min 内可以提供急需的发电容量（增加或降低），恢复负荷跟踪服务的水平。

（3）非旋转备用（运行备用）设施。30min 内可以满发的发电备用容量，包括发电机容量和可断电负荷，用于提高恢复可靠性备用的水平。

（4）无功备用/电压控制设施。通过发电机或输电系统中的其他无功源向系统注入或从系统吸收无功，以维持系统的电压在允许范围内。

（5）发电再计划、再分配设施。对于较大的发电负荷偏差，调度中心要重新安排各机组出力。

（6）处理能量不平衡设施。补偿实际的交易量与计划交易量的差额。

（7）有功网损补偿设施。输电时造成的功率损耗通过此项服务来补偿。

（8）事故恢复服务设施。用于重大事故发生后系统能提供恢复正常所需的功率。

（9）稳定控制服务设施。

（10）其他设施。

3. 管理服务费

管理服务费包括交易执行前调度人员进行信息的处理、分析、预测、调度等工作。交易后，为保证电网运行的收支平衡和对适当收益进行结算等工作对输电所提供的管理服务费用。

（二）输电费用的计算原则

输电费用与输送电量、输电时间、负荷特性、结算周期等直接相关。输电费用的计算应采用短期边际成本计算。计算输电费用时应遵循如下原则：

（1）输电费用的计算应遵循《电力法》的定价准则，遵守电力市场法规。

（2）输电费用的计算目标是使电网运行获得最大的经济效益。

（3）输电费用的计算方法和过程力求简单、合理、透明度高、便于管理，用户之间不能有补贴。

（4）必须为用户提供实时的、合理的经济信息。

（5）必须保持计价的连续性。

（三）输电费用计算

输电费用的计算过程可分为以下三个步骤：

（1）数据预处理。读取电力系统参数、发电厂投标和费用数据、用户投标和可靠性要求数据、定价的选择参数、输电极限等，并进行处理，构造出最优潮流 OPF❶ 的目标函数和各种等式及不等式约束条件。

（2）求解最优潮流 OPF。得到一个描述最优潮流的主解集和一个对应于偶变量的解集。

（3）约束分解、计算费用。注意到各对偶变量的物理意义，即反映了各约束条件对目标函数的影响。利用约束分解求出形成各节点的费用。最终得到的结果应是系统最优的运行状态（考虑了为解除约束违界应做的必要调整），从而可以输出系统潮流和各节点的输电费用。

第五节　影响电价因素

一、需求关系对电价的影响

（一）需求概念

需求是指在其他条件相同的情况下，在某一特定的时期内，消费者在有关的价格下，愿

---

❶ 经过改造的最优潮流模型（Optimal Power Flow，简称 OPF）。

意并有能力购买某一商品或劳务的各种计划数量。

影响需求的因素很多，其主要的决定因素有：消费者的个人收入或财富（包括信贷途径）、其他竞争产品或相关产品的价格以及消费者的嗜好与偏爱等。

（二）需求曲线

在其他因素保持不变的情况下，某种商品的需求数量 Q 是价格 P 的函数，即 $Q = f(P)$，反映需求函数的曲线就是需求曲线。

需求曲线（或计划）表明的是消费者在特定的价格下愿意购买的（商品）最大数量，见图 22-3。

由图 22-3（a）可见，一条典型的或正常的需求曲线的重要特征是从左向右下斜，即具有负斜率。这说明在其他因素不变，价格较低时，将有较多数量的产品和服务为人购买。需求曲线的这个性质很重要，被称为需求规律，适用于所有商品。需求曲线下倾法可描述为：当某种商品的价格升高时，在其他条件不变的情况下，这种商品的需求量将减少；反之，某种商品投入的数量越多，在其他条件不变的情况下，这种商品能够销售的价格越低。产生这种情况的原因，一是价格降低会带来新的购买者，二是价格降低会吸引消费者购买更多的数量；反之，价格升高将使消费者减少购买的数量或以其他商品代之。

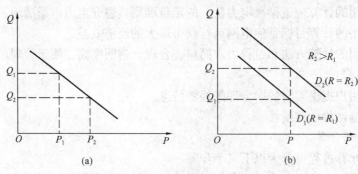

图 22-3　需求曲线图
(a) 典型需求曲线；(b) 消费者收入增加时需求曲线变化

需求曲线虽然反映在其他因素一定时，需求数量是价格的函数，但并不意味着价格是影响需求数量的唯一因素。换言之，需求数量也是其他因素的函数。如图 22-3（b）所示，当其他决定因素不变，而消费者收入增加（由 R_1 增到 R_2），则整个需求曲线便会发生位移，这表明消费者在相同价格下购买的数量会增多。因此，当除产品价格以外的其他决定因素中任一个有变化时，产品的需求也会发生变化。

（三）需求关系对电价的影响

1. 需求的价格弹性

需求的价格弹性是指商品的需求量对价格变化的反应量度。不同的商品，其价格弹性也不一样。

影响需求的价格弹性的主要因素有以下几条：

（1）商品的可替代性。易替代的商品，其价格弹性较大，一般当商品的价格弹性大于 1 时，说明价格每变动 1%，需求量的变动大于 1%，称之为弹性价格商品。而替代性差的商品，则与其相反。

（2）消费者对商品的必需程度。必需品（如食盐等）的弹性值较小，说明当其价格在一定范围内变动时，需求量变化很小，而非必需品则与其相反。一般当商品的价格弹性小于 1 时，价格变动 1％，需求量变动小于 1％，则称之为非价格弹性商品。而当价格弹性等于 1 时，价格变动 1％，需求量变动亦为 1％，则称其为单一价格弹性商品。

（3）商品的档次。高档贵重的商品的价格弹性较大，这些商品的费用占消费者收入的比重较大，故当其价格变动 1％时，需求量变动会大于 1，低档商品则与其相反。

2. 需求关系对电价的影响

电能是一种比较紧缺的商品，在制定电价时，一方面要以价值为基础，另一方面要适当地反映电能的供求关系。

电能是工农业生产和人民生活的必需商品，其价格弹性较小，一般情况下可能小于 1。因而，当电价变动时，对需求量的影响较小。在制定电价时，必须处理好其与需求的关系，使电价水平公平合理。

二、自然资源影响

我国的能源资源十分丰富，但分布极不平衡，能源资源最为丰富的地区是华北地区，其能源资源储量约占全国能源总储量的 47％。其中，绝大部分是煤炭资源，主要分布在山西省。其次是西南地区，能源储量约占全国能源总储量的 27％，其中大部分为水力资源，约占全国能源总储量的 20％。再次是西北地区，其能源储量约占全国能源总储量的 10％。而华东、东北和中南三个地区的能源储量之和仅占全国能源资源储量的 15％左右，是能源比较贫乏地区。但这三个地区的经济比较发达，工业产值约占全国的 70％，可见其能源缺口很大。

由于我国的能源资源分布不均，造成了各地区电网的平均成本参差不齐，差异很大。这是因为各地区自然条件的不同，引起各地煤炭价格亦不同；各地区输煤或输电的距离不同，运输条件不同，引起燃料运价不同；各地区水电比重不同，而水力发电成本低廉。能源资源分布不均既然会引起各地区电网的平均成本出现差异，就不能按照部门平均成本制定统一电价，而应根据电网平均成本制定地区差价。

三、时间因素的影响

由于电力工业具有很强的行业特点，且电能不能直接大量储存，电力的生产、流通和销售必须同时进行、同时完成。因此，为保证用户的正常用电，电力生产必须连续进行。但是电力负荷是随时都在不断变化的，特别是昼夜的交替变化，必然会引起电力负荷波动，出现高峰和低谷的负荷差别。高峰负荷越大，系统为满足供电所需的发供电设备容量就越大，引起的固定资金占用就越多。同时，系统总会有部分发供电设备仅在高峰时段投入（调峰机组），而在低谷时段停运或欠负荷运行，相应的高峰时段的单位负荷所应分摊的固定成本较低谷时段高，引起不同时段的电网平均成本出现较大的差异。峰谷差愈大，电网平均成本随时间的波动就愈大。按照公平合理的原则，并考虑到调整系统负荷的需要，在制定电价时应考虑时间因素的影响，即应制定峰谷电价和其他分时电价。

四、季节因素的影响

对水电比重较大的电网，应考虑季节变化的影响，为了充分利用水力资源，在制定电价时应考虑下面的季节影响：

（1）丰水季节的"弃水"期，电网应尽可能安排水电厂多发电，即让水电带基本负荷，而火电则作为补充电量，进行调峰，这样电网平均成本就会降低。

（2）在枯水季节电网也应充分发挥水电机组的作用，火电装机容量和所带的基本负荷应尽可能最小。由于枯水季节电网主要靠火电厂发电，因此电网的平均成本相应地会增高。

按照公平合理的定价原则，并考虑到调整负荷的需要，对水电比重较大的电网，应考虑季节的影响，即应制定季节电价。

五、历史因素影响

许多商品的价格都是历史遗留或沿袭下来的，其中有许多合理的价格，也有许多不合理的价格。对于不合理的价格应采用逐步调整的方针，经过分期、分批地多次调整，使其达到合理的水平。例如，我国东北地区的电价，受历史因素的影响，在全国一直偏低，虽然多次进行了调整，但至今仍然低于其他地区的电价水平。这主要是考虑到电能是重要的能源资源，电价的调整幅度不能过大，否则会对国民经济的价格体系产生很大的冲击，不利于稳定物价。因此，对历史遗留或沿袭下来的不合理的价格的调整，必须采取审慎的态度，逐步地加以调整。

六、其他政策性因素的影响

国家在不同时期有着不同的经济政策，这些政策也会影响价格的制定与形成。由于当前电力供应紧张，为贯彻合理用电和节约用电政策，对于超合理用电、超单耗用电应加价收费。为贯彻国家对部分工业产品（如电解钻、电石等）生产采取的扶持政策，以及对于农村农业生产的扶持政策，国家还分别制定了各种优待电价，以提高这些生产部门的积极性。

第六节　电　价　制　度

一、世界各国所采用的电价制度

目前，世界各国所采用的电价制度大致有以下几种。

1. 定额制电价

定额制电价，俗称"包灯制"。这种制度所订出的电价与用户实际耗用电量无关，而是以某种电气设备为单位，根据这个设备容量的大小订出的一种电价。定额制电价一般均以市民照明和民用电气设备为实施对象。

这种电价具有计算简单，不需要安装电能表计，节省抄表、核算和修试表人员等优点，但其缺点也较多，例如：

（1）浪费能源。由于定额制电价不以实际耗用电量计算电费，促使用户用电不计时间，甚至昼夜长明，浪费电能。

（2）由于不安装表计，不计算实际使用电量，致使供电企业的线路损失率无从计算，即使能够勉强计算，但准确率必然不高。

（3）容易造成窃电或违章用电。

定额制电价除在一些水力发电比重较大的国家实行外，一般均限制使用。

2. 单一制电价

这种电价是以在用户安装的电能表计每月表示出实际用电量多少为计费依据的。实行单一制电价的用户，每月应付的电费与其设备和用电时间均不发生关系，仅以实际用电量计算电费，用电多少均是一个单价。

这种电价制度较定额制电价优越，因为它与用户的实用电量联系在一起，可促使用户节约电能，并且抄表、计费简单，但这种电价对用户用电起不到鼓励或制约的作用。

目前，我国对照明用电、普通工业用电、非工业用电、城镇商业用电、农业生产用电等，均实行单一制电价。

3. 两级或多级制电价

所谓两级或多级制电价就是把用户每月用电量划分成两个级别或多个级别，各级别之间的电价不同。在资本主义国家，为了推销电能，鼓励多用电，以获取较多利润，规定了用电量越多，其电能电价越低的计费办法。比如，二级制电价规定了月用电量 100kWh 及以下为第一级，100kWh 以上为第二级。第一级电价为 0.10 元/kWh，第二级电价为 0.08 元/kWh。如某个用户用电为 500kWh 时，其应付电费为

$$0.1 \times 100 = 10(元)$$

$$0.08 \times 400 = 32(元)$$

总计应付电费为 42 元

多级制电价计费办法与上述相同，只不过是把月用电量分成若干级，各个级别的电价不同。为了节约电能也可采用这种电价制度促使用户少用电。比如，规定了月用电量 100kWh 以下为第一级，电价为 0.10 元/kWh；100～500kWh 为第二级，电价为 0.12 元/kWh；500kWh 及以上为第三级，电价为 0.15 元/kWh。如某个用户月用电量为 1000kWh 时，其应付电费为

$$0.10 \times 100 = 10(元)$$

$$0.12 \times 400 = 48(元)$$

$$0.15 \times 500 = 75(元)$$

总计应付电费为 133 元

两级及多级电价制度较单一制电价优越，使电价初步起到了经济杠杆的作用，在资本主义国家被普遍采用。但它的缺点在于没有考虑用户用电时间，没有考虑在电力系统高峰时间以外用电的差别待遇，同时对于电力企业的容量成本（固定费用）没有能够合理分担。

4. 定时工业电价

为了调整电力系统高峰负荷，提高发、供电设备利用率，缓和电源紧张，或解决供电设施一时不能满足局部地区负荷需要的矛盾，对于有条件间断生产的工业用户，可以实行定时供电的计费办法。这种办法就是明确规定用户用电时间，一般规定在每天的 23：00 至次日凌晨 8：00 为用户用电时间，也就是电力系统低谷时间，其他时间一律禁止使用。这种电价优待较多，一般按电能成本作为计价依据。

实行定时工业电价，对电力企业的好处很多，但给用户带来很大的不便。长期后夜作业，对职工身体健康状况影响很大，而且将增大费用开支，劳动效率较低，工艺质量较差。这种电价制度，除在严重缺电的地区可以实行外，在一般地区很少实行，即使暂时能够实行，也难于巩固。

5. 两部制电价及依功率因数调整电费办法

两部制电价是把电价分成两个部分，一部分是以用户用电的接用容量或需量计算电费的基本电价；另一部分是以用户耗用的电量来计算电费的电能电价。两部分电费之和即为用户应付的电费，具体计费办法将在后面电费计算中予以介绍。

两部制电价是当今世界各国较普遍采用的一种先进的电价制度，两部制电价的结构也完全符合电力企业的生产特点。

　　6. 高峰、低谷电价

　　为了提高电力系统负荷率，尽量削减电力系统高峰，适当填补电力系统低谷，一般采用高峰、低谷电价制度，其方法是：根据电力系统负荷变化情况，把全日 24h 分成两段或三段，即高峰、低谷或高峰、平段、低谷三段。用户在电力系统高峰负荷使用的电量，其电能电价高于其他时间的电价；在低谷时间用电，则价格便宜。

　　这种电价制度在各国均很流行，体现了价格杠杆作用，对于调整负荷、提高设备利用小时数、缓和电力紧张情况均能起到积极作用。实施这种电价制度必须具备分时计量手段，否则无从考核。对于不注意经济核算、不过多考虑生产成本以及电费支出占其成本比重不大的一些工矿企业，在推行峰谷电价的同时还应辅以必要的行政手段，否则会出现不惜成本，宁可用高价格购买高峰电力的情况，这样会加重电力系统在高峰负荷时间内的负担，使峰谷差距更大。

　　7. 季节性电价

　　这种电价制度大多为水力发电为主的国家所采用。当丰水季节来临时，为了充分利用水利资源，避免弃水造成浪费，必然大发水电。为了调整年负荷率，防止冬季取暖季节用电过于集中而造成电力网络高峰负荷，应鼓励大电力用户特别是耗电量较大的单位，尽量在电力网络高峰季节以外的时间用电，在这段时间用电一般实行季节性优惠电价。

　　这种电价制度不但可以节省能源、增加发电机组利用小时数、缓和电力紧张情况，而且如运用得当，还可推迟电力企业的基本建设时间，使财力用到更需要的地方，并且还可适当减少电力企业的年运行费用。

　　8. 临时用电电价

　　因用户的工作需要，在一定时间内（一般最长不得超过 6 个月）使用电力时可实行临时用电电价。这种电价一般不安装表计，按用户用电容量及用电时间计算电能，其电能单价均应较同类别的电价高，有的可高达一倍，以促使其尽量减少用电时间。

　　9. 综合电价

　　这种电价的特点是照明用电和动力用电实行一种电价。这种电价制度优点较多，其不仅可以减少电能表安装数量，便于抄表收费，还可为用户减少内部线路投资、节省有色金属、便于管理。因为用户用电随着生产或生活需要经常在变化，如果强调照明用电及动力用电应严格分开、分别计费，则其内部电气线路很难立即满足需要，有时为少量用电亦必须另行架设线路，否则计费必然不准。

　　综合电价已为各国广泛采用，我国过去也曾实行过综合电价制度，但在 20 世纪 50 年代后期即被取消。

　　二、我国实行电价制度

　　我国现行的电价制度是建国以来一直延用的，基本上没有较大的变动。近几年来，社会主义现代化蓬勃发展，用电密度迅速加大，电力供需趋向紧张。为了充分利用现有电能资源，部分地区运用价格杠杆作用，调整用电负荷曲线，对电价制度作了部分改变，以适应国民经济发展对电力的需要。现将我国现行的电价制度介绍如下。

　　1. 单一制电价

　　前面对单一制电价制度已作了介绍。它是以用户计费电量为依据，直接与电能电费发生关系，而不与其基本装机容量的基本电费发生关系，其中容量在 100kVA（或 kW）及以上的用户还应执行功率因数调整电费办法和丰枯、峰谷电价制度。

2. 两部制电价

我国对受电变压器容量在 315kVA 及以上的工矿企业生产或加工用电，实行按容量执行基本电价，按电量执行电能电价的两部制电价制度，并按功率因数执行功率因数调整。

3. 季节性电价

我国对受电变压器容量在 100kVA（kW）及以上的非工业用户、普通工业用户和城镇商业用户、大工业用户、互供和趸售用户实行丰枯电价制度。它是将全年划分成两个和三个季节时期，各个时期分别采用不同的电价。

4. 高峰、低谷分时电价

我国执行高峰、低谷分时电价的范围与季节性电价一样，根据电力系统负荷变化情况，把全日 24h 分成两个或三个时段，各个时段的电价不同。

5. 功率因数调整电费的办法

我国对受电变压器的容量大于或等于 100kVA 的工业用户、非工业用户、农业生产用户都实施了功率因数调整电费的办法，以考核用户无功就地补偿的情况。对于补偿好的用户给予奖励，差的给予惩罚。

6. 临时用电电价制度

我国对拍电影、拍电视剧、举办大型展览等临时用电，实行临时用电电价制度，其电费按其用电设备容量或用电时间收取。

第七节 我国现行销售电价及实施范围

一、我国现行电价分类

我国现行电价共分为照明电价、非工业电价、普通工业电价、大工业电价、农业生产电价、趸售电价、农业排灌电价等七大类。

二、各类电价实施范围

1. 照明用电电价

照明电价包括居民生活电价和商业及非居民生活电价。

（1）居民生活电价应用范围。主要包括城乡居民生活照明、家用电器等用电设备的用电；高校学生公寓和学生宿舍用电，应限于学生基本生活用电，不包括在学生公寓、学生宿舍从事经营性质的用电如商店、超市、理发等；国家教育部门批准和备案管理的基础中、小学教学用电，包括教学、试验、学生和教职工生活用电等；对专供居民小区生活用的蓄热式电锅炉执行居民生活电价并执行居民分时电价。

（2）商业及非居民生活电价。主要包括一般照明、普通电器设备用电、路灯用电、限额下工业用的单相电动机和单相电热设备用电、空调设备用电、城镇商业用电。

一般照明用电是指非工业、普通工业用户的生产照明用电、铁道、航运、市政、环保、公安等部门管理的公共用灯及霓虹灯、荧光灯、弧光灯、水银灯（电影制片厂摄影棚除外）和非对外营业的放映机用电。

普通电器设备包括家用电器、理发用的吹风、电剪、电烫发以及其他电器（如报时电笛、噪声监测装置、信号装置、警铃）用电，机关、团体、学校、部队等（但不包括商业性）的电炊、电灶、电热取暖、热水器、蒸气浴、吸尘器、健身房设备等用电，属于单位生活福利性质的烘焙设备（包括单位食堂的烘烤食品、油炸制品、肉食加工制品及类似以上用电设备）用电执行非居民照明电价。

路灯用电是指政府部门管理的公共道路、桥梁、码头、公共厕所、公共水井用灯、标准钟、报时电笛、以及公安部门交通指挥灯、公安指示灯、警亭用电、不收门票的公园内路灯等用电、居民生活小区内的庭院照明。

限额下工业用单相电动机和单相电热设备用电是指，总容量不足 1kW 的工业用的单相电动机和总容量不足 2kW 的工业用的单相电热设备用电，以及容量不足 3kW 的非工业用的电热设备（如晒图机、医疗用 X 光机、无影灯、消毒灯等）用电。

空调设备用电除大工业用户生产车间内的各种空调设备用电外，其他用户，凡空调设备（包括窗式、柜式空调机、冷气机组及其配套附属设备）用电，不论相数和容量，不论装在何种场所，不论调冷调热，均按照明电价计收电费。

城镇商业用电是指凡从事商品交换或提供商业性、金属性、服务性的有偿服务所需的电力，不分容量大小，不分动力照明，均实行商业用电电价，包括：①商场、商店、批发中心、超市、加油站、加气站等；②物质供销、仓储业等；③宾馆、饭店、招待所、旅社、酒店、茶座、咖啡厅、餐馆、浴室、美容美发厅、影楼、彩扩、洗染店、收费站以及修理、修配服务业务等用电；④影剧院、录像放映点、游艺机室、网吧、健身房、保龄球馆、游泳池、歌舞厅、卡拉OK厅、收费的旅游点、公园等用电；⑤从事商业性的金融、证券、保险等业务的用电；⑥从事服务性咨询服务、信息服务、通信等用电；⑦房地产经营及其他综合技术服务事业等用电。

2. 非工业用电电价

凡以电为原动力或以电冶炼、烘熔、电解电化的试验和非工业性生产，其总容量在 3kW 及以上者，应按照非工业电价计收电费，而总容量在 3kW 及以下者按照明电价计费。

容量在 3kW 及以上的机关、部队、学校、医院及学术研究、试验等单位的电动机、电热、电解、电化、冷藏等用电；铁道、地下铁道（包括照明）、管道输油、航运、电车、广播、仓库、码头、飞机场及其他处所的加油灯、打气站、充电站、下水道等电力用电；以及对外营业的电影院、剧院、宣传队演出的剧场照明、通信、放映机、电影制片厂摄影棚水银灯等用电；基建工地施工用电（包括施工照明）、地下防空设施的通风、照明、抽水用电以及有线广播站电力用电（不分设备容量大小）；苗圃育苗、现代化养鸡场、渔场等种植业、养殖业中的后续加工、储藏等环节用电，均属于非工业用电电价。

3. 普通工业用电电价

凡以电为原动力，或以电冶炼、烘熔、熔焊，电解、电化的一切工业生产，其受电变压器容量不足 315kVA 或低压受电，以及在上述容量、受电电压以内的下列各项用电为普通工业用电：

（1）机关、部队、学校及学术研究、试验等单位的附属工厂，有产品生产并纳入国家计划，或对外承受生产、修理业务的生产用电。

（2）铁道、地下铁道、航运、电车、电讯、下水道、建筑部门及部队等单位所属的修理工厂生产用电。

（3）自来水厂、工业试验、照明制版工业水银灯用电。

（4）饲料工业用电。

4. 大工业用电电价

执行大工业电价的用户包括受电变压器总容量（含直接接入电网的高压电动机，电动机千瓦数视同千伏安）在315kVA及以上的电冶炼、烘焙、电解、电化的一切工业生产用电，机关、部队、学校、学术研究、试验等单位的附属工厂生产产品并纳入国家计划，或对外承受生产及修理业务的用电（不包括学生参加劳动生产实习为主的校办工厂），铁道、地下铁道、航运、电车、电信、下水道、建筑部门及部队等单位所属修理工厂的用电，以及自来水厂、工业试验、照相制版工业水银灯用电等。对于大工业用户的井下、车间、厂房内的生产照明和空调用电，仍执行大工业电价。对于农村符合大工业条件的社、队、乡镇工业，也执行大工业电价。

大工业电价均实行两部制电价，并按功率因数的高低调整（增加或减少）电费。优待工业用电的电能电价范围对东北以外的地区的规定如下：

（1）电解铝、电石的电价仅限于生产电解铝、电石的用电，不包括其他产品，如铝制品、乙炔等用电。

（2）电炉铁合金、电炉钙镁磷肥和电炉黄磷的电价仅限于电炉铁合金、电炉钙镁磷肥和电炉黄磷用电，不包括高炉生产铁合金、钙镁磷肥和黄磷用电。

（3）电解碱的电价仅限于电解法生产的烧碱用电，不包括液氯、压缩氢、盐酸、漂白粉、氯磺酸、聚氯乙烯树脂等用电。

（4）合成氨的电价包括合成氨厂内的氨水、硫酸铵、碳酸氢铵等氮肥以及辅助车间的用电。

5. 农业生产电价

农村乡、镇、国营农场、牧场、电力排灌站、垦殖场和学校、机关、部队以及其他事业单位举办的农场或农业基地的电犁、打井、打场、脱粒、积肥、育秧、防汛临时照明和黑光灯捕虫用电均按农业生产用电电价计收电费。

农业生产用电中的抽水（如鱼塘抽水）、灌溉（如果林、蔬菜的浇水）用电也执行农业生产用电电价，但要与贫困县农业排灌用电区分开。

种植、养殖的"第一环节"用电，如果林、蔬菜、养鱼、养鸡、养猪用电，而其后续的用电，通俗的说法就是：种植的作物离开土地后，养殖的水产品离开水之后，饲养的禽、畜离开饲养圈之后，其运输、宰杀、加工、储存、经销等的用电均不属于农业生产用电范围，而应执行对应的非工业电价、普通工业电价、大工业电价和商业电价。

6. 趸售电价

有一定供电区域、供电线路设备，供电设备容量在300kVA以上，并自行负责本供电区域内运行、维护、抄表收费和用电管理等工作，且转供用户数较多，供电企业又安装有总表计量的供用电单位，可按供电的隶属关系分别由区域电网公司或省、直辖市、自治区电力公司批准实行趸售电价，并且只趸售到县一级，不得层层趸售。目前，供电企业一般不发展趸售用户，趸售范围的大用户或重要用户应作为供电企业的直供用户，不实行趸售。

县级趸售单位，必须是县政府批准的、专门的独立核算的供电管理机构。此机构抄表、收费、结算办法和用电管理的有关事项均应与供电企业签订协议书。目前，县级趸售单位的电价为：各项农业生产用电执行趸售电价，电力、照明分别执行非工业电价、普通工业电价及照明电价。根据转售电量的多少和自行维护线路工作量的大小，在核实成本的情况下，以保本为原则，给予不同折扣，其最大折扣不得超过供电电压电价的30％。乡镇一级转售单位在没有转入县级转售单位之前，其最大折扣不得超过供电企业电价的20％。趸售电价的具体折扣由区域电网公司或省、直辖市、自治区电力公司核定，报省物价主管部门、国家电网公司或中国电网公司备案。趸售单位对外供电的转售电价，应当执行国家核定的本地区直供电价，不得以任何方式层层加码。

7. 农业排灌用电电价

此电价仅限粮、棉、油（食油）农田排涝灌溉用电，深井、高扬程提灌用电，排涝抗灾用电。排涝泵站排涝设施的维修及试运行用电。

三、代收（征）费用

根据政府或有关主管部门的规定，供电企业在向用户收取电费的同时，还代收或代征其他费用。目前，代收、代征的费用有以下几类。

1. 国家后扶资金

国家后扶资金是指大中型水库移民后期扶持资金。扶持农村移民改善生产生活条件，促进库区和移民安置区经济社会和谐发展。

2. 省级后扶资金

省级后扶资金是指地方水库、水电站移民后期扶持资金。

3. 农网改造还贷基金

将原电力建设基金"两分钱"取消后并入电价收取，建立农网还贷基金，专项用于解决农村电网改造还贷问题。

4. 城市公用事业附加费

公用事业附加费、路灯费都属于随电费代为加收的地方性费用。

公用事业附加费是作为城市公用道路、桥梁、给水与排水等公用设施的费用。除农业生产用电以外，其他所有用电均应征收。征收标准由各省（直辖市、自治区）人民政府确定。

5. 农村电网低压维护费

农村电网低压维护费是实现城乡用电同价后，各供电企业维护管理农村低压电网的合理费用。主要是为了加强农村低压电网的财务管理工作，规范农村低压电网维护费的核算。

6. 可再生能源电价附加

发展可再生能源，是增加能源供应，改善能源结构，保障能源安全，保护环境，实现经济社会可持续发展的重要途径，也是全社会的义务。受技术条件等因素影响，一般情况下可再生能源发电价格要高于常规能源。因此，在可再生能源发展初期，世界各国普遍采取财政、税收以及价格等方面扶持政策，促进可再生能源发展。国家《可再生能源法》明确规定，可再生能源发电价格高出常规能源发电价格部分，在全国范围内分摊。

第八节 电费计算方法

一、两部制电价

1. 两部制电价定义

两部制电价是当今世界各国较普遍采用的一种先进的电价制度。它是把电价分成两个部分，一部分是以用户用电的接用容量或最大需量计算的基本电价；另一部分是以用户耗用的电量计算的电能电价。两种电价分别计费后即为用户应付的电费。

（1）基本电价。基本电价也称固定电价，它代表电力企业成本中的容量成本，即固定费用部分。在计算基本电费时，是以用户用电设备容量（kVA）或最大需量（kW）为单位，与用户每月实际用电量无关。

（2）电度电价。电度电价代表电力企业成本中的电能成本，即变动费用部分。在计算电能电费时，则以用户的实际用电量为单位，而与用户的装接设备容量或最大需量无关。

这种以合理分担容量成本和电能成本为主要依据，并分别以基本电价和电能电价计算用户电费的办法就是两部制电价。其用户应付的电费为基本电费和电能电费之和。实行两部制电价计费的用户，还应实行功率因数调整电费的办法。

2. 两部制电价应用范围

两部制电价已被各国广泛采用，大多对工业用户实施，有的国家对商业及居民用电也采用两部制电价的办法计算电费。我国规定，对受电变压器容量在 315kVA 及以上的工业用户实行两部制电价。

3. 两部制电价优越性

（1）可发挥价格经济杠杆作用，促使用户提高设备利用率、减少不必要的设备容量，降低电能损耗、压低尖峰负荷、提高负荷率。随着用户设备利用率和负荷率的提高以及用户功率因数的改善，必然使电网负荷率随之提高，电网的功率因数随之改善，并减少无功负荷，降低线路损失，提高电力系统的供电能力。

（2）可使用户合理负担费用，保证电力企业财政收入。由于电力企业发、供、用电一致性的特点，因而它必须为用户经常准备着一定的发、供电设备。这些用户不论用电量多少或用电与否，电力企业都必须时刻满足它们的需要。电力企业为了用户的需要每月支付了一定的容量成本，这笔固定费用就应该由用户分担，才能保证电力企业的财政收入。两部制电价中的基本电价既然与用户设备容量或最大负荷有着直接的关系，那么它们的设备利用率或负荷率越高，每月应付电费的平均电价就越低；反之，其设备利用率或负荷率越低，每月应付电费的平均电价就越高，这就说明了用户之间分担电力企业成本也是合理的。

4. 两部制电价计算公式

用户每月应付的电费 T 及用户每月所付电费的平均电价 $\frac{T}{W}$ 可分别用下列公式表达，即

$$T = A + B = PD + EW \tag{22-2}$$

$$\frac{T}{W} = \frac{PD + EW}{W} = \frac{PD}{W} + E \tag{22-3}$$

式中 A——用户月基本电费，元；

B——用户月电度电费，元；

D——用户接用容量或最大需量，kVA 或 kW；

P——基本电价，元/kVA 或元/kW；

　　E——电能电价，元/kWh；

　　W——用户月用电量，kWh；

　　T——用户月应付电费，元。

二、功率因数调整电费的办法

1. 考核用户用电功率因数的目的与作用

电力负荷，分为有功负荷和无功负荷。有功负荷主要是供给能量转换，如将电能转变为化学能、热能、机械能等过程中的有效消耗。无功负荷主要是供给电气设备及供电设备的电感负荷交变磁场的能量消耗。所以，一般要求无功负荷越小越好。

功率因数一般也称为力率，用 $\cos\varphi$ 表示。用户在一定的视在功率和一定的电压及电流情况下用电，功率因数 $\cos\varphi$ 越高，其有功功率就越高，即

$$\cos\varphi = \frac{P}{S} = \frac{P}{\sqrt{3}Iv} \qquad (22\text{-}4)$$

式中　S——视在功率，kVA；

　　　P——有功功率，kW；

　　　I——线电流，A；

　　　v——线电压，kV。

用户改善用电功率因数是提高用电设备利用率的有效方法。我国发电厂的单机容量已逐渐大容量化，机组的额定功率因数也从过去的 0.8 提高到 0.85、0.9。今后，原子能发电厂机组的功率因数甚至将高达 0.95。这样，发电厂提供的无功电力就会日趋减少。如果用户功率因数过低，不仅会影响发电机达不到额定出力，还会造成电力系统电压波动、下降，使电压质量低劣、损耗增大。而用户在电压下降的情况下，将会导致一些电气设备不能正常启动或运转，增大电能损耗。

电力企业为了改善电压质量，减少损耗，需根据电网中无功电源的经济配置及运行上的要求，确定集中补偿无功电力的措施，并要求广大的电力用户分散补偿无功电力。这样可以做到：按电压等级逐级补偿，同时补偿的无功电力，可随负荷的变化进行调整，并尽可能实现自动投切，达到就近供给、就地平衡。促使电网输送的无功电力为最少，又使用户在生产用电时电能质量较好，既能节省能源，又能相应地减少电费支出，使供用电双方和社会都能取得最佳的经济效益。这就是考核用电功率因数的目的。

在部颁《供电营业规则》中，对用户用电功率因数规定了一定的标准。这项规定，可起到促进改善电压质量、提高供电能力和节约电能的作用。我国在现行电价制度中，也相应地规定了《功率因数调整电费办法》，鼓励用户为改善功率因数而增加投资；用户可从功率因数高于标准值时，电力企业所减收的电费中得到经济补偿，回收所付出的投资，并获得减少动力费用开支和降低生产成本的经济效益。这实质上是供电企业出钱向用户收购无功电力。若用户不装无功补偿设备或补偿设备不足，而使功率因数未达到规定标准值，供电企业将增收电费，也就是用户理应负担的超购无功电力所付出的无功电费，以补偿供电企业由此增加的开支。

2. 功率因数的标准值及实施范围

我国现行的《功率因数调费电费办法》，其考核对象并不是"一刀切"的，而是依据各

类用户不同的用电性质及功率因数可能达到的程度，分别规定其功率因数标准值及不同的考核办法，现分述如下。

（1）按月考核加权平均功率因数，分为以下三个不同级别。级别的划分一般按用户用电性质、供电方式、电价类别及用电设备容量等因素进行划分。

1）功率因数考核值为 0.90 的，适用于以高压供电户，其受电变压器容量与不通过变压器接用的高压电动机容量总和在 160kVA（kW）及以上的工业用户；3200kVA 及以上的电力排灌站；以及装有带负荷调整电压装置的高压供电电力用户。

2）功率因数考核值为 0.85 的，适用于 100kVA（kW）及以上的工业用户和 100kVA（kW）及以上的非工业用户和电力排灌站，大工业用户由供电企业直接管理的趸购转售用户。

3）功率因数标准值为 0.80 的，适用于 100kVA（kW）及以上的农业用户和趸购转售用电户。

（2）根据电网具体情况，需要对部分用户用电的功率因数作出特定的规定或考核办法，其办法有以下几种：

1）对大用户实行考核高峰功率因数，即考核用户在电网全月的高峰负荷时段里的平均功率因数，则更接近电网无功变化的实际，更有利于进一步保证电压质量。同时，也可避免一些用户为片面追求较高的月平均功率因数，而在电网低谷负荷时间向电网倒送无功电力所引起的弊病。

2）对部分用户试行考核高峰、低谷两个时段的功率因数，这是根据电网对无功电力的需要或用户用电特殊制定的。对用户采取分时段考核功率因数时，应分别计算和考核用户全月在电网高峰和低谷两个时段的功率因数。

3）对部分用户不需增设补偿设备，用电功率因数就能达到规定标准的，或者是离电源点较近、电压质量较好、勿须进一步提高用电功率因数的，供电企业对这类用户，可以按照电网或局部无功电力的实际情况，降低考核功率因数的标准值，或者是不实行功率因数调整电费的办法。

3. 功率因数的计算

（1）凡实行功率因数调整电费的用户，应装设带有防倒装置的无功电能表，按用户每月实用有功电量和无功电量，计算月平均功率因数

$$\text{加权平均功率因数} = \frac{1}{\sqrt{1 + (W_Q/W_P)^2}} \tag{22-5}$$

$$\frac{W_Q}{W_P} = \frac{3Iv\sin\varphi t}{3Iv\cos\varphi t} = \tan\varphi \tag{22-6}$$

$$\text{故加权平均功率因数} = \frac{1}{\sqrt{1 + (W_Q/W_P)^2}} = \frac{1}{\sqrt{1 + \tan^2\varphi}} \tag{22-7}$$

由式（22-6）可以看出，无功电量 W_Q 与有功电量 W_P 的比值等于功率因数角的正切值。因此，在实际计算用户月平均功率因数时，只需计算无功电量与有功电量的比值就可以从 $\tan\varphi$ 与 $\cos\varphi$ 的对照表中直接查出 $\cos\varphi$ 值。表 22-1 为按无功电量/有功电量的比值编制的 $\tan\varphi$ 与 $\cos\varphi$ 对照表。

表 22-1　　　　　按无功电量/有功电量的比值编制的 tanφ 与 cosφ 对照表

$\frac{W_Q}{W_P}=\tan\varphi$	$\cos\varphi$	$\frac{W_Q}{W_P}=\tan\varphi$	$\cos\varphi$	$\frac{W_Q}{W_P}=\tan\varphi$	$\cos\varphi$
0.0000~0.1004	1.00	0.4702~0.4984	0.90	0.7371~0.7630	0.80
0.1005~0.1752	0.99	0.4985~0.5261	0.89	0.7631~0.7892	0.79
0.1753~0.2279	0.98	0.5262~0.5533	0.88	0.7893~0.8154	0.78
0.2280~0.2718	0.97	0.5534~0.5801	0.87	0.8155~0.8418	0.77
0.2719~0.3106	0.96	0.5802~0.6066	0.86	0.8419~0.8685	0.76
0.3107~0.3461	0.95	0.6067~0.6329	0.85	0.8686~0.8954	0.75
0.3462~0.3793	0.94	0.6330~0.6589	0.84	0.8955~0.9225	0.74
0.3794~0.4108	0.93	0.6590~0.6850	0.83	0.9226~0.9500	0.73
0.4109~0.4409	0.92	0.6851~0.7110	0.82	0.9501~0.9778	0.72
0.4410~0.4701	0.91	0.7111~0.7370	0.81	0.9779~1.0006	0.71

（2）凡装有无功补偿设备且有可能向电网倒送无功电量的用户，应随其负荷和电压变动及时投入或切除部分无功补偿设备，供电企业应在计费计量点加装带有防倒装置的反向无功电能表，按倒送的无功电量与实用无功电量两者的绝对值之和，计算月平均功率因数。

（3）根据电网需要，对大用户实行高峰功率因数考核，加装记录高峰时段内有功无功电量的电能表，据以计算月平均高峰功率因数；对部分用户还可试行高峰、低谷两个时段分别计算功率因数。

4. 电费的调整

（1）当考核计算的功率因数高于或低于规定的标准时，应按照规定的电价计算出用户的当月电费后，再按照功率因数调整电费表规定的百分数计算减收或增收的调整电费，参见表22-2 和表 22-3。如果用户的功率因数在功率因数调整电费表所列两数之间，则以四舍五入后的数值查表计算。

表 22-2　　　　　高于功率因数标准值时减收电费表　　　　　单位：%

	月平均实际功率因数	0.80	0.81	0.82	0.83	0.84	0.85	0.86	0.87	0.88	0.89	0.90
功率因数标准值	0.80	0.0	0.1	0.2	0.3	0.4	0.5	0.6	0.7	0.8	0.9	1.0
	0.85						0.0	0.1	0.2	0.3	0.4	0.5
	0.90											0.0
	月平均实际功率因数	0.91	0.92	0.93	0.94	0.95	0.96	0.97	0.98	0.99		
功率因数标准值	0.80	1.15	1.3	1.3	1.3							
	0.85	0.65	0.8	0.95	1.1	1.1	1.1	1.1	1.1	1.1		
	0.90	0.15	0.3	0.45	0.6	0.75	0.75	0.75	0.75	0.75		

表 22-3　　　　　　　　低于功率因数标准值时增收电费表　　　　　　　　单位：%

月平均实际功率因数		0.89	0.88	0.87	0.86	0.85	0.84	0.83	0.82	0.81	0.80	0.79	0.78
功率因数标准值	0.90	0.5	1.0	1.5	2.0	2.5	3.0	3.5	4.0	4.5	5.0	5.5	6.0
	0.85						0.5	1.0	1.5	2.0	2.5	3.0	3.5
	0.80											0.5	1.0

月平均实际功率因数		0.77	0.76	0.75	0.74	0.73	0.72	0.71	0.70	0.69	0.68	0.67	0.66
功率因数标准值	0.90	6.5	7.0	7.5	8.0	8.5	9.0	9.5	10.0	11.0	12.0	13.0	14.0
	0.85	4.0	4.5	5.0	5.5	6.0	6.5	7.0	7.5	8.0	8.5	9.0	9.5
	0.80	1.5	2.0	2.5	3.0	3.5	4.0	4.5	5.0	5.5	6.0	6.5	7.0

月平均实际功率因数		0.65	0.64	0.63	0.62	0.61	0.60	0.59	0.58	0.57	0.56	0.55	
功率因数标准值	0.90	15.0	功率因数每降低0.01，电费增加2%										
	0.85	10.0	11.0	12.0	13.0	14.0	15.0	功率因数每降低0.01，电费增加2%					
	0.80	7.5	8.0	8.5	9.0	9.5	10.0	11.0	12.0	13.0	14.0	15.0	同上

（2）对于个别情况可以降低考核标准或不予考核。对于不需要增设无功补偿设备，而功率因数仍能达到规定标准的用户，或离电源较近，电能质量较好，无需进一步提高功率因数的用户，都可以适当降低功率因数标准值，也可以经省、自治区、直辖市电力局批准，报网局备案后，不执行功率因数调整电费办法。

对于已批准同意降低功率因数标准的用户，如果实际功率因数高于降低后的标准时，不予减收电费。但低于降低后的标准时，则按增收电费的百分数办理增收电费。

三、两部制电价及功率因数调整电费应用举例

1. 说明

（1）用户的最大需量的计算应以用户在 15min 内平均最大需量为依据，最大需量可由最大需量表测得。

（2）用户申请的最大需量低于变压器容量（kVA 视同 kW）与高压电动机容量总和的 40% 时，则按容量总和的 40% 核定最大需量。但如果电网负荷紧张，供电企业限制用户的最大需量低于容量总和的 40% 时，可按低于 40% 的容量核定最大需量。

（3）对于高供低量的用户，电能表未计量受电变压器在运行中所损耗的电量（包括有功电量和无功电量）。因此，在计算电能电费和加权功率因数时，应加上变压器损耗电量，其电能电费为

高供低量电能电费 ＝（电能表计量的有功电量＋变压器的损耗有功电量）×电度电价

2. 计算举例

【例 22-1】　甲厂设备容量为 315kVA，月用电量为 15000kWh，基本电价为 12 元/kVA，电度电价为 0.316 元/kWh，不考虑功率因数调整，试求月平均电价是多少？

乙厂设备容量为 315kVA，月用电量为 45000kWh，如果基本电价和电能电价与甲厂相同，试求乙厂每月应付电费为多少？

解　（1）甲厂

$$\frac{D}{W} = \frac{315}{15000} = 0.021(\text{kVA/kWh})$$

$$\text{甲厂应付电费} = 12 \times 315 + 0.316 \times 15000$$

$$= 8520(\text{元})$$

$$\text{月平均电价} = \frac{8520}{15000} = 0.568(\text{元/kWh})$$

(2) 乙厂

$$\frac{P}{W} = \frac{315}{45000} = 0.007(\text{kVA/kWh})$$

$$\text{乙厂应付电费} = 12 \times 315 + 0.316 \times 45000$$

$$= 18000(\text{元})$$

$$\text{月平均电价} = \frac{18000}{45000} = 0.4(\text{元/kWh})$$

由此可见,乙厂月用电量虽是甲厂的三倍,但乙厂的平均单价比甲厂要低得多,这说明乙厂设备利用率比甲厂设备利用率高。

【例 22-2】　某厂供电电压为 10kV,设备容量为 3200kVA,本月份有功电量为 1850000kWh,无功电量为 30200kvarh,需量表记录该厂实际最大需量为 3100kW,如基本电价为 18 元/kW,电度电价为 0.329 元/kWh,试求该厂本月应付电费。

解　　　　　$T = A + B = PD + EW = 18 \times 3100 + 0.329 \times 1850000$

$$= 664450(\text{元})$$

月加权平均功率因数为

$$\cos\varphi = \frac{1}{\sqrt{1 + \left(\dfrac{W_Q}{W_P}\right)^2}} = \frac{1}{\sqrt{1 + \left(\dfrac{30200}{1850000}\right)^2}}$$

$$= 0.99$$

查表 22-2 得,该厂本月应减收电费 0.75%,故该厂本月应付的电费为

$$664450 \times (1 - 0.75\%) = 659466.63(\text{元})$$

该厂本月平均电价为

$$\frac{659466.63}{1850000} - 0.356(\text{元/kWh})$$

【例 22-3】　某厂供电电压为 10kV,设备容量为 3200kVA,本月有功电量为 18500kWh,无功电量为 18840kvarh,最大需量为 1200kW,基本电价为 18 元/kW,电度电价为 0.329 元/kWh,试求该厂本月应付电费。

解　因为 1200÷3200=37.5,即最大需量低于该厂容量的 40%,故本月基本电费应按该厂容量的 40% 收费,即

$$3200 \times 40\% = 1280(\text{kW})$$

$$T = A + B = PD + EW$$

$$= 18 \times 1280 + 0.329 \times 18500$$

$$= 29126.5(\text{元})$$

月加权平均功率因数为

$$\cos\varphi = \frac{1}{\sqrt{1 + \left(\dfrac{A_\text{Q}}{A_\text{P}}\right)^2}} = \frac{1}{\sqrt{1 + \left(\dfrac{18840}{18500}\right)^2}}$$

$$= 0.70$$

查表 22-3 得，该厂本月应增收电费 10%，本月应付电费为

$$29126.5 \times (1 + 10\%) = 32039.5(\text{元})$$

本月平均电价为

$$\frac{32039.5}{185000} = 1.73(\text{元 /kWh})$$

【例 22-4】 某工厂为 35kV 高压供电用户，电能计量表装设在变压器低压侧。本月有功电量为 800000kWh，无功电量为 50000kvarh，变压器的有功损失电量为 15000kWh，无功损失电量为 200000kvarh，最大负荷为 2000kW，若基本电价为 18 元/kW，电度电价为 0.316 元/kWh，试计算该用户本月应交纳多少电费？

解　　　　$$T = A + B = PD + EW$$

$$= 2000 \times 18 + (800000 + 15000) \times 0.316$$

$$= 293540(\text{元})$$

该厂的月加权平均功率因数为

$$\cos\varphi = \frac{1}{\sqrt{1 + \left(\dfrac{50000 + 200000}{800000 + 150000}\right)^2}} = 0.96$$

查表 22-2 得，该厂本月应减收电费 0.75%，即本月应交电费为

$$293540 + (1 - 0.75\%) - 291338.45(\text{元})$$

四、丰枯、峰谷电价制度的有关规定

（一）销售环节分时电价方案

丰枯电价制度的有关规定如下：

季节电价也是一种分时电价，即在一年中对于不同季节按照不同价格水平计费的一种电价制度。将一年 12 个月分成丰水期、平水期、枯水期三个时期或平水期、枯水期两个时期。

实行季节电价主要是为了解决两类问题：①在水电比重较大的电力系统中，枯水季节与

丰水季节相比，发电成本高，可用发电容量少。一方面是为了合理利用水力资源；另一方面也是为了引导用户合理利用电力资源，所以在丰水和枯水季节分别按照不同的电价水平计电费。这种季节电价也称为丰枯电价。②由于不同季节的气候差异较大，导致不同季节的电力需求也出现较大的差异，为了引导用户合理利用电力资源，在不同季节分别按照不同的电价水平计电费。

我国现行的季节电价主要是丰枯季节电价，是为了合理利用水力资源。1985 年国务院批转国家经贸委等部门《关于鼓励集资办电和实行多种电价的暂行规定》的通知中规定：丰水的弃水期电价可比现行电价低 30％～50％，枯水期电价可比现行电价高 30％～50％。

（二）销售环节分时电价方案

1. 丰枯电价制度的有关规定

我国对除居民生活用电和农业排灌用电以外的所有用电实行用电高峰季节电价制度。

执行标准：实行分时电价的用户以对应的分时电价为基准，不实行分时电价的用户以国家发展和改革委员会（原国家计划委员会）批准湖北省现行的销售电价表中的分类电度电价为基准，每千瓦·时上浮 0.5 分。

执行日期：1 月 1～31 日，12 月 1～31 日。

2. 高峰、低谷分时电价

我国执行高峰、低谷分时电价的范围与季节性电价一样，根据电力系统负荷变化情况，把全日 24h 分成三个时段，各个时段的电价不同。峰时段电价可比平段电价高 30％～50％，谷段电价可比平段电价低 30％～50％或更多。

（1）峰谷电价执行范围。

湖北电网（含直供直管县和代管县）用电容量在 100kVA 及以上的非普工业用电、商业用电和大工业用电用户。

（2）峰谷电价峰、平、谷时段划分。

高峰时段为 10：00—12：00、18：00—22：00（共 6h）。

平段为 8：00—10：00、12：00—18：00、22：00—24：00（共 10h）。

低谷时段：0：00—8：00（共 8h）。

（3）峰谷分时电价价差。

基础电价：以国家发展和改革委员会（原国家计划委员会）批准的现行销售电价表中的电度电价为基准，即

$$平段电价 = 基础电价$$

$$高峰电价 = 平段电价 \times 180\%$$

$$低谷电价 = 平段电价 \times 48\%$$

（三）上网环节分时电价方案

上网环节分时电价分为丰枯电价、峰谷电价和高峰用电季节电价。

1. 上网分时电价执行范围

全省火电装机容量 10 万 kW 及以上、水电装机总容量 5 万 kW 及以上机组中，除天堂抽水蓄能电站、汉能电力发展有限公司和隔河岩电厂、高坝洲电厂以外，其余非调峰电厂全部实行峰谷分时电价，同时对上省网的所有水电厂实行丰枯分时电价，对上省网的所有火电

厂（自备电厂除外）实行用电高峰季节电价。

2. 上网环节分时电价时段划分

（1）峰谷时段划分。

高峰时段为 10：00—12：00、18：00—22：00（共 6h）。

平段为 8：00—10：00、12：00—18：00、22：00—24：00（共 10h）。

低谷时段：0：00—8：00（共 8h）。

（2）丰枯季节时段划分。

丰水期：5 月 16 日—10 月 15 日（共 5 个月）。

平水期：3 月 1 日—5 月 15 日、10 月 16 日—11 月 30 日（共 4 个月）。

枯水期：1 月 1 日—2 月 28（29）日、1 月 1～31 日、12 月 1～31 日（共 3 个月）。

（3）用电高峰季节电价时段划分。

1 月 1～31 日、12 月 1～31 日（共 2 个月）。

3. 分时电价价差

（1）峰谷分时电价。

基础电价是以政府价格主管部门按规定程序批准的上网电价为基础，即

$$平段电价 ＝基础电价$$
$$高峰电价 ＝平段电价 \times 113\%$$
$$低谷电价 ＝平段电价 \times 90\%$$

（2）丰枯分时电价。

实行峰谷分时电价的水电厂以峰谷分时电价为基础（不实行峰谷分时电价的水电厂以政府价格主管部门按规定程序批准的上网电价为基准），丰水期下浮 10%，枯水期上浮 10%，平水期电价不变。

（3）用电高峰季节电价。

实行峰谷分时电价的火电厂以峰谷分时电价为基准（不实行峰谷分时电价的火电厂，以政府价格主管部门按规定程序批准的上网电价为基准）上浮 6%。

第九节　国外电价制度简介

一、法国电价制度

（一）法国制定电价的条件

法国电力公司制定电价的基本条件可归纳为三条：①能满足负荷需求；②电力生产成本达到最低；③按边际成本出售。

（二）法国的电价方案

法国的电价方案有基本用电电价、高峰日让电电价、可调用电电价、固定季节用电电价四种。

1. 基本用电电价

基本用电电价是以需量为划分基础，并随输、配电网的发展而不断修订，电压等级为决定价格高低的次要因素，以三种颜色划分需量等级的电价。

（1）蓝色电价（见表 22-4）。适用于容量为 3～36kVA 的低压用户。该电价的结构由年

度底费和电量电费构成。法国目前的蓝色电价将用户分为居民和农业用户、市政用户和职业用户等类，按不同类别分别制定不同的收费标准。

表 22-4　　　　　　　　　　　　蓝色电价的基本用电电价

预定负荷需求（kVA）	基本用电电价		低负荷期电价		
	预定需量电价（法郎/年）	电量电价（生丁①/kWh）	预定需量电价（法郎/年）	电价（生丁/kWh）	
				高负荷小时	低负荷小时
3	31	59.81	611.76		
6	305		622		
9	576		1051		
12	847		1480		
15	1118	53.83	1909	58.9	33.5
18	1389		2339		
24	2425		3619		
30	3460		4900		
30	4490		6181		

① 1法郎合100生丁。

（2）黄色电价（见表 22-5）。适用于预定负荷在 36～250kVA 的低压用户和预定负荷在 36kVA 以下但认为蓝色电价太简单的用户。黄色电价在蓝色电价和绿色电价之间起到了较好的衔接作用。

黄色电价有两种方案。

第一种，中期用电。这种方案十分简单，适用于预定负荷需量的利用时间小于或约等于 2000h。

第二种，长期用电。这种方案适用于长期利用其预定负荷的用户，或是在执行绿色电价制度中能够在高峰负荷或冬季调节减少其负荷的用户。

表 22-5　　　　　　　　　　　　黄色电价的基本用电电价

类　型	年基本电价（法郎/kW）	电量电价（生丁/kWh）			
		冬　季		夏　季	
		高负荷期	低负荷期	高负荷期	低负荷期
长期用电	280	61.9	38.1	19.3	11.5
中等期用电	120	81.6	48.6	20.1	11.5

（3）绿色电价（见表 22-6 和表 22-7）。绿色电价适用于容量大于 250kVA 的中压、高压和超高压用户。绿色电价包括三档电价：①电价 A，适用于预定负荷需量 10000kVA 以下，通常包括 5 或 8 个季节的分时电价项目，分别把它们称作"A5"或"A8"；②电价 B，适用于预定需量介于 10000～4000kVA 之间；③电价 C，适用于预定需量大于 40000kVA 者。

表 22-6 绿色电价 A5 基本用电电价

类　型	年基本电价（法郎/kW）	电量电价（生丁/kWh）				
		冬　季			夏　季	
		峰荷期	高负荷期	低负荷期	高负荷期	低负荷期
特长期用电	658	52.5	37.5	26.3	16.2	11.0
长期用电	400	74.1	47.5	30.1	16.9	11.2
中等期用电	250	102.7	55.8	35.0	17.5	11.3
短期用电	107	138.1	71.5	42.1	17.8	11.5

表 22-7 绿色电价 A8 基本用电电价

类　型	年基本电价（法郎/kW）	电量电价（生丁/kWh）							
		冬季和季中负荷期					夏　季		
		峰荷期	冬季高峰期	季中高负荷期	冬季低负荷期	季中低负荷期	夏季高负荷期	夏季低负荷期	7～8 月
特长期用电	658	59.5	41.3	30.7	32.8	22.6	20.11	12.7	7.2
长期用电	400	86.3	60.5	32.5	39.2	23.1	20.49	12.7	7.2
中等期用电	250	109.88	76.9	34.6	45.1	24.0	22.26	13.1	7.2
短期用电	107	147.64	104.90	38.8	54.7	25.9	22.85	13.5	7.2

2. "高峰日让电"电价

如表 22-8～表 22-11 所示，法国电力公司除了将用电时间按通常方式硬性划分之外，还提供一个季节性分时供电方法，反映出一个由发电部门决定的移动的峰荷期。该峰荷期由 22 天内连续 18h 构成。法国电力公司认为这段时间将是一年当中成本最高的时间。

除了该峰荷期是可变动的之外，该电价方案与基本用电电价方案的运作方式完全一样，每组电价的结构仍得保持。用户能够视其用电的灵活性和取得的经济效益情况在基本用电电价方案和"高峰日让电"电价方案之间作出选择。对绿色和蓝色电价制度，高峰日让电电价应用于所有用户，对黄色电价制度，"高峰日让电"电价仅应用于"长期用电"的情况。

表 22-8 绿色电价 A5 高峰日让电电价

类　型	年基本电价（法郎/kW）	电量电价（生丁/kWh）			
		冬　季		夏　季	
		高负荷期	低负荷期	高负荷期	低负荷期
特长期用电	658	40.3	28.5	16.2	11.0
中等期用电	250	184.0	34.5	17.5	11.3

表 22-9　　　　　　　　　　　　　**绿色电价 A8 高峰日让电电价**

类　型	年基本电价（法郎/kW）	电量电价（生丁/kWh）					
		移动峰荷期	冬季	季中期	夏季高荷期	夏季低荷期	7～8 月
特长期用电	658	80.3	33.1	22.7	20.1	12.7	7.2
中等期用电	250	184.05	41.2	24.7	22.2	13.1	7.2

表 22-10　　　　　　　　　　　　　**黄色电价高峰日让电电价**

类　型	年基本电价（法郎/kW）	电量电价（生丁/kWh）			
		移动峰荷期	冬　季	高负荷期	低负荷期
长期用电	280	219.2	36.5	19.3	11.5

表 22-11　　　　　　　　　　　　　**蓝色电价高峰日让电电价**

预定负荷（kVA）	预定负荷年基本电费（法郎/kW）	电价（生丁/kWh）	
		高负荷期	正常期
18	622	286.9	37.5
36	2339		

3. 可调用电电价

可调用电电价方案只适用于采用绿色电价制度的用户。该方案是朝向实时电价的一个明显进步，在移动低负荷季节具有很低电价的可调用电电价旨在鼓励用户更多地采用"季节性双能源"。

这种电价实际上规定了 4 个实时电价期，基本周期单位是星期。法国电力公司至少给出 12h 的"预告"信号，即在星期一 15 时～17 时公布下周的状况。

可调用电电价的 4 个实时电价期为：

11 月 1 日～3 月 31 日之间有 22 天，每天 18h 的移动峰荷期。

在未处于移动峰荷期的全部时间内，有 9 星期是移动冬季负荷期（约 1170h）。

在未处于移动峰荷期的一星期 7 天的全部小时数中，有 19 星期是移动季中期（约 3138h）。

该年度的其余时间（约 24 星期）是移动低负荷季节。

4. 季节用电电价

季节用电电价是蓝色电价制度的补充，该用电电价是在 9～36kVA 之间的容量范围（9、12、15、18、24、30、36kVA）内，将两个季节期和两个分时期区分开来。其中：①电价按季节分期，冬季（5 个月）为当年 11 月～第二年 3 月，夏季（7 个月）为 4～10 月；②分时电价期与低负荷期用电电价相同。

季节用电电价是对民用、农业和中小商业用户开办的。这种用电电价的特点是有固定的季节分时电价，以后可变成一个接近于向绿色电价制度用户推荐的可调用电电价的模式。

二、美国电价制度

（一）美国电价制度的主要特点

美国的电力工业由联邦经营、州经营、农村电气化合作社经营和私营四种不同的所有制企业经营构成。全美有 3000 多家电力企业，各个电力企业的电价制度均不相同，其特点有如下几条：

（1）分时电价普遍执行。

（2）很多电力公司采用季节性电价。

（3）极为普遍地采用了可中断供电电价。

（二）美国电价制度的几种形式

1．需求电价

美国的需求电价与我国现行的两部制电价比较相像，但它的容量电价部分与系统当时的需求有关。系统当时需求越大，容量电价单位值亦随之增大。而我国两部制电价中容量电价部分与用户接用的变压器容量或用户最大需求有关。

2．可中断电价

可中断电价反映了实时电价的一些特点，它将峰荷警告和可中断价格结合在一起，通常它等于时间变化电价，对大多数可中断电价，用户可通过改变其用电结构来降低负荷，用户降低负荷的时间由电力公司决定，但必须提前通知用户。可中断电价值为预告时间的函数，预告时间越短，电价越昂贵。

（三）美国电价分类

美国在电价分类上，一般分为居民、小用户、中等用户、大用户和其他用电几类。

居民用电分为居民用电（居民电价）和居民用电（生命线电价），生命线电价适用于低收入的居民或是退休职工。

小用户、中等用户和大用户这三类都是工商业用户，他们是按照用户的用电规模和电压等级来划分的。小用户：适用于每月用电量在 7200kWh 及以下的用户；中等用户：适用于每月用电量为 7200～15000kWh；大用户：适用于每月用电量在 15000kWh 以上。

三、日本电价制度

日本的电价结构，由以下三种基本电价制度构成。

1．容量电价制

这种电价制度，是按合同设备容量计收电费，而不考虑其用电量的多少。容量电价制只适用于用电甚少，不值得为收取电费而装表和抄表的小用户。

2．表价制（表底费制）

对实行表价制的用户，只需按其用电量（kWh）支付一定电费。

3．两部制电价

这种电价制度是按合同容量（kVA）、电流（A）或负荷（kW）确定容量电费，按用电量（kWh）计算电度电费，两者相加的收费制度。日本的大多数用电合同均采用两部制电价制度。

除此以外，日本还实行了几种特定的电价制度。

4．分段电价制

分段电价制是一种递增性的电价制度，是对一部分住宅用电实行的，它将用电量分为三段（第一段用电量不超过 120kWh/月；第二段用电量为 121～250kWh/月；第三段为用电量超过 250kWh/月）。其中，第一段的电量，认为是维持人民最低生活水平的绝对需要量，采用较低的电价；第二段电价，定在只够抵偿平均成本的水平；第三段电价，则是反映边际成本的上涨趋势，用以促进能源节约。

表 22-12　　　　　　　　　　　　　日本电力公司季节电价分段表

公司	东北、东京、北陆、中国、四国、九州	中部、关西	北　海　道
高 ↑ 电价 ↓ 低	峰 （夏季早 8 时～晚 22 时）	峰 （夏季早 10 时～晚 17 时）	峰 （全年早 8 时～晚 22 时）
	平 （除夏季外早 8 时～晚 22 时）	平 （除夏季外早 8 时～晚 22 时）	
	谷 （全年晚 22 时～次日晨 8 时）	谷 （全年晚 22 时～次日晨 8 时）	谷 （全年晚 22 时～次日晨 8 时）

5. 季节电价制

该制度是为了缓和夏天高峰负荷时供电方发电机组不足以满足需方负荷而造成设备过分滥用而制定的。该制度规定，在夏季（7～9 月）加收一笔反映供电成本季节差别费用的较高价格。对冬季高峰负荷，所有公用电力公司对商业动力、低压、高压和持高压动力用户，均采用季节电价制，如表 22-12 所示。

6. 分时电价制

分时电价制主要针对高压动力和特高压动力用户执行，可由用户自己选用。

复 习 思 考 题

1. 试解释价值、成本、价格、电价的含义，说明价值、成本与电价之间的关系。

2. 制定电价的基本原则有哪些？电价为什么要公平合理？

3. 制定电价的依据是什么？如何制定电价？

4. 影响电价的主要因素有哪些？

5. 电力成本的主要费用有哪几项？电力成本如何分类？

6. 什么叫上网电价？什么是电网间互供电价？什么是销售电价？

7. 目前世界各国实行的电价制度有哪几种？有何优缺点？我国目前实行的电价制度有哪几种？

8. 什么是两部制电价？两部制电价有什么优越性？它的实施范围有哪些？

9. 我国现行电价有哪几种？试述照明电价、大工业电价、城镇商业电价的应用范围。

10. 什么是单一制电价？在我国现行分类电价中，有哪些实行单一制电价制度？

11. 为什么要采用功率因数调整电费的办法？功率因数标准值及适用范围是怎样确定的？

12. 为什么要实行丰枯、峰谷电价？丰枯、峰谷电价的时段是如何划分的？电价是如何规定的？

13. 某企业变压器容量为 250kVA，元月份的用电量为 52000kWh，如果执行电价为 0.317 元/kWh，试计算企业应付的电费是多少？

14. 甲厂设备容量为 320kVA，月用电量为 20000kWh，基本电价为 10 元/kVA，电度电价为 0.216/kWh，cosφ 为 0.95，试计算该厂本月应付电费及月平均电价。

15. 乙厂设备容量为 320kVA,月用电量为 60000kWh,基本电价和电度电价及实际功率因数同 14 题一样,试计算乙厂本月应付电费和月平均电价,并与甲厂进行比较,说明比较结果。

16. 某厂 10kV 高压供电,设备容量 3200kVA,本月份有功电量 1582000kWh,无功电量 299600kvarh,需量表记录该厂实际最大需量为 2900kW,基本电价为 15 元/kW,电度电价为 0.329 元/kWh,试计算该厂本月应交电费。

17. 某厂 10kV 高压供电,设备容量为 3200kVA,本月份有功电量为 278000kWh,无功电量为 28000kvarh,需量表记录该厂实际最大需量为 1200kW。基本电价与电度电价与 16 题相同,试计算该厂本月应交电费。

18. 某厂 10kV 供电,变压器容量为 420kVA,五月份有功电量为 278000kWh,无功电量为 49000kvarh,该厂实际最大需量 390kW,基本电价为 15 元/kW,电度电价为 0.329 元/kWh,试求该厂本月应支付的电费是多少?

19. 某用户 10kV 供电,设备容量为 3200kVA,二月份用电量为 1842000kWh,其中高峰电量为 864000kWh,低谷电量为 326000kWh,无功电量为 322100kvarh,基本电价为 16 元/kWA 和电度电价为 0.32 元/kWh,试计算该厂本月应交电费。

第二十三章 电 费 管 理

电费管理是电力企业销售环节一个重要的也是最后的一个环节，它包括抄表、核算、收费和上缴电费四道工序。电力企业的经营成果，最终是由回收的电费来衡量。因此，电费管理工作人员应具有现代化管理水平，严格执行电费管理制度，把好电费管理质量关，使电能销售收入管理工作正常进行。

第一节 电费管理任务

一、电费管理重要作用与任务

电力企业是把生产的产品——电能销售给用户，并按照商品等价交换的原则，从用户处收回电费。这是电力企业生产全过程的最后环节，也是电力企业生产经营经济成果的最终体现，担任电能销售工作的供电企业营业部门不仅应有计划地组织销售企业产品——电能，同时要及时地回收产品销售收入——电费。特别是我国当前正处在国民经济体制改革时期，电力企业仍处在由生产型转变为生产经营型的过程中，加强电费管理工作，对于电力企业和整个国民经济更具有重要意义。

1. 电费管理的作用

电费管理的作用在于坚持电力企业的社会主义方向，严格执行国家规定的电价政策，认真贯彻电价管理权限的规定，以维护电力工业企业和用户双方的经济利益；加强电费管理，正确核算电费，为用户正确核算其产品成本中的动力费用提供准确的数据，便于用户按照真实数据分析和提出降低电耗，压缩费用开发的对策；电力企业也能正确核算其产品价值，便于分析和提出改善供电条件和经营管理以及提高经济效益的措施，进一步为提高社会综合经济效益服务。

2. 电费管理的任务

电费管理的任务是根据电能产品的产、供、销同时完成的特点而形成的。销售电能这个特殊的商品，并不像其他商品那样以一手交钱、一手交货的方式来实现商品与货币的交换过程，而是用户随时都可以用电，电力企业以电能表记录用户所消耗的电量，由抄表员定期抄回用户的月用电量，再经过核算后，才能回收销售电能的货币款。因此，电费管理的主要任务是抄表、核算与收费。由于电费管理工作的好坏直接关系到电力企业的财政收入，所以要求从事电费管理工作的人员，不仅要熟悉部颁《供电营业规则》和各种电价制度，以及与供电企业营业工作有关的规定，还应精通电费管理制度及业务工作运转程序；了解电力生产过程和电工基础知识；掌握电能表结构与安装以及会计和统计知识等。只有具备这个条件，才能做到把好电费管理的质量关，使电能销售工作正常进行。

二、电费管理基本工作程序

1. 立户

用户办妥业扩报装手续，装表接电后，应及时搜集、清点、整理各项资料，建立用户户务档案和用户分户账页（即电费卡片），即立户。如不及时建卡立户，就有可能造成漏户而长期漏收电费。立户，就是供电企业营业部门承认用电单位，从装表接电之日起成为正式（或临时）用电的用户。营业管理部门就有义务和责任做好用户服务工作和定期向用户收回电费。

2. 建立用电业务工作单（亦称工作传票或工作凭证）运转程序

因用户用电而发生增加或减少用电设备容量、更换或校验电能表、迁移电能表安装位置、更改户名、暂停用电或拆表销户，以及电价变更等异动情况，各个工作环节都须凭用电业务工作单上的原始记录办理变更手续并按一定程序运转。

3. 建立抄表、核算、收费（简称抄、核、收）工作程序

抄、核、收工作，是营业管理部门经常性的工作，对用户按周期进行电费结算，应根据机构设置与人员配备，确定工作岗位与分工，相应明确业务运转程序。

三、电费管理工作按程序运转作用

1. 电费工作程序流程图

电费工作程序因不同地区，不同用电分类，其工作流程也不尽相同，但基本上大同小异，如图 23-1 所示。

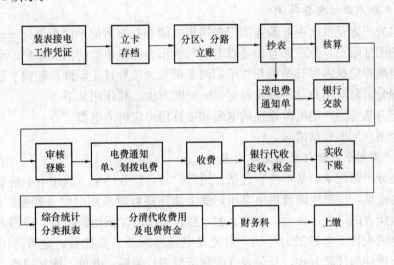

图 23-1 电费工作程序流程图

2. 电费管理工作按程序运转的作用

（1）可及时解决用户所提出的用电要求，搞好为用户服务。例如，新用户提出用电申请，或老用户提出增加用电设备容量时，供电企业营业部门必须按程序及时运转用电业务传票，通知用电检查部门的勘察人员核查供电的可能性，并及早答复用户，以使用户相互配合，进行内部用电设施的安装工作。

（2）可及时结算和回收电费，以保证电力企业的正常收入。例如，用户提出更改户名、暂停用电、或申请校验电能表等，按规定的运转程序办理，既能及时满足用户的要求，也为及时、顺利地结算电费创造了条件。

（3）可避免出现电费结算中的差错。例如，因用户增加或减少设备容量、更换电能表而引起的电能计算倍率的变更，如不及时按程序运转用电业务工作传票，可能造成电费管理部门在抄核收工作中仍按原倍率计算电费的差错，也延误了电费回收的时间。

四、电费管理机构设置

电力企业管理机构一般具有两种作用，它既是一个基层生产单位——负责抄表、核算、收费；又是一个带有职能性质的单位——对电价政策进行研究、拟订各种办事细则、综合汇集各种报表、积累各项统计资料，并进行分析研究。

市场营销部组织机构下设：

(1) 营业站。设有抄表班、核算班、收费班、一般营业班、接户线维修班、换表班。

(2) 业务组（电费综合统计组）。

(3) 大宗工业用户电费组。

(4) 稽核组。

(5) 信息系统管理组。

第二节　用户分户账及户务资料管理

一、用户分户账管理

（一）用户分户账的重要作用

用户用电分户账是供电企业营业部门在销售电能业务中为记录消费单位——用户的经济业务而建立的明细账户，分户账登记是以电量与货币为计量单位的活页账户，形式上虽采取单式记账，但账户记录内容有电量与货币，两者可互为核算其正确性，起到了复式记账应有的作用。这种分户账对用户是一种比较完善的记账方法，其作用如下：

(1) 登记与结算用户用电阶段性的电量和核算用户应付的电费。

(2) 记录用户用电变动情况。

（二）用户用电分户账记录的基本内容

用户用电分户账记录的基本内容包括：用户户号，户务档案（或用电申请书）编号，用户户名，用电地址，供电线路及供电电压，受电变压器容量或用电设备容量，最大需量表、有功及无功电能表的厂名、表号、安培、表示数、倍率以及铜损铁损表、线损表和有无转供其他单位用电的表计，电表铅封号码，电流及电压互感器的变比数，是否高压供电低压计量，主变压器损耗的计算方式，总分表（或称子母表）关系，电价，附加费率，电费托收协议编号，行业用电分类，抄表须知、备注等。

（三）建立或更改用户分户账时的注意事项

建立或更改用户分户账时，必须注意以下几点：

(1) 建立与更改抄表卡片，须以工作凭证（用电登记书）为依据。

(2) 新装、增容、减容的工作凭证（用电登记书）应按其各种用电类别的容量大小、用电性质、电压等级，根据现行电价规定，确定电价标准及收费方式。

(3) 凡工作凭证（用电登记书）与电费（抄表）卡片内容相同的，须逐项抄录或核对后更改，并在卡片上注明建立更动的日期及凭证（登记）的编号。

(4) 新用户要按其地址纳入由全局按配电变压器或扩大为一条配电线划为一个抄表区段，抄表路经最短为原则编制的抄表区、段，并编上抄表顺序的号码。

（四）电费卡片（用户用电分户账）的分类

电费卡片一般按电价分类设置，电费卡片通常有以下三种：

（1）电光用户电费卡片（照明电费卡片）。照明电费卡片主要用于抄录照明用户的电能表，同时计算电费。

（2）电力用户电费卡片。电力用户电费卡片分为卡片（Ⅰ）和卡片（Ⅱ）两种，卡片（Ⅰ）用于抄算一次接电容量不足100kVA（kW）的非工业、普通工业、农业用电用户（即不实行功率因数调整电费的电力用户）的电费；卡片（Ⅱ）用于抄算一次接电容量为100kVA（kW）及以上的执行单一制电价和功率因数调整电费的电力用户的电费。

（3）大工业用户抄表卡片。大工业用户抄表卡片是用于抄算执行两部制电价的用户的电费。

（五）电费（抄表）卡片的设计与"翻卡"

在制作电费（抄表）卡片时，不但要注意内容齐全，而且要排列紧凑、整齐、美观。对于电能表栏要注意多留几行空格，以备更改数据；对于抄算栏，一般以12行用于抄算12个月由下至上排列为佳；卡片可正、反两面铅封，即一年用一面，印时正、反两面最好反向，以便抄表员使用顺手；卡片大小要便于抄表员携带，电光卡片应用32开本，其余应用16开本，必要时大工业卡片可附计算单，并采用活页方式装订成册。

"翻卡"是指抄卡一年后，新的一年用反面或使用新卡，须将卡片上除抄算栏外的其余项目、数据，重新抄录、登入。此时，必须注意以下三点：

（1）防止漏登、错登。

（2）防止散、落卡片。

（3）旧卡片必须按区、段、户号存档保管，不得废弃、丢失。

二、工作传票及其管理

工作传票（用电登记书）是供电企业营业部门传递工作信息和命令的凭证，也是各工序之间进行工作联系的工具，是建立正常工作秩序、提高改革以尽快满足用户要求的一条纽带。它是一种把用户申办的内容和为之承办的项目，用一定格式联系（结）起来的工作票形式，也有的叫工作凭证、工作单、用电登记书。一份工作传票从填写、签发到返回，表明已全部完成了各工序经办手续，处理完应办事项，使用户提出的要求得到了解决，在一定程度上起着协议（合同）的作用，起着日常营业业务的调度、指挥的作用。如果工作传票有误，就等于发错了命令，其他工序可能跟着错下去，使整个工作出现混乱。

对工作传票的管理，必须注意以下几点：

（1）工作内容要清楚正确。

（2）户名、地址要详尽齐全。

（3）用户要求及问题原因要准确记录。

（4）电价规定要明确无误。

（5）传递要及时。

（6）收发及传递要有登记、签收制度，执行（或承办）人要签名并注明完成时间。

（7）要有催办及检查制度，返回后要归档。

（8）重大紧急事项要有特殊记录。

三、用户户务资料管理

用户的户务资料（用户设备原簿），即用户资料袋，也叫档案袋，它是指导服务、加强营业管理、正确处理日常营业工作的重要依据。

（一）户务资料的建立

建立户务资料应因地因户制宜，一般可划分成高压用户、低压用户和一般照明用户三类。

1. 高压用户的户务资料

一般以档案袋的形式建立，一户一袋。档案袋内一般应放有以下三方面的资料：

（1）原始凭证，包括用户用电申请报告及其所附资料，供电企业营业部门进行查勘、供电方案确定及其文字记录，用户电气装置设计、竣工的图纸资料及供电企业的审查、检查文字记录，业务扩充办理进程中的各类凭据，电能计量装置的现场接线示意图及其变更记录，供用电协议及其历次修订本，用户办理变更用电的历次记录与凭证，电气设备资产移交记录及协议等方面内容。

（2）用电营业的资料摘登，其一般可按当地实际，印制高压用户资料册，包括用户生产的产品、规模，用电设备、供电设施及无功补偿，继电保护与自动装置，电能计量装置配置，电气及计量接线图，历年（月、季）用电量、用电最大负荷、电费、用电功率因数、单位产品耗电量、产品产量（产值），违章用电行为，特殊事项等内容。这部分是前述原始凭据的精华并补充登入用电营业有关数据。

（3）人事联系及用户用电管理机构的记录，其中包括用户主管部门及隶属关系，用户主管电气人员及其领导的姓名、职称、技术状态，用户电工及其管理记录等。

2. 低压用户的户务资料

一般比高压用户要简单一些，通常可采用以下两种方式：

（1）以电网公用配电变压器为单位，建立档案袋；

（2）按配电变压器和用户相结合，在一台配电变压器供电的用户中，凡装见用电设备总容量在 100kW 以上者，仍为一户一袋，其余用户可多户一袋。

低压电力用户户务资料内容以高压用户的户务资料中的（2）、（3）两项为主；以配电变压器为一个档案袋的，应有一张各个用户简要情况汇总表。

3. 一般照明用户的户务资料

以一户一卡为宜，以配电变压器为单位成册、立账。卡片上应有户名、地址，用电认可书号及接电日期，报装容量及电能表型号、规格，资产权的记录及其变更记录，违章用电记录，误差更正及电费退补记录等内容。一般照明用户的用电报装、变更等凭证，宜按配电变压器为单位进行装订成册，扉页上要有清单、编号，以便查找。

（二）用户户务资料的作用

用户户务资料的作用有以下五方面。

1. 用户用电变动的历史档案

户务资料内所记录、保存的，是从用户申请用电开始到接电立户和正式用电所发生的变更用电事宜等全部原始资料，它集中了一个用户的每一件申请书、每一页工作传票、每一张业务联系单、每一份供用电协议或凭证，以及各经办部门的有关批示、签注的意见、办理的日期等等；它记录了用户的主要用电情况，用电中产生的问题及处理结果，用电关系、方式及其管电机构，人员变动等。打开资料，即能一目了然，能清楚地了解一个用户用电始末的全过程。一旦发生问题，能帮助供电营业部门迅速查明原因，分清责任。因此，用户户务资料一定要科学管理（以后尚可将此类有关资料编号贮存于电子计算机内，尤其在用电户数大量增加的地区更为必要），严格做到不损不丢。

2. 处理工作的借鉴

用电营业上往往有很多已处理过的特殊事例，由于时间较久、机构变动、经办人员变更或记忆不清，当新的情况出现时，往往难于解决，此时户务资料就能弥补其不足，起到工作借鉴的作用，有相当的参考价值。

3. 调查研究的向导

营业管理需要进行大量的调查、核实工作。在进行现场调查、核实之前，必须首先熟悉用户情况，弄清调查目的、内容，才能抓住关键，有的放矢。因此，单靠用户账卡是不能满足的，必须详细了解用户资料，才能对用户情况有个完整的概念。翻阅户务资料、熟悉情况，是营业工作进行调查研究的不可缺少的一步，这里，户务资料将起向导的作用。

4. 学习业务知识的教材

由于营业工作中的问题各式各样，处理方法及应遵循的政策、规章制度也较繁多；有很多事件的处理结论，实质上是某些工作人员正确执行政策的结果，也是工作经验的总结，具有一定的技术业务水平，这些结论都保存在用户资料袋内。利用这些有指导性的事例，对用电营业人员进行业务培训，既生动又实际，对学习业务知识有极大好处。

5. 衡量管理水平的重要标志

户务资料不仅反映了用户用电始末的全过程，也反映了用电营业管理水平，用电营业管理各个环节，各工序的人员水平、工作效率、管理秩序等可在户务资料的传票、凭证中的批示、签注、日期中全部表现出来。

通过对典型用户的户务资料的分析、提炼，可以发现营业工作的薄弱环节，失误及规章制度不健全、不合理的问题，从而能找出矛盾，采取措施。

第三节 抄 表

供电企业抄表人员定期抄录用户电能计量表计的数据简称抄表，它是电费管理中的首要环节。抄表工作系电费管理工作的龙头。按时准确抄表关系到电量的正确统计，对电力企业的经济效益和经济指标的完成及统计分析起着举足轻重的作用，对电力产品成本核算及价格也起着十分重要的作用。

抄表工作包括抄表周期、抄表日期及抄表方式等内容。

一、抄表日划分

抄表周期一般为每月一次，除定为月末 24：00 抄表的用户外，对其他用户均由供电企业营业部门的抄表人员按期前往用户处抄表。抄表日期在月度中均衡安排，顺序进行，基本不变，一般每月抄表日期安排如下：

（1）每月的 1～5 日为室内准备阶段。

（2）每月的 6～20 日抄算照明用户和农村用户。

（3）每月的 21～25 日抄算城镇、普通工业用户、非工业用户。

（4）每月的 26～月末，抄算大工业用户（其中，特大工业用户最好安排在月末 24：00 抄表）。

二、抄表方式

现有的抄表方式有以下几种。

1. 现场手抄

现场手抄是一种传统的抄表方式。这种抄表方式目前在县级以下的农村用户仍普遍使用。对城市中、小型用电户和居民用户过去都采用抄表员到现场手抄，目前，全国不少省、市、地区都在逐步淘汰这种抄表方式。

2. 现场微电脑器抄表

这种抄表方式是将抄表器通过接口与用电营业系统微机接口，将应抄表用电户数据传入抄表器，抄表员携带抄表器赴用电户用电现场，将用电计量表记录数值输入抄表器内，回去后将抄表器现场存贮的数据通过接口传入营业系统微机进行电费计算。目前，这种抄表方式广泛应用在全国大、中型城市。

3. 远程遥测抄表

远程遥测抄表是对负荷控制装置的功能综合开发利用，实现一套装置数据共享及其他远动传输通道，实现用电户电量远传抄表。也可适量装用质量可靠、经电力部门质检中心抽检合格的自动抄表系统抄表。

4. 小区集中低压载波抄表

小区内居民用电户的用电计量装置读数通过低压载波等通道传送到小区变电所内，抄表人员只需到小区变电所内即可集中采集抄录到该区所有用电户的用电计量装置读数。

5. 红外线抄表

抄表员使用红外线抄表器就可以不必进入到用电户的实际装表处抄表，只需利用红外线抄表器在路经用电户处，即可采集到该用电户用电计量装置的读数。

6. 电话抄表

对安装在供电企业变电所内或边远地区用电户变电所内的用电计量装置，可以用电话报读进行抄表，但需定期赴现场进行核对。

7. 委托抄表公司代理抄表

通过与专业性抄表公司签订合同，委托抄表公司代理抄表。

三、抄表工作要求

1. 抄表工作的要求

抄表员每月抄录的用户电量是供电企业按时将电费收回并上缴的依据，也是考核供电企业的线路损失、供电成本指标、用户的单位产品耗电量、计划分配用电量指标，各行业售电量统计和分析的重要原始资料。因此，保证定期抄表及抄表质量十分重要。由于用户众多、情况复杂、并且经常在变化，要完全保证一户不漏地按期抄表，确有一定的困难。为此，一般作如下规定：

（1）抄表日期必须固定，并事先做好安排，公布于众，请用户协助与监督。在一般情况下，抄表日期不得变动，即使遇到恶劣天气亦应风雨无阻；若由于客观原因，抄表口期被迫变动，变动后的抄表日期与既定的抄表日期最多不得超过两天。对于大工业用户，则不论任何原因，都应保证按期抄表。

（2）对于确有某种原因抄不到电表时，要尽一切努力设法解决。如遇用户周休日，则必须在当天或次日补抄，或允许用户代抄，并要求在三日内通知电费管理单位；对确因"锁门"不能抄表者，则可在经得用户同意后，根据用电情况预收当月电费。但无论由于任何原因当月未抄到电能数时，必须在下次抄表时进行复核。

（3）抄表时，必须到表位，严禁估算。

（4）抄表时，应对电能表有关记录进行核对，特别是对有倍率的电能表，更应查核。

（5）发现用户用电量变动较大时，应及时了解并注明原因。

（6）对电力用户应了解用电性质有无变化，用电类别是否符合实际。

（7）抄表时，如遇卡盘（停转）、卡字、自走（自转）、倒转（倒走）、或其他故障，致使电能表记录不准时，当月应收电费，原则上可按上月用电量计数，个别情况可与用户协商解决。

抄表时，应正确判断电能表故障原因。如遇电量忽多、忽少，则应进行验电，通知用户开动设备，了解情况；对卡字、卡盘、倒走、自走、跳字以及电能表或其附属设备烧毁等故障，除可预收电费外，还应通知有关单位进行处理。

（8）由于电能表发生故障致使计量不准时，可按有关公式进行追补电量的计算，并办理多退少补的手续。

（9）抄表完毕返回办公地点后，应逐户审核电能数是否正确，电费卡片是否完整，并填写电费核算单，以考核每日工作成果。

（10）到大工业用户处抄表时，应首先对用户的设备容量和生产情况进行了解，起到用电检查作用。要按照电费卡片所列项目抄录，不错抄、漏抄，不漏乘或误乘倍数，经复核无误后，再在现场算出电能数，并与上月比较。例如，发现用电异常情况，应向用户查询原因，并记在电费卡片上，供计算复核电费时参考。

（11）对实行峰谷电价的用户，应注意下列各点：

1）考核用户功率因数时，应分别计算不同时段的有功与无功电量之和，并按三个时段电能电费与基本电费之和调整应收电费；

2）对用户负担的变压器和线路损失电量，可与平段电量合并计费；

3）对有输出电量的用户，应在转供电出口处加装分时电能表，各算各账；

4）如分时电能表发生故障，应参照上月三个时段电量的比例计收电费；

5）生产与生活照明电量应从总有功电量与高峰电量中分别扣除，按照明电价计费。

（12）对装设最大需量表的用户，每月抄表时应会同用户一起核查，经双方共同签认后，打开表的封印，待小针掉下复归到零位，再将大针拨回零，并加新的封印。

2. 使用抄表器抄表时对抄表人员的要求

（1）抄表员要树立高度的责任心，熟悉抄表器各项功能，正确使用抄表器。操作时思想集中，准确操作键盘数码，操作后应再与电能表指示数核对无误后方能完成抄表工作。使用抄表器抄表时，抄表员必须到位，应对估抄、估算、差错等抄表问题负责。

（2）抄表员按例日领取抄表器，严格规定时间抄表。携带抄表器抄表时，应精心保管，防止受潮，避免磕碰。

（3）如抄表时发生抄表器损坏现象，抄表员应立即中断抄表，并返回单位由专人对抄表器进行检查，同时填写抄表器损坏报告，并领取备用抄表器继续完成当日抄表定额。

（4）使用抄表器需现场填写电费通知单交用电户。发现表计故障或抄表器内户名、地址、表号、TA、TV 等参数与现场实际不符时，要现场做好记录，回单位后及时填写工作票，交给班长。

（5）抄表员每天完成工作后，最迟在下班前一小时把抄表器送交计算机核算员，填写抄表器交接签收记录表，建立收发记录单。要保证计算机核算员能通过计算机准确接收数据，防止数据丢失。

（6）抄表员负责对计算机核算员准备的抄表数据的工作质量进行考核，如在抄表现场发现与准备数据不符时，填写异常报告单，如经查为计算机核算员的差错，则考核计算机核算员，如抄表员未发现则考核抄表员。

四、抄表人员应掌握的基本知识

1. 电能表容量的配置

电能表的额定电压有 220、380、100V 等几种。额定电流应按用户用电负荷电流大小配置。

（1）居民用户，用白炽灯合计容量为 220kW，则应配置 1A 的单相电能表。这是因为

$$I = \frac{P}{U\cos\varphi} = \frac{220}{220 \times 1.0} = 1(\text{A})$$

（2）动力用户使用 380V、10kW 电动机一台，则应配置 20A 三相三线电能表（求考虑电动机效率）。这是因为

$$I = \frac{P \times 1000}{\sqrt{3}U\cos\varphi} = \frac{10 \times 1000}{\sqrt{3} \times 380 \times 0.8} = 20(\text{A})$$

2. 使用互感器的条件

有功电能表按相线区分有单相两线、两相三线、三相三线、三相四线等几种。线路电流不超过电能表的额定电流时，可以直接接入电能表；在大电流的用电线路中，由于绝缘要求和仪表工艺等问题，电能表的电流线圈要经过电流互感器接入；如高压供电在高压侧计量，电能表的电流和电压线圈，都要通过电流和电压互感器接入。

3. 电能表的准确度

电能表的允许相对误差要依据电能表的等级而定，如 2.0 级电能表，在功率因数为 1.0、负荷为额定值的 $50\% \sim 100\%$ 时，其允许相对误差为 $\pm 2\%$，负荷如降至 10% 时，其允许相对误差就增为 $\pm 2.5\%$；负荷如降至 10% 以下，其相对误差则更大。所以，对用电负荷经常处在 10% 以下运行的电能表，一般均应换装合适容量的电能表。因此，抄表人员如发现用电量大幅度下降的用户，就应注意电能表是否容量过大。当抄表人员在抄表时，还应观察电能表的安装状况，电能表应垂直装置，不得左右前后倾斜；对垂直位置的允许偏差，以不超过 $2°$ 为宜，如超过此限，电能表运行的相对误差就要加大，甚至停走。

4. 电能表倍率的计算

对计量大电流的电能表，不是直接与电源相连的，而是通过电流互感器连接的，它将电流缩小了若干倍。这种电能表本月抄得的读数与上月所抄的读数相减后的差数，还须乘以互感器的变比，才是用户当月的实用电量。例如，一只 5A 的单相电能表，配用电流互感器为 50/5A，本月和上月所抄得的电能表读数相减后的差额为 30，其实用电量的计算应为

$$30 \times \frac{50}{5} = 30 \times 10 = 300(\text{kWh})$$

一只三相电能表，与铭牌注明为 500/5A 的电流互感器配套使用时（一般三相电能表与电流互感器配套或高压电能表与电流、电压互感器配套使用时，则电能表所抄得的耗用电量就是实际用电量），因目前实际负荷电流小，而改用 200/5A 的互感器，若电能表抄得的耗

用电数为 100，其实际用电量的计算，则应为

$$100 \times \frac{\frac{200}{5}}{\frac{500}{5}} = 100 \times \frac{2}{5} = 40(\text{kWh})$$

一般高压三相电能表倍率的计算为电压比乘以电流比。例如，10kV 高压供电，装有 50/5A 的电流互感器，10000/100V 的电压互感器，其电能表的倍率为

$$\text{电压比} = \frac{10000}{100} = 100(\text{倍})$$

$$\text{电流比} = \frac{50}{5} = 10(\text{倍})$$

$$\text{电能表倍率} = 100 \times 10 = 1000(\text{倍})$$

5. 变压器耗电量的计算

对高压供电的用户应装高压表，低压供电的则应装低压表。但是，由于用户具备的条件无法满足上述要求时，经双方协商同意，对高压供电的用户也可装低压表计量（俗称高供低量）。但计算电费时，应将变压器的损耗电量包括在内（简称变损）。

(1) 有功损失电量的计算

1) 空载有功损失电量（kWh）＝铁损（kW）×运行时间（h）　　　　　　　　　(23-1)

2) 可变有功损失电量（kWh）＝（利用率）²×铜损（kW）×运行时间（h）　　　(23-2)

3) 总有功损失电量（kWh）＝空负荷有功损失电量（kWh）＋可变有功损失电量（kWh）　　　　　　　　　　　　　　　　　　　　　　　　　　　　　　　　　　(23-3)

(2) 无功损失电量的计算

1) 空载无功损失电量（kvarh）＝$\dfrac{\text{空载电流}（\%）}{100}$×变压器容量（kVA）×运行时间（h）　　　　　　　　　　　　　　　　　　　　　　　　　　　　　　　　　　(23-4)

2) 可变无功损失电量（kvarh）＝（利用率）×$\dfrac{\text{阻抗电压}（\%）}{100}$×变压器容量（kVA）×运行时间（h）　　　　　　　　　　　　　　　　　　　　　　　　　　　　　　(23-5)

3) 总无功损失电量＝空负荷无功损失电量＋可变无功损失电量

上述为理论计算，在实际营业抄表工作中，变压器损失电量是由变压器月用电器和变压器型号对照查表而得，即

$$\text{变压器利用率} = \frac{\text{月用电量(kWh)}}{\text{变压器容量(kVA)} \times \text{功率因数} \times 720(\text{h})} \tag{23-6}$$

式中，功率因数按 0.85 考虑，本计算方法适用于双绕组变压器。

6. 线路损失电量的计算

电能计量装置应装在产权分界处，如不装在分界处，线路损失则应由产权所有者负担

$$\text{线路月损失电量(kWh)} = 3I^2Rt \times 10^{-3} \tag{23-7}$$

式中　I——负荷电流，A；

　　　R——每相导线的电阻，Ω，可根据不同规格的导线查出每公里电阻值，再乘以线路长度而得出；

　　　t——月使用时间，h。

五、计量装置异常状态的判断与处理

因电能表及其附属设备的异常状态导致电能计量不准，影响向用户追补或退减电量和电费问题是抄表工作中比较常见的问题。因此，抄表人员必须熟悉计量装置一般异常状态的判断和处理方法。常见的异常状态有以下几种。

1. 电能表潜动

当电能表无负荷的情况下，其电流线圈无负荷，而加于电压线圈上的电压为额定值的110％时，电能表圆盘转动不应超过一圈。一般电压较低，更不应运转一圈，圆盘转至红标志处，就应停止。如用户反映电能表潜动，可将电能表后面控制负荷的总刀闸断开，圆盘继续运转一圈后，如仍继续徐徐转动，则证实电能表潜动。

2. 计度器故障

1）卡字。即圆盘转而字不走，一般出现在"9"须进位时。

2）跳字。即个位数字应走一个字（如由00004～00005）而跳走三个字或十位数与个位数同时走字（如由00004～00006或由00004～00015）。可运用电能表圆盘转动率比较，一般电能表表示数均有一位至两位小数（计度器右边红框内的数字），假设电能表铭牌为1500r为1kWh，若只有一位小数，圆盘转动150r，红框内数字应走一个字（如由0000.4～0000.5）；若有两位小数，圆盘转动15r，最后一位小数应走一个字（如由0000.04～0000.05）。还可轻拍电能表外壳，观察计度器齿轮及数字变动情况。

3. 电能表失压

电能表失压，会使电能表失准。对配有互感器的计量装置，可检查电压互感器的熔丝是否熔断，以及二次回路接线松脱或断线。有的营业管理部门为便于检验电表失压状况，规定在熔丝保险后，安装一只检视灯，抄表时可开灯检验，检视灯亮则表示熔丝未断，电压正常。还可请用户配电室值班人员操作切换三相电压，观察电能表柜上的电压表指示数字，某一相是否无电压指示。

4. 电能表其他故障及原因

（1）电能表内电压线圈由于过压烧坏或断线；电流线圈由于过负荷烧坏、短路或断线。

（2）电能表由于使用年限过长，表内出现轴承零件的磨损、润滑油的凝固、永久磁铁的磁性随时间逐渐衰退，以及检修、校验质量不良等。

（3）电能表及其附件安装，如互感器接线组别、正负极性、相序或二次回路接线错误。

（4）三相电能表接用单相设备造成三相负荷不平衡。

（5）电能表容量过大，常用负荷在电能表标定值10％以下，或电能表容量过小，长期大量过负荷运行。

（6）在运输和安装中受到强烈震动，以及安装在潮湿或有有害气体的场所，使电能表内个别零件生锈。

电能表由于这类原因导致失准时，抄表人员可请用户配合启动用电设备，测定电能表圆盘转动一定转数所需的时间，与标定标准时间相比较，即可初步确定电能表运行的相对误差。对三相三线电能表，还可用抽出中相电压的方法，判断电表接线是否正确。即：将中相电压从接线盒端子抽出前与抽出后进行比较，如果电能表圆盘转向均为正转，且抽出中相电压后电能表圆盘转动慢一倍，则电能表接线是正确的；如果抽出中相电压后，电能表圆盘发生反转、停转或转距相差很大等异常情况，则电能表接线有问题。

电能表计量失准，一般是通过对用户用电量的分析，发现其突增突减，以及从了解用户用电情况中判断出来的。

第四节 核　　算

电费核算又称审核，是电费管理工作的中枢。电费是否按照规定及时、准确地收回，账务是否清楚，统计数字是否准确，关键在于电费核算质量。为此，电费管理人员应做好以下几道工序：

一、电费管理工作程序

1. 严肃认真，一丝不苟，逐项审核

审核内容大致包括以下几项内容：

（1）根据抄表员交回的电费卡片，首先核对卡片户数是否与电费卡片户数明细表相符。

（2）对电费卡片逐户审核其实用电量、倍率、金额、子母表关系、加减变压器损耗电量、光力比分算电量以及输出电量等项是否正确，有无遗漏。

（3）发现用电量有异常情况时，应参看抄表员所注明的原因是否合理，备注栏内有关标记和内容是否填写清楚。

（4）如发现抄表有差错，除应改正电费卡片及核算单外，还应通知有关人员当日处理。

（5）由于电能表发生故障或其他原因必须推算电费。应按规定审核，看其是否符合要求。

2. 账务处理

（1）注销应收电费时，不得自行冲抵，应根据注销理由报请有关领导核定。

（2）对补抄、结表、拆表等户的电费应另行处理，不得遗漏。

（3）对临时用电（包括装表户），应根据营业员填写的临时用电工作凭证、联络票进行核算，审核其计费方法是否正确，电能及金额是否相符，并另立账目，在限期内处理完毕。

3. 核算汇总工作

（1）每日按分册的电费核算单，逐项进行审核并汇总作出总核算单。总核算单的分类相加必须与分册核算单的合计数字相符。

（2）全部电力户卡片审核完毕后，应汇总并按不同行业作出统计，其电能数与金额必须与核算单相符。

（3）全部审核工作在抄表次日完成，每日的电费核算单于次日转交给统计人员汇总。

（4）应收人员于每月月末按抄表手册内容计算出实抄率、差错率，并作出电费回收率等统计考核资料及作出电费汇总日报表。

二、电费收据发行与保管

1. 电费收据的发行

电费收据是供电企业向用户收取电费的凭证，也是专为销售电能产品后直接开给消费者的账单。

电费收据一般以不同颜色区分照明、普通工业、非工业、大工业、农业等不同类别的用电。需列明有功和无功电能表的起止码、用电量、基本电费、电能电费、功率因数及调整电费额，合计电费的大小写金额，以及随电费代征的地方附加费等。它可以帮助用户计算和核对所使用的电量和应付的电费。电费收据，小至 1kWh 的电款，大至几百万元，仅凭此一张收据，作为供用电双方结算收付电费的依据，因此，对待电费收据应持严肃态度。全国各供电企业营业部门，一般均采用专门印制并统一编号的两联式的电费收据，或对单一电价用户采用定额收据。供电企业营业部门已部分采用电子计算机打印电费收据。电费管理人员在填写电费收据时，必须字迹端正、清楚、实行复写，不得分联单独填写；如有填写错误不得涂改，更不得用其他任何收据来替代，必须换领新据重新填写。

2. 电费收据的保管

电费收据和其他业务收据、临时收据等，均应分别统一编号，由专人保管，并按人员分工和工作运转程序，制定出收据的领用、发行的清点、签收、登记制度，防止流弊发生。保管人员一般可按抄表周期，于抄表前一日根据抄表簿的各类用电户数发放空白收据。收据保管人员，于每月终了应编制各种收据使用情况表。内容一般包括：上月结转各类收据起迄号码及张数，本月各项用途领用的起迄号码及张数（其中还可按领用人员分列，以便查考），印刷缺页或其他原因报废的张数及收据号码，本月结存各类收据张数及起迄号码等，报主管人员审核、备查。

三、对计算机核算员和复核员的要求

1. 对计算机核算员的要求

（1）计算机核算员负责准备抄表数据，并打印抄表通知单。在抄表前负责将待抄用电户的抄表信息经数据转化后从数据库中装入抄表器，抄表器中每户（表卡）信息齐全。

（2）计算机核算员必须严格把好工作质量关。在发送数据前处理完新装、变更、换表、拆表等用电工作票，保证次日抄表器发送数据工作及每日抄表器接收数据工作的及时与准确，保证抄表员按时领取抄表器。负责抄表器的日常维护保管工作，保证抄表器正常工作。

（3）准确发送数据。

（4）负责抄表器已抄数据的接收工作。抄表员每日抄表完毕将抄表器交计算机核算员，由计算机核算员将抄表器中的数据通过通信口，经数据转化装入计算机数据库中。

（5）转化完毕提供（打印）抄表指示数清单。

（6）进行电费核算工作。负责对抄表异常情况进行处理；负责核算前的电量审核工作；负责打印用电户清单和收据、应收日报表，并负责其他用电户的电费预发行，转交复核员进行审核，并与抄表器交接签收记录表核对；负责根据抄表异常情况报告、交接签收记录表等对抄表员实抄率进行考核；负责将当月发生的新装、增容、变更、换表、拆表等工作票移交给复核员。

2. 对复核员的要求

（1）电费复核员要具有高度的责任心，对用电户清单的户名、地址、本月指数、上月指数、本月电量、电费、电价逐项审核。重点审核由计算机提供（打印）出的各种异常情况，包括用电户（每表卡）本月电量与去年同期及与上月电量的异常情况；用电户（表卡）本月均价与去年同期及与上月均价的异常情况；用电户本月变压器利用率与去年同期及与上月利用率的异常情况。对出现的异常情况要进行分析，及时发现问题，防止出现差错。用电户清单必须与应收日报单相符。

（2）审核无误后，及时备份，防止数据丢失，并进行正式的电费发行。

（3）负责审核计算机核算员处理的新装、增容、变更、换表、拆表等用电工作票。保证

抄表、核算的工作质量。

第五节 收 费

电费回收工作是供电企业营业管理中抄、核、收工作环节中最后一个环节，也是电力企业资金周转的一个重要环节。电费回收工作的好坏直接影响电力企业财政收入。因此，收费人员应努力做好各项工作，争得用户的支持，实现及时全部地收回应收电费。

一、按期回收电费作用

电费是电力企业生产、经营活动中唯一的产品销售收入。电力企业从销售电能到收回电费的全过程，表现在资金运转上就是流动资金周转到最后阶段收回货币的全过程。回收的电费既反映了电力企业所生产的电能产品的价值，也是电力企业经营成果的货币表现。由于电费收入不仅是电力工业的电能生产、输送及其管理所需耗费资金的来源，也是国家的重要财政收入之一，因此电费回收额是电力企业的一项重要的经济指标。其作用如下：

(1) 可保证电力企业的上缴资金和利润，保证国家的财政收入。因电力企业是国家的重要企业之一，企业应按规定向国家交纳税金和利润。如果电力企业不能按期回收电费则无法向国家按期交纳税金和利润，这就必然影响国家的财政收入，影响国家的国民经济发展所需要的资金。

(2) 可维持电力企业再生产及补偿生产资料耗费等开支所需的资金，促进电力企业更好地完成发、供电任务，满足国民经济发展和人民生活的需要。同时，也可为电力企业扩大再生产提供必要的建设资金。

(3) 按期回收电费是维护国家利益、维护电力企业和用户利益的需要。欠交的电费如不按期收回，有可能形成呆账（逾期已久，处于呆滞状态，但尚未确定为坏账的应收款，俗称呆账）。欠交电费不仅减少电力企业生产资金，使电力企业经营活力降低，给电力企业和各行各业的生产带来不应有的损失；还会导致浪费能源，甚至给挪用和贪污电费者以可乘之机。所以按期回收电费不但维护了国家的利益，也维护了电力企业和用户的利益。为此，供电企业营业部门应该使用户占用电力企业货币资金的时间缩短，及时、足额地回收电费，加速资金的周转。

二、电费结算合同

电费结算合同，是供电企业营业管理部门与用户通过国家银行经转账结算方式，清算由于电能供应所发生的债权债务的一种契约书。采用银行转账结算，不仅可以减少现金使用，而且有利于国家银行对电力企业和用户的生产和流通发挥监督作用，以促使供用电双方改善经营和加速资金周转。

凡每月用电所需交付的电费，在国家现金管理规定的限额以上，且在银行开有固定存款账户的单位，经供电营业管理部门与用户双方协商一致，均可签订电费结算合同、协议或在供用电合同中为电费结算方式专门设置单独条款。

电费结算合同，应与用户分别签订，也可按用户的管理系统统一签订。例如，某银行分行与供电企业某营业管理部门签订电费结算合同时，可将同一供电企业营业管理部门售电的下属支行、储蓄所等分支机构应交的电费，统一纳入银行分行与供电企业营业管理部门共同签订的电费结算合同中。

（一）电费结算合同内容

如表 23-1 所示，电费结算合同（协议）的内容包括以下几方面：

（1）用户（即付款单位）名称、用电地址、用电分户账（即抄表卡片）户号、开户银行名称、存款户账号、电业管理部门（即收款单位）名称、开户银行名称、存款户账号等。

（2）电费结算方式。

（3）每月转账次数。

（4）付款要求等。

（二）电费结算方式

（1）供电企业营业管理部门与用户同在一个城市，其电费可以特约委托的方式通过银行进行转账结算。也就是原来所实行过的托收，即收款单位给特约的银行开具委托收款单，向付款单位收取电费，但需经付款单位逐笔核对承认后，再由特约银行办理委托转账手续。

（2）供电企业营业管理部门与用户，不在同一个城市的电费，常用的结算方式是采取在用户逐笔核对承认应付电费款后，由用户开具支票，委托银行按期电汇或信汇的方式进行电费结算。即供电企业营业管理部门在开出电费收据后，由异地用户及时核对，并由付款单位委托某开户银行用电报通知收款单位开户银行办理转账结算。也有由异地用户委托其开户银行，将汇款以信汇方式寄收款单位开户银行办理转账结算。还有采取"信汇自带"的方式，即由异地用户开户银行将汇款单办妥并密封后，交由收款单位开户银行办理。为了避免转账中的各个环节延误转账付款的时间（即避免相互占用资金），目前有的付款单位采取以支票在某开户银行换取"银行本票"（银行本票是用以代替现金的。按票面是否载明受款单位或受款人姓名，可分记名本票和不记名本票；按票面的有无到期日期，又可分为定期本票和即期本票），自带给收款单位向银行"进账"。"本票"是银行发出的不得退票的一种票据。

（三）每月转账次数

供电企业营业管理部门对一般用户均只在每月抄表后办理一次委托特约银行转账收款的手续。对大用户，为了互不占用资金，在结算合同中明确每月预收电费的转账次数（一般连同抄表后的结算，每月不超过 3 次；对特大用户，有的为 6 次），每月预收转账的日期和所预收的电费为上月实付电费的百分数，一般在 50%～90%间，以使用户做好资金准备。

（四）对付款要求

电费结算合同中对付款的要求，一般采用银行的有关规定，如委托收款的结算凭证到达银行后，因付款单位存款账户余额不足而延期转账时，则需由付款单位另交滞纳金等。

（五）电费结算合同的管理

供电企业营业管理部门与用户签订电费结算合同后，应建立委托收款户卡片进行管理。卡片内容一般包括用户户名（指付款单位在银行开户的户名）、开户银行及账号、联系电话号码、合同规定委托银行转账结算电费的户名（指用电户的户名）、户号及用电地址、每月电费转账结算的日期记载，以及变更事项摘记等栏目。

电费结算合同及委托收款卡片，均须统一编号（名称、托号），并将此委托号分别记入相对应的抄表卡片上，便于按月办理委托收取电费事宜。所有卡片应按顺序装订成册，电费结算合同及日常发生异动情况的有关函件或记录，均应按户存入用户户务档案备查。

表 23-1　　　　　　　　　　　电费结算合同（协议）

用电人：

付款人：

供电人：

为维护用电人、付款人、供电人的合法权益，依据中华人民共和国《合同法》、《电力法》、《电力供应与使用条例》和《供电营业规则》等有关规定，经三方协商一致，签订本协议，作为供电人与用电人签订的供用电合同的附件，共同信守，严格履行。

1. 计价依据与方式

（1）供电人按照有管理权的物价主管部门批准的电价和用电计量装置的记录，向付款人定期结算电费及随电量征收的有关费用。在协议有效期内，发生电价和其他收费项目费率调整时，按调价文件规定执行。

（2）用电人的电费结算执行_____制电价及功率因数调整电费办法。

基本电费计算方式如下：

1）按变压器容量计算；变压器容量为_____ kVA。

2）按最大需量计算。

3）_____。

功率因数调整电费考核标准为_____。

按国家规定，供电人对用电人执行_____（分时电价）。

2. 电费结算方式

（1）供电人应按规定日期抄表，按期向付款人收取电费。

（2）付款人应在供电人规定的期限内全额交清电费。

交付电费的方式如下：

1）付款人直接向供电人交付电费，每月分_____次交付。即每月_____日，预付_____%；_____日，预付_____%；_____日，预付_____%；_____日，预付_____%；_____日，预付_____%；并于_____日多退少补结清全部电费。

2）供电人委托_____银行向付款人_____（划拨/收取）电费。每月分_____次_____（划拨/收取）。即每月_____日，划拨_____%；_____日，划拨_____%；_____日，划拨_____%；_____日，划拨_____%；_____日，_____%；并丁_____日多退少补结清全部电费。

3）_____。

3. 用电人及付款人情况

（1）用电人。

（2）付款人。

（3）用电人、付款人前款发生变化时，应及时通知供电人。

户名：	用电地址：
报装编号：	报装容量：
电压等级：	供电方式：
用电类别：	子母表关系：
电话：	联系人：

户名：	法定地址：
法定代表（负责）人：	税务登记号：
开户银行：	账号：
电话：	联系人：

4. 付款人不得以任何方式、任何理由拒付电费。经供电人催交，付款人仍未付清电费的，供电人可依法按规定的程序停止部分或全部供电，并追收所欠电费和电费违约金。

用电人对付款人所欠电费及违约金承担连带责任。付款人因破产等原因无能力交清电费时，欠费由用电人承担。

5. 本协议经供电人、用电人、付款人签字盖章后并自_____年_____月_____日起生效，有效期至_____年_____月_____日止。合同到期后，如供用电双方都未提出变更、解除合同，可不再重新签订，本合同继续有效。

6. 本协议正本一式_____份。供电人、用电人、付款人各执_____份，效力均等。副本一式_____份，供电人执_____份、用电人执_____份、付款人执_____份。

用电人（印鉴）　　　　　　付款人（印鉴）　　　　　　供电人（盖章）

负责人（签章）　　　　　　负责人（签章）　　　　　　负责人（签章）

年　月　日　　　　年　月　日　　　　　年　月　日

三、收费方式

供电企业营业部门向用户收取电费的方式有抄表人员代收、专人走收、坐收、银行代收、银行托收、计划分次划拨及预收电费等方式。

（一）抄表员代收

抄表员代收方法就是抄表员在抄表的同时一并将电费收回，其有利的一面是方便用户，节约人力，并可及时回收电费，适用于边远地区。但这种收费方法不符合财经管理制度，容易发生流弊。

（二）专人走收

抄表与收费分别由专责人员进行或交叉进行的收费方法称为专人走收。也就是专人赴用户处收取电费，即上门收费。收费人员应在收费前一日领取已经审核的电费账据，并清点张数及金额与走收电费移送单载明数字是否相符，了解用户所在地点及有关情况，以便次日收费。在收费终了后，除清点实收电费现金外，还应编制实收电费日报表。当实收电费收据存根联的金额与实收现金相符，再连同未收的电费收据中的金额，与走收电费移送单上的数字相符合后，一并移交综合人员审核、汇总、上交，不得将电费存放家中和隔日上缴。如有不符应及时查找，直至查清。在工作中如发现用户有违章或窃电现象，应填写调查报告书，交调查人员处理。对未能收到电费户，应留给通知书，通知用户到指定地点交款或改期再来收费。这种传统的收费方式过去被广泛应用于居民及小电力用电户的收费，今后将逐步淘汰。

（三）坐收

供电企业营业部门设立的营业站或收费站（点），固定值班收费，称坐收或台收。坐收人员所收取的电费是由综合人员（收费整理人员）把所有走收人员在收费当日未收到电费的收据，以坐收电费移送单交来，用户持交费通知单（或无通知单，口头说明户名、地址），由坐收人员核对无误后，按电费收据所载金额收取现金或支票。目前，在我国各省、市、地区都采用持磁卡到营业站交费方式，用户可通过划卡得知本月应交电费，收费员则从用户磁卡上得出应交电费金额向用户收取电费。当天坐收人员除清点全部收入现金和支票外，还应将当日所收全部电费收据存根联分类统计，编制实收电费日报表。所发生的各项业务收入也均应分别编制相应的收入日报表。在电费及各项业务收入日报表内的数字和与电费及各项业务收据存根联全部收入金额数字之和相符后，将现金和支票存入银行，再将全部单据（包括银行存款进账单）移交给综合人员（收费整理人员）逐一审核，分别汇总。

（四）银行代收电费

抄表人员在每月抄表时应根据用户使用电量计算出用户应付的电费，并当时填写"电费收据"三联单交给用户，用户可持三联单到银行交款。

银行凭三联单所列金额收款，三联单中的一联为收据交给用户，二联银行留存，三联汇总后，填写当日代收电费送款簿一并送交供电企业营业部门，电费即存入其账户。

电费管理人员根据每月电费付单办理收账手续，次日将银行辅助账户的电费开出付款委托书上缴入库。

现在许多供电企业都实行了委托银行代收电费的方式，居民和小电力用户可以就近到供电企业委托的银行交纳电费。

（五）银行托收电费

托收电费也称结算、划拨电费，是供电企业与用户之间通过银行拨付电费的方法，它适用于机关、企业、商店、工厂、军队等单位，手续简便、资金周转快、便利用户、账务清楚。供电企业的电费收入有90%左右是通过银行托收入账的。

银行托收分"托收承付"和"托收无承付"两种方法。"托收无承付"就是由收款单位将托收无承付结算凭证交给银行，不经过付款单位同意，而由银行直接拨入收款单位的账户。"托收承付"就是将托收承付结算凭证送交银行，由银行通知付款单位，经付款单位同

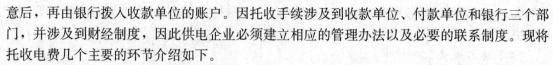

意后，再由银行拨入收款单位的账户。因托收手续涉及到收款单位、付款单位和银行三个部门，并涉及到财经制度，因此供电企业必须建立相应的管理办法以及必要的联系制度。现将托收电费几个主要的环节介绍如下。

1. 托收（结算）户的管理

（1）凡实行由银行托收结算电费的用户均应签订结算协议书。

（2）凡结算户均按单位统一编号，建立托收用户户数增减目录表。其内容包括户名、开户银行账号、电话联系人，并将所有结算户数，按户号、地址逐户填写在目录上，作为结算电费的依据。

（3）统一付费的结算单位，倘其经管的用户有所增减或开户银行有所变动时，可根据用户的通知及时订正，防止错划或银行退划。

（4）结算单位变动时，应根据用户双方的来函，注明新单位的名称及开户银行账号等再予以变更。

2. 托收电费过程

（1）结算员对审核员转来的结算电费卡片按核算单的金额进行验收，经查无误后再根据结算编号，将结算顺序整理；等待所有结算户汇齐后，再进行电费结算工作。

（2）根据结算电费卡按单位填写"托收无承付"结算电费收据。

电费卡片、收据和托收凭证上的金额，在送银行以前必须核对相符。然后，在卡片上加盖收讫戳，根据托收的金额填写银行送款簿及电费划拨单（一式两份）交有关人员下账。

3. 托收电费过程中，发生异动情况的处理

（1）托收户发生银行存款不足或因其他原因退票时，应及时与用户联系，在最短期限内再行划出或设法催收。

（2）结算单位如改回现地付费时，必须了解情况，由原单位找出现地付费负责人，方可停止结算工作。

（3）当地银行有起点规定金额者，凡电费合计不足起点金额的，应与用户联系交纳现金。

（六）电费储蓄

电费储蓄是一种新型的收费方式，对供用电双方都提供了方便条件。对供电企业可保证电费资金的及时、足额回收，保证了资金的安全、可靠的运转；对用电户可以减少交费时间，方便地交付电费。

（七）预售电票

预售电票是改变了传统的电能赊销方式的一种新的收费方式。每月由用户向电业营业管理部门按计划用电指标预购电票或买磁卡，凭证用电，抄表后凭电票结算电费，多退少补。凭卡用电是用户每月到电业营业管理部门买磁卡，此卡内存有一定的电量，插入磁卡电能表即可用电，如卡中电量用完则自动断电。所谓电票是记名或不记名的预收电费凭证。从实践情况看来，应以记名式电票分户立账为妥，预售电票收入的账务处理应列为暂收款，待电费结算时，再转为实收电费入账。

四、电费违约金

电费违约金是对不按规定期限而逾期交付电费的用户所加收的罚款。用户不按期交付电费，将影响电力企业资金周转和用款计划的兑现，导致电力企业延期偿还债务而增付利息。电力企业经国家批准向逾期交付电费的用户加收违约金，其目的是为了补偿电力企业增付的

利息，也是一种维护电力企业和用户双方权益的经济措施。

目前，我国各供电企业营业部门对用户交付电费的期限，一般规定为 3～10 天，逾期是指规定期限到期之日的次日起计算。每日电费违约金按下列计算：居民用户每日按欠费总额的 1‰计；其他用户当年欠费部分，每日按欠费总额的 2‰计，跨年度欠费部分，每日按欠费总额的 3‰计。每次违约金计数收取办法如下：对于照明用户，不足 0.5 元时则按 0.5 元收取，对于电力用户，不足 1.0 元时则按 1.0 元收取；对于通过银行托收结算电费的用户，有关付款期限及延期付款的违约金的计算，是按银行的有关规定执行的。

第六节　账务处理与统计

一、电费收入汇总与分析

供电企业的售电量及应收电费是千家万户积累而成的。最后，必须由专人汇总，以便进行统计分析、并及时上交电费。综计和统计人员是联系电费管理各个环节的中枢，它的工作质量直接关系到账目往来渠道是否畅通，银行往来单据是否准确及时，电费资金是否如数上交，有关经济指标的统计数字是否准确无误；同时，它也是供电企业进行财务管理和监督的重要组成部分。经管该项工作的人员不仅应精通有关营业规章制度、电费管理办法、电价分类及具体办事细则，并且还应掌握财务会计知识和有关条例。为此，经管综计和统计人员在日常工作中应做到以下几点：

（1）保证电费总账准确，如数并及时上缴电费。

（2）保证与银行往来的账目准确无误，往来单据及时。

（3）负责中转电费管理各个环节及银行的有关单据。

（4）负责管理电能表、电费保证金账目及其他有关账簿资料。

（5）汇编各种统计表。

（6）负责提取为地方政府代收的附加费，并及时拨付入库。

（7）负责监督检查并考核电费管理各个环节的工作质量及有关指标。

（8）积累并分析有关售电量及电费的统计资料。

二、各项指标的统计与分析

工业企业的基本任务是生产有使用价值的工业产品，而且应当提供有关生产和经济指标的各项统计数字，使国家能够检查生产计划的完成情况，分析各行业之间的比例关系，作为进行国民经济综合平衡的依据，也是制定未来发展计划的基础。这是一项很重要的工作。

电力是发展国民经济和提高人民生活必不可少的二次能源，又是工农业生产的主要动力。因此，售电量和电费的统计分析，世界各国都很重视，被称作是国民经济的"寒暑表"，在一定程度上能够反映国民经济的动态。随着现代化计量工具和电子计算机的采用，有可能更加准确及时掌握用户的负荷与电量资料，并为有关部门提供信息。为此，电力企业不仅应当准确及时地完成日常统计分析工作，而且应当积累并编制以下各种资料：

（1）历年各行业用电量的增长情况和逐月变化情况。

（2）历年用电结构的变化情况。

（3）历年各行业售电和地区总售电平均电价的变化趋势。

（4）历年大工业用户功率因数的变化情况。

（5）历年电费资金的回收情况。

（6）历年用户增减变动情况。

（7）历年电费工作人员的配备和劳动定额完成情况。

（8）历年电费工作质量（如差错率、实抄率等）的改进情况。

国家计划统计部门为了掌握电力企业的情况进行综合分析，制定颁发了一些要求并及时填报的表格，如电力收支平衡表、电费及电价明细表等。按照国家规定，工业用电分成 11 类，如煤炭、石油、黑色金属、有色金属、金属加工、化学、建筑材料、纺织、造纸、食品、其他工业等。农业、市政交通、生活照明用电，也将随着经济建设的发展划分为更加详细的用电分类。因此，电费工作人员（特别是抄表人员）必须加强学习，弄清每个用电分类所包括的具体内容，根据具体对象进行划分。

复 习 思 考 题

1. 电费管理工作的主要内容和作用有哪些？

2. 什么是用户用电分户账？其记录包括哪些内容？如何分类？

3. 什么是业务工作传票？对工作传票管理时应注意哪些事项？

4. 什么是户务资料？户务资料有什么作用？

5. 什么叫抄表？抄表日如何划分？

6. 对抄表工作有哪些要求？

7. 抄表人员应掌握哪些基本知识？

8. 常见的电能表异常状况有哪几种？如何判断电能表是否潜动？

9. 电费审核包括哪些内容？

10. 按期回收电费的作用是什么？

11. 什么是电费结算合同？为什么要办理电费结算合同？

12. 回收电费有哪几种方式？什么是托收承付？什么叫托收无承付？

13. 在电费托收过程中，如发生异动应如何处理？

14. 什么是电费违约金？如何收取？

15. 什么叫预售电票？

16. 对经管综计和统计工作人员的要求有哪些？

17. 在进行统计分析时，应积累并编制哪些资料？

18. 工业用户分类有哪十一种？

第二十四章　业　务　扩　充

第一节　业务扩充意义和内容

一、业务扩充意义

业务扩充是我国电力工业企业营业工作中的一个习惯用语，也称业扩报装。其主要含义是接受用户用电申请，根据电网实际情况，办理供电与用电不断扩充的有关业务工作，以满足用户的用电需要。

根据电力部门的规定，任何一个需要用电的单位或个人，用电量大至几万、十几万千瓦·时,小至几盏灯用电，都要向供电企业的营业部门办理用电申请，不允许私拉乱接。

供电企业营业部门接到用户的用电申请以后，应先根据用户的不同用电性质，并结合电网的具体情况进行调查研究，然后确定供电方案，组织供电工程的设计与施工，检查用户的电气设备，签订供用电合同，直至装表送电。完成这些工作的全过程，叫做业务扩充，简称业扩，也叫业扩报装或营业开放。由用户申请用电，需要由用户全部或部分投资建设的供电工程，叫做业扩工程。

由于电能是发展国民经济的主要动力，特别是在当前党的改革开放政策指引下，社会经济各部门发展迅速，人民生活不断改善，对电能的供应不断提出数量和质量方面的新要求。各类用户新申请用电或增加用电容量的，都需要到营业管理部门办理申请用电的业务手续，从而与用户建立新的业务往来和扩大供用电之间的业务范围。电力企业为满足社会经济发展和人民生活水平提高对电能的需求，就必须积极筹措资金和物资，组织新建发电、输变电等电力设施，不断扩大供电范围，使电力系统的发、供电能力基本上能与用电需求水平相适应。社会经济发展是长期的、不断的，一方面不断有新的用户要从电力系统取得它需要供电的电源，另一方面也是电力系统不断发展扩充的过程。这就是供用电业务不断扩充的客观原因。但是，按照国家投资的有关规定，国家只负责发电及输变电（220kV 及以上）工程的部分投资，其余将从业扩报装中依靠用户投资来解决，这就对业扩报装工作提出了更高的要求。因此，电力企业的有关部门必须将业扩工作当作一项长期的、经常性的重要任务，使之能适应客观发展的需要，这也是为扩大和提高电力企业生产和自身经济效益，以及提高社会经济效益所要求的。正确理解和执行业扩报装工作的各项政策、规章制度，积极完成业扩报装的工作任务，同时努力做到为用户优质服务，这就是业扩报装工作的重要意义所在。

二、业务扩充主要内容

（一）用电申请与登记

用户需要新装或增装照明、动力用电，迁移用电地址，改变进线位置，改变供电方式，迁移杆线、变电室或变台，临时用电，双电源用电等，应携带基建计划或技术措施计划的批准文件、用电设备明细表、工艺流程说明、厂区平面图以及对供电可靠性的要求等文件，到供电企业营业部门办理用电申请手续。这些文件资料是用户有无投资保证的依据，是工程设计所需要的，也是审查用电合理性与必要性的有关资料。因此，供电企业营业部门接受用电申请时，必须根据用户的用电性质，对资料进行审查，特别要查清工程项目是否已得到批准，提供的资料是否可以满足审定供电方案和设计、施工的要求。对于用电量较少的一般用户，要根据实际情况索取资料。在受理用电申请后，要进行编号、登记、建账、记录经办情况，发给用户"用电登记证"，作为用户与营业部门进行业务联系的凭证。

（二）供电必要性和合理性审查

1. 对新申请用电用户的审查

首先，审查新建项目是否已得到上级或有关部门的批准，防止盲目建设、重复建设而造成不合理的用电。其次，审查其用电性质、用电容量以及负荷计算是否正确。然后，对其是否采用单耗小、效率高的用电设备，申请的变压器容量是否合理以及无功补偿方式等进行审查。对电加热用电应严格控制。

在批准用户变压器容量以后，采用哪一级电压供电，供电回路是多少，是新建变电所还是从现有变电所出线，是采用架空线供电还是采用电缆供电，这都是供电合理性审查的内容，又是供电方案中所要解决的问题。

2. 对申请增加用电容量用户的审查

当用户申请增加用电容量时，应对用户申请增容的原因、原供电容量的使用情况进行了解。例如，用电设备有无"大马拉小车"的现象，有无继续使用国家已指令淘汰的用电设备，是否继续生产高能耗产品。然后，审查用户提出的负荷计算资料，对电能的使用是否合理。如果可以通过用户内部挖潜或采用其他方法解决，则应说服用户撤消申请。如属确需增加用电容量时，则应与新申请用电的用户一样办理。

3. 对申请双电源供电用户的审查

双电源是指两个独立的电源。双电源可分为生产备用电源和保安备用电源两种。

生产备用电源对供电可靠性的要求要比保安备用电源低，也不负保证生产安全的责任，仅在供电设施某一部分出现故障或检修时，能使用户的部分或全部生产过程正常进行而设置的电源。

保安备用电源是在正常电源出现故障的情况下，为了保证用户的部分运转不发生事故而设置的电源。生产备用电源和保安备用电源用户的增加给电网的安全运行、调度管理、设备检修等，都会带来一些困难，而且还会增加事故隐患。

对用户是否需要双电源主要决定于用户的用电性质，其生产流程中对供电可靠性的依赖程度，以及电网的供电条件，两者缺一不可。应从严掌握，严加控制，以确保供、用电的安全。但是，有的用户不符合双电源供电的条件而是由于当前供电紧张出现的拉闸限电，一再申请以双电源供电的，这种情况是不能同意的。有的重要用户，其保安备用电源是可以自备，无需从电力系统获得，甚至更经济、更合理，而且能满足生产、保安用电的需要。

（三）供电可能性审查

对用户申请用电的必要性与合理性审查后，供电企业营业管理部门应立即组织对用户申请用电的可能性进行审查，综合研究。

首先，要落实电力资源渠道，即供电能力是否能满足用户申请用电的容量要求，包括电力、电量、用电时间等。

其次，应根据用户的用电地址、变压器容量、负荷性质、开始使用的年月等，与电网输、变、配电设备的供电能力是否能满足用户申请用电的容量和使用日期的要求，进行综合研究。然后，才能确定对用户是否具备供电条件。

经过全面综合研究，认为均能满足用户用电要求时，即可确认能对用户提供电源，并应及时通知用户：同意供电，以便用户开始用电项目的建设。如有业扩工程的亦应同时向用户说明，以便用户委托设计、施工。至此，业扩报装工作的下一步流程（制订供电方案）将继续进行。如不能向用户提供电源时，亦应尽快通知用户，以免盲目建设，造成不必要的损失。因此，特别是对大工业用户的业扩报装，对其供电可能性的审查应采取积极、慎重的态度。要尽快办理，并及时向用户反馈信息，以免延误工作，给用户和国家造成不应有的损失。

（四）工程概算与贴费收取

供电方案确定以后，可以编制出工程概算，通知用户进行设计、备料、施工，并向供电企业营业部门支付费用。

（五）设计与施工

（1）10kV及以下配电线路，由于杆型及器材规范都已定型化，供电企业营业部门接受用户报装后，可在供电方案上标明线路的路径、杆型、材料规范与数量，代替工程设计。线路的施工由营业部门负责安排。

（2）35kV及以上的输电线路工程，用户应根据供电方案的批复文件，在取得当地规划部门的同意后，一般可委托供电企业的设计院（所、室）进行设计，由送变电施工单位完成施工任务，线路工程竣工后，再移交供电企业运行部门进行维护管理。

（3）35kV及以上的业扩报装变电工程，在供电方案批复后，可以通知用户委托有关部门做工程设计。凡是竣工后交由供电企业维护管理的，一般应由供电企业进行设计、施工；竣工后由用户自己维护管理的，其工程设计应经业扩报装部门审查批准，施工任务可委托供电企业或专业施工单位完成，也可由用户自己安装。但是，工程施工质量都必须符合制造厂家的规定以及国家标准《电气装置安装工程施工及验收规范》的各项规定。由于业扩报装引起区域变电所的扩建或改建工程的，应由供电企业负责安排设计与施工。

（六）签订供用电合同（或协议）

为了确立供用电关系，明确供电企业与用户之间的责任，促进安全、经济、合理地供用电，对于高压电力用户、特殊用电的用户以及经地区调度部门同意并网运行的自备发电厂的用户，应在接电以前由供用电双方协商签订《供用电合同（或协议）》，并和电力调度部门签订《调度协议》，共同遵守执行；对于批准供电的一般用户，可按供电类别按户发给《电力用户装接容量核准书》或其他形式的用电凭证，以表明建立了供用电的关系。

（七）装表、立户

在接电以前，按照批准的供电容量和国家电价分类，供电企业营业部门负责在用户处安装各种有关的电能计量装置，并根据用户报装资料进行建账立卡，完成装表、立户手续，作为今后抄表收费和户务管理的依据。

至此，业扩报装完成了最后一道程序，标志着供用电关系的实际建立，这是用户用电的开端，也是电能计量的开始。

第二节　业务扩充受理

用户需要新装或增装照明、动力用电，迁移用电地址，改变进线位置，改变供电方式，迁移杆线、变电室或变台，临时用电，双电源用电等，应携带基建计划或技术措施计划的批准文件、用电设备明细表、工艺流程说明、厂区平面图以及对供电可靠性的要求等文件，到供电企业营业部门或报装中心办理用电申请手续。

营业所或报装中心的受理人员在接受用电申请时，必须根据用户的用电性质，对资料进行审查，特别要查清工程项目是否已得到批准，提供的资料是否可以满足审定供电方案和设计、施工的要求。对于用电量较少的一般用户，要根据实际情况索取资料。在受理用电申请后，要进行编号、登记、建账、记录经办情况，发给用户填写"用电申请表"，作为用户与用电报装部门进行业务联系的凭证。

一、用户需要新装或增容申请时应携带的资料

用户需要新装或增容申请时，应携带以下有关资料：

(1) 居民客户。身份证、住房证、邻居的电费通知单。

(2) 低压、高压新装用电客户。

1) 有关上级批准的文件和立项批准文件（个体户提供营业执照和身份证复印件）；

2) 地理位置图和用电区域平面图；

3) 规划红线图；

4) 用电负荷；

5) 保安负荷，双电源必要性；

6) 设备明细一览表；

7) 主要产品品种和产量；

8) 主要生产设备和生产工艺允许中断供电时间；

9) 建筑规模及计划建成时间；

10) 用电功率因数计算及无功补偿方式；

11) 供电企业认为必须提供的其他资料。

(3) 增容用电客户。

除提供上述 10 项资料外，还应提供以下原装容量的有关资料：

1) 客户受电装置的一、二次接线图。

2) 继电保护方式和过压保护。

3) 配电网络布置图。

4) 自备电源及接线方式。

5) 供用电合同书。

二、受理方式

随着通信和信息技术的发展，供电企业为了方便用户，在用户申请用电新装受理时提供了优质的服务，其受理方式除了采用传统的营业网点柜台受理方式以外，还可用电话和网站来受理用户的用电申请。供电企业采用电话和网站受理用户的用电申请时，应通过电话的语音服务和因特网站的公告牌公告办理包括用电报装在内的各项用电业务的程序、制度和收费

标准。

供电企业的受理方式归纳起来有三种方式，即：

（1）营业柜台受理。即客户带有关资料到供电企业营业所处办理有关申请。

（2）电话受理。即通过服务电话受理，服务电话：95598。

（3）网站受理。通过上网，在服务网站上受理。服务网站：http://www.95598.com.cn

第三节 业务扩充工作流程

为了做好为用户服务的工作，加强业扩报装的管理，明确业扩报装工作前后程序之间的关系和有关部门应承担的工作任务及责任，现按一般的分工及做法叙述如下。由于各个供电企业的营业管理与分工情况均存在差异，所以可以结合本部门情况予以调整。

一、低压供电业扩流程

按照部颁《供电营业规则》的规定，低压供电的电压为单相220V，三相380V；用户用电设备容量在250kW或需用变压器容量在160kVA及以下的，应以低压方式供电，特殊情况也可以高压方式供电。

（1）用户申请新装或增容用电，容量在规定的容量界限以下（即属小报装）时：

1）用户填写用电申请书到用电所在地区的供电企业营业管理部门营业柜台或办理营业工作的办公室，办理申请用电登记手续。

2）报装业务人员接受用户用电申请后，即予登记，发给用户"用电登记证"，作为用户与报装业务人员联系的凭证，受理后转营业外勤人员（一般均为用电检查专责人员）进行勘察。

3）营业外勤人员到用户所在地进行现场勘察，将加装接户线的长度及需用的附属材料（如墙头角铁、绝缘子、螺栓等）估算好，确定接户线的杆号及进户位置，做好记录并绘制简图。同时，指定用户电能表配电盘（俗称表板）的安装位置和用户所要做的准备工作。

4）营业外勤人员将调查结果填写在申请表上，连同绘制的简图，一并转交报装业务人员，由内勤人员核算贴费及接户材料费，以及按规定应由用户交纳的其他费用。如需延伸380V配电线路工程的，则应转生技部门研究后，转设计部门勘察、设计并计算工程款，然后，由报装业务人员填写交款通知单通知用户。

5）报装业务人员在用户交款后，应通知施工部门施工，用户工程竣工后，则通知营业外勤人员检查用户内部线路及电能表配电盘的安装是否合格。

6）用户工程竣工检查验收合格后，报装业务人员应通知计量部门，装表接电。至此，用户就与供电企业正式建立了供用电关系。

7）装表接电后，报装业务人员应将用户申请用电全过程的资料集中，转供电企业电费管理部门建账、立卡，完成立户手续。

（2）用户申请新装或增容用电，容量在规定界限以上（即属大报装）时，除按上述事项办理外，还需：

1）由有关部门明确电力资源渠道后，方可接受用户报装。

2）对用户用电的必要性、合理性、可能性，应经用电检查、生技部门研究，经领导批准后，方可通知用户同意报装。

（3）对申请以双电源供电的用户，除按上述（1）、（2）事项办理外，还须对用户用电依赖供电可靠性程度及用户内部接线等，进一步通过用电检查、生技、计划部门研究，经供电企业领导批准后，方可通知用户同意报装。

二、10kV 供电用户

1. 单电源供电的用户

（1）用户应持有关部门批准的电力资源渠道来源的文件到供电企业营业管理部门营业柜台办理新装或增容用电申请手续。

（2）报装业务人员应审查用户所提供的文件是否符合申请用电的要求，如果符合要求则应受理并予以登记，发给用户用电登记证，然后将用户申请用电申请书及用户所提供的文件、资料，转给营业外勤人员进行必要性、合理性、可能性的调查。

（3）营业外勤人员根据用电申请书填写的用电要求，对用电现场进行调查，如有外部供电工程时，则应根据现场情况，以及 10kV 电源的进线位置，拟订供电方案，绘制图纸以便审核。

（4）报装业务人员应将用户用电申请书以及拟订的供电方案、图纸，转供电企业的生技部门对 10kV 线路的"T"接或延伸进行审核，如需由变电所重新出线的，则须以计划部门为主，生技部门与营业管理部门配合，共同审核提出意见，然后按容量大小的审批权限分工，逐级审批。

（5）报装业务人员根据批准的供电方案计算用户应交纳的费用，并通知用户同意报装。用户则可按同意报装的通知进行工作，如向营业管理部门交纳费用，内部工程即可委托设计与施工。在施工期间，用电检查专责人员应适时对工程进行中间检查，最终进行竣工检查，直至合格，确认具备接电的条件。

（6）报装业务人员在外部供电工程验收合格移交配电维护部门后，通知装表部门按批准的用电容量、计量方式、配备和安装相应的电能计量装置、负荷控制装置，最后将用户申请用电的资料集中，转电费管理部门建账、立卡，完成立户手续。

2. 双电源供电的用户

对申请以双电源供电的用户，除了按上述第 1 项单电源供电用户的各项工作流程进行工作外，报装业务人员还须对用户使用双电源的必要性及对供电可靠性的依赖程度，以及电网供给双电源的可能性，进行逐级审查。

三、35kV 及以上电压供电

用户申请以 35kV 及以上电压供电，其业扩报装工作流程，基本上与 10kV 供电的工作流程相同。但是，由于这类用户申请新装或增容的用电容量较大，涉及电力系统的运行方式、保护方式等，故须经供电企业，甚至更上一级的领导审核批准后，方可同意用户报装，然后才能进行内部供电工程和外部供电工程的设计与施工等项工作。

第四节　供　电　方　案　制　订

制订供电方案是业务扩充工作中的一个重要环节。供电方案要解决的问题可以概括为两个：第一为供多少；第二为如何供。"供多少"是指批准变压器的容量是多少比较适宜，"如何供"的主要内容是确定供电电压等级，选择供电电源，明确供电方式与计量方式等。

供电方案正确与否将直接影响电网的结构与运行是否合理、灵活，用户必需的供电可靠性是否能得到满足，电压质量能否保证，用户变电所的一次投资与年运行费用是否经济等等，因此正确制订供电方案是保证安全、经济、合理地供用电的重要环节。

供电方案不仅是业扩工作中的一个重要环节，而且还是营业工作中的一个关键环节。正确制订供电方案以后，给正确执行电价分类、正确安装电能计量装置、合理收取电费以及建立供用电双方的关系、解决日常用电中的各种问题奠定了一定的基础，并创造了必要的条件。所以说，从用户申请用电开始，就要抓住这个关键。

一、变压器选择

用户申请用电以后，首先要审查用户申请的变压器容量是否合理，紧接着在供电方案中就要进一步研究批准用户的变压器容量问题，审查用户的负荷计算是否正确，目前用多少电，若干年以后，负荷发展的前景如何，用户申请的变压器是否符合目前和未来的需要，如何按照"兼顾安全与经济"的原则确定变压器的台数与容量等。

变压器容量的确定可分为两种情况：①对于城镇居民、市政照明负荷、中小型工商业和一些小型动力负荷，由于其用电容量小，一般都以低压供电，在确定供电容量时，可以尊重用户所申请的数值，或者以实际安装的用电设备提出的用电容量来确定变压器容量。②对于用电容量较大的用户（各地规定的容量标准不统一，一般规定为容量在 100kW 及以上的用户），在确定受电变压器容量（即供电容量），一定要按下述原则进行。

首先要审查用户申请的变压器容量是否合理，审查用户负荷计算是否正确，如果采用需用系数计算负荷时，计算负荷确定后，一定要根据无功补偿应达到的功率因数，求出相应的无功功率和视在功率，再利用视在功率选择变压器容量。

（1）批准变压器容量时应遵守以下原则。

1）在满足近期生产需要的前提下，变压器应保留合理的备用容量，为发展生产留有余地。

2）在保证变压器不超载和安全运行的前提下，同时考虑减少电网的无功损耗。一般用户的计算负荷等于变压器额定容量的 $70\%\sim75\%$ 是最经济的。

3）对于用电季节性较强、负荷分散性大的用户，既要考虑能够满足旺季或高峰用电的需要，又要防止淡季和低谷负荷期间因变压器轻负荷、空载而使无功损耗过大的问题。此时可适当地降低变压器选择容量，增加变压器台数，在变压器轻负荷时切除一部分变压器以减少损耗，从而降低运行费用，增加灵活性，实现节电的原则。

（2）若采用需用系数来确定变压器容量，则要根据用户内部用电设备的额定容量和由于行业特点和考虑用电设备在实际负荷下的需要系数所求出的计算负荷，再考虑用电设备使用的不同供电线路及其用电设备损耗等各种因素后，确定变压器最佳容量。计算用电设备计算负荷的公式为

$$P_c = K_d P \tag{24-1}$$

式中　P_c——计算负荷，kW；

　　K_d——需用系数；

　　P——用电设备的容量，kW。

用电设备计算负荷求出后，可根据国家规定用户应达到的功率因数求出用电负荷的视在功率，并确定变压器的容量。用电负荷的视在功率计算公式为

$$S = \frac{P_c}{\cos\varphi} \tag{24-2}$$

式中　S——用电负荷的视在功率，kVA；

　　cosφ——要求用户应达到的功率因数。

依上述方法求出的视在功率选择变压器容量是简便易行的，此法关键在于积累资料，计算各种用电设备的需用系数，由于行业不同，用电需用系数也各不相同，所以一般可采用现场实际测量的方法来找出不同行业、不同用电设备的需用系数。

依据计算负荷确定变压器容量和台数时，除考虑上述几项原则和注意事项外，还一定要与用户认真协商，本着实事求是的精神，按照安全、经济、统筹兼顾的要求，确定出最佳的变压器容量和台数。

常用的几种工业用电设备的需用系数，见表 24-1。

表 24-1　　　　　　　　　　　常用的几种工业用电设备的需用系数

用电设备名称	电炉炼钢设备	转炉炼钢设备	机器制造设备	金属制造设备	纺织机械	毛纺机械	面粉加工机	榨油机
需用系数	1.0	0.05	0.20～0.50	0.65～0.85	0.55～0.75	0.40～0.60	0.70～1.0	0.40～0.70

二、确定供电电压

1. 供电电压的应用范围

我国电网的供电电压大体上可分为：低压、中压、高压、超高压和特高压五个等级。1kV 以下称作低压；1～10kV 称作中压；10～330kV 称作高压；330～1000kV 称作超高压；1000kV 及以上称作特高压。

根据《电力供应与使用条例》的规定，对于供电企业供电时的额定电压，低压供电电压为单相 220V，三相为 380V；高压供电电压为 10、35（6）、110、220kV。该条例还规定，除发电厂直配电压可以采用 3、6kV 以外，其他等级的电压逐步过渡到上列规定的电压。

从我国目前的供电情况看，220kV 及以上电压主要用于电力系统输送电能，也有少数大型企业从 220kV 电网直接受电；35～110kV 电压既可作输电用，也可作配电用，直接向大中型电力用户供电；10kV 及以下电压只起配电作用。各级供电电压与输送容量和输送距离的关系，如表 24-2 所示。

表 24-2　　　　　　　　　　　供电电压与输送容量和输送距离的关系表

额定电压（kV）	0.38	3	6	10	35	110	220	330
输送容量（MW）	0.1 以下	0.1～1.0	0.1～1.2	0.2～2.0	2.0～10	10～50	100～500	200～1000
输送距离（km）	0.6 以下	1～3	4～15	6～20	20～50	50～150	100～300	200～600

2. 供电电压的选择

在供电企业业扩报装部门接受用户申请用电时，应根据用户需用的电力（或批准的变压器容量）及供电距离，选择合适的供电电压。一般讲，在输送功率及距离一定的条件下，电压越高，则电流越小，电网的电压降落、功率损耗和电能损耗都相应减小。也就是说，提高电压就能提高输电能力。因此，对一些容量大、供电距离远的工业用户应区别情况采用合适的供电电压，以减小线损，保证用户电压质量。例如，某地区规定变压器容量超过3000kVA 的电力用户，一般采用 35kV 供电。但是，应当看到，电压等级越高，线路的绝缘强度就要求越高，杆塔的几何尺寸也要随线间距离的加大而增大，这样杆塔的材料消耗和线路投资就要增加，同时，线路两端升压与降压变电所的变压器、断路器等电气设备的投资，也将随着电压的升高而增加。因此，要进行技术经济比较，才能确定合理经济的供电电压。

（1）对于城镇居民、市政照明负荷、小型工业和小型动力负荷，由于用电容量小，负荷密度大，一般规定变压器容量在 100kVA 或装接容量在 250kW 以下的，可以采用低压供电。

（2）对于变压器容量超过 160kVA 或装接容量大于 250kW 的用户，一般采用 10kV 供电。从电网的公共配电电压讲，一般不采用 6kV 作为配电电压，但在有些用户的负荷组成中，大型电动机占有很大比重，直接选用 6kV 级电压，就可以避免多级降压，从全局来考虑是经济的。例如，某地区变电所的供电负荷主要是钢厂的大型鼓风机和轧钢机。因此，该变电所主变压器的电压等级可确定为 110/35/6kV。另外，在钢厂内部可装设 35/10kV 降压变压器，向各车间的辅助设备供电。

（3）对于大容量、远距离的大电力用户，一般采用 35～110kV 供电。有些大型企业和矿区 6kV 高压电动机较多，可以同意变电所采用 110/35/6kV 三级电压，但用户投资建设时，从其利益出发，往往不同意采用三绕组变压器，在这种情况下，应当说服用户，既要以用户用电为主，又要适当照顾附近农村或其他用户未来的发展用电，35kV 级电压应当保留，以备发展。

（4）对于农村用电，应根据用电负荷的大小和距离的远近，采用 35～110kV 输电或 10kV 配电。在灌溉用电较多的地区，10kV 级电压很难保证合格的电压质量，可以采用 35kV 直接配电和 35kV 降压、10kV 配电两种联合供电的方式。

三、确定供电方式

供电企业业扩报装部门应根据用电地点、用电容量和批准的供电线路回路数，并经详细调查用户周围的地理条件、电源布局、电网供电能力和负荷等情况后，拟订供电方式，其主要内容包括确定供电电源、选择供电线路两部分。

1. 供电电源的确定

一般情况下，按照就近供电的原则选择供电电源。因为供电距离近，电压质量容易保证。有时，受邻近的区域变电所（或配电变压器）和线路负荷的限制，需要从其他电源接电。在这种情况下，应尽可能采取区域变电所（或配电变压器）增容、增加出线间隔、切改供电线路负荷等方法，来解决电源问题，以保证供电方式既经济，又合理。若区域变电所因受占地面积和出线走廊等条件所限不能再进行扩建，而一些大工业用户又急于用电时，可由用户集资筹建高一级电压的区域性变电所解决电源问题。这就是由于用户申请用电引起新建、扩建区域变电所的过程，也是电网逐渐扩大的过程。

各种电力用户对电力系统运行的首要要求是保证供电的可靠性，也就是要求持续不间断地向用户供电。从我国电网状况讲，目前供电可靠性较差，有时还会发生规模不同的供电中断事故，给用户造成不同程度的损失，尤其是电力供需矛盾突出的地区，拉闸限电就频繁。因此，用户要求用双电源、备用电源的较多。根据用电设备对供电可靠性要求程度，一般将工业企业的电力负荷分为以下三级。

Ⅰ级负荷。对这类负荷突然停电，将造成人身伤亡，主要设备严重损坏，难以修复，经济损失巨大，或严重影响政治、军事及社会治安者。

Ⅱ级负荷。对这类负荷突然停电，将造成大量减产、工人窝工、机械停顿、工业企业内部交通运输阻塞以及影响城市人民正常生活。

Ⅲ级负荷。所有不属于Ⅰ级和Ⅱ级的负荷。

对于Ⅰ级负荷应由两个或多个电源（以下统称为双电源）供电。供电业扩报装部门应根据用户提供的用电负荷性质，严格审核双电源供电是否必要。对于确实需要双电源的，应在确定供电方式时进行落实。如果电网没有条件供给双电源时，应由用户自备发电机组，并使其处于完好的备用状态。有些Ⅰ级负荷用户，不愿意甚至拒绝双电源供电方案，供电企业应加以说服。否则，则应由用户承担可能造成的一切后果与损失。对于Ⅱ级负荷，一般不批准双电源，如果用户用电容量大，可以单电源双回路供电，这样在检修线路时可起到一定的备用作用。

2. 选择供电线路

一般根据用户负荷性质、负荷大小、用电地点和线路走向等选择供电线路及其架设方式。根据我国目前的情况，是以架空线为主。但对城市电网，需要逐步考虑电缆配电问题，先从 10kV 开始，再向 35kV 发展。供电线路的导线规范由设计单位确定，但在业扩报装时，应建议按经济电流密度选择导线。

在供电线路走向方面，应选择在正常运行方式下，具有最短的供电距离，以防止发生近电远供或迂回供电的不合理现象，如图 24-1（a）所示，由于历史的原因，1～4 点各个供电点逐步形成，当 5 点申请时，如果单纯按供电距离最短、减少线路投资费用

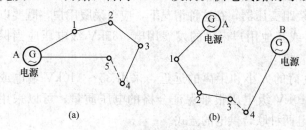

图 24-1　选择供电线路方案比较图
（a）防止迂回供电线路方案；（b）防止近电远供线路方案

的原则，确定架设 L4-5 线路，就不一定正确，而且电压质量很难保证，应当说服用户架设 LA-5 线路为好。同样道理，图 24-1（b）中的供电点 4，应当从 B 电源架设 LB-4 线路，而不应取架设 L3-4 线路的方案。

3. 用户变电所的接线方式

大部分用户变电所为终端降压变电所，其电气接线方式由用户自行决定。但是，有些变电所因电网需要转供电或有穿越功率流经该所，因此，在批准用户供电方式时，应当根据电网发展规划和运行要求，向用户变电所提出一次接线的基本形式。对于有两路电源供电并有两台主变压器的用户变电所，一般可以采用内桥或外桥接线方式，其优点是断路器数量较少、运行较灵活、投资也省。对于有穿越功率流过的用户变电所，适于采用外桥接线。如果用户主变压器不需要经常切除，而且输电线路较长时，适用于采用内桥接线。

图 24-2（a）为外桥接线方式。环网运行时只经过一台断路器，因此不致因断路器停电检修或故障跳开而使环网断开次数成倍增加。其次，用户变压器需要经常停运一台或经常

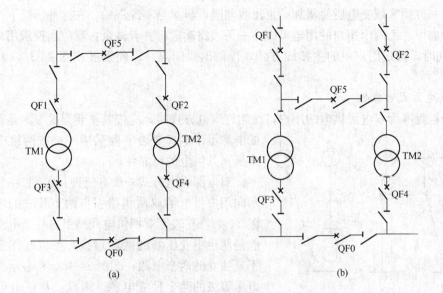

图 24-2　降压变电所桥形接线方式示意图

(a) 外桥接线方式；(b) 内桥接线方式

切换运行时，如采用外桥接线，只要断开变压器两侧的断路器即可，电网环路照常运行，两条线路向一台主变压器供电，线损减少，电压质量较好。内桥接线方式就不能适应这种变化。

图 24-2 (b) 为内桥接线方式。由于用户需要两台变压器经常运行、线路较长、故障机会较多。当线路故障跳开断路器或者停电检修时，仍可保证一条线路带两台主变压器运行。如果用外桥接线，则断路器断开以后，就成为一条线路供单台主变压器运行，用户生产将受到影响。所以，虽然外桥接线方式可以节省两组隔离开关，但不宜采用。其次，断路器停电检修比较方便。例如，在检修断路器 QF5 时，内桥接线方式只需要断开 QF1 和 QF2 即可；外桥接线方式，则需断开电源侧断路器才行。

对于单电源供电，有 2～3 台变压器的用户，常采用单母线的接线方式。当系统有穿越功率流经该站时，一次接线可以采用图 24-3 (a) 的接线方式，隔离开关 QS2 是考虑本所停电检修时加装的。因为隔离开关 QS1、QS2 属于地区调度的范围，变电所检修时，将涉及电网改变运行方式或给转供电用户造成停电。加装 QS3 以后，只需短时间停电，断开 QS3，再合上电源端断路器，仍可通过母线继续供电。以图24-3 (b) 为例，用户申请新建 35kV

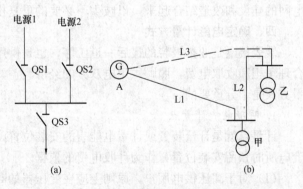

图 24-3　单母线兼有转供电的接线示意图

(a) 在受电端加装隔离开关，方便检修；

(b) 共同建设输电线路，便于今后发展

输电线路 L1 与变电所，又知与用户甲相距不远的用户乙，不久也将申请用电。如果不作统一考虑，从电源新设两条输电线路 L1 与 L3，分别向用户甲与乙供电，一方面线路工程投资增大，另一方面区域变电所要增加一个出线间隔，显然是不经济的。在这种情况下，只要从技术上考虑甲、乙两个用户的用电可以由一条线路输送，并有富余，就应当说服用户共同建设L1，同时，确定用户甲的主接线方式，预留出线间隔，以便发展成图 24-3（b）的接线方式。

4. 供电方式可靠性

对于被批准为双电源供电的用户，在制订供电方式时，应按其重要程度考虑是否由不同的电源点供电，是否需要采用一根或两根电缆线路来提高其供电的可靠性。

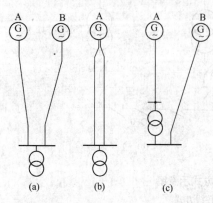

图 24-4　双电源供电方式示意图
(a) 双电源、双回路供电方式；
(b) 单电源、双电路供电方式；
(c) 双电源、双回路、电压等级不同的供电方式

双电源供电方式一般有三种：①图 24-4（a）表示向用户供电的双回线路引自两个独立的电源；②图 24-4（b）表示双回供电线路引自一个电源，也可能是两台主变压器的两段母线，可以互作备用，但不是独立的两个电源；③图 24-4（c）表示引自不同电压等级的两个独立电源。因此，从供电可靠性来说，图 24-4（a）与（c）的供电方式比图 24-4（b）所示的好。供电企业业扩装部门应根据负荷性质与电网供电条件决定采用何种供电方式。

对于大容量用户，还可采用适当增加变压器台数的办法来提高供电的可靠性。当一台主变压器故障或计划检修时，不致造成全厂停电，运行比较灵活。例如，某水泥厂原申请变压器容量为一台 1800kVA 的，后来提出改用两台 1000kVA 的变压器。经供电企业业扩报装部门认为，水泥厂的窑泥会由于突然停电而报废，修改原设计可以提高供电的可靠性，因此批准了用户的要求。

5. 供电方式与电网规划

供电企业业扩报装部门批复供电方式时，应紧密结合城市建设规划，把业扩工程与城市电网的建设和改造结合起来，以减少不必要的重复投资与损失，使电网布局既经济又合理。

四、确定电能计量方式

装表接电是业扩报装的最后一道工序，也是供用电双方建立营业关系的一个标志。为了合理负担和收取电费，照顾供用电双方的经济利益，保证国家的财政收入，正确解决电能计量方式是十分重要的。

1. 明确电能计量点

计量点就是计量装置或计费电能表的安装位置，应在供电方案中予以明确，以便在设计变电所时预留安装位置，作为计收电费的依据。

（1）对于高压供电用户，原则上应在变压器的高压侧安装电能计量装置。对于用电容量较小的用户，如 10kV 供电、容量在 560kVA 及以下者，或 35kV 供电、容量在 3200kVA 及以下者，也可在变压器的低压侧装表计量。在计费时，应加上变压器本身的损耗。

（2）对于专用线路供电的用户，应以产权分界处作为计量点。如果供电线路属于用户，则应在供电企业变电所出线处安装电能计量装置。

（3）为使计量点能够反映用户消耗的全部电能，对于双电源供电的用户，每路电源进线均应装设与备用容量相对应的电能计量装置；对大容量内桥接线的用户，计量点应设在主变压器的电源侧，电流互感器的变比可按单台主变压器的额定电流选择，以提高计量的准确度。对于单电源供电的用户，原则上只装设一套电能计量装置。但是，如因季节性用电主变压器容量与实际用电悬殊过大，也可酌情加装计量表计分别计量。对于双电源供电、经常改变运行方式的用户，应保证电能计量点在任何方式下都能正确计量，防止发生电表甩电情况。

2. 确定电能计量方式的原则

(1) 电能计量装置实行专用。属高压供电用户，应当给电力部门提供方便，按照计费的要求，提供或移交计量专用柜，包括计量用互感器，并应妥善地运行、维护和保管。自行投资建设、专用变电所的用户，应当在供用电合同中予以明确，并为变电所设计的内容之一。

(2) 根据《电热价格》规定，普通工业用户、非工业用户的生活照明与生产照明用电、大工业用户的生活照明用电都应分表计量，按照明电价计收电费。在用户报装时，必须明确规定分线分表或装设套表，计量收费。

(3) 对于农村用户，要以生产大队为单位，对排灌、动力和照明用电，实行分线分表计量收费，并在送电前加以检查落实。对农村趸售用户，应以上述三种用电的实际构成确定趸售电价，从用户报装开始，就应予以明确。

(4) 对执行两部制电价，依功率因数调整电费的用户，必须装设有功与无功电能表，并加装无功电能表的防盗装置。

五、供电方案的经济性

最佳的供电方式既要满足用户对供电可靠性的要求，又要保证供电质量，具有最佳的经济指标。供电方案的经济性体现在一次投资与年运行费用的多少上，因此在制订供电方案时应兼顾这两项经济指标。因此，在供电方案中选用设备和导线时，应取得一次投资与年运行费用之和为最小的经济效果；在设备选型时，还应考虑5~10年的发展余度，以适应未来发展的需要。

第五节 工程检查与装表接电

一、中间检查

用户变电所的设计单位应根据供电企业业扩报装部门的审批意见修改原设计，待取得同意后，即可安排施工。一般在变电工程进行到2/3，电气装置安装基本就绪时，应由用户通知供电企业业扩报装部门组织进行中间检查。对于低压供电的用户，不进行中间检查。

所谓中间检查就是按照原批准的设计文件，对用户变电所的电气设备、变压器容量、继电保护、防雷设施、接地装置等方面进行全面的检查。这也是对整个变电所工程的施工质量进行的一次初步而又全面的检查，以确定各种电气设备的安装工艺是否符合国家标准《电气装置安装工程施工及验收规范》（以下简称为《规范》）以及其他有关规程的各项规定。

中间检查的目的是及时发现不符合设计要求与不符合施工工艺等问题，并提出改进意见，争取在完工前进行改正，以避免完工后再进行大量返工。经过中间检查提出的改进意见要做到一次向用户提全、提清楚，防止查一次提一些，使时间拖的很长而影响用户变电所的施工和投入运行。

中间检查时，应进行以下几项工作：

（1）检查工程是否符合设计要求。

（2）检查有关的技术文件是否齐全，如设备的规格及其说明书、产品出厂合格证件等。

（3）检查所有的安全措施是否符合《规范》及现行的安全技术规程的规定。对于电气距离小于规定的安全净距的设备，应在其周围采取相应的安全措施，如加强绝缘、加装遮栏等，从而为变电所的运行、检修人员创造安全的工作条件。

（4）对全部电气装置进行外观检查，确定工程质量是否符合规定。

（5）检查隐蔽工程，如电缆沟的施工、电缆头的制作、接地装置的埋设等。

（6）检查所有高压开关的连锁装置，双电源用户还必须加装防止串电的连锁装置。

（7）检查通信联络装置是否安装完毕。对于 35kV 及以上的变电所，要求安装专用电话；10kV 及以下供电的小电力用户，如没有条件装专用电话时，应明确联络电话及负责人。

二、竣工检查

中间检查后，用户应根据提出的改进意见，逐项予以改正。当用户将缺隐全部改正完毕后，供电企业业扩报装部门应会同用户进行竣工检查，再次对施工质量进行全面的检查、验收。同时，核实所有的缺隐是否已经处理完毕，力求把一切施工缺隐消除在变电所交付运行之前，为变电所投入后的安全运行打下良好的基础。

1. 竣工检查时用户应提交的技术文件

（1）变更设计说明。

（2）符合实际的施工图。

（3）安装技术记录。

（4）调整试验记录。

（5）绝缘油化验记录。

（6）按电气设备交换试验规程进行的电气试验报告。

这些技术文件是各种电气装置电气性能合格的依据，也是变电所投入后运行和维护所必须具备的基础技术资料。

2. 竣工检查的内容

（1）检查变配电工程是否全部竣工，安装质量是否符合验收标准。

（2）检查防止各种错误操作的连锁装置，两路电源之间防止串电（反送电）和错误并、解列的闭锁装置是否齐全、可靠。

（3）检查运行、检修人员的配备情况。

（4）电气设备的操作、运行、检修、管理等各项规章制度是否健全。

（5）安全工具、仪表配备、消防器材是否合格、齐全。

总之，通过竣工检查全面鉴定变电所工程是否具备投入运行的条件。

低压供电的竣工检查是检查用户安装的电能表板以及表线和出线表是否符合规定要求。对于安装在室外的电能表箱，检查防雨装置是否符合要求。此外，对低压电气设备的安装和保护接地的状况进行必要的检查。

经过竣工检查确定变电所具备送电条件以后，监察人员应做好一系列装表接电前的准备工作。例如，通知表计部门配备计费用的电能表及附件；对 35kV 及以上的用户和双电源用户，应根据电力调度部门的规定，履行投入运行的申请手续；对双电源并解列操作的用户，应由电力调度部门与用户订立"调度协议书"，明确内属于电力调度的设备等。

在接电前，应由供电企业业扩报装部门与用户签订供用电合同（或协议），明确供电企业与用户之间的责任，以便加强用电管理，保证电网的安全运行。

三、装表接电

用户输、变、配电工程全部竣工，并经电力调度部门同意后，变电所方可投入运行。接电前，电能计量运行部门应再次根据变压器容量核对表用互感器的变比和极性是否正确，以避免计量错误。

检查员应对所内全部电气设备再作一次外观检查，通知用户拆除一切临时电源，对二次回路进行联动试验。当计量用表计安装完毕后，即可与电力调度部门取得联系，将变电所投入运行。对允许并解列操作的双电源用户还应定相。

在变电所投入运行后，应检查电能表运转是否正常，相序是否正确，并立即抄录电能表底数，作为计费起端的依据。

第六节　供用电合同与调度协议

在经济活动中推行经济合同制度，对于协调产、供、销各部门的关系、推动经济部门之间进行商品交换、促进生产发展、维护经济权益以及建立正常的经济秩序等方面都起着重要的作用。目前，合同制度越来越为各单位所重视，并日益广泛地得到应用。

一、供用电合同定义

合同是国家制定的一项法律制度。它的含义就是签约双方就某一产品的交换或某项任务的完成协商一致，共同合作，共同遵守的意思。签约双方必须是具有法人资格的单位。所谓"法人资格"系指签约双方应是经政府批准成立的，有工商行政管理部门发给的营业执照，具有一定的组织、独立的资产，能以自己的名义享受权利、承担义务的单位。按照这个概念，电力企业中具有法人资格的单位是指电力公司（供电公司）或厂（处）一级单位。公司、厂内部设立的车间和科室不具有法人资格，因而不能代表电力企业与用户签订供用电合同。

二、签订供用电合同目的

由于国家性质和社会制度不同，合同的本质和目的也不一样。社会主义国家的合同制度与资本主义的合同制度有本质的区别。社会主义国家通过各种合同形式，把国民经济各个部门有机地联系起来，使其按照社会主义的基本经济规律健康发展，为维护社会主义公有制经济和劳动人民的利益服务。因此，社会主义经济合同的目的是：

（1）维护签约双方的经济权益。

（2）落实和完成国家计划。

（3）满足人民日益增长的物质和文化生活的需要。

（4）为连接产、供、销服务。

三、签订供用电合同基本要求

由于合同具有法律效力，所以签约双方必须认真严肃对待，并应使合同的签订符合下述要求：

（1）要合法。首先，签约双方要有合法资格，即必须是具有法人资格的单位。其次，权利与义务的内容要合法，不能侵害国家、集体或公民的正当权益。再次，手续上要合法，有些合同应经工商行政管理部门或公证部门鉴证。

（2）要合理。为了维护合同双方的合法权益，合同条款中的权利与义务应有近乎均等的原则，不应有不公平的受损、受益的情况。

（3）要明确。订约当事人表达的意思要与合同文本的内容、含意相一致，防止出现双方各取所需、自我解释的可能性。

（4）要完备。合同条款要对各个环节有关的权利与义务作全面严格的规定，基本条款一定要完备，并力求详尽。

四、供用电合同重要性

供用电合同是经济合同的一种，是供电企业与用户之间就电力供应、合理使用等问题，经过协商，建立供用电关系的一种协议。

在装表接电之前，用合同的形式明确权利、义务和经济责任是十分必要的，特别是对一些容量较大的用户，尤为重要。

五、供用电合同在国民经济中的作用

推行供用电合同，是为了改变过去那种单纯依靠行政管理供用电工作，运用法律手段进行供用电管理的一项重要措施。它在国民经济中的作用表现在以下几方面：

（1）保证国家计划的实现。我国对电力的使用实行由国家统一分配的政策。如果只用行政手段推动计划用电工作，一些不按计划用电的现象得不到控制。签订供用电合同后，供用电双方都得按合同的规定供电与用电，谁违约，谁就要承担经济责任，这样把权利与经济责任挂起钩来，保障了国家计划用电政策的落实，保证了国家计划的实现。

（2）维护正常的供用电秩序。签订供用电合同后，供用电双方都按合同进行供电与用电，这样就可以减少任意超用电的现象和由此引起的无计划的限电次数，使电网的安全、稳定、经济运行得到保证，供用电的秩序也可得到改善。

（3）促进供用电双方改善经营管理。供用电合同是一种法律手段管理经济的方法。合同的履行与否直接关系到供用电双方的经济利益。为了全面履行合同规定的义务，供用电双方都必须在各自的生产经营活动中，对电力的供应和使用进行严格的控制和考核，尽可能做到合理的使用电力，挖掘节电潜力，降低消耗，这样才能达到合同规定的要求。

（4）维护供用电双方的合法权益。供用电合同一经订立，供用电双方的合法权益就受到国家法律的保护，用电方按合同的规定有权按时、按质、按量得到电力供应；供电方按合同规定有权得到相应的电费。按供用电合同规定，如有供电方少供或用电方超用，各自都要按合同规定承担经济责任。

六、供用电合同主要内容

签订供用电合同应当具备以下条款：

（1）供电方式、供电质量和供电时间。

（2）用电容量、用电地址和用电性质。

（3）计量方式、电价和电费结算方式。

（4）供用电设施维护责任的划分。

（5）合同的有效期限。

（6）违约责任。

（7）双方共同认为应当约定的其他条款。

签订供用电合同，要针对不同用户，对其法定条款作出具体约定，并注意以下事项：

（一）供电方式、供电质量和供电时间

1. 供电方式

供电方式是供电企业向申请用电的用户提供的电源特性、类型及其管理关系的统称。通常情况下，供电企业可提供的供电方式有以下几种，供用电合同双方当事人应当在供用电合同中作出明确的规定：

（1）按电压等级分，有高压供电方式和低压供电方式。

（2）按电源相数分，有单相供电方式和三相供电方式。

（3）按电源数量分，有单电源供电方式和多电源供电方式。

（4）按供电回路数分，有单路供电方式和多路供电方式。

（5）按用电期限分，有临时供电方式和正式供电方式。

（6）按计量形式分，有装表供电方式和非装表供电方式。

（7）按管理关系分，有直接供电方式和间接供电方式（如转供电方式）等。

供电方式的确定应从便于管理，保证供用电的安全、经济、合理以及电网结构规划和供电条件出发，依据国家有关规定、用电性质、容量、地点等情况和供电企业的供电条件协商确定。通常情况下，供电方式的确定以供电的电压等级和电源的数量最为重要，它涉及供电可靠性、用电分类和计量装置的配置等。所以，供电方式是供用电合同不可缺少的条款。

2. 供电质量

在经济合同中，对有形物，质量是合同标的内在素质和外观形态的综合反映，是商品或行为等优劣程度的体现。质量条款是确定合同标的特征的重要条件，是标的具体化。所以，质量条款是合同中一项不可缺少的重要条款。

电力的质量，在供用电合同中称供电质量。供电质量与其他一般商品质量的衡量方法不同。供电质量主要是用供电电压、供电频率、供电可靠性三项标准来衡量。其质量要求必须符合国家标准或电力行业标准。在供用电合同中，双方当事人对供电质量有无特殊要求应当作出明确规定。

（1）供电频率应当达到50Hz。依照国家有关标准，电网容量在300万kW及以上的为±0.2Hz，质量符合标准。电网容量在400万kW以下的，为±0.5Hz，质量符合标准。如果供电频率不符合上述标准，低频率或高频率给用户和电力生产都会造成严重危害。

实践证明，影响供电质量的因素很多，责任也各不相同。如电网装机容量与调节能力、用户超用电幅度的大小、调整负荷措施的实施情况、用户冲击负荷的影响等。所以，在订立供用电合同时，供电频率质量、供电企业与用户的权利义务及相互责任要有明确规定。

（2）供电电压。以伏特为标准，对用户受电端的电压变动幅度是否符合标准进行衡量。一般情况下，供电电压质量应符合下列要求：

35kV及以上供电和对电压质量有特殊要求的用户，额定电压正负5%为质量合格。

10kV以下交电压和低电压电力用户，额定电压正负7%为质量合格。

220V低电压照明用户和生活用电户，额定电压正5%，负10%为质量合格。

在正常情况下，供电企业应保证到用户受电端的电压偏差不超过上述要求。如果供电电压偏差在规定的标准内，又不能满足用户使用条件时，应由用户自行采取调压、稳压和合理设计或改造供用电设施等措施予以解决。在供电电压质量符合规定，用户又要求供电企业采取措施解决时，由此引起供电企业额外增加的投资应由用户承担。但是，影响供电电压超过允许偏差的原因很多，如供电距离超过合理的半径；供电导线截面选择不当，电压损失过大；线路超过负荷运行；用电的功率因素过低；冲击负荷、不平衡负荷的影响等。

供电电压质量既关系到用户也关系到电力生产、供应的安全，所以保证供电质量，不仅是供电企业的义务，也是用户的义务。

为此，供用电合同的质量条款供用电双方均应认真协商，以便确定各方承担的责任。

（3）供电可靠性，以对用户每年停电的时间或次数来衡量。供电单位应尽量少停电、减少停电次数，每次停电时间尽可能短，而且停电要按规定程序进行；用户则应严格按合同规定用电时间、用电方式和用电量用电，这是保障供电可靠性的重要因素。

3. 供电时间

供电时间是指什么时间开始供电，什么时间停止供电，以及定时定期供电的具体时间等等。

供电时间条款实质上是供用电合同的履行期限及履行的具体时间的规定。因为供用电合同的一个重要特点是，供用电合同的履行和供用电的实现是靠供电时间计算和累积的。

供用电合同的履行与其他一般购销合同不同。购销合同的标的为有形物，其履行时间往往是"物"的一次性转移的时间。而供用电合同的标的物是无形的，其履行时间是从合同生效至合同终止全过程中，合同的标的物——无形的电能要连续不断地转移。

另外，供电时间的保证和供电时间的确定是用电户实现用电目的的重要因素。而且，供用电合同数量的实现也与供电时间有着密切的关系。在缺电情况下，用电户希望的供电时间和供电企业根据供电能力而能提供的供电时间在社会供电活动实践中，往往是不相一致的。用户希望在用电高峰期多用电，而且保证连续不断地供电。而供电企业则希望用户在用电低谷时期用电，按计划时间用电。所以，计划（合理）用电是调节供电时间、发挥电源的供电能力的有效的重要措施。

在缺电情况下，供电时间往往是供用电双方在协商过程中最为关心也最容易引起争议的问题。所以，供电时间也是供用电合同中一项重要的条款。

（二）用电容量、用电地址和用电性质

1. 用电容量

用电容量又称数量，是指以数字和计量单位来衡量供电合同标的尺度，没有数量，就无法确定供用电合同标的——电力供应与使用的多少和供用电双方权利义务的大小。所以，用电容量是供用电合同不可缺少的必备条款。用电容量包括申请用电报装的、经供电企业同意的用电容量以及人民政府分配批准的用电容量，也包括在市场经济情况下，供用电双方自愿协商的用电容量。

用电容量关系到用户使用电力的多少，同时还关系到用户使用电力创造价值的多少，而在电力紧张情况下，供电企业又不可能完全满足用户需要的用电容量，所以在供用电合同中，对用电容量一定要有明确的规定。

2. 用电地址

用电地址是指用电场所的地理位置及具体用电地点。用电地址实际上属于供用电合同的履行地点，是供用电合同履行义务的地点。

电力的供应与使用地点一般情况下不尽相同。但是，电力供应的特点是"送货上门"，并且权利义务是以产权分界处或管理权分界处实现电力商品的转移，而且通过实际使用消耗电力来实现权利，履行义务。所以，供用电合同的履行地是用户的实际用电地址。

用电地点关系到履行合同和电费征收，也是分清当事人双方责任的依据，同时也关系到供用电合同纠纷产生时人民法院的管辖权问题。为此，《电力供应与使用条例》规定用电地址是供用电合同的必备条款。

3. 用电性质（用电用途）

这是供用电合同的特殊条款，即在供用电合同中要明确规定电力的用途。它决定了电价的类别，涉及到对国家规定的电价的选择和供电企业的经济效益。一般商品购销合同无须规定购买方对自己所购物品的使用用途，或者说对商品的使用不是合同的必备条款。而供用电合同则不同，它把购电方用电的性质、用途作为合同的必备条款，因为我国对不同性质的用电规定有不同的电价，如农业用电、工业用电、商业用电、娱乐场所用电、居民用电等等。用电性质不同，电价也不相同。

（三）计量方式、电价和电费结算方式

1. 计量方式问题

这里要明确规定采用什么样的计时装置计量、计时装置安装的位置、如何安装、计量装置的管理责任（维修和保护责任）及计量装置产生误差的纠正办法等。

2. 电价

要明确电价类别、具体标准等。

3. 电费及结算方式

要规定电费收缴办法、时间、现金结算还是转账结算等。

（四）供用电设施维护责任的划分

主要规定供用电设施维护的主体、内容、界限和各自应当承担的责任。

（五）合同的有效期限

主要规定合同生效的具体时间、失效时间或具体有效期限（一年、三年或五年等）。

（六）违约责任

即双方或一方当事人不适当或不履行合同情况下应承担的责任，主要有支付违约金、赔偿金、追缴电费、加收电费、停电限电等责任形式。

（七）双方共同认为必须签订的其他条款

主要是双方一致认为应当通过合同这种法律形式明确的其他内容，如相互服务项目及其服务费问题、技术标准问题、电气人员的培训考核问题、上网条件及其他事项等等。

七、供电方权利与义务

《电力法》和《电力供应与使用条例》对供电企业的权利与义务作了具体规定：

（一）供电企业权利

（1）供电企业在核准的供电营业区域内享有电力供应与电能经销专营权，可以根据需要自行设立营业分支机构，自行扩充供电业务范围。

（2）供电企业有权受理用户的用电申请，并审查用电申请是否符合规定的程序和条件。对用电申请人不向供电部门提供用电项目批准文件及有关用电资料，包括用电地点、用电用途、用电性质、用电设备清单、用电负荷、用电规划等，以及未按供电部门要求填写用电申请书等等，有权拒绝受理。

（3）供电企业在电网规划认定的用地上，有架线、铺设电缆和建设公用供电设施的权利，应当按照规定做好供电设施运行管理，保证供电设施安全运行工作。

（4）供电企业根据电工作业需要，有权进入与作业有关的单位或居民楼，但必须承担因作业对建筑物或者农作物造成损坏时的修复责任或给予合理补偿。

（5）在公用供电设施未到达的地区，供电企业有权委托有能力的用户就近供电，但必须支付相应的委托费用。

（6）供电企业有权审核用户的受电工程设计文件是否符合有关规定。

（7）供电企业有权按照国家核准的电价和用电计量装置的记录，向用户计收电费。

（8）供电企业有权按照有关规定，对用户的用电情况按法定程序进行用电检查。

（9）供电企业对危害供用电安全、扰乱供用电秩序的行为有权制止。

（10）供电企业有权对用户违章用电的行为加以制止，根据违章事实和造成的后果追缴差额电费，并按照国务院电力管理部门的规定加收电费和国家规定的其他费用，情节严重的，可以按法律规定的程序停止供电。

（11）供电企业有权对用户窃电的行为当场采取制止措施，并视情节轻重对其限电或停止供电，也可按规定追补电费和加收电费。

（12）法律法规授予的其他权利。

（二）供电企业义务

（1）供电企业不得越出核准的供电营业区供电，但法律有特别规定的除外。

（2）供电企业应当保证用户受电端的供电质量符合国家标准或者电力行业标准。

（3）对用户的用电申请（包括新装用电、临时用电、增加用电容量、变更用电申请），供电企业无正当理由不得拒绝受理。对具备供电条件的，供电企业应按规定办理供用电手续，并按规定尽快确定供电方案，在规定的限期内正式书面通知用户。

（4）供电企业应在用电营业场所公告办理各项用电业务的程序、制度和收费标准，并提供用户须知资料，做到程序公开、制度透明、收费公正。

（5）供电企业应当按国家核准的电价向用户计收电费，不得擅自变更电价，禁止在电费中加收其他费用，但法律、行政法规另有规定的除外。

（6）供电企业对供电质量有特殊要求的用户，应当根据其必要性和电网的可能，提供相应的电力，对公用供电设施引起的供电质量问题，应当及时处理。

（7）供电企业的供电方式应当安全、可靠、经济、合理，便于管理。

（8）供电企业在发电、供电系统正常的情况下，应当连续向用户供电，不得中断，因供电设施检修、依法限电或者用户违法用电（《电力供应与使用条例》第三十条和第三十一条的规定）等原因，需要中断供电时，供电企业应当按照国家有关规定事先通知用户（《电力供应与使用条例》第二十八条规定了事先通知的几种情况），引起停电或限电的原因消除后，供电企业应当尽快恢复供电。

（9）因抢险救灾需要紧急供电时，供电企业必须尽快安排，所需供电工程费用和应付电费依照国家有关规定执行。

（10）供电企业查电人员和抄表收费人员进入用户，进行用电安全检查或者抄表收费时，应当出示有关证件，遵守有关法定程序。

(11) 供电企业应当遵守国家的有关规定，采取有效措施，做好安全用电、节约用电和计划用电工作。

(12) 供电企业应当全面实际履行供用电合同规定的义务。

(13) 法律、行政法规规定的其他义务。

八、用户权利和义务

(一) 用户权利

(1) 任何单位和个人有依法申请用电的权利，无正当理由，供电企业不得拒绝用户的申请。

(2) 用户有依法使用电力的权利。

(3) 用户有权要求供电企业的供电质量符合国家标准，对于用户有特殊用电要求的，供电企业应当根据其必要性和电网的可能性，提供相应电力。

(4) 用户有依法临时用电、增加用电容量、变更用电和终止用电的权利。

(5) 用户有权拒绝交纳供电企业收取的电费外的其他不合法费用。

(6) 因电力运行事故给用户造成损害的（除用户自身过错或不可抗力所致外），用户有权向供电企业请求损害赔偿。

(7) 法律、行政法规规定的其他权利。

(二) 用户义务

根据《电力法》和《电力供应与使用条例》的规定，用户负有以下义务：

(1) 用户需要新装用电或增加用电容量、变更用电、终止用电的，必须事先提出申请并办理手续，并向供电企业提供有关用电文件和资料。

(2) 用户应当安装用电计量装置，计量装置以计量机构依法认可的为准，用户受电装置的设计、施工安装和运行管理，应当符合国家标准或者电力行业标准。

(3) 用户应依照国家的电价和用电计量装置的记录，按时交纳电费。

(4) 用户对供电企业的查电人员和抄表收费人员依法履行职责，提供方便。

(5) 用户负有按规定合法用电，不得危害供电、用电安全，扰乱正常供电、用电秩序，不得窃电的义务（《电力供应与使用条例》第三十条规定了违章用电的六种形式；第三十一条规定了窃电行为的六种表现，用户必须严格遵守有关规定）。

(6) 认真履行供用电合同规定的其他义务。

(7) 用户应当依照国家有关规定，采取有效措施，做好安全用电、节约用电、合理用电和计划用电工作。

当然，权利与义务是相对而言的，没有无义务的权利，也没有无权利的义务，对供电方来讲是权利，对用户来讲则是义务，反之亦然；不能一方只享受权利不承担义务，另一方只承担义务而不享受权利。因此，双方都应该正确行使自己的权利，同时认真严格履行各自的义务，这样才能保障供用电秩序正常、合理、有序地运转。

九、供用电合同管理

(一) 妥善保管

签好的供用电合同，供用电双方各执一份。营业部门应将合同作为一项重要的用户资料加以保存。建有户务资料袋的单位，应将合同与其他资料一起编排目录，当作用户档案妥为保管备查，不得损坏遗失。

（二）及时修改

随着用户申请变更用电业务事项，供用电双方必须及时协商修改有关的合同内容，以保证其完整性，并便于双方共同执行。

（三）内外相符

要做到合同与账、卡资料记录相符。对用户坚持调查核实的方法，确保合同内容与用户用电实际相符。

总之，定好合同、妥善管理合同、用好合同，对于促进供电企业搞好安全经济发供电，促使广大用户合理、节约地使用电力，都将起着良好的作用。

各种类别的供用电合同见本书附录 1～附录 6。

复 习 思 考 题

1. 什么叫业务扩充？业务扩充的任务是什么？
2. 什么叫贴费？贴费分哪几种？收取贴费有什么好处？
3. 供电方案主要解决的问题是什么？
4. 批准变压器容量时应遵照哪些原则？
5. 我国供电电压如何划分？如何应用？供电电压应如何选择？
6. 供电电源的选择原则是什么，如何选择供电电源？
7. 什么叫Ⅰ类负荷？什么叫Ⅱ类负荷？
8. 为什么要确定计量方式？怎样确定计量点？
9. 在业扩过程中对施工及设计有何规定？
10. 什么叫合同？什么叫供用电合同？为什么要签订供用电合同？
11. 业扩工程检查有哪几种？什么叫中间检查？什么叫竣工检查？
12. 供用电合同的内容有哪些？
13. 在供用电合同中，供用电双方有哪些权利，应承担哪些义务？
14. 在供用电合同签订后，如一方发生违约时，应如何处理？
15. 如何管理供用电合同？

第二十五章 日 常 营 业

第一节 日常营业工作主要内容

日常营业是指供电企业营业部门日常处理的各项业务工作。它是整个营业管理工作的一个组成部分，并与业务扩充、电费抄、核、收三位一体，相互联系。供电企业营业部门对于已经接电立户的照明或动力用户，在用电过程中办理的业务变更事项和服务、管理工作，称为"乙种业务"或"杂项业务"，也就是指"业务扩充"以外的其他用电业务工作，叫做日常营业工作。

一、日常营业主要内容

日常营业工作项目多、内容广、服务性和政策性都很强，概括起来可分为管理、服务两大类。

1. 属于管理性质的工作

（1）用电单位改变或用户名称变更，如过户、更名。

（2）用电容量变动，如增、减容量，暂停用电和暂换变压器等。

（3）用电性质、行业或用途变化，如工业用电改为非工业用电、动力用电改为照明用电等。

（4）电能计量方面，如移表、验表、故障换表、拆表复装、进户线移（改）动、变（配）电室迁移改建等。

（5）违章稽查工作，如窃电、私增用电容量、私自改变电力用途、私自移动电力部门的供电设备、私拉双电源等的查处。

（6）对临时用电、临时供电以及转供电的管理。

2. 属于服务性质的工作

解答用户询问，排解用电的纠纷，处理人民来信来访等。例如，解答用电器具的合理使用方法、宣传解释电业规章制度、电价政策以及安全用电常识等，都是直接为用户服务的工作，这对团结广大用户，安全、节约地使用电力起着积极的促进作用。因此，供电企业用电营业人员应做到以下几方面：

（1）树立为用户服务的思想，态度端正，礼貌待客，作用户的贴心人，不敷衍塞责，应热情、耐心、细致地解答用户的问题。

（2）要做到"三清"，即用户的来意要弄清、用户反映的要求要听清、要按电业规章及有关规定给用户解答清用户所提出的问题。

二、日常营业地位与作用

日常营业工作的对象是千万个已经接电立户的单位或个人。其中，既有 220、220/380V 的居民照明，又有几千或几万伏的大工业动力用户，还有政治、军事、文教、卫生、科研、农业、商业等各种性质的用电。这些已经装表供电的用户，每日每时都会发生用电问题，需要和电力工业企业进行联系，求得合理的解决。例如，他们在用电过程中出现的各种用电技术、业务问题，都要经过供电企业营业部门受理承办，并由此转达到各有关部门研究处理，以保证电力销售环节的畅通。因此，供电企业日常营业工作是营业管理承前启后的一个环节，又是沟通电力供需渠道的桥梁，不仅对供电企业的内部工作起到一定的协调作用，而且也是各工序之间的联系纽带。供电企业日常营业工作的好坏，对供用电双方都很重要，主要表现在以下几方面：

(1) 用户单位名称改变时，如不及时通知电费管理部门办理过户，将造成银行退票，延误资金入库。

(2) 电能表故障时，如不及时校验、更换，就会造成少抄或多抄电能。

(3) 用户用电容量变动时，如不及时发现，就会影响基本电费的收取。

(4) 电力用途改变时，如不及时了解，将使电价与实际用电不符。

(5) 私拉乱接用电时，如不及时制止，将危及人身与设备安全，造成事故等。

三、服务与管理工作位置

在全部日常营业工作中，必须认真执行规章制度，热情为用户服务，加强营业管理，完成供用电任务。

在规章制度方面，主要应以部颁《电力技术标准规范》、《供电营业规则》、《电热价格》等为主，同时结合国家有关规定（如计划用电、合理用电、节约用电），用以指导营业管理工作。

在管理工作方面，主要应做好用电管理与经营管理，及时办理各项用电业务，落实与安全、节约用电有关的各项要求。同时，完成电能销售任务，把电卖出去，把钱收回来。

认真执行规章制度、搞好营业管理，才能做好为用户服务，这是"人民电业为人民"经营方针的体现，是电力生产的出发点和立足点。因此，必须在执行规章制度的前提下，一手抓服务，一手抓管理，以服务促进管理，用管理带动服务，做到管理方法得当，服务思想明确，两者并重，不可偏废。

第二节　日常营业具体业务工作

一、电能表装、拆、换、移工作

在日常营业工作中，工作量最大的就是电能表的装（新户报装）、拆（拆表销户或修屋暂停全部用电）、换（表计损坏或增、减容量）、移（迁移表位）性质的工作。

（一）新装

新户申请装表用电及原户要求申请增加用电容量，称"新装或增容"。供电企业营业管理部门在受理用户申请时，应赴用户现场勘察，对接户线进户点进行选择和确定电能表的位置，在电能表位置选定时，应考虑符合有关的技术要求，且应考虑正式用电后抄表与检查工作的方便。在用户内部用电设施安装完工、检验合格、办妥报装业务手续、交清各项费用后，即可装表接电。

对灯表的开放，应根据部颁《供电营业规则》的规定，对居民用户可装设公用计费电能表，用户不得拒绝合用，如住户较多时，可视情况装设多个公用计费电能表。但是，从当前实际情况来看，城市、集镇人口密集，家用电器增长较快，商业和其他各类用电也在不断发展。在国家尚未公布新的规定（条例）时，根据各地具体情况，在大中城市和有条件的城镇，有计划、有步骤地推行"一户一表"以方便用户。对推行"一户一表"一般应做到以下几点：

（1）与城市电网改造同步进行，以保证供电质量。

（2）须由用户申请而不得强制办理用电手续（特别要注意解决好原合同表遗留问题）。

（3）做好供电、用户、银行协调工作，一并推行储蓄电费方式，保护各方合法利益。

（4）办理手续时的取费种类应符合规定，取费标准须经物价部门批准。

（5）集中方式表箱装电能表为好。

（二）拆表

用户因修缮或改建房屋，临时申请拆表的，称为"临时拆表"。用户迁位异地，原地址不再继续用电而申请拆表，称为"拆表销户"。前者应给用户保留一定期限的用电权，在期限内可申请恢复装表。后者用电权终止，在结清电费后，凭据退还电费保证金、电能表保证金，不能再申请复装用电，原址需要用电时，则按"新装"办理。

在受理拆表申请时，一定要弄清拆表原因和现场情况，防止申请人要求拆表，但现场有人继续用电，以避免出现用电纠纷。

"临时拆表"保留用电权的用户，提出复装电能表申请，受理时必须查清：

（1）是否在规定的保留期限之内。

（2）要出具原拆表凭证，由原户申请。

对容量较大的工厂、企业等用户，在复装前应通知供电企业用电检查部门，审查其主要受电设施是否符合投入运行的要求，以保证供用电双方的安全运行。

（三）换表

换表，一般有故障换表、容量变更换表、年久换表三种。

1. 故障换表

故障换表是指运行中的计量装置（包括有功、无功电能表，计量用电压、电流互感器等）出现故障，影响计量失准的情况。因此，要认真检查原因，及时消除故障，以保证计量准确，减少不应有的电量损失，这是加强经营管理的重要环节。在处理这类问题时，应注意以下几点：

（1）弄清计量装置的故障原因。对于电能表及互感器烧毁，应采用现场调查和部件鉴定相结合的方法，确定烧毁的原因是属于过负荷引起的，还是接触不良导致的；是因雨水漏进表箱；还是雷击等自然灾害损坏的。原因不同，处理方法也就不同，用户所承担的经济责任也不一样。

对于过负荷烧毁的，必须检查用户有无私自增加用电设备容量。如果是由于用户私增用电设备容量烧毁的，则应由用户减掉私增设备的容量，并赔偿补烧毁的计量装置之后，方可安排换表。对由于雨水漏进表箱损坏的，必须更换表箱，选择适当表位后再行换表。

（2）及时处理，合理退补电费。当出现计量失准这类问题时，应及时通知有关部门，如用电检查部门进行检查，电能表室进行校验或鉴定。对计量失准，一般按电能表试验报告的实际误差，作为订正电量的计算退、补电费的依据。这是解决表计故障的一个重要环节，必须处理及时。否则，问题拖延下去，既不利于计量装置的安全运行和正常的计量，也给合理的追收和退还电费造成困难。

2. 容量变更换表

容量变更换表是指用户用电设备容量变更（增容或减容），需要相应配置和更换电能表

或电流互感器。

3. 年久换表

年久换表是指电能表安装运行至规定的轮换周期，称年久换表。按部颁《电能计量装置技术管理规程》规定，单相电能表每五年轮换一次，一、二类三相电能表每两年轮换一次，三类三相电能表每三年轮换一次。

（四）移表

用户在原用电地址内，因电能表妨碍房屋修缮，或因变（配）电室改建，而涉及计量装置位置变动的，称原址移表。非原址移表或电力用户因移表需改变高压进线位置的，均应按业扩报装的有关规定办理。

原址移表应注意下列问题：

（1）受理时应弄清移表原因和用户要求移动的位置，防止因情况不清而引起移表纠纷。

（2）表位的移动应选择距配电线路较近的地方，并且便于抄表、检查和维护更换。

（3）进户线的敷设应符合有关的安全技术规定。

（4）容量较大的用户申请原址移表，经查新表位非原所原线路供电的，涉及到供电点的改变，应按业扩报装的规定办理。

（5）属于临时性的表位移动，用户修缮工程竣工后应将电能表恢复到原位置。

（6）在电网负荷比较紧张的情况下，用户因供电部门经常拉闸限电而提出改变供电线路移表的，一般情况下不予受理。

二、过户

过户是法律上的一个术语。过户实际涉及新旧用户之间用电权利、经济责任和义务关系的改变。日常处理的过户业务有两种情况：一是原户不变而仅变更企业、单位或居民用电代表人的名称的，称变更户名；二是原户迁出，新户迁入，改变了用电单位或用电代表人的，称过户。由于过户涉及到用电权利和经济责任，因此，受理时要了解详细，并按以下原则办理。

（一）居民用电申请过户

（1）新、旧用电代表人须持双方图章、身份证或户口簿以及原户保证金收据和收费凭证，填写《用户用电过户申请书》，办理过户手续。旧户如无图章，应持居民委员会证明，由新户代盖章，但必须明确一切用电权利和经济责任均由新户负责。

（2）旧户在结清电费后，可凭据退还电费与电能表保证金，新户则按规定缴清电费与电能表保证金。

（3）凡属用户变更名称的，应持新、旧用电代表人图章、身份证或户口簿及原缴保证金收据和收费凭证，填写过户申请书，结清各种费用，方可办理变更户名手续。

（二）非居民用电的各类用户办理过户

新旧用电单位必须出具必要的函件，向供电企业办理过户申请，并在《用户用电过户申请书》上加盖新、旧用电单位公章。供电企业应进行必要的现场调查，了解并处理好以下问题：

（1）用电性质有无变化，并根据变化的情况按照国家规定的电价表及有关规定，确定新户应执行的电价。

（2）对实行灯、力分算但未分表计量的用户，应核查其照明用电容量，合理调整原确定的灯、力比。

（3）检查电能计量装置接线、封印是否正确完整，有无违章用电和窃电情况。

（4）由于新用户生产产品工艺等情况的变化，可能引起用电容量的增减，因此应核实用户的用电设备容量。高压供电的，主要核实受电变压器容量（包括高压电机等）；低压供电的，要逐台核对实际装接的用电设备容量。

（5）如接有双电源供电的用户，变更用电单位后，应审查新用户对供电可靠性的依赖程度，是否符合双电源供电条件，如无必要，则应取消其双电源用电资格。

（6）过户时，供电企业应与新户协商，修订或重订《供用电合同（协议）》，并向用户明确要按批准的用电指标（容量）用电，超过容量者按违章处理。

（7）供电企业应清理用户欠交或应交的各项费用的情况，待原用户欠交的费用交清、新用户应交的费用办理妥当后，方可办理过户。

三、用电容量变更

（一）增容

增容是指用户正式用电后，由于生产、经营发展需要，用户考虑到原用电容量不能满足需要，向供电企业提出申请增加供用电协议规定的用电设备容量、增加或换大受电变压器。由供电企业营业管理部门受理并按"业扩报装"程序办妥增容业务手续，在办理时，应注意下列事项：

（1）按增容后的总用电容量（用电设备总容量或受电变压器容量和直供的高压电机容量）配置和更换相应的计量装置。

（2）了解用户增容后的用电性质，与增容前有无变化。如用电性质发生变化，应根据其实际用电性质，按国家规定的电价分类，变更其应执行的电价。

（3）工业用户增容后的用电容量达到实行两部制电价界限时，应实行两部制及分时制电价，并加装必要的计量装置，考核用户用电功率因数，同时更换用户用电分户账页（即大宗工业用户抄表卡片）。

（4）属于高供低量加计变压器损耗电量的用户，则应自加装的变压器送电之日起，加收变压器的损耗电量。

（5）应修订或重新签订供用电合同。

（二）减容

减容，是指用户正式用电后，由于生产、经营情况发生变化，用户考虑到原用电容量过大，不能全部利用，为了减少基本电费的支出或节能的需要，向供电企业提出申请减少供用电协议规定的用电容量的一种变更用电事宜。由供电企业营业管理部门受理，在办理减容业务手续时，应注意下列事项：

（1）用户减少用电容量，必须以整台或整组为准，或以整台小容量变压器替换整台大容量变压器。减掉的变压器必须退出运行，解开一次线，否则按私自增容处理。

（2）按减容后的总用电容量（用电设备容量或受电变压器容量和直供的高压电机容量），配置和更换相应的计量装置。

（3）了解用户减容后的用电性质，与减容前有无变化。例如，用电性质发生变化，应按其实际用电性质，根据国家规定的电价分类，重新核定其执行的电价。

（4）工业用户减容后的用电容量，如达不到实行两部制电价界限时，则应实行单一制电价；低于 110kVA 时，取消对用户用电功率因数的考核，还需更换用户用电分户账页（即电力用户抄表卡片）。

（5）属于高供低量加收变压器损耗电量的用户，应自换装或撤除变压器之日起减收变压器损耗电量。

（6）如因用户用电容量变化而涉及供电方式改变，即高压供电改为低压供电时，应另按"业扩报装"的有关规定办理。

（7）双电源用户申请减容，应考虑其备用电源的容量的相应改变。

（8）用户申请减容，应同时修订或重新签订供用电协议。

（9）如用户对减少的用电容量有保留要求的，应对用户所减少的容量给予一定保留期。其目的是为了防止用户减少用电容量后，无限期地占用电网的供电能力，以致影响其他用户的报装接电和限制供电能力的充分利用。因此，对用户减少用电容量的保留期，最长不得超过 2 年，最短不得少于 6 个月。在保留期内用户在原用电地址和原容量内有申请恢复用电的权利，在规定期限内恢复的可不再收取贴费；当超过保留期限的，并恢复用电时，应按增容手续办理。

（10）在减容期内要求恢复用电时，应在 5 天前向供电企业办理恢复用电手续，基本电费从启封之日起计收。

（11）减容期满后的用户以及新装、增容用户，2 年内不得申办减容或暂停。如确需要继续办理减容或暂停的，减少或暂停部分容量的基本电费应按 50％收取。

（三）暂停用电

暂停用电是指用户正式用电后，由于生产、经营情况发生变化，需要临时性变更、或设备检修、或季节性用电等，有一部分或全部用电设备停止用电，在停止用电期间，用户为了节能和减少电费支出，向供电企业提出停止一部分或全部受电变压器运行的变更用电事宜。由供电企业营业管理部门受理，在办理暂停用电业务手续时，应注意下列事项：

（1）用户每次暂停用电的时间应是连续的。每年申请暂停用电不得超过两次，每次暂停用电时间最短为 15 天，一年内累计暂停用电时间不得超过 6 个月。

（2）用户暂停的用电设备必须是整台或整组变压器，或以小容量变压器替换运行中的大容量变压器。暂停的受电变压器必须实际地停止运行，拆除一次接线。如用户擅自使用已报暂停的用电设备，则按私自增容处理。

（3）大工业用户暂停部分用电容量后，其未停止运行的设备容量，仍应按两部制电价计费不变，以保证营业工作的秩序，但起止月份的基本电费可按日计算。

（4）每次暂停用电期满或累计暂停用电时间超过 6 个月之日起，不论用户是否申请恢复用电，供电企业均应按用户原容量收取其全部基本电费。

（5）暂停期间，计量装置对计量影响不大的，可不更换互感器变比。

（6）双电源用户暂停用电时，备用电源的容量不能大于主电源容量，也不能构成双电源单设备用电。

（7）新增装用户不能立即申请暂停用电，必须连续使用达半年以上，方能办理。

（8）高压专线供电用户，如在雷雨季节申请全部暂停用电时，应通知有关部门将该线路停止送电，以防止供电线路出现防雷空白点。

（9）因计划用电和调整负荷的需要，供电企业只允许用户在每天规定的时间内用电的，不属于暂停用电。

（10）季节性电力用户是指用电的负荷具有季节性特点的用户，如农业排灌用电，制糖用电，农业的打场、脱粒、烘干用电，取暖锅炉用电和其他实行季节生产的用电等。

（11）在暂停期限内，用户申请恢复暂停用电容量时，须在预定恢复日前 5 天，向供电企业提出申请。暂停时间少于 15 天者，暂停期间基本电费照收。

（四）暂换变压器

用户运行中的变压器发生故障或计划检修，无同容量的变压器可替换时，向供电企业申请临时以较大容量的变压器代替的，叫暂换大容量变压器。由供电企业营业管理部门受理，在处理这类问题时，应注意下列各点：

（1）严格审查其原因是否确定，必要时应由用户提供变压器的检修证明，以防止个别用户以暂换大容量变压器之名，达到变相增容的目的。

（2）在容量上，换装的变压器一般不得大于原装变压器系列规范的一个等级，在使用时，必须控制在原用电负荷之内。

（3）实行两部制电价的用户，自暂换变压器之日起，供电企业应按实际运行的变压器容量计收基本电费。

（4）暂换变压器的期限，可视具体情况而定。一般情况下，10kV 的用户最多 3 个月；35kV 及以上的用户最长 6 个月。到期如不换回者，则按私自增容处理。

（五）分 户

分户是一户分列为两户及两户以上的简称。下列情况之一者可以到供电企业办理分户手续：

（1）多户合表用电的用户。

（2）经工商行政管理部门正式批准的个体经营者在独立公安门牌内与其他居民合表用电者。

（3）机关、企事业单位、部队、商业等单位与居民合用一只电表用电者。

（4）用电户部分出卖（让）土地、厂房，购房单位应到供电企业办理分户手续，予以分户。

当用电户需要分户时，应持有关证明向供电企业提出申请，供电企业应按下列规定办理：

（1）在用电地址、供电点、用电容量不变，且其受电装置具备分装条件时，允许办理分户。

（2）在原用电户与供电企业结清债务的情况下，再办理分户手续。

（3）分立后的新用电户应与供电企业重新建立供用电关系。

（4）原用电户的用电容量由分户者自行协商分割。若需要增容者，分户后可另行向供电企业办理增容手续。

（5）分户引起的工程费用由分户者负担。

（6）分户后受电装置应经供电企业检验合格后，由供电企业分别装表计费。

（六）并 户

并户是两个及以上用电户合并为一户的简称。用电户需并户时，应持有关证明向供电企业提出申请，供电企业应按下列规定办理：

（1）在同一供电点、同一用电地址的相邻两个及以上用户允许办理并户。

（2）原用电户应在并户前向供电企业结清债务。

（3）新用电户用电容量不得超过并户前各户容量之总和。

（4）并户引起的工程费用由并户者负担。

（5）并户的受电装置应经检验合格后，由供电企业重新装表计费。

（七）改压

改压是改变供电电压等级的简称。因用电户原因需要在原址改变供电电压等级时，应向供电企业提出申请。供电企业应按下列规定办理：

（1）改为高一级等级电压供电且容量不变者，免收其供电贴费。超过原容量者，超过部分按增容手续办理。

（2）改为低一等级电压供电时，改压后的容量不大于原容量者，应收取两级电压供电贴费标准差额的供电贴费。如超过原容量者，超过部分应按增容手续办理。

（3）改压引起的工程费用由用电户负担。

由于供电企业的原因引起用电户供电电压等级变化时，改压引起的用电户外部工程费用由供电企业负担。

（八）改类

改类是改变用电类别的简称。用电户需改变用电类别时，须向供电企业提出申请，供电企业应按下列规定办理：

（1）在同一受电装置内，电力用途发生变化而引起用电电价类别的改变时，允许办理改类手续。

（2）若改类后供电贴费标准高于改类前的供电贴费标准，则补收差额供电贴费。

（3）擅自改变用电类别的，应按违章（约）用电处理。

四、临时用电

对基建工地、农田水利、市政建设、抢险救灾等非永久性用电，由供电企业供给临时电源的叫临时用电。对临时用电有以下规定和要求：

（1）临时用电期限除经供电企业准许外，一般不得超过6个月，用户申请临时用电时，必须明确提出使用日期。在批准的期限内，使用结束后应立即拆表销户，并结算电费、贴费。如有特殊情况需延长用电期限者，用电户应在期满前1个月向供电企业提出延长期限的书面申请，经批准后方可继续使用。自期满之日起，对其照明用电改按照明电价计收电费，按定比、定量据实合理分算照明用电量。逾期不办理延期或永久性正式用电手续的，供电企业应终止其供电。

（2）临时用电如超过3年，必须拆表销户。如仍需继续用电者，应按新装用电办理。

（3）临时用电应按国家规定的电价分类，装设计费电能表收取电费。如因任务紧急且用电时间在半个月之内者，也可不装设电能表、按用电时间、设备容量、规定的电价计收电费。

（4）临时用电不得申请减容、暂停、迁移用电地址、过户、改变用电性质等变更用电事宜。

（5）临时用电不得将电源自行转供或转让给第三者，否则按违章（约）用电处理。

（6）临时用电工程结束后，如需要就原表改为正式用电的，当用电容量不变，供电线路具备转为正式供电的条件时，可在用电户补办新装申请手续，按有关规定交纳贴费以及其他有关费用后，方可转为正式用电。

(7) 各地可结合本地区情况，制定临时用电管理办法。

五、临时借电

用户急需用电，而该处又无供电企业的供电电源时，向邻近已用电单位协商短期借电，称为临时借电。临时借电期限最多不超过6个月。正常的生产、生活、商业等用电，不得采用临时借电方式解决用电问题，如果从居民或其他用电单位中私自引借电源用电者，对借出单位来说，供电企业将按私自改变用电类别的违章（约）条款处理，除按实际日期补交其差额电费外，并处罚违约使用费，还应立即拆除借出的电源。对借用电源单位来说，属于私自借电，除应立即拆除，停止用电外，还应按违章（约）用电的有关条款处理。

临时借电应按以下规定办理：

(1) 借电与被借电双方，应事先协商同意并订立书面的借电协议，附两单位厂区平面图，标明借电线路走向及装表计费位置等，报供电企业批准备案。

借电协议一般应包括的内容有：供电容量、时间、用途，明确借电用线路的安装施工及维护管理责任，电费的分算以及其他有关事宜。

借电协议一式三份，双方各执一份，交供电企业一份备查。

(2) 借电和被借电单位合计使用的容量不得超过供电企业已批准借电单位的原合同容量。供电企业也不增加被借电单位的用电指标。

(3) 借电期满，被借电单位有权停止向借电单位供电，并向供电企业提出销案。

(4) 借电单位不得构成任何形式的双电源。

(5) 用于借电的线路必须符合有关规程要求，并应经供电企业派人检查合格后，方可接电使用。

(6) 借电单位的用电类别与执行的电价必须与被借用单位相同。如果不同时，应事先申明，并装设专用的用电计量设备，按电价规定交纳电费。

(7) 国防军工等重要用电单位、双电源供电户、临时用电户等均不得向外借电。

(8) 供电企业只向被借电单位收取电费，借电与被借电户之间的电费自行结算分摊。

(9) 凡未按以上规定办理借电手续而自行借电的，按违章（约）用电的私自借电条款处理。

六、委托转供电

委托转供电是指在公用供电设施尚未到达的地区，供电企业征得该地区有供电能力的直供用电户同意，采用委托方式向其附近的用电户转供电力，但不得委托重要的国防军工用电户转供电。

委托转供电应遵守下列规定：

(1) 供电企业与委托转供户（以下简称转供户）应就转供范围、转供容量、转供期限、转供费用、转供用电指标、计量方式、电费计算、转供电设施建设、产权划分、运行维护、调度通信、违约责任等事项签订协议。

(2) 转供区域内的用电户（以下简称被转供户），视同供电企业的直供户，与直供户享有同样的用电权利，其一切用电事宜按直供户的规定办理。

(3) 向被转供户供电的公用线路与变压器的损耗电量应由供电企业负担，不得摊入被转供户用电量中。

（4）在计算转供户用电量、最大需量及功率因数调整电费时，应扣除被转供户、公用线路与变压器消耗的有功、无功电量。最大需量按下列规定折算：

1）照明及一班制：每月用电量 180kWh，折合为 1kW。

2）二班制：每月用电量 260kWh，折合为 1kW。

3）三班制：每月用电量 540kWh，折合为 1kW。

4）农业用电：每月用电量 270kWh，折合为 1kW。

（5）委托转供的费用按委托的业务项目的多少，由双方协商确定。

（6）转供电应依法及有关规定向被转供户正常供电，不得擅自拉闸停电。

（7）转供户如用电条件变化而无法继续转供电时，应事先向供电企业提出书面申请，一般应由供电企业采取措施，以保证转供户和被转供户的正常供用电。

（8）对原有"四合一"供电方式，供电企业应尽快恢复到正常的供电方式。

由于种种历史原因，对原有未受供电企业委托而自行对其他用电单位转供电的用户，应符合以下要求：

（1）在贯彻执行部颁《供电营业规则》对委托转供电的有关规定前提下应补签转供电协议。

（2）在争取地方政府的支持下，加强管理，进行整顿，积极创造条件改为供电企业直接供电。

（3）对一时不具备条件改为直供的，不得再扩大转供电范围。转供户和被转供户均应正确执行国家规定的政策及电价，合理补收电费，不得乱收费，乱加价。

如不按以上要求办理，则按违章（约）用电的有关规定处理。

七、违章用电与窃电查处

违章用电从国家对供用电关系规范来说，属于违规行为，按国家赋予供电单位的权益以及用电单位签订供电合同条款而言，属于违约行为。因此，一般把因违章用电而追补的电费及处罚称为违约金。

窃电是一种盗窃电力商品的行为。电力是一种资源性商品，窃电无疑会造成电力资源配置短缺，同时对电力企业经济利益造成损害，为此原能源部、公安部于 1990 年联合发布了《关于严禁窃电的通告》。因此，追补窃电的电量、电费和罚金是电力企业的合法收入。

1. 违章用电与窃电的认定

（1）违章用电。用户有下列危害供用电秩序，扰乱正常供电秩序的行为属于违章用电：

1）擅自改变用电类别；

2）擅自超过合同确定的容量用电；

3）擅自使用已在供电单位办理暂停手续的电力设备，或启用已被供电单位查封的电力设备；

4）擅自迁移、更动或擅自操作供电单位的电能计量装置、电力负荷管理装置、供电设施以及约定由供电企业调度的用户受电设备；

5）未经供电企业许可，擅自引入（供出）电源，或将自备电源擅自并网。

（2）窃电。用户有下列行为的属于窃电：

1）在供电企业的供电设施上，擅自接线用电；

2）绕越供电企业安装的电能计量装置用电；

3）伪造或开启供电企业电能计量装置；

4）故意损坏供电企业电能计量装置；

5）故意使供电企业的电能计量装置不准或失效；

6）采用其他方法窃电。

2. 违章用电与窃电的处罚

（1）对违章用电者，应根据违章情况分别处理。情节严重的，可中止供电；后果严重的，应依法追究法律责任。一般处罚办法有以下几点：

1）在电价低的供电线路上，擅自接用电价高的用电设备或私自改变用电类别者，除按实际使用日期补收其差额电费外，并加收 1～2 倍差额电费的私自使用费（罚金）。对使用起讫日期已确定者，至少按 3 个月计算。

2）私自超过合同规定容量用电者，除应拆、封私增设备外，属于两部制电价的用户，按私增容量追收基本电费和变压器损耗电量电费，并加收 3 倍以下私自使用费（罚金）；对其他用户私自增加容量私自使用费（罚金）按私增容量乘以每千瓦（千伏安）50 元收取。如用户要求继续使用，按新增容量办理用电手续。

3）擅自使用已在供电企业办理暂停手续的用电设备或启用已被供电企业封存的电气设备者，应当再次封存擅自使用或启用的电气设备。对擅自使用或启用设备容量的两部制电价用户应追补基本电费和变压器损耗电量电费，并加收两倍以下的私自使用费（罚金）；对其他用户私自使用费按擅自使用或启用设备容量乘以每千瓦（千伏安）30 元收取。如用户需要启用，可办理相关用电手续后接用。

4）私自迁移、更动和擅自操作供电企业的电能计量装置、供电设施以及约定由供电企业调度的用户受电设备者，每次加收规定的私自使用费（罚金）；属于居民用户的，应承担每次 500 元的违约使用电费；属于其他用户的，应承担每次 5000 元的违约使用电费。

5）未经供电单位同意，擅自引入（供出）电源或将备用电源私自并网者，除当即拆除外，按引入（供出）或并网容量乘以每千瓦（千伏安）500 元的私自使用费收取。

（2）对窃电行为，供电企业除当场予以中止用电外，按私接容量及实际使用的时间追补电费，并按追补电费的 3～6 倍加收私自使用费（罚金）；构成违反治安管理处罚行为的，由公安机关依法予以处罚；构成犯罪的，由司法机关依法追究刑事责任。

因违章用电、窃电造成供电企业供用电设施损坏的，责任者应承担供电设备的修复费用或进行赔偿；导致他人财产或人身安全受害时，受害人在要求违章用电或窃电者停止侵害、赔偿损失时，供电企业应予以协助。

第三节 营 业 质 量 管 理

一、营业质量管理的概念和目标

（一）营业质量管理的概念

全面质量管理是企业管理的一个重要组成部分。任何一个工业企业都应当用最经济的办法由产出用户满意的优质产品，这是我国社会主义企业推行全面质量管理的出发点，也是质量管理要达到的目的。

全面质量管理（英文缩写为 TQC）是指企业为保证和提高产品质量，组织全体员工及有关部门参加，综合运用各种管理技术和科学方法，管理和控制影响质量的全过程和各因素，形成完整的质量保证体系，最经济地研制和生产用户满意的产品或为用户提供满意的服务等系统管理活动。

营业质量管理是指供电企业在营业部门推行全面质量管理活动，以经济地提供用户满意的电能产品为核心，不断提高营业管理工作质量和服务质量，为社会和企业创造最佳的经济效益。

营业质量管理是供电企业管理中一个重要的组成部分。供电企业营业部门作为电力企业的销售环节，作为企业与用户之间的联系纽带，推行全面质量管理具有重要的意义。

（二）营业质量管理的目标

营业质量管理的目标包括工作质量目标和服务质量目标。全面质量管理要求供电企业营业部门设立营业质量目标，并围绕设立的营业质量目标开展管理活动。

1. 营业工作质量目标

营业工作质量主要是指业扩报装、日常营业和电费抄、核、收的质量。其中，业扩报装、日常营业的工作质量称为业务工作质量，电费抄、核、收的工作质量称为电费工作质量。

业务工作质量主要是指办理各项业务时所达到的工作效率和业务水平。

为了提高业务工作质量，应设立业务工作质量目标。在目标中明确规定办理各项业务的具体期限和质量要求，或规定在一定期限内完成的业务工作量和应达到的业务水平，然后根据实际完成情况进行考核。

业务工作质量目标对各项业务工作提出了工作效率和工作质量等方面的要求。如报装接电率，它是反映报装接电工作的完成情况的相对指标，其计算公式为

$$报装接电率=\frac{装表供电容量}{申请容量}\times100\%$$

又如，在业务工作的各个环节或各道工序之间运转、传递的工作传票，在登记、填写和传递时要求做到：清楚、准确、完整、及时。业务工作的各个环节和各工序所办理的事项和结果，都要在工作传票上详细而准确地填写清楚等，都是对各项具体业务工作所提出的质量要求。

电费工作质量目标主要是指承担与电费回收直接相关的各项工作所应达到的准确程度和管理水平。

电费工作包括建账立卡、抄表、审核、收费、账务处理、综合统计等具体工作。电费工作质量目标包括质量指标和质量要求两部分。

电费工作的主要质量指标有：实抄率、实收率、差错率、电费资金周转率等。其中，差错率又可分解为抄错率、核错率等指标。

（1）实抄率。实抄率是反映抄表工作任务完成情况的相对指标，计算公式为

$$实抄率=\frac{实抄户数}{应抄户数}\times100\%$$

（2）实收率。实收率是反映收费工作任务完成情况的相对指标，计算公式为

$$实收率＝\frac{实收电费金额}{应收电费金额}\times100\%$$

（3）差错率。差错率是综合反映电费工作质量的相对指标，计算公式为

$$差错率＝\frac{差错件数}{实抄户数}\times100\%$$

以上三个质量指标是电费工作的主要质量指标，要求月实抄率应达到 100%；月实收率应达到 100%，至少应达到 100%；月差错率应低于 4‰。

2. 营业服务质量目标

营业服务质量目标主要是对各项营业服务所提出的质量要求，一般表现有以下二点：

（1）经常地广泛征求用户的意见。供电企业营业部门必须全面了解用户对电能销售和电能质量的意见，并将其汇总、整理，加工为信息，及时反馈到有关部门，作为改进工作和提高产品质量的依据。供电企业营业部门对于用户反映的各种意见和提出的具体要求，要深入现场调查研究，分析原因，找出解决问题的方案或办法，以改进工作。对于电能质量不稳定给用户造成的经济损失和影响，也要进行分析研究，尽可能帮助用户减少损失和影响。

供电企业营业部门可通过定期走访用户或召开用户座谈会，了解营业工作质量和服务质量的真实情况，以便于改进工作，不断提高营业工作质量和服务质量。

（2）热情地帮助用户解决实际问题。有些用户在使用电力方面缺乏必要的常识或技术能力有限。因此，在用电过程中出现的许多技术问题不能自行解决。供电企业营业部门应针对用户缺乏安全用电知识，随便使用不合格的用电设备，甚至私拉乱接电源，违章用电，以致造成人身伤亡或设备损坏事故等事故的发生，帮助用户建立健全各项管理制度，加强设备管理和技术管理，从技术和管理方面保证用户安全用电。针对部分用户缺少一定的经营管理能力，不进行无功补偿，不注意利用设备，因而电费支出较多等情况，帮助用户学会管理，用好设备，节约用电，使用户能经济合理地用电。对用户在使用公用计费表或其他原因而发生用电纠纷的情况，供电企业营业部门应帮助调解，公正合理地解决矛盾或纠纷。

（3）开展优质服务，处处方便用户。供电企业营业部门通过开展优质服务活动，给用户提供方便。例如，帮助用户代购备品、备件或电气专用器材，帮助老、残、病等解决用电难题，代向用户推荐新型节能设备或节能产品，代为用户修理或校验分户电表等。

总之，营业质量管理活动不仅要提高工作质量，而且要提高服务质量，这是全面质量管理的内在要求，也是建设社会主义精神文明的客观需要。

二、营业质量管理的方法

营业质量管理的方法有全过程质量管理和全员质量管理两种。

（一）全过程质量管理

由于任何产品的质量都是在生产的全过程中逐步形成的，因此全面质量管理的管理对象是生产全过程的质量控制。即以预防为主，在产品生产的全过程中，对影响产品质量的各种因素进行管理和控制，对产品形成过程的主要环节或工序应把好质量关。

开展营业质量管理，同样需要在营业工作的全过程中，在营业工作的主要环节或工序上加强管理和控制。

实行营业全过程的质量管理，首先要科学地划分营业工作的环节，然后要加强对营业工作各个环节的管理，特别注意要严格把好营业质量的审核关。要做到层层把关，尽量防止和

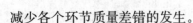

减少各个环节质量差错的发生。

（二）全员质量管理

营业质量管理应是营业部门全体人员共同参与的质量管理，把供电企业营业部门的各项工作都纳入质量轨道的质量管理为全员质量管理。

实行全员质量管理，首先必须进行全员质量教育，从而加强全体人员的质量意识，只有营业工作人员上下通力协作，人人关心质量，才能搞好营业质量管理。其次，实行全员质量管理，必须落实营业质量管理的目标，而目标的落实可以采取以下做法：

（1）把营业质量目标落实到每个工作岗位。

（2）动员各岗位人员参加质量管理。

（3）建立职工质量管理小组。

营业质量目标可按科室、班组的职责范围加以层层分解，最后落实到每个工作岗位。即根据职责分工不同，建立和健全岗位职责和质量标准，作为岗位质量目标。营业质量目标落实到具体工作岗位之后，可通过各种激励措施，动员各岗位人员参加质量管理，努力实现岗位质量目标。实行全员质量管理，还要根据营业质量目标的要求与存在的质量差距，确定质量控制点，建立职工质量管理小组，对其进行控制，并组织职工进行现场质量管理和提高质量的活动。

三、营业质量管理的重点和关键

营业管理工作面广，点多，情况复杂，任务艰巨。因此，在全面抓好质量管理的基础上，必须抓住重点和关键，才能有效地防止发生和消灭重大差错，提高整个营业工作的质量。

（一）营业质量管理的重点

营业质量管理的重点是大工业用户。大工业用户从户数上来看，只占全部用户的百分之几，但从售电量来看，约占总售电量的 70％ 以上，从经营业务上来看，大工业用户的业务工作较为复杂，工作量和工作难度也较大，容易发生问题。因此，抓好大工业用户的质量管理，对提高营业质量的整体水平起着决定性的作用。

（二）营业质量管理的关键

营业质量管理的关键有以下四个方面：

（1）制订供电方案。

（2）建账立卡（含更换账卡）。

（3）电费审核。

（4）装表接电。

营业质量管理若能突出重点，抓住关键，就能产生事半功倍的效果。同时，重点和关键所在之外的质量提高后，又将推动和促进营业质量管理工作的开展，对于提高整体的质量水平是大有裨益的。

四、营业质量管理体系

营业质量管理体系就是供电企业营业部门以提高营业质量为目的，运用系统的概念和方法，建立必要的组织机构，把营业工作的各个环节、各岗位的质量管理活动严密地组织起来，形成一个有明确任务、职责、权限，相互促进，相互协调的质量管理的有机整体。

质量管理体系的核心是充分发挥人的积极性和创造性，充分发挥科学技术的作用；质量管理体系的实质是实行质量责任制和奖惩制度。

营业质量管理体系中包含以下几方面内容：

（一）质量管理机构

供电企业营业部门质量管理机构，一般可由有关科室兼管，配备专人。其职责为：组织各部门开展质量管理工作；协调各部门的质量管理活动，加以综合并进行监督；采用抽查办法，开展质量稽核工作；对重大质量事故进行统计分析，并提出解决对策，经群众讨论领导批准后，监督实施。

（二）质量责任制

营业质量责任制就是明确规定营业工作各个环节、各岗位的质量职责、权限和任务，规定各项营业工作的质量责任标准和业务流程中质量责任，使各项质量责任活动制度化、标准化、程序化，从而保证营业质量责任制的实施。

（三）考核和奖惩制度

考核和奖惩制度是鼓励和促进职工发挥积极性和创造性，提高工作效率、工作质量和服务质量必不可少的手段，一般应结合质量责任制的标准进行考核和评定。具体条例和实施细则由各单位根据具体情况制定。

（四）营业质量差错和事故的调查与分析

在营业质量管理中，由于缺乏经验，营业工作人员素质较差或责任心不强，特别是少数人渎职或失职，造成一些营业质量差错或事故，有些差错数额巨大，给国家和企业造成了不应有的损失。因此，必须认真对待营业质量差错与事故的调查统计，不断探索差错事故发生的规律，以便加以防范。

要建立营业质量差错与事故的划分标准和调查统计报告制度，并分级管理；要做好质量事故的原始记录和统计分析，并作为改进质量管理的依据。做到三不放过，即"事故原因不清楚不放过；事故责任者没有受到处理不放过；有关人员没有受到教育不放过；没有采取防范措施不放过。"要定期召开质量差错分析会议，找出原因，采取措施，防止今后再次发生，对于一些典型的重大事故，要像追查质量事故那样，严肃对待。

五、PDCA 管理循环

运用质量管理体系，开展质量活动的基本方法，叫做 PDCA 管理循环。

PDCA 分别是计划（Plan）、实施（Do）、检查（Check）和处理（Action）的英文缩写。PDCA 循环包括"计划——实施——检查——处理"四个阶段，反映了人们办事的一般规律。其具体含义是：按照计划、实施、检查、处理四个阶段的顺序，进行营业质量管理工作，并且循环不止地进行下去。

复 习 思 考 题

1. 解释名词：过户；原址移表；拆表；复装电表；临时供电；违章用电；转供电。
2. 日常营业工作的主要内容有哪些？
3. 如何确定违章用电和窃电？
4. 营业人员对用户申请在原用电地址内移表，应注意些什么？
5. 什么叫增容？什么叫减容？

6. 居民用户如何办理过户手续?

7. 换表有哪几种? 什么叫年久换表?

8. 什么叫临时拆表? 什么叫拆表销户?

9. 什么叫分户? 什么叫并户?

10. 什么叫改压? 什么叫改类?

11. 什么叫全面质量管理? 什么叫全员质量管理?

12. 电费工作质量指标的含义是什么? 主要质量指标有哪些?

13. 营业服务质量指标的含义是什么? 包括哪些内容?

14. 营业质量管理的重点和关键是什么?

15. 什么叫 PDCA 管理循环?

附录1

高压供用电合同

供电人	用电人

单位名称：　　　　　　　　　　　　　　单位名称：

法定地址：　　　　　　　　　　　　　　法定地址：

法定代表（负责）人：　　　　　　　　　法定代表（负责）人：

委托代理人：　　　　　　　　　　　　　委托代理人：

电话：　　　　　　　　　　　　　　　　电话：

电传：　　　　　　　　　　　　　　　　电传：

邮编：　　　　　　　　　　　　　　　　邮编：

开户银行：　　　　　　　　　　　　　　开户银行：

账号：　　　　　　　　　　　　　　　　账号：

工商登记号：　　　　　　　　　　　　　工商登记号：

　　为明确供电人和用电人在电力供应与使用中的权利和义务，安全、经济、合理、有序地供电和用电，根据《中华人民共和国合同法》、《中华人民共和国电力法》、《电力供应与使用条例》和《供电营业规则》的规定，经供电人、用电人协商一致，签订本合同，共同信守，严格履行。

一、用电地址、用电性质和用电容量

　　1. 用电地址：＿＿＿＿＿＿＿＿＿＿＿＿。

　　2. 用电性质。

　　(1) 行业分类：＿＿＿＿＿＿＿＿＿＿＿。

　　(2) 用电分类：＿＿＿＿＿＿＿＿＿＿＿。

　　(3) 负荷性质：＿＿＿＿（重要负荷/一般负荷）。

　　3. 用电容量。

　　根据用电人的申请，供电人确认用电人共有＿＿＿＿个受电点。受电设备的总容量为：＿＿＿＿kVA，保安容量＿＿＿＿kVA，自备发电容量＿＿＿＿kW。其中：

　　＿＿＿＿＿＿受电点受电变压器＿＿＿＿台，共计＿＿＿＿kVA（多台变压器时），运行方式为＿＿＿＿。

　　＿＿＿＿＿＿受电点受电高压电动机＿＿＿＿台，共计＿＿＿＿kW（视同 kVA），运行方式为＿＿＿＿。

　　＿＿＿＿＿＿受电点受电变压器＿＿＿＿台，共计＿＿＿＿kVA（多台变压器时），运行方式为＿＿＿＿。

　　＿＿＿＿＿＿受电点受电高压电机＿＿＿＿台，共计＿＿＿＿kW（视同 kVA），运行方式为＿＿＿＿。

二、供电方式

　　1. 供电人向用电人提供三相交流 50Hz 电源，采用＿＿＿＿（单/双/多）电源，＿＿＿＿（单/双/多）回路向用电人供电。

　　2. 主供电源：

　　(1) 供电人由＿＿＿＿变（配）电站（所）以＿＿＿＿kV 电压，经出口＿＿＿＿断路器送出的（架空线/电缆）向用电人＿＿＿＿受电点供电，供电容量为＿＿＿＿kVA。

　　(2) 供电人以＿＿＿＿kV 电压，从＿＿＿＿线路经＿＿＿＿杆，向用电人＿＿＿＿受电点供电，供电容量为＿＿＿＿kVA。

　　3. 备用电源：

　　(1) 供电人由＿＿＿＿变（配）电站（所）以＿＿＿＿kV 电压，经出口＿＿＿＿断路器送出的＿＿＿＿（架空线/电缆）向用电人＿＿＿＿受电点供电，作为用电人生产备用电源，供电容量为＿＿＿＿kVA。

　　(2) 供电人以＿＿＿＿kV 电压，从＿＿＿＿线路经＿＿＿＿杆，向用电人＿＿＿＿受电点供电，作为用电人生产备用电源，供电容量为＿＿＿＿kVA。

　　4. 保安电源：

　　(1) 供电人以＿＿＿＿kV ＿＿＿＿（专用/公用）线路作为用电人保安电源。保安容量为＿＿＿＿kVA，最小保安电力为＿＿＿＿kW。

　　(2) 根据电网发展水平和用电人负荷性质，用电人须采取电或非电的保安措施，防止电网意外断电对安全产生的影响。其中采取电的保安措施有：

1）自备发电机＿＿＿＿＿kW，安装地点＿＿＿＿＿。

2）采用不间断电源（UPS）＿＿＿＿＿VA，安装地点＿＿＿＿＿。

5. 未经供电人同意，用电人不得自行向第三方转供电力。经供电人委托，用电人同意由其＿＿＿＿＿变电站（线路）向＿＿＿＿＿单位转供电。转供用电容量＿＿＿＿＿kVA，转供用电电力＿＿＿＿＿kW。有关转供电事宜，由供电人、转供电人及被转供电人另行签订委托转供电协议。

6. 具体供电接线方式，详见附图（供电接线及产权分界示意图）。

三、供电质量

1. 在电力系统正常状况下，供电人按部颁《供电营业规则》规定的电能质量标准向用电人供电。

2. 用电人用电时的功率因数和谐波源负荷、冲击负荷、波动负荷、非对称负荷等产生的干扰与影响应符合国家标准，否则供电人无义务保证规定的电能质量。

3. 在电力系统正常运行的情况下，供电人应向用电人连续供电。但为了保障电力系统的公共安全和维护正常供用电秩序，供电人依法按规定事先通知的停电，用电人应当予以配合。

四、用电计量

1. 供电人按国家规定，在用电人每个受电点安装用电计量装置。用电计量装置（包括计费电能表、表用互感器及二次连接线导线）的配置、安装应符合国家标准和行业规程的规定。用电计量装置的记录作为向用电人计算电费的依据。

2. 用电计量方式采用：＿＿＿＿＿＿（高压侧计量/低压侧计量）。

3. 用电计量装置分别装设在：

1）＿＿＿＿＿＿＿＿＿＿＿＿＿＿＿＿＿＿＿＿＿＿＿。

2）＿＿＿＿＿＿＿＿＿＿＿＿＿＿＿＿＿＿＿＿＿＿＿。

3）＿＿＿＿＿＿＿＿＿＿＿＿＿＿＿＿＿＿＿＿＿＿＿。

4. 用电计量装置安装位置与产权分界处不对应时，线路与变压器损耗由产权所有者负担。每月＿＿＿＿＿（增加/减少）线损电量应分摊到各类用电量中再分别计算电费。

5. 用电人未按电价分类分别配电时，供电人对难以装表计量的＿＿＿＿＿、＿＿＿＿＿、＿＿＿＿＿用电量，约定按每月＿＿＿＿＿、＿＿＿＿＿、＿＿＿＿＿kWh 计算，或按每月总用电量的＿＿＿＿＿%、＿＿＿＿＿%、＿＿＿＿＿%计算。随用电构成比例和数量的变化，供电人每年至少对其核定一次，用电人应当予以配合。

五、无功补偿及功率因数

1. 用电人装设无功补偿装置总容量＿＿＿＿＿kvar。

其中，电容器＿＿＿＿＿kvar，调相机＿＿＿＿＿kvar。

2. 用电人功率因数在用电高峰时应达到＿＿＿＿＿。

3. 用电人应按无功补偿就地平衡原则，合理装设和投切无功补偿装置。用电人送入供电人的无功电量视为吸收供电人的无功电量计算月平均功率因数。

六、电价及电费结算方式

1. 计价依据与方式

（1）供电人按照有管理权的物价主管部门批准的电价和用电计量装置的记录，向用电人定期结算电费及随电量征收的有关费用。在合同有效期内，发生电价和其他收费项目费率调整时，按调价文件规定执行。

（2）用电人的电费结算执行_____制电价及功率因数调整电费办法。基本电费计算方式：

1）按变压器容量计算；变压器容量为_____kVA。

2）按最大需量计算。

3）按电费结算协议中约定的方式进行计算。

4）_____。

功率因数调整电费考核标准为_____。

按国家规定，供电人对用电人应执行_____（分时电价）。

2. 电费结算方式

（1）供电人应按规定日期抄表，按期向用电人收取电费。

（2）用电人应在供电人规定的期限内全额交清电费。交付电费的方式为：

1）用电人直接向供电人交付电费，每月分_____次交付。即每月_____日，预付_____%；_____日，预付_____%；_____日，预付_____%；_____日，预付_____%；_____日，预付_____%；并于_____日多退少补结清全部电费。

2）供电人委托_____银行向用电人_____（划拨/收取）电费。每月分_____次（划拨/收取）。即每月_____日，划拨_____%；_____日，划拨_____%；_____日，划拨_____%；_____日，划拨_____%；_____日，_____%；并于_____日多退少补结清全部电费。

3）_____。

4）按电费结算协议中约定的方式进行结算。

（3）用电人不得以任何方式、任何理由拒付电费。用电人对用电计量、电费有异议时，应先交清电费，然后双方协商解决。协商不成时，可请求电力管理部门调解。调解不成时，可提起诉讼解决。

3. 根据需要，供电人、用电人可另行签订电费结算协议。

七、调度通信

1. 供电人、用电人均应执行《电网调度管理条例》的有关规定。双方约定，用电人_____设备由供电人调度，具体调度事宜由供电人、用电人另行签订电力调度协议。

2. 双方约定以下列方式保持相互之间通信联系：

供电人采用：_____。

用电人采用：_____。

八、供电设施维护管理责任

1. 经供电人、用电人双方协商确认，供电设施运行维护管理责任分界点设在_____处。_____属于_____。分界点电源侧供电设施属供电人，由供电人负责运行维护管理。分界点负荷侧供电设施属用电人，由用电人负责运行维护管理。

2. 用电人受电总开关继电保护装置应由供电人整定、加封，用电人不得擅自更动。

3. 供电人、用电人分管的供电设施，除另有约定者外，未经对方同意，不得操作或更动。如遇紧急情况（当危及电网和用电安全，或可能造成人身伤亡或设备损坏）而必须操作时，事后应在 24h 内通知对方。

4. 在用电人受电装置内安装的用电计量装置及电力负荷管理装置由供电人维护管理，用电人负责保护并监视其正常运行。如有异常，用电人应及时通知供电人。

5. 在供电设施上发生的法律责任以供电设施运行维护管理责任分界点为基准划分。供电人、用电人应做好各自分管的供电设施的运行维护管理工作，并依法承担相应的责任。

九、其他事项

1. 按国家规定，供电人应在用电人处安装电力负荷管理装置。用电人应当予以配合。

2. 为保证供电、用电的安全，供电人将定期或不定期对用电人的用电情况进行检查，用电人应当予以配合。用电检查人员在依法执行查电任务时，应向用电人出示《用电检查证》，用电人应派员随同并配合检查。

3. 用电人应按期进行季节性安全检查和电气设备预防性试验，发现问题及时处理。发生重大设备及人身事故时，应及时向供电人用电检查部门报告。供电人应参与事故的分析并协助用电人制订防范措施。

4. 用电人在受电装置上作业的电工，必须持有电力管理部门颁发的《电工进网作业许可证》，方准上岗作业。

5. 用电人对受电装置一次设备和保护控制装置进行改造或扩建时，应到供电人办理手续，并经供电人审核同意后方可实施。

6. 用电人的自备发电机组应报供电人备案，需要并网运行的，必须经供电人、用电人签订协议后，方可并网运行。

7. 本合同的履行地点为供电设施运行维护管理责任分界点。提起诉讼时，以合同履行地点的人民法院为管辖法院。

8. 供电人更改由供电人负责运行维护管理的供电设施时，只要不改变本合同中分界点的具体位置，则按更改后的实际供电条件为准，双方可不再变更合同内容。

9. 为使本合同能够顺利履行，依据《合同法》第 115 条和《担保法》规定，供电人向用电人收取担保定金，定金金额为_____元（以一个月电费额计算），在用电人欠交电费时，供电人可用以暂时抵作电费及违约金。用电人交清电费及违约金后应补足定金。供用电合同解除后供电人将定金退用电人。

10. _____。

11. _____。

十、违约责任

1. 供电人违约责任

（1）供电人的电力运行事故，给用电人造成损害的，供电人应按《供电营业规则》第九十五条有关规定承担赔偿责任。

但对有下列情况之一的，供电人不承担赔偿责任：

1）因电力运行事故引起开关跳闸，经自动重合闸装置重合成功的；

2）须有自备电源或非电保安措施的；

3）多电源供电停其中部分电源，而其他电源仍未间断供电的。

（2）供电人未能依法按规定的程序事先通知用电人停电，给用电人造成损失的，供电人应按《供电营业规则》第 95 条第 1 项承担赔偿责任。

（3）因供电人责任引起电能质量超出标准规定，给用电人造成损失的，供电人应按《供电营业规则》第 96 条、97 条有关规定承担赔偿责任。

2. 用电人违约责任

（1）由于用电人的责任造成供电人对外停电，用电人应按《供电营业规则》第 95 条有关规定承担赔偿责任。但不承担因供电人责任使事故扩大部分的赔偿责任。

（2）由于用电人的责任造成电能质量不符合标准时，对自身造成的损害，由用电人自行承担责任；对供电人和其他用户造成损害的，用电人应承担相应的损害赔偿责任。

（3）用电人不按期交清电费的，应承担电费滞纳的违约责任。电费违约金从逾期之日起计算至交纳日止，电费违约金按下列规定计算：

1）当年欠费部分，每日按欠费总额的 2‰ 计算；

2）跨年度欠费部分，每日按欠费总额的 3‰ 计算。

经供电人催交，用电人仍未付清电费的，供电人可依法按规定的程序停止部分或全部供电，并追收所欠电费和电费违约金。

（4）用电人违约用电或窃电按《供电营业规则》第 100 条至第 104 条处理。

3. 其他违约责任按《供电营业规则》相关条款处理。

十一、争议的解决方式

供电人、用电人因履行本合同发生争议时，应依本合同之原则协商解决。协商不成时，双方共同提请电力管理部门行政调解。调解不成时，可向合同履行地人民法院提起诉讼解决。

十二、供电时间

本合同签约，且用电人新建改建的受电装置经供电人检验合格后，供电人即依本合同向用电人供电。

十三、本合同效力及未尽事宜

1. 本合同未尽事宜，按《电力供应与使用条例》、《供电营业规则》等有关法律、规章的规定办理。如遇国家法律、政策调整修改时，则按规定修改、补充本合同有关条款。

2. 本合同经供电人、用电人签字盖章后并自_____年_____月_____日起生效，有效期至_____年_____月_____日止。合同到期后，如供用电双方都未提出变更、解除合同，可不再重新签订，本合同继续有效。

3. 供电人、用电人任何一方欲修改、变更、解除合同时，按《供电营业规则》第 94 条办理。在修改、变更、解除合同的书面协议签订前，本合同继续有效。

4. 本合同正本一式_____份。供电人、用电人各执_____份。效力均等。副本一式_____份，供电人执_____份，用电人执_____份。

5. 本合同附件包括：

（1）调度协议。

（2）并网协议。

（3）产权分界协议。

（4）电费结算协议。

（5）企业法人营业执照副本复印件。

（6）事业法人证书复印件。

（7）授权委托书。

（8）_____。

上述附件为本合同不可分割的组成部分。

供电人：（盖章）   用电人：（盖章）

签约人：（签章）   签约人：（签章）

签约时间：_____年_____月_____日   签约时间：_____年_____月_____日

附 图

供电接线及产权分界示意图

合同编号 ☐☐☐☐☐☐☐☐☐☐☐

低 压 供 用 电 合 同

（50kW 以上客户）

供电人	用电人
单位名称：	单位名称：
法定地址：	法定地址：
法定代表（负责）人：	法定代表（负责）人：
委托代理人：	委托代理人：
电话：	电话：
电传：	电传：
邮编：	邮编：
开户银行：	开户银行：
账号：	账号：
工商登记号：	工商登记号：

为明确供电人和用电人在电力供应与使用中的权利和义务，安全、经济、合理、有序地供电和用电，根据《中华人民共和国合同法》、《中华人民共和国电力法》、《电力供应与使用条例》和《供电营业规则》的规定，经供电人、用电人协商一致，签订本合同，共同信守，严格履行。

一、用电地址、用电性质和用电容量

1. 用电地址：_____。

2. 用电性质。

(1) 行业分类：_____。

(2) 用电分类：_____。

3. 用电容量

供电人确认用电人用电设备总容量为_____ kW。

二、供电方式

1. 供电人向用电人提供交流 50Hz、220/380V 电压的电源向用电人供电。

2. 供电方式采用：

(1) 供电人由____变（配）电站（所）以____ V 电压，经出口____开关送出的_____（架空线/电缆）向用电人____受电点供电。供电容量为____ kW。

(2) 供电人从____线路____公用变压器____号低压杆接线，向用电人供电。供电容量为____ kW。

(3) 用电人对供电可靠性有较高要求时，备用电源采用：

1) 供电人由____变（配）电站（所）以____ V 电压，经出口____开关送出的（架空线/电缆）向用电人____受电点供电。供电容量为____ kW。

2) 供电人从____线路____公用变压器____号低压杆接线向用电人供电。供电容量为____ kW。

3) 由用电人自备电源。自备发电机（或不停电电源 UPS）容量为____ kW。

3. 具体供电接线方式，详见附图（供电接线及产权分界示意图）。

三、供电质量

1. 在电力系统正常状况下，供电人按《供电营业规则》规定的电能质量标准向用电人供电。

2. 如用电人用电功率因数达不到 0.85 以上，或用电人谐波注入量、冲击负荷、波动负荷、非对称负荷等产生的干扰与影响超过国家标准时，供电人无义务保证其电能质量。用电人应负责采取措施治理，并依法承担相应责任。

四、用电计量

1. 供电人根据用电人不同电价类别的用电，分别安装用电计量装置。用电计量装置（包括计费电能表、表用互感器及二次连接线导线）的配置、安装应符合国家标准和行业规程的规定。用电计量装置的产权属供电人。用电计量装置的记录作为向用电人计算电费的依据。

(1) 用电计量装置安装在____处，用于计量____用电量。

(2) 用电计量装置安装在____处，用于计量____用电量。

2. 用电人未按电价分类分别配电时，供电人对难以装表计量的____、____、____用电

量，约定按每月＿＿＿、＿＿＿、＿＿＿ kWh 计算，或按每月总用电量的＿＿＿％、＿＿＿％、＿＿＿％计算。随用电构成比例和数量的变化，供电人每年至少对其核定一次，用电人应当予以配合。

五、电价及电费结算方式

1. 计价依据与方式

（1）供电人按照有管理权的物价主管部门批准的电价和用电计量装置的记录，定期向用电人结算电费及随电量征收的有关费用。在合同有效期内，发生电价和其他收费项目费率调整时，按调价文件规定执行。

（2）用电人用电容量在 100kW 及以上时，按国家规定加装无功电能计量装置，实行功率因数调整电费。功率因数调整电费考核标准为＿＿＿。

（3）按国家规定，供电人对用电人执行＿＿＿（分时电价）。

2. 电费结算方式

（1）供电人应按规定日期抄表，按期向用电人收取电费。

（2）用电人应在供电人规定的期限内全额交清电费。交付电费的方式为：

1）用电人每月＿＿＿日定期交付。

2）供电人委托＿＿＿银行向用电人收取电费。

3）＿＿＿＿＿＿＿＿＿＿＿＿＿＿。

3. 用电人不得以任何方式、任何理由拒付电费。用电人对用电计量、电费有异议时，应先交清电费，然后双方协商解决。协商不成时，可请求电力管理部门调解。调解不成时，双方可提起诉讼解决。

六、供电设施维护管理责任

1. 经供电人、用电人双方协商确认，供电设施运行管理责任分界点设在＿＿＿处，＿＿＿属于＿＿＿。分界点电源侧供电设施属供电人，由供电人负责运行维护管理，分界点负荷侧供电设施属用电人，由用电人负责运行维护管理。

2. 供电人、用电人分管的供电设施，除另有约定者外，未经对方同意，不得操作或更动。如遇紧急情况（当危及电网和用电安全，或可能造成人身伤亡或设备损坏）而必须操作时，事后应在 24h 内通知对方。

3. 在供电设施上发生的法律责任以供电设施运行维护管理责任分界点为基准划分。供电人、用电人应做好各自分管的供电设施的运行维护管理工作，并依法承担相应责任。

七、其他事项

1. 为保证供电、用电的安全，供电人将定期或不定期对用电人的用电情况进行检查，用电人应当予以配合。用电检查人员在依法执行查电任务时，应向用电人出示《用电检查证》，用电人应派员随同并配合检查。

2. 在用电人受电装置上作业的电工，必须取得电力管理部门颁发的《电工进网作业许可证》，方准上岗作业。

3. 安装在用电人处的用电计量装置及电力负荷管理装置由供电人维护管理，由用电人负责保护其完好和正常运行。如有异常，用电人应及时通知供电人处理；如私自迁移、更动和擅自操作的，按《供电营业规则》第 100 条第 5 项处理。

4. 用电人的自备发电机组要保证与电网闭锁。经供电人检查认定的接线方式不得自行变动。用电人不得自行引入（供出）电源。否则，按《供电营业规则》第100条第6项处理。

5. 本合同的履行地点为供电设施运行维护管理责任分界点。提起诉讼时，以合同履行地点的人民法院为管辖法院。

6. 供电人更改由供电人负责运行维护管理的供电设施时，只要不改变本合同中分界点的具体位置，则按更改后的实际供电条件为准，双方可不再变更合同内容。

7. 为使本合同能够顺利履行，依据《合同法》第115条和《担保法》规定，供电人向用电人收取担保定金，定金金额为____元（以一个月电费额计算），在用电人欠交电费时，供电人可用以暂时抵作电费及违约金。用电人交清电费及违约金后应补足定金。供用电合同解除后供电人将定金退用电人。

8. _____。

八、违约责任

1. 用电人不按期交清电费的，应承担电费滞纳的违约责任。电费违约金从逾期之日起计算至交纳日止，电费违约金按下列规定计算：

（1）当年欠费部分，每日按欠费总额的2‰计算；

（2）跨年度欠费部分，每日按欠费总额的3‰计算。

经供电人催交，用电人仍未付清电费的，供电人可依法按规定的程序停止供电，并追收所欠电费和电费违约金。

2. 双方商定，除本合同另有约定者外，造成本合同不能履行或不能完全履行的责任，按《供电营业规则》相关条款处理。

九、争议的解决方式

供电人、用电人因履行本合同发生争议时，应依本合同之原则协商解决。协商不成时，双方共同提请电力管理部门行政调解。调解不成时，可向合同履行地人民法院提起诉讼解决。

十、本合同效力及未尽事宜

1. 本合同未尽事宜，按《电力供应与使用条例》、《供电营业规则》等有关法律、规章的规定办理。如遇国家法律、政策调整时，则按规定修改、补充本合同有关条款。

2. 本合同经供电人、用电人签字盖章后并自____年____月____日起生效，有效期至____年____月____日止。合同到期后，如供用电双方都未提出变更、解除合同，可不再重新签订，本合同继续有效。

3. 供电人、用电人任何一方欲修改、变更、解除合同时，按《供电营业规则》第九十四条办理。在修改、变更、解除合同的书面协议签订前，本合同继续有效。

4. 本合同正本一式____份。供电人、用电人各执____份。效力均等。副本一式____份。供电人执____份、用电人执____份。

5. 本合同附件包括：

（1）产权分界协议。

（2）电费结算协议。

（3）企业法人营业执照复印件。

（4）事业法人证书复印件。

（5）授权委托书。

（6）＿＿＿＿＿＿＿＿＿＿。

上述附件为本合同不可分割的组成部分。

供电人：（盖章）　　　　　　　用电人：（印鉴）

签约人：（签章）　　　　　　　签约人：（签章）

签约时间：＿＿年＿＿月＿＿日　　签约时间：＿＿年＿＿月＿＿日

附 图

供电接线及产权分界示意图

附录3

合同编号 □□□□□□□□□□

低 压 供 用 电 合 同

（50kW 及以下一般用户）

低压供用电合同
（50kW 及以下一般用户）

供电人：
用电人：

双方为安全、经济、合理地供电和用电，依据中华人民共和国《合同法》、《电力法》的规定，经协商一致，签订本合同，共同信守，严格履行：

一、用电地址、用电容量、用电性质

1. 用电地址：

2. 行业分类：

3. 用电分类：

4. 用电容量：总计____kW；其中光____kW，力____kW。

二、供电方式

供电人以交流50Hz、220/380V电源向用电人供电。供用电设施的运行维护管理责任分界点在____路____号低压下户线，分界点及以上属供电人维护管理，分界点以下属用电人维护管理，并依法承担相应责任。

三、用电计量

供电人按国家规定，在用电人配电室（箱）装设低压计量装置，包括计费电能表及表用互感器作为向用电人结算电费的依据。用电人应负责计量装置的完好和正常运行，发现异常应及时通知供电人。

四、电价及电费结算

1. 计价依据与方式

供电人按照有管理权的物价主管部门批准的电价和用电计量装置的记录，向用电人结算电费。在合同有效期内，发生电价调整时按调价文件执行。按国家规定，供电人对用电人执行____电价。

2. 电费结算方式

（1）供电人按规定日期抄表，按期向用电人收取电费。

（2）用电人应按供电人规定的期限内全额交清电费。

供电人开户银行：　　　　　用电人开户银行：

账号：　　　　　　　　　　账号：

（3）用电人不按期交清电费的，应向供电人交纳电费违约金，电费违约金本年度每日按欠费总额的千分之二计算，跨年度每日按千分之三计算。

（4）经供电人催交，用电人仍未交清电费的，供电人可依法按规定的程序停止供电，并追收所欠电费和电费违约金。

3. 为使本合同能够顺利履行，依据《合同法》第115条和《担保法》规定，供电人向用电人收取担保定金，定金金额为____元（以一个月电费额计算），供电人对定金应专项记

账。在用电人欠交电费时，供电人可用以暂时抵作电费及违约金。用电人交清电费及违约金后，供电人将定金转回专项账。供用电合同解除后供电人将定金退用电人。

五、本合同效力及未尽事宜

1. 本合同未尽事宜，按《电力供应与使用条例》、《供电营业规则》等有关法律、规章的规定办理。

2. 本合同经供电人、用电人签字盖章后并自_____年_____月_____日起生效，有效期至_____年_____月_____日止。合同到期后，如供用电双方都未提出变更、解除合同，可不再重新签订，本合同继续有效。

3. 本合同正本一式两份，双方各执一份，效力均等。副本一式_____份，供电人执_____份，用电人执_____份。

供电人：（盖章）　　　　　　　　　用电人：（印鉴）

签约人：（签章）　　　　　　　　　签约人：（签章）

签约时间：_____年_____月_____日　　签约时间：_____年_____月_____日

附录 4

合同编号 □□□□□□□□□□

临 时 供 用 电 合 同

供电人	**用电人**
单位名称：	单位名称：
法定地址：	法定地址：
法定代表（负责）人：	法定代表（负责）人：
委托代理人：	委托代理人：
电话：	电话：
电传：	电传：
邮编：	邮编：
开户银行：	开户银行：
账号：	账号：
工商登记号：	工商登记号：

为明确供电人和用电人在临时供用电过程中的权利和义务,安全、经济、合理、有序地供电和用电,根据《中华人民共和国合同法》、《中华人民共和国电力法》、《电力供应与使用条例》和《供电营业规则》的规定,经供电人、用电人协商一致,签订本合同,共同信守,严格履行。

一、用电地址、用电容量

1. 临时用电地址为＿＿＿＿＿＿＿＿＿＿＿＿。

2. 临时用电主要用途为＿＿＿＿＿＿＿＿＿＿＿。

3. 用电容量。

经供电人确认临时用电容量为:

(1) 受电变压器＿＿＿台,总容量为＿＿＿ kVA。

(2) 用电设备＿＿＿台,总容量为＿＿＿ kW。

4. 供电贴费。

根据国家规定,用电人向供电人交付供电工程贴费＿＿＿ kVA(kW)×＿＿＿元/kVA(kW),共计＿＿＿元。临时用电终止时,供电人按规定办理供电贴费清退手续。

二、供电方式

供电人向用电人提供交流 50 Hz 临时电源,采用:

1. 高压供电:供电电压为＿＿＿ kW,从＿＿＿线路＿＿＿杆接线供电。供电容量为＿＿＿kVA。

2. 低压供电:供电电压为 220/380 V,从＿＿＿公用变供电。供电容量为 kVA。

具体供电接线方式,详见附图(供电接线及产权分界示意图)。

三、用电计量

1. 用电计量装置安装在＿＿＿处。

2. 用电计量装置(包括计费电能表、表用互感器及二次连接线导线)的配置、安装应符合国家标准和行业规程的规定。用电计量装置的记录作为向用电人计算电费的依据。

3. 用电计量装置安装位置与产权分界处不对应时,线路与变压器损耗电量由产权所有者负担。

四、电价及电费结算方式

1. 供电人根据有管理权的物价主管部门批准的电价和用电计量装置的记录,按国家规定定期向用电人结算电费及随电量征收的有关费用。在合同有效期内,遇电价和其他收费项目费率调整,按调价文件规定执行。

2. 电费结算方式

(1) 供电人按规定的日期抄表,按期向用电人收取电费。

(2) 用电人在供电人规定的期限内全额交清电费。交付电费方式采用:

1) 用电人以＿＿＿方式交付电费;

2) 供电人委托＿＿＿银行向用户收取电费。

3. 用电人不得以任何方式、任何理由拒付电费。用电人对用电计量、电费有异议时,应先交清电费,然后双方协商解决。协商不成时,可请求电力管理部门调解。调解不成时,双方可提起诉讼解决。

五、供电设施维护管理责任

1. 经供电人、用电人协商确认，供电设施运行维护管理责任分界点设在＿＿＿处。＿＿＿属于＿＿＿。分界点电源侧供电设施属供电人，由供电人负责运行维护管理，分界点负荷侧供电设施属用电人，由用电人负责运行维护管理。

2. 安装在用电人处的用电计量装置由供电人维护管理，用电人应负责保护。如有异常，用电人应及时通知供电人。如发生丢失或损坏，用电人应负责赔偿或修理；如私自迁移、更动和擅自操作的，按《供电营业规则》第100条第5项处理。

3. 供电人、用电人分管的供电设施，除另有规定者外，未经对方同意，不得操作或更动。如遇紧急情况（当危及电网和用电安全，或可能造成人身伤亡或设备损坏）而必须操作时，事后应在24h内通知对方。

4. 在供电设施上发生的法律责任以供电设施运行维护管理责任分界点为基准划分。供电人、用电人应做好各自分管的供电设施的运行维护管理工作，并依法承担相应的责任。

六、其他事项

1. 用电人不得将临时电源向外转供电，也不得将临时电源转让给第三人。供电人不受理用电人变更用电事宜。用电人在本合同到期后仍需继续用电的，应在用电终止前向供电人提出申请，并按规定办理手续。

临时供用电合同到期，用电人如不办理继续用电手续，供电人将终止对用电人供电。

2. 为保证供电、用电的安全，供电人将定期或不定期对用电人的用电情况进行检查，用电人应当予以配合。用电检查人员在依法执行查电任务时，应向用电人出示《用电检查证》，用电人应派员随同，配合检查。

3. 在用电人受电装置上作业的电工，必须取得电力管理部门颁发的《电工进网作业许可证》，方准上岗作业。

4. 本合同的履行地点为供电设施运行维护管理责任分界点。提起诉讼时，以合同履行地点人民法院为管辖法院。

5. 供电人更改由供电人负责运行维护管理的供电设施时，只要不改变本合同中分界点的具体位置，则按更改后的实际供电条件为准，双方可不再变更合同内容。

6. 为使本合同能够顺利履行，依据《合同法》第115条和《担保法》规定，供电人向用电人收取担保定金，定金金额为＿＿＿元（以一个月电费额计算），在用电人欠交电费时，供电人可用以暂时抵作电费及违约金。用电人交清电费及违约金后应补足定金。供用电合同解除后供电人将定金退用电人。

7. ＿＿＿＿＿＿＿＿＿＿。

七、违约责任

1. 用电人不按期交清电费的，应承担电费滞纳的违约责任。电费违约金从逾期之日起计算至交纳日止，电费违约金按下列规定计算：

（1）当年欠费部分，每日按欠费总额的2‰计算；

（2）跨年度欠费部分，每日按欠费总额的3‰计算。

经供电人催交，用电人仍未付清电费的，供电人可依法按规定的程序停止供电，并追收所欠电费和电费违约金。

2. 经双方约定，除本合同另有约定外，本合同不能履行或不能完全履行时的其他违约责任按《供电营业规则》相关条款处理。

八、争议的解决方式

供电人、用电人因履行本合同发生争议时，应依本合同之原则协商解决。协商不成时，双方共同提请电力管理部门行政调解。调解不成时，可向合同履行地人民法院提起诉讼解决。

九、本合同效力及未尽事宜

1. 本合同未尽事宜，按《电力供应与使用条例》、《供电营业规则》等有关法律、规章的规定办理。如遇国家法律、政策调整时，则按规定修改、补充本合同有关条款。

2. 本合同经供电人、用电人签字盖章后并自____年____月____日起生效，有效期至____年____月____日止。合同到期后，如供用电双方都未提出变更、解除合同，可不再重新签订，本合同继续有效。

3. 本合同正本一式____份。供电人、用电人各执____份。效力均等。副本一式____份，供电人执____份、用电人执____份。

4. 本合同附件包括：

（1）产权分界协议。

（2）电费结算协议。

（3）企业法人营业执照复印件。

（4）事业法人证书复印件。

（5）授权委托书。

（6）_____。

以上附件为本合同不可分割的组成部分。

供电人：（盖章）   用电人：（盖章）

签约人：（签章）   签约人：（签章）

签约时间：____年____月____日   签约时间：____年____月____日

附 图

供电接线及产权分界示意图

合同编号 □□□□□□□□□□□

趸 购 电 合 同

供电人	购电人
单位名称：	单位名称：
法定地址：	法定地址：
法定代表（负责）人：	法定代表（负责）人：
委托代理人：	委托代理人：
电话：	电话：
电传：	电传：
邮编：	邮编：
开户银行：	开户银行：
账号：	账号：
工商登记号：	工商登记号：

为明确供电人和购电人双方的权利和义务，保证安全、经济、合理、有序地供电和购电，根据《中华人民共和国合同法》、《中华人民共和国电力法》、《电力供应与使用条例》和《供电营业规则》的规定。经供电人、购电人协商一致，签订本合同，共同信守，严格履行。

一、趸购转售电范围

趸购转售电范围为法定的供电营业区域。

二、供电方式及容量

1. 供电人以下列方式向购电人供电：

（1）供电人由＿＿变电站以＿＿kV电压，经出口＿＿开关送出的＿＿（架空线/电缆）向购电人＿＿受电点供电。供电容量为＿＿kVA。

（2）供电人以＿＿kV电压，从＿＿线路经＿＿杆，向购电人＿＿受电点供电。供电容量为＿＿kVA。

（3）供电人由＿＿变电站以＿＿kV电压，经出口＿＿开关送出的＿＿（架空线/电缆）向购电人＿＿受电点供电。供电容量为＿＿kVA。

（4）供电人以＿＿kV电压，从＿＿线路经＿＿杆，向购电人＿＿受电点供电。供电容量为＿＿kVA。

2. 在购电人营业区内：

（1）自有电厂＿＿座，装机容量＿＿kW。

（2）地方电厂＿＿座，装机容量＿＿kW。

（3）企业自备电厂＿＿座，装机容量＿＿kW。

3. 购电人上年向第三方购电量为＿＿kWh。

三、供电质量

在电力系统正常状况下，供电人供到购电人受电端的电能质量应符合《供电营业规则》的规定。

但因购电人在受电端的功率因数达不到规定或购电人谐波注入量、冲击负荷、波动负荷、非对称负荷等指标超过国家标准，供电人无义务保证规定的电能质量。

四、电力、电量供应

购电人应在每年第四季度前向供电人提出下一年度用电需求计划。供电人根据电网供电能力，经供需平衡后向购电人安排电力电量供应指标。购电人应按时将上月用电销售情况统计报送供电人，供电人及时调整其电力电量供应指标。

五、用电计量

1. 供电人按国家规定，在用电人每个受电点安装用电计量装置。用电计量装置（包括计费电能表、表用互感器及二次连接线导线）的配置、安装应符合国家标准和行业规程的规定。用电计量装置的记录作为向用电人计算电费的依据。

2. 产权分界点与计量点不在同一地点时，线路损耗和变压器损耗电量由产权所有者负担。

3. 供电人装设在购电人受电装置中的用电计量装置的安装、移动、更换、校验、拆除、加封、启封、表计接线以及抄表等项工作由供电人办理，购电人应在工作上提供方便。

4. 供电人应按规定对用电计量装置进行周期校验、更换。购电人认为用电计量装置不准，可向供电人提出校验申请，供电人按《供电营业规则》第79条、第80条、第81条办理。

5. 购电人受电点难以按国家规定的电价分类目录分别装表计量时，经双方约定，分类用电量采用按上年（或上月）电价分类用电量的实际比例核定。每年（每月）核定一次，并据实调整。线损、变损电量分摊到各类用电量中再分别计算电费。

六、无功补偿及功率因数

1. 购电人装设无功补偿装置总容量为＿＿＿ kvar。

其中：电容器＿＿＿ kvar，调相机＿＿＿ kvar。

2. 购电人功率因数应达到 0.85 以上。

3. 购电人应按无功就地平衡原则，合理装设和投切无功补偿装置。购电人送入供电人的无功电量视为吸收供电人的无功电量计算月平均功率因数。

七、电价及电费结算方式

1. 计价依据与方式

（1）供电人按照有管理权的物价主管部门批准的电价和用电计量装置的记录，定期向购电人结算电费及随电量征收的有关费用。在合同有效期内，发生电价和其他收费项目费率调整时，按调价文件规定执行。

（2）按国家规定，供电人对购电人执行＿＿＿（趸售分时电价）。

2. 电费结算方式

（1）供电人于每月＿＿＿日（或月末 24 点整）抄表。

（2）购电人在供电人规定的期限内全额交清电费。交付电费的方式为：

1）购电人直接向供电人交付电费，每月分＿＿＿次交付。即每月＿＿＿日，预付 ＿＿＿%；＿＿＿日，预付＿＿＿%；＿＿＿日，预付＿＿＿%；＿＿＿日，预付＿＿＿%；＿＿＿日，预付＿＿＿%；并于＿＿＿日多退少补结清全部电费。

2）供电人委托＿＿＿银行向购电人＿＿＿（划拨/收取）电费。每月分＿＿＿次＿＿＿（划拨/收取）。即每月 ＿＿＿日，＿＿＿%；＿＿＿日，＿＿＿%；＿＿日，＿＿＿%；＿＿＿日，＿＿＿%；＿＿＿日，＿＿＿%分次进行，并于＿＿＿日多退少补结清全部电费。

3）＿＿＿＿＿＿＿＿＿＿＿＿＿＿＿＿＿＿＿＿。

4）按电费结算协议中约定的方式进行结算。

3. 购电人不得以任何方式、任何理由拒付电费。购电人对用电计量、电费有异议时，应先交清电费，然后双方协商解决。协商不成时，可请求电力管理部门调解。调解不成时，双方可提起诉讼解决。

4. 根据需要，供电人、购电人可另行签订电费结算协议。

八、调度通讯

供电人、购电人同意按《电网调度管理条例》的有关规定，另行签订电力调度协议，作为本合同的附件。

九、供电设施维护管理责任

1. 经供电人、购电人双方协商确认，供电设施运行维护管理责任分界点设在＿＿＿处。＿＿＿属于＿＿＿。分界点电源侧供电设施属供电人，由供电人负责运行维护管理，分界点负荷侧供电设施属购电人，由购电人负责运行维护管理（附图）。

2. 购电人受电总开关继电保护装置应由供电人整定、加封，购电人不得擅自更动。购电人受电装置继电保护方式须与供电人相互配合。

3. 供电人、购电人分管的供电设施，除另有规定者外，未经对方同意，不得操作或更动。如遇紧急情况（当危及电网和用电安全，或可能造成人身伤亡或设备损坏）而必须操作时，事后应在24h内通知对方。

4. 安装在购电人处的用电计量装置及电力负荷管理装置由供电人维护管理，购电人负责保护并监视其正常运行。如有异常，购电人应及时通知供电人。

5. 供电人、购电人一致同意，在供电设施上发生的法律责任，以供电设施运行维护管理责任分界点为基准认定。谁运行维护管理，谁应承担该设施上发生的法律责任。

十、其他事项

1. 购电人需在其供电营业区内新建、扩建受电装置时，应按《供电营业规则》的有关规定，事先到供电人提出申请，并办理相关手续。

2. 经供电人、购电人双方协商，在购电人的供电营业区内已由供电人直接供电的用户，维持供电现状。

在购电人的供电营业区内出现下列新用户时，购电人同意由供电人伸入其供电营业区直接向该用户供电：

(1) 供电电压在____kV及以上的；

(2) 用户受电变压器容量在____kVA及以上的；

(3) 用户对供电质量、供电安全有特殊要求或用户用电对供电质量有特殊影响的；

(4) 上级电力管理部门指定的供电对象。

3. 在购电人的供电营业区内需并网运行的发电厂，按有关规定办理。

4. 双方共同遵守国家有关安全供用电的规定，协商处理电力趸购中的上述问题。

5. 为保障电网的公共安全，供电人将对购电人的供电安全情况进行定期或不定期检查，购电人应当予以配合。用电检查人员在依法执行查电任务时，应向购电人出示《用电检查证》，购电人应派员随同，配合检查。

6. 本合同的履行地点为供电设施运行维护管理责任分界点。提起诉讼时，以合同履行地点人民法院为管辖法院。

7. 供电人更改由供电人负责运行维护管理的供电设施时，只要不改变本合同中分界点的具体位置，则按更改后的实际供电条件为准，双方可不再变更合同内容。

十一、违约责任

1. 供电人、购电人擅自跨越本供电营业区供电的，按《电力法》第63条处理。

2. 购电人不按期交清电费的，应承担电费滞纳的违约责任。电费违约金从逾期之日起计算至交纳日止，电费违约金按下列规定计算：

(1) 当年欠费部分，每日按欠费总额的2‰计算；

(2) 跨年度欠费部分，每日按欠费总额的3‰计算。

经供电人催交，趸购电人仍未付清电费的，供电人可依法按规定的程序停止供电，并追收所欠电费和电费违约金。

3. 经双方商定，除本合同另有约定外，其他违约责任按《供电营业规则》相关条款处理。

十二、争议的解决方式

供电人、购电人因履行本合同发生争议时，应依本合同之原则协商解决。协商不成时，双方共同提请电力管理部门行政调解。调解不成时，双方可向合同履行地人民法院提起诉讼解决。

十三、本合同效力及未尽事宜

1. 本合同未尽事宜，按《电力供应与使用条例》、《供电营业规则》等有关法律、规章的规定办理。如遇国家法律、政策调整时，则按规定修改、补充本合同有关条款。

2. 本合同经供电人、购电人签字盖章后并自＿＿＿年＿＿＿月＿＿＿日起生效，有效期至＿＿＿年＿＿＿月＿＿＿日止。合同到期后，如供用电双方都未提出变更、解除合同，可不再重新签订，本合同继续有效。

3. 供电人、购电人任何一方欲修改、变更、解除合同时，按《供电营业规则》第九十四条办理。在修改、变更、解除合同的书面协议签订前，本合同继续有效。

4. 本合同正本一式＿＿＿份。供电人、购电人各执＿＿＿份。效力均等。副本一式＿＿＿份，供电人执＿＿＿份、购电人执＿＿＿份。

5. 本合同附件包括：

（1）调度协议。

（2）并网协议。

（3）产权分界协议。

（4）电费结算协议。

（5）企业法人营业执照复印件。

（6）授权委托书。

（7）＿＿＿＿＿＿＿＿＿＿＿＿＿＿＿＿＿＿＿＿＿＿＿。

以上附件为本合同不可分割的组成部分。

供电人：（盖章）　　　　　　　　　购电人：（盖章）

签约人：（签章）　　　　　　　　　签约人：（签章）

签约时间：＿＿＿年＿＿＿月＿＿＿日　　　签约时间：＿＿＿年＿＿＿月＿＿＿日

附录6

合同编号 □□□□□□□□□□

委托转供电协议

供电人	委托转供人	被转供人
单位名称：	单位名称：	单位名称：
法定地址：	法定地址：	法定地址：
法定代表 （负责）人：	法定代表 （负责）人：	法定代表 （负责）人：
委托代理人：	委托代理人：	委托代理人：
电话：	电话：	电话：
电传：	电传：	电传：
邮编：	邮编：	邮编：
开户银行：	开户银行：	开户银行：
账号：	账号：	账号：
工商登记号：	工商登记号：	工商登记号：

为明确供电企业（以下简称供电人）委托供电的单位（以下简称转供人）向其他用户（以下简称被转供人）进行转供电力过程中的权利和义务，实现安全、合理地供电和用电，根据《中华人民共和国合同法》、《中华人民共和国电力法》、《电力供应与使用条例》和《供电营业规则》的规定，经供电人、转供人、被转供人协商一致，签订本协议，共同信守，严格履行。

一、转供电关系

经供电人、转供人和被转供人三方（以下简称三方）协商，供电人委托转供人向被转供人供电。转供人同意接受委托，并向被转供人承担供电义务。被转供人通过转供人获得用电权利，与供电人签订供用电合同，并向供电人承担相应的义务。

二、转供电方式

转供人同意从其所有的____变电站____出线的____kV 线路____杆向被转供人受电装置供电。

三、转供电容量

根据被转供人申请的用电容量，经三方确认，被转供人的用电容量为____ kVA(kW)，最大用电负荷为____ kW(A)。

四、转供用电期限

委托转供电期限同本协议的有效期限。

五、三方的权利与义务

1. 被转供人通过本协议，依法从供电人获得用电的权利，并根据国家规定的电价、随电价收取费用标准和用电量承担向供电人缴纳电费的义务。

2. 转供人依据本协议承担向被转供人安全供电的义务，并从供电人获得转供费用的权利。

3. 供电人依据本协议应直接受理被转供人的用电申请，并有对被转供人装表计量和收取电费的权利，承担向转供人支付转供费用的义务。

六、转供电的计量及电费

1. 供电人应按国家规定直接对被转供人使用的电力、电量进行安装电能计量装置，并负责抄表和收取电费。

2. 供电人依据《供电营业规则》第14条规定，在计算转供人的用电量、最大需量及功率因数调整电费时，应扣除被转供人每月用电计量装置实际记录的电量和转供损耗电量。

3. 转供电线路的损耗电量，由该线路的产权所有者负担。

七、转供费用

供电人向转供人支付转供费用按被转供人每月的实际用电量以每千瓦·时____元计算，每月支付一次。

八、转供电设施维护管理责任

1. 经供电人、转供人、被转供人确认，转供电设施运行维护管理责任分界点设在____处。分界点电源侧供电设施属转供人，由转供人负责运行维护管理，分界点负荷侧供电设施属被转供人，由被转供人负责运行维护管理。

2. 供电人、转供人、被转供人均应执行《电网调度管理条例》。在运行、检修、停电等操作时，三方应加强联系，相互配合。

九、违约责任

1. 转供人无正当理由不得对被转供人限电、停电。需要依法停限电时，应依法按规定的程序（《供电营业规则》第67条）通知被转供人。未按规定的程序通知被转供人停电，给被转供人造成损失的，转供人应承担赔偿责任。

2. 由于被转供人责任造成供电人、转供人对外停电，并给其造成损失的，被转供人按《供电营业规则》有关规定对供电人、转供人及其他用电方承担赔偿责任，但不承担因供电人、转供人责任使事故扩大部分的赔偿责任。

3. 被转供人未经供电人、转供人同意，擅自超计划指标用电，转供人应通知被转供人自行限电，必要时经供电人同意可依法按规定的程序中止供电。

4. 除本协议另有约定外，造成本协议不能履行或不能完全履行的，其他违约责任按《供电营业规则》有关条款处理。

十、争议的解决方式

供电人、转供人、被转供人如因本合同履行发生争议时，应依本协议之原则协商解决。协商不成时，三方共同提请电力管理部门行政调解。调解不成时，可向合同履行地人民法院提起诉讼解决。

十一、本协议效力及未尽事宜

1. 本协议未尽事宜，按《电力供应与使用条例》、《供电营业规则》等有关法律、规章的规定办理。如遇国家法律、政策调整时，则按规定修改、补充本协议有关条款。

2. 本合同经供电人、转供人、被转供人签字盖章后并自＿＿＿年＿＿＿月＿日起生效，有效期至＿＿＿年＿＿＿月＿＿＿日止。合同到期后，如三方都未提出变更、解除合同，可不再重新签订，本合同继续有效。

3. 供电人、转供人、被转供人任何一方欲修改、变更、解除协议时，按《供电营业规则》第94条办理。在修改、变更、解除协议的书面协议签订前，本协议继续有效。

4. 本协议正本一式＿＿＿份。供电人、转供人、被转供人各执＿＿＿份。效力均等。副本一式＿＿＿份，供电人执＿＿＿份、转供人执＿＿＿份、被转供人执＿份。

5. 本协议附件包括：

(1) 产权分界协议。

(2) 电费结算协议。

(3) 授权委托书。

(4) ＿＿＿＿＿＿＿＿＿＿＿＿＿＿＿＿＿＿＿＿＿。

上述附件为本协议不可分割的组成部分。

供电人：   转供电人：   被转供电人：

（盖章）   （印鉴）   （印鉴）

签约人：   签约人：   签约人：

（签章）   （签章）   （签章）

年 月 日   年 月 日   年 月 日

参 考 文 献

1 水利电力部电力生产司组编．计划用电．北京：水利水电出版社，1983.

2 水利电力部电力生产司组编．节约用电．北京：水利水电出版社，1983.

3 刘介才编著．工厂供电 500 问答．北京：兵器工业出版社，1994.

4 杨志荣，劳德容编著．综合资源规划方法与需求方管理技术．北京：中国电力出版社，1996.

5 中华人民共和国能源部编．进网作业电工培训教材．沈阳：辽宁科学技术出版社，1991.

6 牛成章，徐任武编．需求侧管理 DSM．北京：中国电力出版社，1999.

7 张贵元，刘玉明，杜文惠，张建新编．实用节电技术与方法．北京：中国电力出版社，1997.

8 林腾主编．电业营业管理．北京：中国水利水电出版社，1994.

9 包一编著．电力销售学．北京：北京科学技术出版社，1990.

10 《工人技术岗位考核指导丛书》编写组编．抄表收费与营业管理．北京：机械工业出版社，1990.

11 于尔铿，韩放，谢开，曹昉编．电力市场．北京：中国电力出版社，1998.

12 孙铁民主编．电能计量．北京：中国水利水电出版社，1992.

13 陈向群，杨宗刚编．预付电费电能表及其检定．北京：中国电力出版社，2000.

14 赵永娜编．用电检查．北京：中国电力出版社，1998.

15 潘龙德编．电业安全．北京：中国电力出版社，2002.

16 李耀编．电力安全知识．北京：中国电力出版社，1998.

17 广东省电力工业局编．用电检查考核培训教材．北京：中国电力出版社，2000.